热交换器原理与技术

主　编　党天伟
副主编　王新华　王　杰
　　　　魏旭春　高玉丽

西北工业大学出版社
西安

【内容简介】 本书是为高等职业技术学院城市热能应用技术专业编写的教材,内容在热计算基本原理的基础上,以间壁式、蓄热式热交换器为主要对象,系统阐述其工作原理、传热计算、结构计算、流动阻力计算和设计程序,并对几种典型的高效间壁式热交换器做了重点介绍。本书系统性强,文字简练,特色鲜明。对书中所讨论的各种热交换器,均有较多插图和详尽的例题,有利于读者掌握所学知识,书后还有习题选编,供教学使用。

本书可作为高等职业技术学院热能与动力工程、制冷与低温技术等专业的教材,也可供化工、供热通风与空调工程等专业师生以及设计、科研人员参考。

图书在版编目(CIP)数据

热交换器原理与技术/党天伟主编 . —西安:西北工业大学出版社,2019.9(2020.7重印)
ISBN 978 - 7 - 5612 - 6438 - 6

Ⅰ.①热… Ⅱ.①党… Ⅲ.①换热器—高等学校—教材 Ⅳ.①TK172

中国版本图书馆 CIP 数据核字(2019)第 194456 号

RE JIAOHUANQI YUANLI YU JISHU
热 交 换 器 原 理 与 技 术

责任编辑:王梦妮		策划编辑:雷　军	
责任校对:胡莉巾		装帧设计:李　飞	

出版发行:西北工业大学出版社
通信地址:西安市友谊西路 127 号　　邮编:710072
电　　话:(029)88491757,88493844
网　　址:www.nwpup.com
印　刷　者:兴平市博闻印务有限公司
开　　本:787 mm×1 092 mm　　1/16
印　　张:21.75
字　　数:574 千字
版　　次:2019 年 9 月第 1 版　　2020 年 7 月第 2 次印刷
定　　价:55.00 元

如有印装问题请与出版社联系调换

前　言

热交换器是两种或多种流体存在温差时进行热量传递的传热设备。作为一种通用工艺设备,热交换器广泛应用在石油、化工、能源、冶金、制冷、电力、轻工、食品以及运输等各个行业。尤其在石油化工行业,热交换器是典型且应用普遍的工艺设备,几乎任何生产工艺都离不开它。热交换器的可靠运行对保证石油、化工企业连续生产至关重要。

本书编写的初衷在于读者通过阅读本书,能够对热交换器的基本概念、基本原理和设计的基本思路、基本方法等有一个较全面的了解,并能在此基础上进行热交换器的工程设计、改进和创新。因而,在内容的阐述上以原理为基础,并着重对问题的分析,简明叙述热交换器的种类、形式及选用,重点介绍热交换器的安装验收、日常检查维护、检修规程、检修技术等内容,内容涉及管壳式热交换器、板片式热交换器(板式、螺旋板式、板翅式)、空冷器等。同时,详细介绍与热交换器检修相关的防垢除垢、防腐防漏、事故防范等技术内容。在热交换器的类型上,则在全面介绍各种类型热交换器的同时,以通用、典型热交换器作为重点对象。

本书以国家、部委颁发的最新标准、规范、规程为依据,密切联系生产实际,解决热交换器实际生产现场具有普遍性的问题。在编写本书过程中,除参考成熟通用的热交换器应用技术外,还在热交换器应用现场进行充分调研和大量应用经验资料的搜集与分析,并综合参考当前热交换器应用中较为成熟、可靠、先进的技术,加以总结、筛选、提炼和归纳融汇。按"行动导向"教学的理念设计,以岗位所具备的知识、能力、素质要求为主线,在知识点和次序安排方面,突出前后内容的连贯性、系统性和严谨性。为了更好地锻炼和提高课程对应的职业岗位技能的能力,本书打破传统以理论为线索的模式,将基础知识与实际运用相结合进行讲解;按从易到难循序渐进的规律,精心设计项目,分解成若干任务,最终以分别完成这些任务,完成整个项目;将教、学、做紧密结合,课本知识为项目、任务服务。项目中,有"项目目标"。任务涉及"任务描述""任务资讯"和"任务实施",任务完成后有知识和技能的系统评价"任务评价"和"思考练习"。同时将职业标准和主流技术有机地融入教材中,突出了职业能力的培养。

本书内容翔实丰富、简明扼要、通俗易懂,体现了实用性、针对性、应用性和先进性。本书适合动力工程、热能利用、化工、冶金、供热通风、制冷空调等专业的师生以及设计、科研人员使用,还可供建筑设计、给水处理等专业人员参考和选读。

本书由党天伟担任主编,编写分工如下:党天伟编写项目一、二,王新华编写项目三,王杰编写项目四,魏旭春编写项目五,高玉丽编写项目六。

编写本书曾参阅了相关文献资料,在此,谨向其作者深表谢意。

因笔者水平所限,书中不足之处在所难免,敬请同行和读者朋友批评指正。

编　者

2019 年 1 月

前　言

目　　录

绪　论

一、研究热交换器的重要性

在工程中,将某种流体的热量以一定的传热方式传递给他种流体的设备称为热交换器。在这种设备内,至少有两种温度不同的流体参与传热。一种流体温度较高,放出热量;另一种流体温度较低,吸收热量。但是有的热交换器中也有多于两种不同温度的流体在其中传热的,例如空分装置中的可逆式板翅热交换器。

这里所讲的热交换器是指以传热为其主要过程(或目的)的设备。在工业中,有些设备,例如制冷设备、精馏设备等,在其完成指定的生产工艺过程的同时,都伴随着热的交换,但传热并非它们的主要目的,对它们的研究有其各自的专门课程。

热交换器在工业生产中的应用极为普遍,例如锅炉设备的过热器、省煤器、空气预热器,电厂热力系统中的凝汽器、除氧器、给水加热器、冷水塔,冶金工业中高炉的热风炉,炼钢和轧钢生产工艺中的空气或煤气预热,制冷工业中蒸汽压缩式制冷机或吸收式制冷机中的蒸发器、冷凝器,制糖工业和造纸工业中的糖液蒸发器和纸浆蒸发器都是热交换器的应用实例。在化学工业和石油化学工业的生产过程中,应用热交换器的场合更是不胜枚举。在航空航天工业中,为了及时取出发动机及辅助动力装置在运行时所产生的大量热量,热交换器也是不可缺少的重要部件。在各个生产领域中,要挖掘能源利用的潜力,做好节能减排,必须合理组织热交换过程并利用和回收余热,这往往和正确地设计与使用热交换器密不可分。

如今世界上因燃煤、石油、天然气资源储量有限而面临着能源短缺的局面,各国都在致力于新能源开发,因而热交换器的应用又与能源的开发(如太阳能、地热能、海洋热能)和节约紧密相连。因此,热交换器可以说无处不在,它不但是一种广泛应用的通用设备,同时也是许多工业产品的关键部件。它在某些工业企业中占有很重要的地位,例如在石油化工厂中,它的投资要占到建厂投资的 1/5 左右,它的重量占工艺设备总重的 40%;在年产 30 万吨的乙烯装置中,它的投资约占总投资的 25%;在我国一些大中型炼油企业中,各式热交换器的装置数达到 300~500 台。就其压力、温度来说,国外的管壳式热交换器的最高压力达 84 MPa,最高温度达 1 500 ℃,而最大外形尺寸长达 33 m,最大传热面积达 6 700 m²,现有实际情况,还要超过上面给出的数据。

根据热交换器在生产中的地位和作用,它应满足多种多样的要求。一般来说,对其基本要求有以下几项:

(1)满足工艺过程所提出的要求,热交换强度高,热损失少,在有利的平均温差下工作。

(2)要有与温度和压力条件相适应的、不易遭到破坏的工艺结构,制造简单、安装和检修方便、经济合理、运行可靠。

(3)设备紧凑。这对大型企业、航空航天、新能源开发和余热回收装置有重要意义。

(4)保证较低的流动阻力,以减少热交换器的动力消耗。

热交换器技术的进步直接关系到国民经济的发展和人民生活水平的提高,随着生产规模的扩大和生产技术的现代化,热交换器技术的研究必须满足各种条件苛刻且情况特殊的要求,因而各国在组织大规模工业生产的同时,都很重视热交换器的研究,并组织了较强的专业研究中心。例如,早在 20 世纪 60 年代,传热工程领域出现了有影响的两大国际性研究集团,即 1962 年成立的美国传热研究公司(Heat Transfer Research,Inc,HTRI)和 1968 年成立的英国传热及流体流动学会(Heat Transfer and Fluid Flow Service,HTFS)。在我国,也有兰州石油机械研究所、通用机械研究所等单位,在热交换器的研究和设计方面进行了多年的工作,推动了我国热交换器的设计和改进、技术标准的制定和推广。

热交换器的发展为传热学研究提供了日渐广泛而深刻的课题,而传热学的研究又为热交换器在传热性能和设计方面提供了切实有效的数据和计算方法。因此,热交换器和传热机理是互相促进、不可分割的。当前世界一些国际性传热会议、国内学术讨论会(例如中国工程热物理学会及各有关分会的学术讨论会、有关行业的学术讨论会)都有一定数量的热交换器讨论专题,国内已多次举行热交换器研究的学术会议,均反映了传热学及传热设备的研究受到学术界和工程界的普遍重视。

但是,热交换器的研究又有别于传热学的研究,热交换器自身存在着从原理、设计到测试所构成的一个完整的内容体系,因而热交换器对传热学虽有其依赖关系,但又有其相对的独立性。学习“热交换器原理与设计”课程,在掌握传热学基本知识的基础上,读者全面了解热交换器的工作原理和基本的设计方法,通过学习,为今后在工作中不断实践和开拓创新奠定基础。对热交换器的深入研究所涉及的更为广泛的内容主要有:①强化传热机理的研究和新型热交换器的研制;②流体热物性的研究;③制造材料和防腐蚀技术的研究;④结垢和防垢技术的研究;⑤设计工作的自动化和制造技术的研究;⑥振动与防振措施的研究;⑦测试技术的研究;⑧热交换器的计算机辅助设计、自动设计、计算机模拟以及系统和设备的优化;等等。这些都有一个不断认识、不断发展、不断提高的过程,因而有赖于读者自己的积极参与和不断关注。

二、热交换器的分类

(一)分类简介

随着科学和生产技术的发展,各种工业部门要求热交换器的类型和结构要与之相适应,流体的种类、流体的运动、设备的压力和温度等也都必须满足生产过程的要求。近代尖端科学技术的发展(如高温、高压、高速、低温、超低温等),又促使了高强度、高效率的紧凑型热交换器层出不穷。虽然如此,所有的热交换器仍可按照它们的一些共同特征来加以区分。

(1)按照用途来分有:预热器(或加热器)、冷却器、冷凝器、蒸发器等。

(2)按照制造热交换器的材料来分有:金属的、陶瓷的、塑料的、石墨的、玻璃的等。

(3)按照温度状况来分有:温度工况稳定的热交换器,指热流大小及在指定热交换区域内的温度不随时间变化;温度工况不稳定的热交换器,指传热面上的热流和温度都随时间改变。

(4)按照热流体与冷流体的流动方向来分有:顺流式(或称并流式):两种流体平行地向着同一方向流动,如图 0 - 1(a)所示;逆流式:两种流体也是平行流动,但它们的流动方向相反,如图 0 - 1(b)所示;错流式(或称叉流式):两种流体的流动方向互相垂直交叉,如图 0 - 1(c)所示;当交叉次数在四次以上时,可根据两种流体流向的总趋势将其看成逆流或顺流,如图 0 - 1(d)及图 0 - 1(e)所示;混流式:两种流体在流动过程中既有顺流部分,又有逆流部分,图 0 - 1

(f)及图0-1(g)所示就是一例。

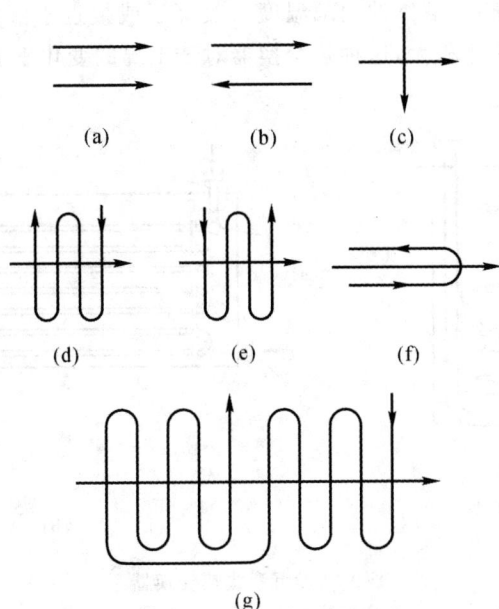

图0-1　流体的流动方式

(a)顺流；　(b)逆流；　(c)错流；　(d)总趋势为逆流的四次错流；
(e)总趋势为顺流的四次错流；　(f)先顺后逆的平行混流；　(g)先逆后顺的串联混流

(5)按照传送热量的方法来分有:间壁式、混合式、蓄热式等三大类,这是热交换器最主要的一种分类方法。

间壁式:热流体和冷流体间有一固体壁面,一种流体恒在壁的一侧流动,而另一种流体恒在壁的另一侧流动,两种流体不直接接触,热量通过壁面进行传递。

混合式(或称直接接触式):这种热交换器内依靠热流体与冷流体的直接接触而进行传热,例如冷水塔以及喷射式热交换器。

蓄热式(或称回热式):其中也有固体壁面,但两种流体并非同时而是轮流地和壁面接触。当热流体流过时,把热量储蓄于壁内,壁的温度逐渐升高;而当冷流体流过时,壁面放出热量,壁的温度逐渐降低,如此反复进行,以达到热交换的目的,例如炼铁厂的热风炉。

在间壁式、混合式和蓄热式三种类型中,间壁式热交换器的生产经验、分析研究和计算方法比较丰富和完整,因而在对混合式和蓄热式热交换器进行分析和计算时,常采用一些来源于间壁式热交换器的计算方法。下面首先介绍间壁式热交换器的各种不同形式。

(二)各种类型的间壁式热交换器

按照传热壁面的形状,间壁式热交换器又可分成管式热交换器、板式热交换器、夹套式热交换器以及各种异形传热面组成的特殊形式热交换器等类型。在这里先对管式热交换器的基本结构进行介绍,对其他类型则在其他项目分别叙述。

1.沉浸式热交换器

沉浸式热交换器的管子常用直管(或称蛇管)或螺状弯管(或称盘香管)组成传热面,将管子沉浸在液体的容器或池内,如图0-2所示。这种热交换器可用作液体的预热器和蒸发器,也可用作气体和液体的冷却器或冷凝器。液槽内的液体体积大、流速低,因而管外液体中的传热以自然对流方式进行。整个液体的内部温度一般等于或接近于液体的最终温度,传热温差不大,同时由于整个液体的体积大,这种热交换器对于工况的变化不够敏感。

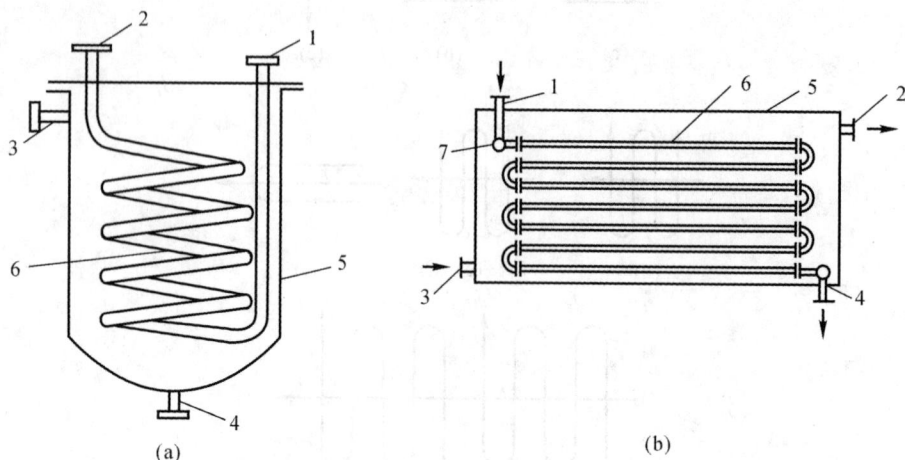

图0-2 沉浸式热交换器

(a)螺旋状弯管; (b)直管

1~4—流体进、出口; 5—液槽; 6—管子; 7—分配管

传热系数低、体积大是其根本弱点,然而它却具有构造简单,制作、修理方便和容易清洗等优点,因此现在仍有应用。由于更换管子方便,它还适用于有腐蚀性的流体。为了提高液槽侧的传热系数,也可在槽内装搅拌器。如果流过管内的流体流量或所需传热面较大时,可以考虑做成几圈同心的螺旋管或几排并列的蛇管,以增加传热面。

2.喷淋式热交换器

喷淋式热交换器是将冷却水直接喷淋到管外表面上,使管内的热流体冷却或冷凝,其结构如图0-3所示。在上下排列着的管子之间,可借U形肘管连接在一起。为了分散喷淋水,在管组的上部装设了带锯齿形边缘的斜槽。也可用喷头直接向排管喷淋。在热交换器的下面设有水池,以收集流下来的水。

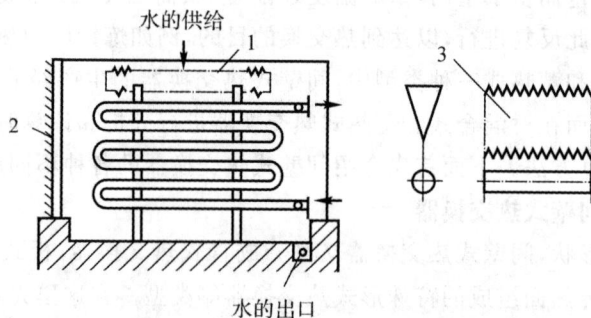

图0-3 喷淋式热交换器

1—槽; 2—百叶窗; 3—槽的零件

当喷淋的水不够充分时,被喷淋的水会蒸发汽化,因此最好是把它装在室外,此时为避免

水被风吹失,在其周围装设百叶窗式的护墙。

喷淋式热交换器的优点是:结构简单,易于制造和检修,便于清除污垢;它的传热系数通常比沉浸式大,加上管外的蒸发汽化以及空气也能吸收一部分热量,造成水和空气的共同冷却,所以传热效果好;它适用于高压流体的冷却或冷凝,由于它可用耐腐蚀性的铸铁管作冷却排管,因而可用它来冷却具有腐蚀性的流体,例如硫酸工业中浓硫酸的冷却。

它的主要缺点是:当冷却水过分少时,下部的管子不能被润湿,并且几乎不参与热交换。因此对于容易发生意外事故的石油产品或有机体的冷却不宜采用这种热交换器。它的金属消耗量比较大,但比沉浸式要少。

3.套管式热交换器

套管式热交换器是将直径不同的两根管子套成的同心套管作为元件,然后把多个元件加以连接而成的一种热交换器,其结构如图0-4所示。采用不同的连接方法,可以使两种流体以纯顺流或纯逆流方式流动。它的内管内径通常在38~57 mm范围内选取,而外管内径在76~108 mm范围内选取。每根套管的有效长度一般不超过4~6 m,太长了会使管子向下弯曲,造成环隙间的流动不均,影响传热。

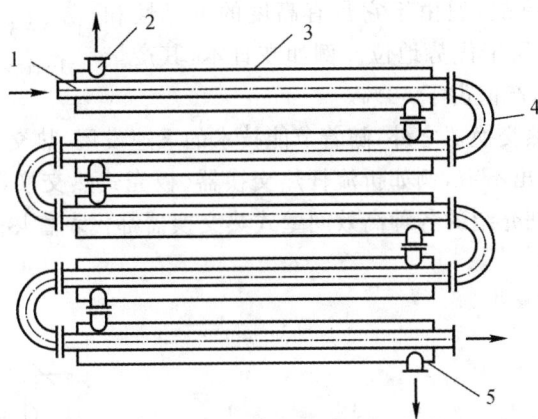

图0-4　套管式热交换器

1—内管；　2,5—接口；　3—外管；　4—U形肘管

套管式热交换器的优点是结构简单,适用于高温、高压流体,特别是小容量流体的传热。如果工艺条件变动,只要改变套管的根数,就可以增减热负荷。另外,只要做成内管可以抽出的套管,就可清除污垢,所以它亦适用于易生污垢的流体。

它的主要缺点是流动阻力大,金属消耗量多,而且体积大,占地面积大,故多用于传热面积不大的换热器。

4.管壳式热交换器(或称列管式热交换器)

管壳式热交换器是在一个圆筒形壳体内设置许多平行的管子(称这些平行的管子为管束),让两种流体分别从管内空间(或称管程)和管外空间(或称壳程)流过进行热量的交换。图0-5所示的就是简单的管壳式热交换器的基本结构。

在传热面比较大的管壳式热交换器中,管子根数很多,因此壳体直径较大,以至它的壳程流通截面很大。这时如果流体的容积流量比较小,则流速很低,因而传热系数不高。为了提高流体的流速,可在管外空间装设与管束平行的纵向隔板或与管束垂直的折流板,使管外流体在壳体内曲折流动多次。因装置纵向隔板而使流体来回流动的次数称为程数,所以装了纵向隔板,就使热交换器的管外空间成为多程。而当装设折流板时,则不论流体往复交错流动多少次,其管外空间仍以单程对待。

另外,若要提高在管内空间流动的流体的流速,也可在管箱内装以分程隔板,使进入的流体每次只流过一部分管子,而后流过另一部分管子,这样也就把管内空间分成了多程。图0-6所示为一个管外一程、管内二程的热交换器。为了表达的方便,本书往后以尖括号内两个数字来代表程数,两数字间以连接线连接,连接线之前的数字代表管外空间的程数,连接线后面的数字代表管内空间的程数,因而图0-6所示的是一个〈1-2〉型管壳式热交换器。

管壳式热交换器的主要优点是结构简单,造价较低,选材范围广,处理能力大,还能适应高温高压的要求。虽然它面临着各种新型热交换器的挑战,但由于它具有高度的可靠性和广泛的适应性,至今仍然居于优势地位。例如在日本,其产量占全部热交换器的70%,产值占了60%。

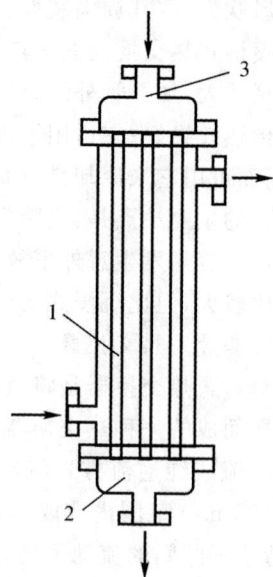

图0-5 简单的管壳式热交换器
1—管束; 2—管箱; 3—连接管

除以上四种间壁式热交换器之外,随着节能技术的飞速发展,热交换器种类的开发不断更新,各种新型热交换器层出不穷,例如折流杆热交换器、板壳式热交换器、插管式热交换器,以及本书项目三中将要详细介绍的各种高效间壁式热交换器都代表着热交换器的新近发展和热交换技术的日臻完善。

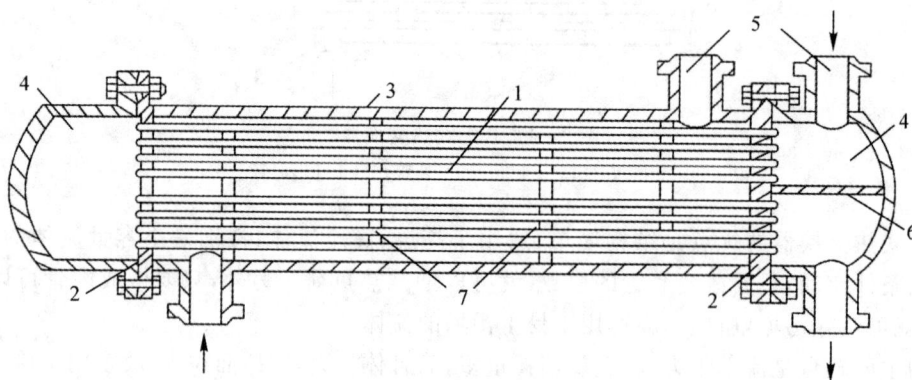

图0-6 〈1-2〉型管壳式热交换器
1—管束; 2—管板; 3—壳体; 4—管箱; 5—连接管; 6—分程隔板; 7—折流板

三、热交换器设计计算的内容

在设计一个热交换器时,从收集原始资料开始,到正式绘出图纸为止,需要进行一系列的设计计算工作,这种计算一般包括下列几个方面的内容。

1. 热计算

根据给出的具体条件,例如热交换器的类型,流体的进、出口温度,压力,它们的物理化学性质,在传热过程中有无相变,等等,求出热交换器的传热系数,进而算出传热面积的大小。

2. 结构计算

根据传热面积的大小计算热交换器主要部件和构件的尺寸,例如管子的直径、长度、根数,壳体的直径,纵向隔板和折流板的尺寸和数目,分程隔板的数目和布置以及连接管尺寸,等等。

3. 流动阻力计算

进行流动阻力计算的目的在于为选择泵或风机提供依据,或者核算其压降是否在限定的范围之内。当压降超过允许的数值时,则必须改变热交换器的某些尺寸,或者改变流速等。

4. 强度计算

计算热交换器各部件尤其是受压部件(如壳体)的应力大小,检查其强度是否在允许范围内,对于在高温高压下工作的热交换器,更不能忽视这一步。在考虑强度时,应该尽量采用我国生产的标准材料和部件,按照国家压力容器安全技术标准进行计算或核算。

在热交换器向着大型化发展并对传热进行强化的情况下,有可能因流体的流速过高而引起强烈的振动,严重时甚至可使整个热交换器遭到破坏。因而在设计热交换器时,还必须对其振动情况进行预测或校核,判断有无产生强烈振动的可能,以便采取相应的减振措施,保证安全运行。

本书在叙述各种类型的热交换器时,将以热计算方面的内容为着重点;对于结构计算和流体阻力计算,则仅介绍它们的主要内容。

项目一　热交换器热计算基本原理的认识

热计算或称热力计算,是热交换器设计的基础。

本项目所述内容都以间壁式热交换器为讨论对象,但分析问题的方法对其他类型的热交换器仍然适用。

传热系数与换热系数的计算也是热计算的内容,由于它们与热交换器的类型联系在一起,因而将它们分散于各项目,结合具体类型进行叙述。

🔍 项目目标

热交换器热计算基本原理的认识

素养目标
- 1. 提高学生自主学习能力
- 2. 培养学生的团队协作能力
- 3. 激发学生学习热交换器热计算的兴趣
- 4. 增强学生的自信心和成就感
- 5. 培养学生的创新意识

知识目标
- 1. 掌握不同类型热计算的基本方程式
- 2. 掌握顺流和逆流情况下的平均温差
- 3. 了解其他流动方式时的平均温差
- 4. 掌握流体比热容或传热系数变化时的平均温差
- 5. 掌握热传有效度的定义
- 6. 掌握各种热交换器热计算方法的优缺点
- 7. 掌握流体流动方式的选择

技能目标
- 1. 能够正确应用传热和热平衡方程式
- 2. 能够应用各种流体流动平均温差法
- 3. 能够计算顺流和逆流时的传热有效度

任务一　热计算基本方程式的应用

📖 任务描述

通常可能会遇到设计性热计算和校核性热计算两种不同类型的热计算。

设计性热计算的目的在于确定热交换器的传热面积。但是同样大小的传热面积可以采用不同的构造尺寸,另外,结构尺寸也影响热计算的过程。因此,实际上这种热计算往往要与结构计算交叉进行。

校核性热计算是针对现成的热交换器,其目的在于确定流体的出口温度,并了解该热交换器在非设计工况下的性能变化,判断能否完成在非设计工况下的换热任务。

进行热交换器的热计算,最主要的是要找到热负荷(即传热量)和流体的进出口温度、传热系数、传热面积和这些量之间的关系式。无论是设计性热计算还是校核性热计算,所采用的基本关系式有两个,即传热方程式和热平衡方程式。

PPT
热计算基本
方程式的应用

任务资讯

一、传热方程式

传热方程式的普遍形式可表示为

$$Q = \int_0^F K \Delta t \, \mathrm{d}F \tag{1.1}$$

式中　　Q——热负荷,W;

　　K——热交换器任一微元传热面处的传热系数,W/(m² · ℃);

　　$\mathrm{d}F$——微元传热面积,m²;

　　Δt——在此微元传热面处两种流体之间的温差,℃。

式(1.1)中的 K 和 Δt 都是 F 的函数,而且每种热交换器的函数关系都不相同,这就使得计算十分复杂。但是在工程计算中采用如下简化的传热方程式也已足够精确了,即

$$Q = FK \Delta t_{\mathrm{m}} \tag{1.2}$$

式中　　K——整个传热面上的平均传热系数,W/(m² · ℃);

　　F——传热面积,m²;

　　Δt_{m}——两种流体之间的平均温差,℃。

由上可知,要算出传热面积 F,必须先知道热交换器的热负荷 Q、平均温差 Δt_{m} 及平均传热系数 K,这些数值的计算就成了热计算的基本内容。

二、热平衡方程式

如果不考虑散至周围环境的热损失,则冷流体所吸收的热量就应该等于热流体所放出的热量,热平衡方程式可写为

$$Q = m_1(h'_1 - h''_1) = m_2(h''_2 - h'_2) \tag{1.3}$$

式中　　m_1, m_2——分别为热流体与冷流体的质量,kg;

　　h_1, h_2——分别为热流体与冷流体的比焓,J/kg。

往后,我们均以右下角的角码"1"代表热流体,角码"2"代表冷流体,同时,右上角的符号"′"代表流体的进口状态,而"″"代表出口状态。

不论流体有无相变,式(1.3)都是正确的。当流体无相变时,热负荷也可表示为

$$Q = -m_1 \int_{t'_1}^{t''_1} c_{V,1} \, \mathrm{d}t_1 = m_2 \int_{t'_2}^{t''_2} c_{V,2} \, \mathrm{d}t_2 \tag{1.4}$$

式中 $c_{V,1}, c_{V,2}$ ——分别为两种流体的比定压热容，J/(kg·℃)。

比热容 c 是温度的函数，在应用式(1.4)时必须知道此函数关系。为简化起见，在工程中一般都采取在 t'' 与 t' 温度范围内的平均比定压热，即

$$\left.\begin{array}{l} Q_1 = -m_1 \bar{c}_{V,1}(t''-t') = m_1 \bar{c}_{V,1}(t'-t'') = -m_1 \bar{c}_{V,1}\delta t_1 \\ Q_2 = m_2 \bar{c}_{V,2}(t''_2 - t'_2) = m_2 \bar{c}_{V,2}\delta t_2 \end{array}\right\} \tag{1.5}$$

式中 $\bar{c}_{V,1}, \bar{c}_{V,2}$ ——分别为两种流体在 t' 及 t'' 温度范围内的平均比定压热容，J/(kg·℃)；

$\quad\quad\quad \delta t_1$ ——热流体在热交换器内的温降值，℃；

$\quad\quad\quad \delta t_2$ ——冷流体在热交换器内的温升值，℃。

式(1.5)中的乘积 mc 称为热容量，它的值代表该流体的温度每改变1℃时所需的热量，用 C 表示。因而式(1.5)可写成

$$Q = C_1 \delta t_1 = C_2 \delta t_2 \tag{1.6}$$

或

$$\frac{C_2}{C_1} = \frac{t'_1 - t''_1}{t''_2 - t'_2} = \frac{\delta t_1}{\delta t_2} \tag{1.7}$$

由式(1.7)可知，两种流体在热交换器内的温度变化(温降或温升)与它们的热容成反比。有时，在计算中给定的是容积流量或摩尔流量，则在热平衡方程式中应相应地以比容积热容或比摩尔热容代入。

以上讨论的是没有散热损失的情况，实际上任何热交换器都有散向周围环境的热损失 Q_L，这时热平衡方程式就可写成

$$Q_1 = Q_2 + Q_L \tag{1.8a}$$

$$Q_1 \eta_L = Q_2 \tag{1.8b}$$

式中 η_L ——以放热热量为准的对外热损失系数，通常为 $0.97 \sim 0.98$。

热平衡方程式除用于求热交换器的热负荷外，有时也在已知热负荷的情况下，用来确定流体的流量。

📖 任务实施

项目任务书和任务完成报告见表1-1-1和表1-1-2。

表1-1-1　项目任务书

任务名称	热计算基本方程式的应用		
小组成员			
指导教师		计划用时	
实施时间		实施地点	
任务内容与目标			
1.掌握传热方程式的普遍形式。 2.掌握热平衡方程式的推导。			
考核项目	1.传热方程式的普遍形式。 2.热平衡方程式的推导。		
备注			

表 1－1－2　项目任务完成报告

任务名称	热计算基本方程式的应用		
小组成员			
具体分工			
计划用时		实际用时	
备注			

1.传热方程式的普遍形式是什么？式中各元素代表什么？

2.简述热平衡方程式的推导过程。

任务评价

综合评价表见表 1－1－3。

表 1－1－3　项目任务综合评价表

任务名称：　　　　　　　　　　　　　　　　　　测评时间：　　年　　月　　日

	考核明细	标准分	实训得分								
			小组成员								
			小组自评	小组互评	教师评价	小组自评	小组互评	教师评价	小组自评	小组互评	教师评价
团队60分	小组是否能在总体上把握学习目标与进度	10									
	小组成员是否分工明确	10									
	小组是否有合作意识	10									
	小组是否有创新想（做）法	10									
	小组是否如实填写任务完成报告	10									
	小组是否存在问题和具有解决问题的方案	10									
个人40分	个人是否服从团队安排	10									
	个人是否完成团队分配任务	10									
	个人是否能与团队成员及时沟通和交流	10									
	个人是否能够认真描述困难、错误和修改的地方	10									
	合计	100									

?! 思考练习

1.传热方程式的普通形式是_____。

2.进行热交换器的计算,最主要是找到_____和_____、_____、_____和这些之间的关系式。

<h1 align="center">任务二　平均温差的计算</h1>

📐 任务描述

PPT
平均温差的计算

　　热交换器间壁两侧流体传热的平均温差(又称为平均推动力),符号:Δt_m。在热交换器中,间壁两侧的流体均存在相变时,两流体温度分别保持不变,这种传热称为恒温差传热。在恒温差传热中,由于两流体的温差处处相等,传热过程的平均温差即是发生相变两流体的饱和温度之差。

　　若间壁传热过程中有一侧流体没有相变,则流体的温度沿流动方向是变化的,传热温差也随流体流动的位置发生变化,这种情况下的传热称为变温差传热。在变温差传热时,传热过程平均温差的计算方法与流体的流动排布类型有关。

📚 任务资讯

一、流体的温度分布

流体在热交换器内流动,其温度变化过程以平行流动最为简单。图1-2-1所示为流体平行流动时温度变化的示意图。图中的纵坐标表示温度,横坐标表示传热面积。

图1-2-1(a)是一侧蒸汽冷凝而另一侧为液体沸腾,两种流体都有相变的传热,因为冷凝和沸腾都在等温下进行,故其传热温差为 $\Delta t = t_1 - t_2$,且在各处保持相同的数值。图1-2-1(b)表示的是热流体在等温下冷凝而将其热量传给温度沿着传热面不断提高的冷流体,其传热温差从进口端的 $\Delta t' = t_1 - t'_2$ 变化到出口端的 $\Delta t'' = t_1 - t''_2$。与此相应的另一种情况[见图1-2-1(c)]是冷流体在等温下沸腾,而热流体的温度沿传热面不断降低,其传热温差从进口端的 $\Delta t' = t'_1 - t_2$ 变化到出口端的 $\Delta t'' = t''_1 - t_2$。

遇到最多的情况是两种流体都没有发生相变,这里又有两种不同情形:顺流和逆流。顺流的情形如图1-2-1(d)所示,两种流体向着同一方向平行流动,热流体的温度沿传热面不断降低,冷流体的温度沿传热面不断升高。两者的温差从进口端的 $\Delta t' = t'_1 - t'_2$ 变化到出口端的 $\Delta t'' = t''_1 - t''_2$。逆流的情形如图1-2-1(e)所示,两种流体以相反的方向平行流动,传热温差从一端的 $(t'_1 - t'_2)$ 变化到另一端的 $(t''_1 - t'_2)$。

图1-2-1(f)所示的冷凝器内的温度变化过程要比图1-2-1(b)所示的更加普遍一些。在这里,蒸汽(过热蒸汽)在高于饱和温度的状态下进入设备,在其中首先冷却到饱和温度,然后在等温下冷凝,在凝结液离开热交换器之前还产生液体的过冷。冷流体可以是顺流方向或逆流方向通过。传热温差的变化要比前面各种情形复杂。与此对应,图1-2-1(g)所表示的是冷流体在液态情况下进入设备吸热、沸腾,然后过热。

当热流体是由可凝蒸汽和非凝结性气体组成时,温度以更为复杂的形式分布,大体上如图 1-2-1(h)所示。

从以上讨论的温度分布可见,在一般情况下,两种流体之间的传热温差在热交换器内是处处不等的,所谓平均温差系指整个热交换器各处温差的平均值。但是应用不同的平均方法,就有不同的名称,例如算术平均温差、对数平均温差和积分平均温差等。

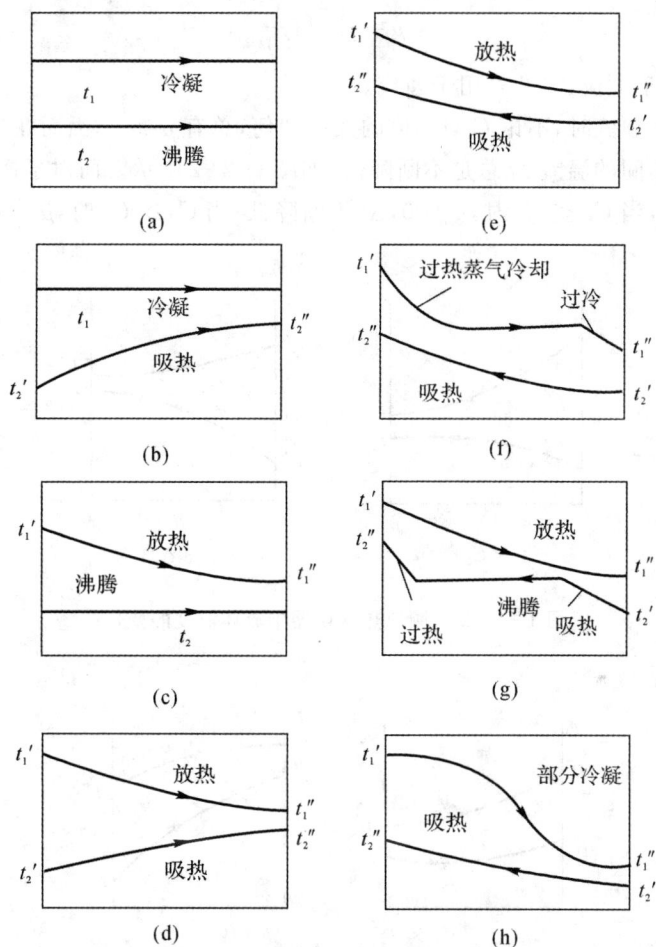

图 1-2-1　流体平行流动时的温度分布

(a)两种流体都有相变;　(b)一种流体有相变;　(c)一种流体有相变;　(d)顺流,无相变;
(e)逆流,无相变;　(f)一种流体有相变;　(g)一种流体有相变;　(h)可凝蒸汽和非凝结性气体混合物的冷凝

二、顺流和逆流情况下的平均温差

在以下几个假定的基础上,对顺流、逆流热交换器的传热温差进行分析时,做过这样几个假定:① 两种流体的质量流量和比热容在整个传热面上保持定值;② 传热系数在整个传热面上不变;③ 热交换器没有热损失;④ 沿管子的轴向传热可以忽略;⑤ 同一种流体从进口到出口的流动过程中,不能既有相变又有单相对流换热。

分析结果表明,传热温差沿传热面是按下面所示的指数规律变化的:

$$\Delta t_x = \Delta t' e^{-\mu K F_x}$$

当 $F_x = F$ 时，$\Delta t_x = \Delta t''$，可得

$$\Delta t'' = \Delta t' e^{-\mu K F} \tag{1.9}$$

以上公式中，$\Delta t'$、Δt_x、$\Delta t''$ 分别为流体在传热面的始端（$F=0$）、中间某断面（$F=F_x$）、终端（$F=F$）等处的温差，μ 为常数，其值为

$$\mu = \frac{1}{C_1} \pm \frac{1}{C_2}$$

此处"＋"号用于顺流，"－"号用于逆流。

由上式可见，在顺流时，不论 C_1，C_2 值的大小如何，总有 $\mu > 0$，因而在热流体从进口到出口的方向上，两流体间的温差 Δt 总是不断降低，如图1-2-2所示。而对于逆流，沿着热流体进口到出口的方向上，当 $C_1 < C_2$ 时，$\mu > 0$，Δt 不断降低；当 $C_1 > C_2$ 时，$\mu < 0$，Δt 不断升高，如图1-2-3所示。

图1-2-2　顺流热交换器中流体温度的变化

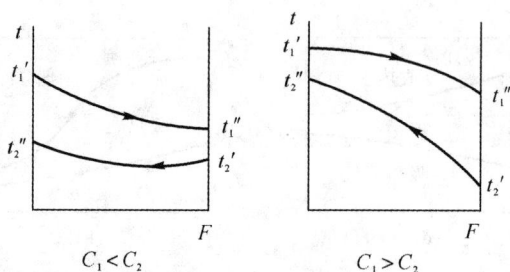

图1-2-3　逆流热交换器中流体温度的变化

按照式（1.9）所示的温差变化关系，推导出对于顺流、逆流热交换器均可适用的平均温差计算公式为

$$\Delta t_m = \frac{\Delta t'' - \Delta t'}{\ln \dfrac{\Delta t''}{\Delta t'}} \tag{1.10}$$

由于其中包含了对数项，常称这种平均温差为对数平均温差，以 Δt_{lm} 或 LMTD 表示。如不分传热面的始端和终端，而用 Δt_{max} 代表 $\Delta t''$ 和 $\Delta t'$ 中的大者，以 Δt_{min} 代表两者中的小者，则对数平均温差可统一写成

$$\Delta t_{lm} = \frac{\Delta t_{max} - \Delta t_{min}}{\ln \dfrac{\Delta t_{max}}{\Delta t_{min}}} \tag{1.11}$$

如果流体的温度沿传热面变化不太大，例如，当 $\dfrac{\Delta t_{max}}{\Delta t_{min}} \leqslant 2$ 时，可用算术平均的方法计算平均温差（称算术平均温差），即

$$\Delta t_m = \frac{1}{2}(\Delta t_{max} + \Delta t_{min}) \tag{1.12}$$

算术平均温差恒高于对数平均温差，与式(1.11)给出的对数平均温差相比较，其误差在 $\pm 4\%$ 范围之内，这是工程计算中所允许的。而当 $\Delta t_{max}/\Delta t_{min} \leqslant 1.7$ 时，误差可不超过 $\pm 2.3\%$。

对于图 1-2-1(b) 和图 1-2-1(c) 所示的热交换器，由于其中有一种流体在相变的情况下进行传热，它的温度沿传热面不变，因此无顺流、逆流之别，Δt_{max} 恒在无相变流体的进口处，而 Δt_{min} 恒在无相变流体的出口处。对于图 1-2-1(f) 和图 1-2-1(g) 所示的热交换器，由于都有一种流体既有相变又有单相对流换热，因此应该分段计算平均温差。对于图 1-2-1(h) 所示的热交换器，由于其热交换过程不同于一般，与上述所做的假定不符，也不能按指数规律计算平均温差。

三、其他流动方式时的平均温差

顺流和逆流属于最简单的流动方式，工程应用上往往由于需要传递大量的热而又受到空间的限制，而要采用多流程的、错流的以及更为复杂方式流动的热交换器（见图 1-2-4）。

在这里，还要对混合流与非混合流加以区别，以图 1-2-4 所示的错流为例，图 1-2-4(a) 为带翅片的管束，在管外侧流过的气体被限制在翅片之间形成各自独立的通道，在垂直于流动的方向上（横向）不能自由运动，也就不可能自身进行混合，我们称该气体为非混合流，与此类似，管内的流体也被约束在相互隔开的管子中，所以它也是非混合流。而图 1-2-4(b) 中管子不带翅片，管外的气流可以在横向自由地、随意地运动，称为混合流。错流式热交换器中，管内的流体仍属于非混合流，两种流体的流动虽然简单，可是非混合流的温度在流动方向上和垂直于流动方向上都是变化的。

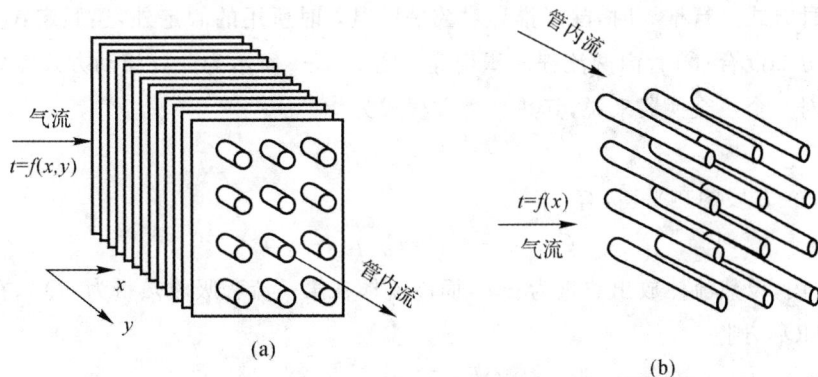

图 1-2-4　错流热交换器

(a) 两种流体都不混合；　(b) 一种流体混合，另一种流体不混合

混流和错流流动的平均温差的计算要比顺流、逆流复杂,但在附加一些简化的假设条件后,都可用数学方法导出。不过这些公式很繁琐,因而常将这些流动方式的流体进出口温度先按逆流算出对数平均温差,然后乘以考虑因其流动方式不同于逆流而引入的修正系数 ψ,即

$$\Delta t_\mathrm{m} = \psi \Delta t_\mathrm{lm,c} \tag{1.13}$$

式中 $\Delta t_\mathrm{lm,c}$——按逆流方式由式(1.11)算得的对数平均温差;

ψ——修正系数。

为了求取 ψ 值,可对式(1.10)进行一些变换,将它写成逆流的方式,即

$$\Delta t_\mathrm{lm,c} = \frac{(t'_1 - t''_2) - (t''_1 - t'_2)}{\ln \dfrac{t'_1 - t''_2}{t''_1 - t'_2}}$$

若令

$$P = \frac{t''_2 - t'_2}{t'_1 - t'_2} = \frac{冷流体的加热温差}{两流体的进口温差} \tag{1.14}$$

$$R = \frac{t'_1 - t''_2}{t''_2 - t'_2} = \frac{热流体的冷却温差}{冷流体的加热温差} \tag{1.15}$$

作为辅助参数,则可将 $\Delta t_\mathrm{lm,c}$ 表达成 P,R 及 $(t''_2 - t'_1)$ 的函数,即

$$\Delta t_\mathrm{lm,c} = \frac{(R-1)(t''_2 - t'_2)}{\ln \dfrac{1-P}{1-PR}} \tag{1.16}$$

由 P,R 的定义可知,P 的数值代表了冷流体的实际吸热量与最大可能的吸热量的比率,称为温度效率,该值恒小于 1。R 是冷流体的热容量与热流体的热容量之比,可以大于 1、等于 1 或小于 1。

对于某种特定的流动形式,ψ 是辅助参数 P,R 的函数,即

$$\psi = f(P,R)$$

此函数形式因流动方式而异,由于篇幅所限,下面举出推导该函数的例子。

【例 1-1】 热流体在管外流动为一个流程,冷流体在管内先逆流后顺流流动两个流程的〈1-2〉型热交换器。

在对该种方式进行推导时,除了推导对数平均温差时所用的假定外,还假定:① 管外流体在横向有充分的混合;② 管内两流程面积相等。图 1-2-5 所示为此种流动方式流体温度变化的示意图。对整个热交换器来说,其热平衡方程式为

$$C_1(t'_1 - t''_1) = C_2(t''_2 - t'_2) \tag{1.17}$$

对 $x = x$ 到 $x = L$ 段的热平衡,有

$$C_1(t'_1 - t_1) = C_2(t_{2b} - t_{2a}) \tag{1.18}$$

在微元段 $\mathrm{d}x$ 内,设热流体放出热量为 $\mathrm{d}Q_1$,而冷流体在第一流程吸收热量为 $\mathrm{d}Q'_2$,在第二流程吸收热量为 $\mathrm{d}Q''_2$,则

$$\mathrm{d}Q_1 = C_1 \mathrm{d}t_1, \quad \mathrm{d}Q'_2 = C_2 \mathrm{d}t_{2a}, \quad \mathrm{d}Q''_2 = -C_2 \mathrm{d}t_{2b}$$

故 $$C_1 \mathrm{d}t_1 = C_2(\mathrm{d}t_{2a} - \mathrm{d}t_{2b}) \tag{1.19}$$

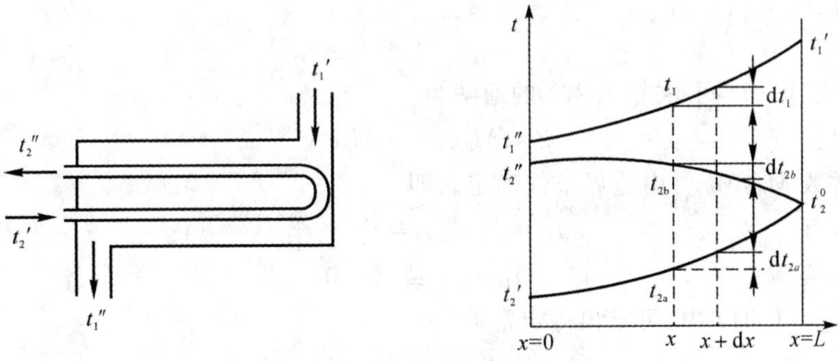

图 1-2-5 先逆后顺的〈1-2〉型热交换器机器温度变化示意图

若以 S 表示每一流程中单位长度上的传热面积,则

$$C_2 \, \mathrm{d}t_{2a} = KS(t_1 - t_{2a})\mathrm{d}x \qquad (1.20)$$

$$C_2 \, \mathrm{d}t_{2b} = -KS(t_1 - t_{2b})\mathrm{d}x \qquad (1.21)$$

将式(1.20)和式(1.21)代入式(1.19),得

$$\frac{C_1}{KS} \cdot \frac{\mathrm{d}t_1}{\mathrm{d}x} = 2t_1 - t_{2a} - t_{2b} \qquad (1.22)$$

将此式对 x 微分,则

$$\frac{C_1}{KS} \cdot \frac{\mathrm{d}^2 t_1}{\mathrm{d}x^2} = 2\frac{\mathrm{d}t_1}{\mathrm{d}x} - \frac{\mathrm{d}t_{2a}}{\mathrm{d}x} - \frac{\mathrm{d}t_{2b}}{\mathrm{d}x} \qquad (1.23)$$

将式(1.20)和式(1.21)代入式(1.23),得

$$\frac{C_1}{KS} \cdot \frac{\mathrm{d}^2 t_1}{\mathrm{d}x^2} = 2\frac{\mathrm{d}t_1}{\mathrm{d}x} - \frac{KS}{C_2}(t_{2b} - t_{2a}) \qquad (1.24)$$

再将式(1.20)代入式(1.24)并经整理之后可得

$$\frac{\mathrm{d}^2 t_1}{\mathrm{d}x^2} - \frac{2KS}{C_1}\frac{\mathrm{d}t_1}{\mathrm{d}x} + \left(\frac{KS}{C_2}\right)^2 (t'_1 - t_1) = 0 \qquad (1.25)$$

此为壳侧流体温度沿着流动方向变化的微分方程式。为了求解此式,引入新变量

$$Z = t'_1 - t_1 \qquad (1.26)$$

其中,t'_1 为热流体的起始温度,作为常量看待。于是式(1.25)变成

$$\frac{\mathrm{d}^2 Z}{\mathrm{d}x^2} - \frac{2KS}{C_1} \cdot \frac{\mathrm{d}Z}{\mathrm{d}x} - \left(\frac{KS}{C_2}\right)^2 Z = 0 \qquad (1.27)$$

这是一个二阶齐次线性常微分方程式,设其解为

$$Z = \mathrm{e}^{mx} \qquad (1.28)$$

代入式(1.27)中,则有

$$m^2 = 2\frac{KSm}{C_1} - \left(\frac{KS}{C_2}\right)^2 = 0 \qquad (1.29)$$

解此一元二次方程,可得到 m 的两个解:

$$\left.\begin{array}{l} m_a = \dfrac{KS}{C_1}(1 + \xi) \\[2mm] m_b = \dfrac{KS}{C_1}(1 - \xi) \end{array}\right\} \qquad (1.30)$$

式中 $\xi = \sqrt{1 + \left(\dfrac{C_1}{C_2}\right)^2}$。

因此，由式（1.29）可得式（1.27）的通解为

$$Z = M_a e^{m_a x} + M_b e^{m_b x} \tag{1.31}$$

其中的待定常数 M_a，M_b 可由边界条件确定。即

$x = 0$ 时，有 $t_1 = t''_1$ 或 $Z = t'_1 - t''_1$

$x = L$ 时，有 $t_1 = t'_1$ 或 $Z = 0$

将其代入式（1.31）中，可求出待定常数

$$\left.\begin{array}{c} M_a = -\dfrac{(t'_1 - t''_1)\exp(m_b L)}{\exp(m_a L) - \exp(m_b L)} \\[3mm] M_b = -\dfrac{(t'_1 - t''_1)\exp(m_b L)}{\exp(m_a L) - \exp(m_b L)} \end{array}\right\} \tag{1.32}$$

将式（1.32）代入式（1.31），则

$$z = (t'_1 - t''_1)\dfrac{-\exp(m_a L + m_b x) - \exp(m_b L + m_a x)}{\exp(m_a L) - \exp(m_b L)} \tag{1.33}$$

式（1.33）表示了壳侧流体温度沿距离 x 的变化规律。

若对式（1.32）中 x 求导，可得壳侧流体温度的变化率，即

$$\dfrac{\mathrm{d}Z}{\mathrm{d}x} = -\dfrac{\mathrm{d}t_1}{\mathrm{d}x} = M_a m_a \exp(m_a x) + M_b m_b \exp(m_b x) \tag{1.34}$$

将式（1.22）代入式（1.34），考虑到边界条件：$x = 0$ 时，$t_1 = t''_1$，$t_{2a} = t'_2$，$t_{2b} = t''_2$。

则 $$M_a m_a + M_b m_b = \dfrac{-KS}{M_1 c_1}(2t''_1 - t'_2 - t''_2) \tag{1.35}$$

将由式（1.30）及式（1.32）确定的 m_a、m_b 及 M_a、M_b 代入式（1.35）就有

$$\dfrac{(t'_1 - t''_1)}{\exp(m_a L) - \exp(m_b L)}\left[(1+\xi)\exp(m_b L) - (1-\xi)\exp(m_a L)\right] = 2t''_1 - t'_2 - t''_2 \tag{1.36}$$

进行整理后，得

$$\xi(t'_1 - t''_2)\dfrac{\exp(m_a L) + \exp(m_b L)}{\exp(m_a L) - \exp(m_b L)} = t'_1 + t''_1 - t''_2 - t'_2 \tag{1.37}$$

分子和分母同除以 $\exp(m_a L)$，整理之后，可得

$$(m_a - m_b)L = \ln\left[\dfrac{t'_1 + t''_1 - t'_2 - t''_2 + \xi(t'_1 - t''_1)}{t'_1 + t''_1 - t'_2 - t''_2 + \xi(t'_1 - t''_1)}\right] \tag{1.38}$$

根据式（1.30），有

$$(m_a - m_b)L = \dfrac{2KSL}{C_1}\xi \tag{1.39}$$

对于热交换器的整体，传热方程和热平衡方程可以结合写成

$$2KSL\,\Delta t_m = C_1(t'_1 - t''_1) \tag{1.40}$$

其中 $2SL = F$ 为传热面积，则有

$$\Delta t_m = \dfrac{C_1}{2KSL}(t'_1 - t''_1) \tag{1.41}$$

由式（1.38）和式（1.39），得

$$2KSL = \frac{C_1}{\xi}\ln\left[\frac{t'_1 + t''_1 - t'_2 - t''_2 + \xi(t'_1 - t''_1)}{t'_1 + t''_1 - t'_2 - t''_2 - \xi(t'_1 - t''_1)}\right] \tag{1.42}$$

将式(1.42)代入式(1.41),并考虑到

$$\xi = \sqrt{1 + \left(\frac{C_1}{C_2}\right)^2} = \sqrt{1 + \left(\frac{t''_2 - t'_2}{t'_1 - t''_1}\right)^2} \tag{1.43}$$

进行整理之后,得到计算平均温差的公式为

$$\Delta t_m = \frac{\sqrt{(t'_1 - t''_1)^2 + (t''_2 - t'_2)^2}}{\ln\dfrac{t'_1 + t''_1 - t'_2 - t''_2 + \sqrt{(t'_1 - t''_1)^2 + (t''_2 - t'_2)^2}}{t'_1 + t''_1 - t'_2 - t''_2 - \sqrt{(t'_1 - t''_1)^2 + (t''_2 - t'_2)^2}}} \tag{1.44}$$

利用式(1.14)和式(1.15)给出的辅助函数 P, R,可将该式改写成

$$\Delta t_m = \frac{\sqrt{R^2 + 1}}{\ln\left[\dfrac{2 - P(1 + R) - P\sqrt{R^2 + 1}}{2 - P(1 + R) + P\sqrt{R^2 + 1}}\right]}(t''_2 - t'_2) \tag{1.45}$$

由式(1.13)及式(1.16),又有

$$\Delta t_m = \psi\frac{(R - 1)(t''_2 - t'_2)}{\ln\left(\dfrac{1 - P}{1 - PR}\right)} \tag{1.46}$$

使式(1.45)及式(1.46)相等,经过整理之后可得

$$\psi = \frac{\sqrt{R^2 + 1}}{(R - 1)}\frac{\ln\left(\dfrac{1 - P}{1 - PR}\right)}{\ln\left[\dfrac{2 - P(1 + R - \sqrt{R^2 + 1})}{2 - P(1 + R + \sqrt{R^2 + 1})}\right]} \tag{1.47}$$

由上可见,该流动方式的平均温差可直接用式(1.44)和式(1.45)计算,或用式(1.13)计算,其中的 ψ 值则用式(1.47)算出。

对于先顺流后逆流的〈1-2〉型热交换器推导的结果表明,式(1.47)也是适用的。

分析还表明,即使对于壳侧为一个流程、管侧为偶数流程的〈1-4〉型、〈1-6〉型、……、〈1-2n〉型热交换器,式(1.47)仍可近似使用,因为它们的 ψ 值差得很小。

【例1-2】 两种流体中只有一种流体有横向混合的错流式热交换器,图1-2-6所示为这种流动方式以及流体温度变化的示意图。

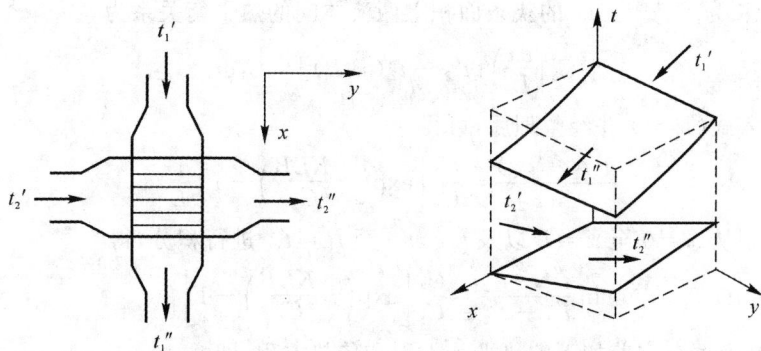

图1-2-6 只有一种流体发生横向混合的错流式热交换器及其温度变化的示意图

设有长为 L、宽为 B 的壁面,热流体流动方向为 x,在 y 方向发生混合,冷流体流动方向为 y,横向不混合,如图 $1-2-7$ 所示。

因而
$$t_1 = f(x), \quad t_2 = f(x,y)$$

两种流体各自在入口处具有均匀的温度,分别为 t'_1 和 t'_2,另外补充假定冷流体在横向不发生导热。

由微元面积 $\mathrm{d}F = (\mathrm{d}x\mathrm{d}y)$ 的传热方程式和热平衡方程式,有

$$K(t_1 - t_2)\mathrm{d}x\mathrm{d}y = C_2\left(\frac{\mathrm{d}x}{L}\right)\mathrm{d}t_2$$

或
$$\frac{C_2}{L}\mathrm{d}t_2 = K(t_1 - t_2)\mathrm{d}y \tag{1.48}$$

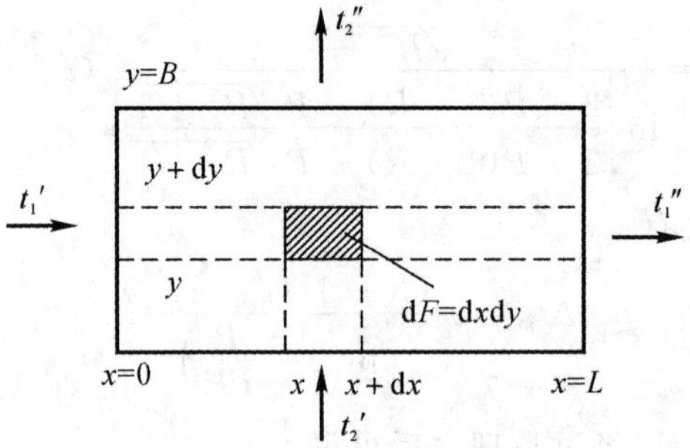

图 $1-2-7$ 只有一种流体作横向混合的情况

因为 t_1 与 y 无关,可将式(1.48)写成

$$\frac{\mathrm{d}(t_1 - t_2)}{t_1 - t_2} = \frac{-KL}{C_2}\mathrm{d}y \tag{1.49}$$

将式(1.49)在 $y=0$ 至 $y=B$,t_2 在 t'_2 至 $t_2(x,B)$ 区间分别积分,得

$$\frac{t_1 - t_2(x,B)}{t_1 - t'_2} = \exp\left(\frac{-KLB}{C_2}\right)$$

$$t_2(x,B) = t_1 - (t_1 - t'_2)\exp\left(\frac{-KLB}{C_2}\right) \tag{1.50}$$

式(1.50)表示了在某一位置 x 处,冷流体出口温度 $t_2(x,B)$ 与 x 处热流体温度 t_1 之间的关系。

另外,对于长为 B、宽为 $\mathrm{d}x$ 的狭条面积上两流体间的热平衡关系为

$$C_2\left(\frac{\mathrm{d}x}{L}\right)[t'_2 - t_2(x,B)] = C_1\mathrm{d}t_1 \tag{1.51}$$

将式(1.50)代入式(1.51)并经整理后,可得

$$\frac{\mathrm{d}(t_1 - t'_2)}{t_1 - t'_2} = \frac{C_2}{C_1}\left[\exp\left(-\frac{KLB}{C_2}\right) - 1\right]\frac{\mathrm{d}x}{L} \tag{1.52}$$

对式(1.52)分别从 $x=0$ 至 $x=L$ 以及 $t_1 = t'_1$ 至 $t_1 = t''_1$ 进行积分,得

$$\ln\frac{t''_1 - t'_2}{t'_1 - t'_2} = \frac{C_2}{C_1}\left[\exp\left(-\frac{KLB}{C_2}\right) - 1\right] \tag{1.53}$$

由于对整个热交换器存在着如下的热平衡方程和传热方程,即

$$\frac{C_2}{C_1} = \frac{t'_1 - t''_1}{t''_2 - t'_2}; \quad \frac{KLB}{C_2} = \frac{t''_2 - t'_2}{\Delta t_m}$$

因而式(1.53)为

$$\Delta t_{\mathrm{m}} = \frac{-(t''_2 - t'_2)}{\ln\left[1 + \frac{(t''_2 - t'_2)}{t'_1 - t''_1}\ln\frac{t'_1 - t'_2}{t'_1 - t'_2}\right]} \tag{1.54}$$

考虑到式(1.16)以及 $\frac{t''_2 - t'_2}{t'_1 - t'_2} = \frac{1}{R}, \frac{t'_1 - t'_2}{t'_1 - t'_2} = 1 - PR$，则由式(1.54)可得

$$\psi = \frac{\ln\dfrac{1-P}{1-PR}}{(1-R)\ln\left[1 + \dfrac{1}{R}\ln(1-PR)\right]} \tag{1.55}$$

若冷流体发生横向混合而热流体不混合时，仍可利用式(1.55)进行计算，但辅助参数应取为 $P = \dfrac{t'_1 - t''_1}{t'_1 - t'_2}, R = \dfrac{t''_2 - t'_2}{t'_1 - t''_1}$。

综合上述，对于只有一种流体有横向混合的错流式热交换器，可将辅助参数的取法归纳为

$$\left.\begin{array}{l} P = \dfrac{无混流体的温差}{两流体进口温差} \\[3mm] R = \dfrac{混合流体的温}{无混合流体的温} \end{array}\right\} \tag{1.56}$$

工程上为使计算方便，通常将求取 ψ 值的公式绘成线图，根据 P,R 值，即可查出 ψ 值的大小，如图 1-2-8 ～ 图 1-2-14 所示。

ψ 值总是小于或等于1的，从 ψ 值的大小可看出某种流动方式在给定工况下接近逆流的程度。在设计中除非出于降低壁温的目的，否则最好使 $\psi > 0.9$，若 $\psi < 0.75$ 就认为不合理，此时可采用多壳程(例如将 < 1-2 > 型改为 < 2-4 > 型)或多台串联的方式来代替，因为这样可使 ψ 值提高，使流动方式更接近于逆流。

从 ψ 值的推导过程可见，它是在分析热交换器微元面积的热平衡方程和传热方程的基础上而获得的，即

$$-C_1 \mathrm{d}t_1 = C_2 \mathrm{d}t_2 = K(t_1 - t_2)\mathrm{d}F \tag{1.57}$$

如果把热交换器中的两种流体交换一下，即下标1改为冷流体，下标2改为热流体，此时式(1.57)并不因此改变，故 ψ 值也不改变。但是根据前面对 P、R 两值所作的定义，将改变了下标之后的 P,R 以 P',R' 表示时，则有

$$\left.\begin{array}{l} P' = \dfrac{t''_1 - t'_1}{t'_2 - t'_1} = PR \\[3mm] R' = \dfrac{t'_2 - t''_2}{t'_1 - t'_1} = \dfrac{1}{R} \end{array}\right\} \tag{1.58}$$

因而下标改变后相当于用 PR 和 $\dfrac{1}{R}$ 代替 P 和 R。亦即

$$\psi = f(P,R) = f\left(PR, \frac{1}{R}\right) \tag{1.59}$$

根据这一点，在查取 ψ 值的线图时，当 R 超过线图所示范围或当某些区域的 ψ 值不易读准时可用 P' 和 R' 查图，对 ψ 值的大小并无影响。

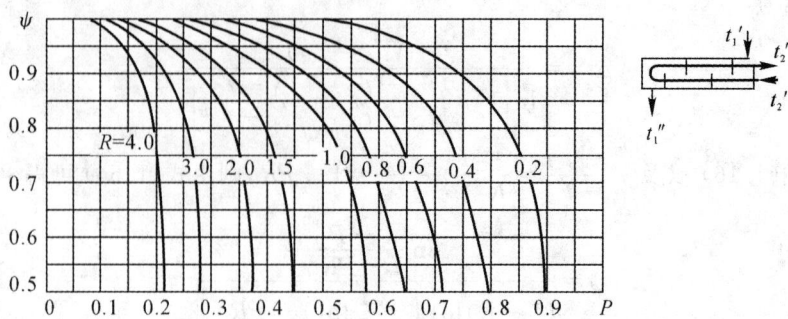

图 1-2-8 〈1-2〉型热交换器的 ψ 值

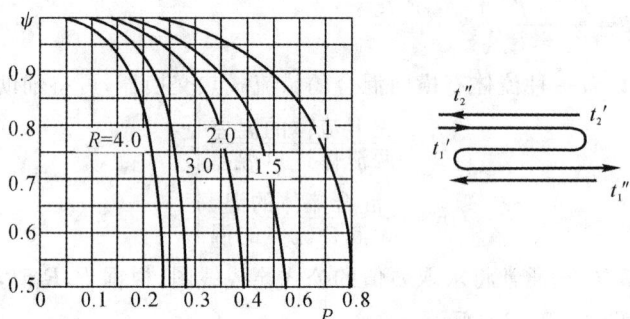

图 1-2-9 一个流程顺流,两个流程逆流的热交换器的 ψ 值

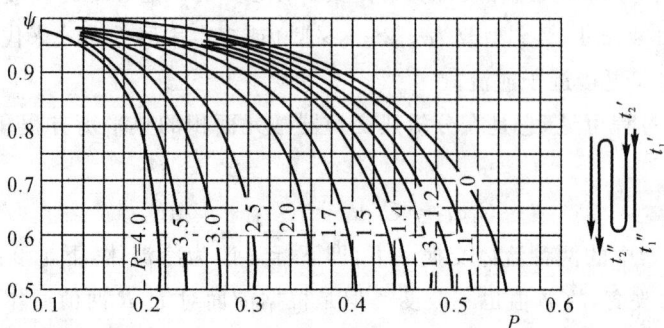

图 1-2-10 一个流程逆流,两个流程顺流的热交换器的 ψ 值

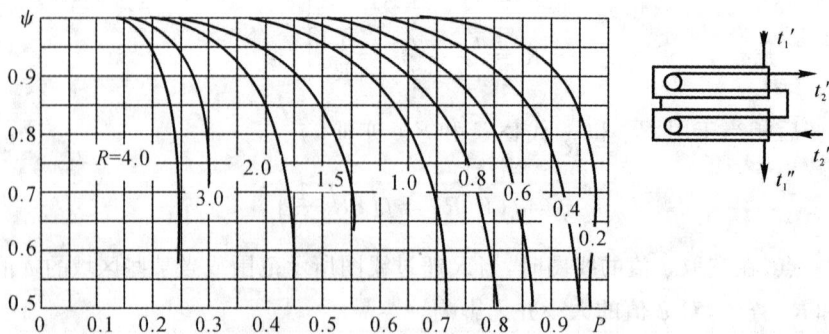

图 1-2-11 〈2-4〉型热交换器的 ψ 值

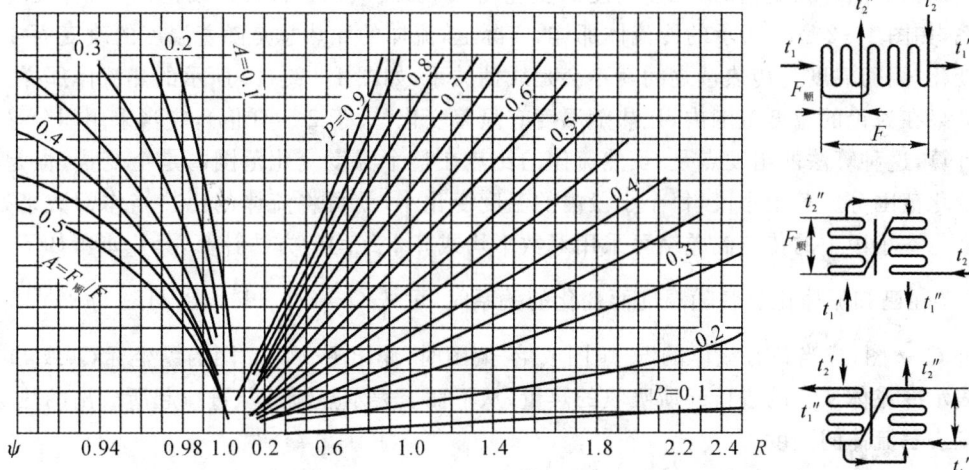

图 1-2-12 串联混合流型热交换器的 ψ 值

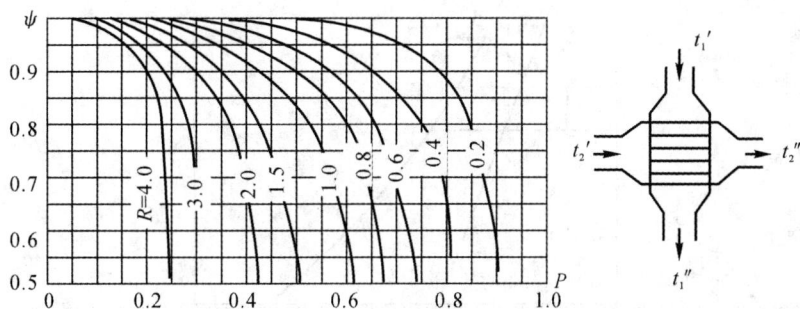

图 1-2-13 只有一种流体有横向混合的一次错流热交换器的 ψ 值

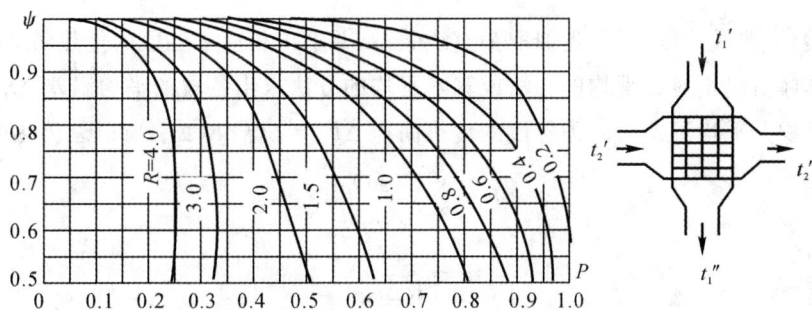

图 1-2-14 两种流体均无横向混合的一次错流热交换器的 ψ 值

四、流体比热或传热系数变化时的平均温差

如前所述,平均温差的各个公式及线算图都是在假定流体物性(包括比热容)恒定的基础上推导得到的,事实上这种情形几乎没有,由于

$$dQ = mc\,dt$$

因而当比热容为定值时,流体温度的变化与吸收(或放出)的热量成正比,两者表现为线性关系,如图 1-2-15 所示的冷流体那样,实际上,流体的比热总是随着温度的改变而或多或少地变化,因而温度与传热量之间就不会是线性关系,如图 1-2-15 所示的热流体那样。

如果在讨论的温度范围内,比热随温度有显著变化(大于 2～3 倍),应当采用积分平均温差来计算,这种算法的出发点是:虽然流体的比热在整个温度变化范围内是个变量,但是若把温度变化范围分成若干小段,每个小段内的温度变化小,就可将流体的比热当作常数来处理,因此在每一小段中的传热温差就可采用对数平均或算术平均的方法计算,具体步骤如下。

(1) 在已知流体比热容随温度而变化的关系时,可按 $Q=m\int_{t'}^{t''}c\,\mathrm{d}t$ 作出如图 1-2-15 所示的那种 $Q\text{-}t$ 图,或当备有流体的温-熵图或焓-熵图时,作出 $I\text{-}t$ 图。图的纵坐标 Q(或 I)从上而下表示冷流体从它的进口起所吸收的热量,从下而上表示热流体从进口起所放出的热量,横坐标则表示流体的温度。

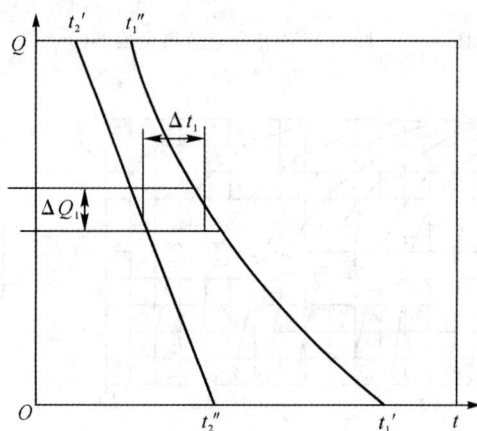

图 1-2-15　$Q\text{-}t$ 图

(2) 将 $Q\text{-}t$ 曲线分段,每段近似取为直线关系,并求出相应各段的传热量 ΔQ_i。

(3) 按具体情况用对数平均的方法或算术平均的方法求出各段的平均温差 Δt_i。

(4) 计算积分平均温差。因为各段的传热面积 $\Delta F_i=\Delta Q_i/K_i\Delta t_i$,所以总传热面:

$$F=\sum_{i=1}^{n}\frac{\Delta Q_i}{K_i\,\Delta t_i} \tag{1.60}$$

又

$$F=\frac{Q}{K\Delta t_{\mathrm{m}}} \tag{1.61}$$

使式(1.60)和式(1.61)相等,并假定各段的传热系数相同,则可得到总的平均温差,即积分平均温差,有时也用一个特定的符号 $(\Delta t_{\mathrm{m}})_{\mathrm{int}}$ 表示,则有

$$(\Delta t_{\mathrm{m}})_{\mathrm{int}}=\frac{Q}{\displaystyle\sum_{i=1}^{n}\frac{\Delta Q_i}{\Delta t_i}} \tag{1.62}$$

以上步骤也可按每段传热量相同的方法分段,设这时有 n 段,则每段的传热量 $\Delta Q_i=\dfrac{Q}{n}$,于是式(1.60)成为

$$F = \frac{Q}{Kn} \sum_{i=1}^{n} \frac{1}{\Delta t_i} \tag{1.63}$$

由式(1.61)和式(1.63)可得积分平均温差为

$$(\Delta t_m)_{int} = \frac{n}{\sum\limits_{i=1}^{n} \dfrac{1}{\Delta t_i}} \tag{1.64}$$

如图 1-2-1(f) 和图 1-2-1(g) 所示的热交换过程,一种流体处于冷却并冷凝、过冷,或加热并沸腾、过热时,相当于比热发生剧烈变化的情况,也应考虑分段计算;又如图 1-2-1(h) 所示的热交换情况,其中热流体含有不凝结气体,这时所放出的热量不与温度的变化成正比,也应分段计算平均温差。

在推导对数平均温差时也曾做过传热系数不变的假定,实际上它在整个传热过程中也是变化的,不过在工程的热交换器中由于物性的变化一般不大,反映到传热系数的变化上就更小,因此,一般工程计算中可以把热交换器中各部分的传热系数视为常量。若传热系数变化确实较大,仍可采用分段计算的办法,把每段的传热系数作为常数,分段计算平均温差和传热量,即取

$$\Delta Q_i = K_i \Delta t_i F_i \tag{1.65}$$

式中 ΔQ_i—— 该段传热量;

$\quad K_i$—— 该段的传热系数;

$\quad \Delta t_i$—— 该段的平均温差;

$\quad F_i$—— 该段的传热面积。

而总传热量为

$$Q = \sum_{i=1}^{n} \Delta Q_i \tag{1.66}$$

如果 K 随温差 Δt 成线性变化,或 K 随两流体中任一种流体温度成线性变化时,对于顺流或逆流都可用下式计算,有

$$\frac{Q}{F} = \frac{K'' \Delta t' - K' \Delta t''}{\ln \dfrac{K'' \Delta t'}{K' \Delta t''}} \tag{1.67}$$

式中 K',$\Delta t'$—— 分别为 $F_x = 0$ 处的传热系数和两流体温差;

$\quad K''$,$\Delta t''$—— 分别为 $F_z = F$ 处的传热系数和两流体温差。

对于其他流型,作为一种近似的计算方法,可在式(1.67)等号之右以温差修正系数 ψ 乘之,而 $\Delta t'$、$\Delta t''$ 为按逆流情况计算的端部温差。

【例 1-3】 有一蒸汽加热空气的热交换器,它将质量流量为 21 600 kg/h 的空气从 10℃ 加热到 50℃。空气与蒸汽逆流,其比热容为 1.02 kJ/(kg·℃),加热蒸汽系压力 $p = 0.2$ MPa、温度为 140℃ 的过热蒸汽,在热交换器中被冷却为该压力下的饱和水。试求其平均温差。

由水蒸气的热力性质表查得蒸汽有关状态参数为:

饱和温度 $t_s = 120.23$℃;饱和蒸汽比焓 $h'' = 2\,707$ kJ/kg;过热蒸汽比焓 $h = 2\,749$ kJ/kg;汽化潜热 $r = 2\,202$ kJ/kg。

于是可算出整个热交换器的传热量为

$$Q = q_2 c_2 (t''_2 - t'_2) = \frac{21\ 600}{3\ 600} \times 1.02 \times (50 - 10) = 244.8\ \text{kJ/s}$$

从热平衡关系求蒸汽耗量 M_1：

因
$$Q = M_1 [(i - i'') + r]$$

则
$$M_1 = \frac{Q}{i - i'' + r} = \frac{244.8}{2\ 749 - 2\ 707 + 2\ 202} = 0.109\ 1\ \text{kg/s}$$

因为在热交换器中存在冷却和冷凝段，因而将之分两段计算，如图 1-2-16 所示。

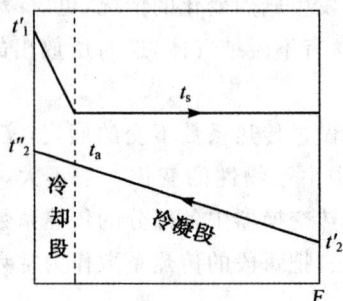

图 1-2-16 【例 1-3】附图

在过热蒸汽的冷却段放出的热量 Q_1 为
$$Q_1 = M_1 (i - i'') = 0.109\ 1 \times (2\ 749 - 2\ 707) = 4.58\ \text{kJ/s}$$

在冷凝段，则为
$$Q_2 = M_1 r = 0.109\ 1 \times 2\ 202 = 240.24\ \text{kJ/s}$$

为了分段求平均温度，应先求出两分段分界处的空气温度 t_a，有
$$Q_2 = M_2 c_2 (t_1 - t'_2)$$
$$240.24 = \frac{21\ 600}{3\ 600} \times 1.02 \times (t_1 - 10)$$
$$t_a = 49.25\ ℃$$

由此，冷却段之平均温差为
$$\Delta t_1 = \frac{(140 - 50) - (120.23 - 49.25)}{\ln \dfrac{140 - 50}{120.23 - 49.25}} = 80.11\ ℃$$

而冷凝段之平均温差
$$\Delta t_2 = \frac{49.25 - 10}{\ln \dfrac{120.23 - 10}{120.23 - 49.25}} = 89.17\ ℃$$

总的平均温差为
$$(\Delta t_m)_{\text{int}} = \frac{Q}{\sum\limits_{i=1}^{n} \dfrac{\Delta Q_i}{\Delta t_i}} = \frac{244.8}{\dfrac{4.58}{80.11} + \dfrac{240.24}{89.17}} = 89\ ℃$$

从此例可见，以过热蒸汽作为加热流体时，只要过热度不是很大的场合，过热蒸汽的冷却段在整个热交换器中所起的作用不是很大，因而即使以冷凝段的参数来计算，其误差也很小。

任务实施

项目任务书和任务完成报告见表 1-2-1 和表 1-2-2。

表 1-2-1　项目任务书

任务名称	平均温差的计算		
小组成员			
指导教师		计划用时	
实施时间		实施地点	
任务内容与目标			
1.掌握流体的温度分布。 2.掌握顺流和逆流情况下的平均温差。 3.了解其他流动方式时的平均温差。 4.掌握流体比热或传热系数变化时的平均温差。			
考核项目	1.流体的温度分布。 2.顺流和逆流情况下的平均温差的计算。 3.流体比热或传热系数变化时的平均温差的计算。		
备注			

表 1-2-2　项目任务完成报告

任务名称	平均温差的计算		
小组成员			
具体分工			
计划用时		实际用时	
备注			

1.请分别简述图 1-2-1(a)(b)(c)(d)(e)(f)(g)(h)中流体平行流动时温度分布是由什么样的两个流体形成的。

2.(参考【例 1-3】计算)某空分装置中以产品氧气冷却空气,已知空气流量 $q_{V,1}^\theta = 110$ m³/h(这里 θ 是指标准状态),氧气流量 $q_{V,2}^\theta = 150$ m²/h,压力 $p_1 = 2\,000$ kPa,$p_2 = 140$ kPa,空气与氧气逆流流动,其进、出口参数为:

空气:$T'_1 = 150$ K;$T''_1 = 120$ K;$h'_{m,1} = 8\,717$ kJ/(kg·mol);$h''_{m,1} = 7\,034$ kJ/(kg·mol)。

氧气:$T'_2 = 94$ K;$T''_2 = 137$ K;$h'_{m,2} = 7\,536$ kJ/(kg·mol);$h'''_{m,2} = 8\,812$ kJ/(kg·mol)。

因为该热交换器在低于周围环境的温度下工作,根据经验,其冷损 $Q_L = 280$ kJ/h。试求该热交换器的平均温差。

📓 任务评价

任务综合评价表见表 1-2-3。

表 1-2-3 项目任务综合评价表

任务名称：　　　　　　　　　　　　　　　　测评时间：　　年　　月　　日

考核明细	标准分	实训得分								
		小组成员								
		小组自评	小组互评	教师评价	小组自评	小组互评	教师评价	小组自评	小组互评	教师评价
团队60分 小组是否能在总体上把握学习目标与进度	10									
小组成员是否分工明确	10									
小组是否有合作意识	10									
小组是否有创新想（做）法	10									
小组是否如实填写任务完成报告	10									
小组是否存在问题和具有解决问题的方案	10									
个人40分 个人是否服从团队安排	10									
个人是否完成团队分配任务	10									
个人是否能与团队成员及时沟通和交流	10									
个人是否能够认真描述困难、错误和修改的地方	10									
合计	100									

❓ 思考练习

1.管子不带翅片，管外的气流可以在横向自由的、随意的运动，称为＿＿＿＿＿，但是管外内的流体属于＿＿＿＿＿。

2.P 的物理意义：＿＿＿＿＿＿＿＿＿＿＿＿＿＿＿＿＿＿＿＿。

3.R 的物理意义：＿＿＿＿＿＿＿＿＿＿＿＿＿＿＿＿＿＿＿＿。

任务三　传热有效度的计算

📖 任务描述

在对热交换器作设计性热计算时，两种流体的进、出口温度均为已知或由热平衡方程式求出。此时利用平均温差来分析热交换器是方便的，然而对于校核性热计算，两种流体的出口温度往往是未知量，而在平均温差的计算式中却包含了出口温度，因此若用平均温差来分析就必须进行多次试算,这是很不方便的。另外,利用 P,R 值查取修正系数 ψ 值时,$\psi = f(P,R)$ 曲线在某些范围内的斜率 $\mathrm{d}\psi/\mathrm{d}P$ 很大,当 P 值稍有偏差,就会使 ψ 值相差很多。针对平均温差法的这些缺点,努塞尔(Nusselt W.)提出了一种称之为传热有效度-传热单元数的方法(ε - NTU 法),简称"传热单元数法"(NTU 法)。

PPT
传热有效度的计算

任务资讯

一、传热有效度的定义

为了定义一个热交换器的传热有效度,首先必须明确该热交换器的最大可能的传热量 $Q_{\max}$。所谓 $Q_{\max}$ 是指一个面积为无穷大且其流体流量和进口温度与实际热交换器的流量和进口温度相同的逆流型热交换器所能达到的传热量的极限值,在这个热交换器中,热流体可以被冷却到 t'_2,或者冷流体可以被加热到 t'_1,考虑到在两种流体中,只有热容较小的那种流体,才有可能达到最大的温度变化,因此最大可能传热量可表达为

$$Q_{\max} = C_{\min}(t'_1 - t'_2) \tag{1.68}$$

式中,$C_{\min}$ 为 C_1,C_2 中小者。

然而,实际传热量总是小于最大可能传热量。实际传热量 Q 与最大可能传热量 $Q_{\max}$ 之比,称为传热有效度,通常以 ε 表示,即

$$\varepsilon = Q/Q_{\max} \tag{1.69a}$$

因此,如果 $C_1 = C_{\min}$ 时,有

$$\varepsilon = \frac{t'_1 - t''_1}{t'_1 - t'_2} \tag{1.69b}$$

如果 $C_2 = C_{\min}$ 时,有

$$\varepsilon = \frac{t''_2 - t'_2}{t'_1 - t'_2} \tag{1.69c}$$

故可将传热有效度统一写成:$\varepsilon = \Delta t_{\max}/(t'_1 - t'_2)$。其中 $\Delta t_{\max}$ 表示两流体的温度变化值中大者(即小热容流体)的温度变化值。

根据 ε 的定义,它是一个无因次参数,一般小于 1,其实用性在于:若已知 ε 及 t'_1、t'_2 时,就可很容易地由下式确定热交换器的实际传热量为

$$Q = \varepsilon C_{\min}(t'_1 - t'_2) \tag{1.70}$$

根据求得的 Q,就可用热平衡方程式方便地求出两个流体的出口温度 t''_1 和 t''_2,所以问题就归结到如何求 ε。在明确了各种流动方式的 ε 的求法后,问题就迎刃而解了。

二、顺流和逆流时的传热有效度

由前文已知,顺流时,有

$$\left. \begin{array}{l} \Delta t'' = \Delta t' \exp\left[-KF\left(\frac{1}{C_1} + \frac{1}{C_2}\right)\right] \\[2mm] \dfrac{t''_1 - t''_2}{t'_1 - t'_2} = \exp\left[-KF\left(\frac{1}{C_1} + \frac{1}{C_2}\right)\right] \end{array} \right\} \tag{1.71}$$

由热平衡关系,则有

$$t''_1 = t'_1 - \frac{C_2}{C_1}(t''_2 - t'_2) \tag{1.72}$$

将式(1.72)代入式(1.71)中,有

$$\left.\begin{array}{l} \dfrac{t'_1 - \dfrac{C_2}{C_1}(t''_2 - t'_2) - t''_2}{t'_1 - t'_2} = \exp\left[-KF\left(\dfrac{1}{C_1} + \dfrac{1}{C_2}\right)\right] \\[4mm] \dfrac{t'_1 - t'_2}{t'_1 - t'_2} - \dfrac{t''_2 - t'_2}{t'_1 - t'_2} - \dfrac{C_2(t''_2 - t'_2)}{C_1(t'_1 - t'_2)} = \exp\left[-KF\left(\dfrac{1}{C_1} + \dfrac{1}{C_2}\right)\right] \end{array}\right\} \tag{1.73}$$

若冷流体是热容量小的流体,则利用式(1.69c)的关系,式(1.73)变成

$$\varepsilon = \frac{1 - \exp\left[-\dfrac{KF}{C_2}\left(1 + \dfrac{C_2}{C_1}\right)\right]}{1 + \dfrac{C_2}{C_1}} \tag{1.74}$$

若热流体是热容量小的流体,则式(1.73)变成

$$\varepsilon = \frac{1 - \exp\left[-\dfrac{KF}{C_1}\left(1 + \dfrac{C_1}{C_2}\right)\right]}{1 + \dfrac{C_1}{C_2}} \tag{1.75}$$

由式(1.74)和式(1.75),可以将顺流时的传热有效度统一写成

$$\varepsilon = \frac{1 - \exp\left[-\dfrac{KF}{C_{\min}}\left(1 + \dfrac{C_{\min}}{C_{\max}}\right)\right]}{1 + \dfrac{C_{\min}}{C_{\max}}} \tag{1.76}$$

现将其中的 $\dfrac{KF}{C_{\min}}$ 定义为传热单元数,且以 NTU 表示,即

$$\mathrm{NTU} = KF/C_{\min} \tag{1.77}$$

它代表了热交换器传热能力的大小,也是一个无因次数。若再令

$$R_C = C_{\min}/C_{\max}$$

则顺流时的 ε-NTU 关系式为

$$\varepsilon = \frac{1 - \exp[-\mathrm{NTU}(1 + R_C)]}{1 + R_C} \tag{1.78}$$

这样就把热交换器的传热有效度表示成 $\varepsilon = \phi(\mathrm{NTU}, R_C)$ 的形式。用式(1.78)所表达的顺流时的 ε,NTU,R_C 三者的关系做成的线图如图 1-3-1 所示。

当任一种流体是在相变条件下传热,即 $C_{\max}$ 趋于无穷大时,$R_C = 0$,式(1.78)可简化成

$$\varepsilon = 1 - \exp(-\mathrm{NTU}) \tag{1.79}$$

而当两种流体的热容相等,即 $R_C = 1$ 时,有

$$\varepsilon = \frac{1 - \exp(-2\mathrm{NTU})}{2} \tag{1.80}$$

逆流时,可以用类似的推导方法得到 ε,NTU,R_C 三者的关系。

$$\varepsilon = \frac{1 - \exp[-\mathrm{NTU}(1 - R_C)]}{1 - R_C \exp[-\mathrm{NTU}(1 - R_C)]} \tag{1.81}$$

图 1-3-2 所示即为依式(1.81)做成的线图。从式(1.81)可见,当一种流体有相变,即当 $R_C = 0$ 时,逆流的 ε 与 NTU 之间的关系与式(1.78)相同,而当两种流体的热容量相等,即当 $R_C = 1$ 时,经推导式(1.81)成为

$$\varepsilon = \frac{\mathrm{NTU}}{1 + \mathrm{NTU}} \tag{1.82}$$

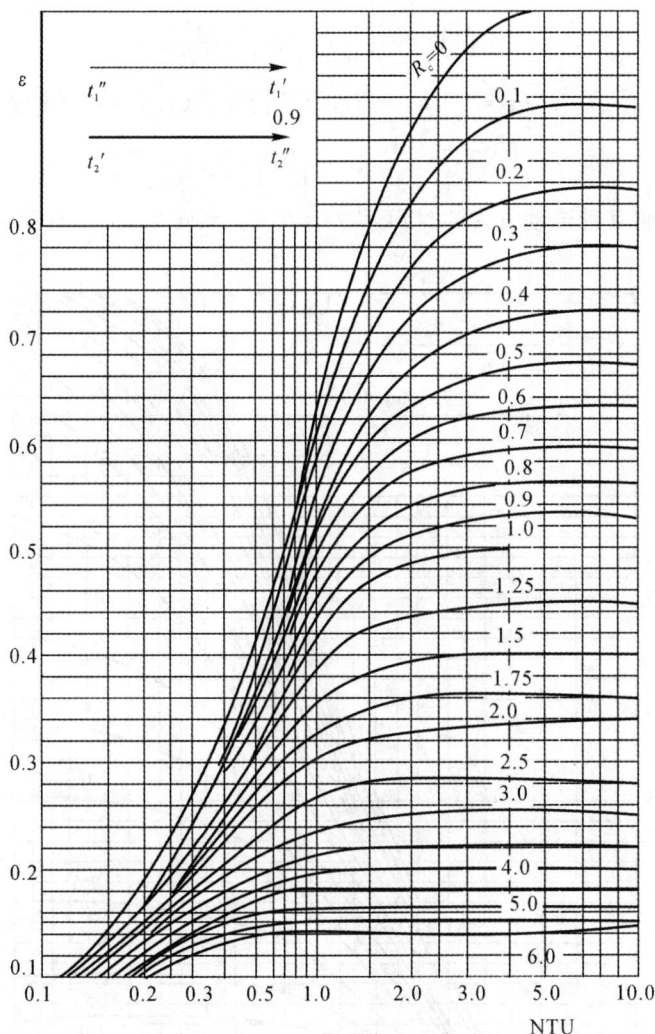

图 1-3-1 顺流热交换器的 ε

由以上分析可见,它们都是在传热方程式和热平衡方程式的基础上推导得到的,这与推导平均温差的过程完全相同。只不过在平均温差法中是整理成 $\psi = f(P, R)$ 的关系,而在 ε- NTU 法中是整理成 $\varepsilon = \phi(\mathrm{NTU}, R_C)$ 的关系,因而两者并无本质区别,只是处理方法不同。

在应用 ε-NTU 法时,应注意以下几点。

(1) 在同样的传热单元数时,逆流热交换器的传热有效度总是大于顺流的,而且随着传热

单元数的增加而增加。在顺流热交换器中则与此相反,其传热有效度一般随传热单元数的增加而趋于定值。因此在设计顺流热交换器时,当传热有效度达到一定值后,没有必要再增加传热单元数。

(2)按照平均温差法和 ε-NTU 法所作的定义比较,当 $C_2 = C_{\min}$ 时,存在如下关系: $\varepsilon = P$; $R_c = R$。而且

$$NTU = \frac{1}{\varphi} \frac{1}{R_c - 1} \ln \frac{1 - \varepsilon}{1 - \varepsilon R_c} \tag{1.83}$$

或

$$NTU = \frac{1}{\varphi} \frac{1}{R - 1} \ln \frac{1 - P}{1 - PR} \tag{1.84}$$

当 $W_1 = W_{\min}$ 时的关系为 $\varepsilon = P'$, $R_c = R'$,而且仍有式(1.83)所示的关系,并且

$$NTU = \frac{1}{\varphi} \frac{1}{R' - 1} \ln \frac{1 - P'}{1 - P'R'}$$

因而就可借此将某种流动方式的 $NTU = \phi(\varepsilon, R_c)$ 关系转化成 $\psi = f(P, R)$ 或 $\psi = f(P', R')$ 的关系。

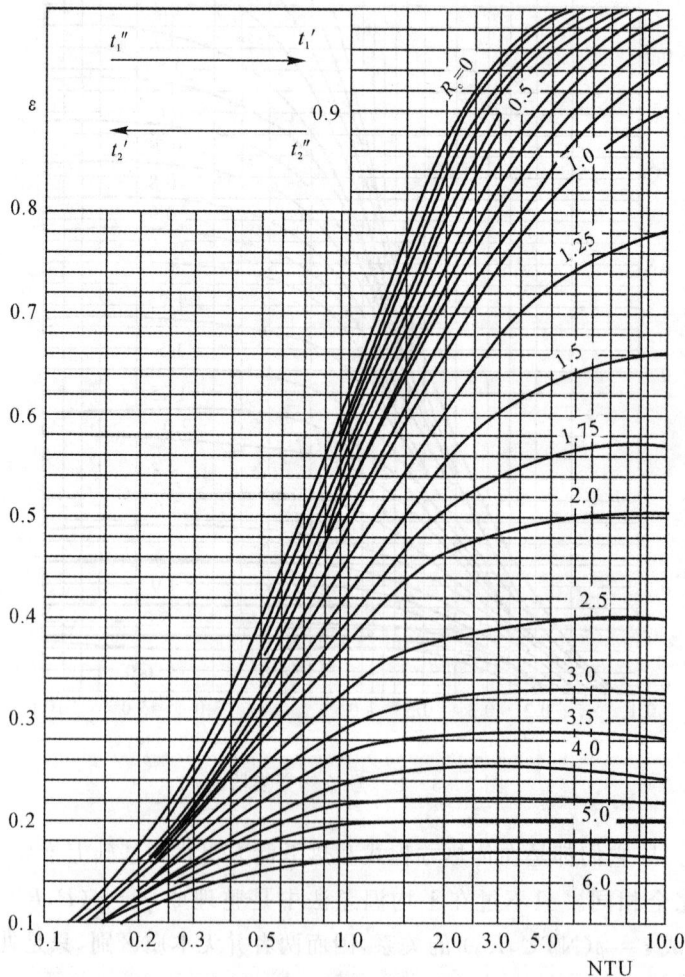

图 1-3-2　逆流热交换器的 ε

（3）考察一下传热有效度 ε 的公式（1.69b）和式（1.69c），它们实际上是以温度形式反映出热、冷流体可用热量被利用的程度，故此两式实质上表示了热流体的温度效率和冷流体的温度效率，因此除通常使用的传热有效度-传热单元数外，还有一种温度效率-传热单元数法，后者可任意对热流体或冷流体进行定义，而不必区分何者为小热容量流体，给计算带来许多方便。

于是，仍用符号 ε 表示温度效率时：热流体的温度效率 $\varepsilon_1 = \Delta t_1/(t'_1 - t'_2)$，冷流体的温度效率 $\varepsilon_2 = \Delta t_2/(t'_1 - t'_2)$。与之相应的，有

$$R_{C1} = C_1/C_2, \quad R_{C2} = W_2/W_1$$
$$\mathrm{NTU}_1 = KF/W_1, \quad \mathrm{NTU}_2 = KF/W_2$$

这时，$\varepsilon = \phi(\mathrm{NTU}, R_C)$ 的关系不变，但 R_C 值可能小于、等于或大于1，因此本书的 $\varepsilon - \mathrm{NTU}$ 图中，同时绘有 $R_C \leqslant 1$ 和 $R_C > 1$ 的曲线，而当 $R_C \leqslant 1$ 时，温度效率恰恰就是传热有效度。

以上各点，对于后面所述其他流型的 $\varepsilon - \mathrm{NTU}$ 关系同样适用。

【例1-4】 温度为99℃的热水进入一个逆流热交换器，将4℃的冷水加热到32℃。热水流量为 9 360 kg/h，冷水流量为 4 680 kg/h，传热系数为 830 W/(m²·℃)，试计算该热交换器的传热面积和传热有效度。

按题意可将温度工况示意如下：

$$t'_1 = 99℃ \xrightarrow{\text{热水}} t''_1 = ?$$
$$t''_2 = 32℃ \xleftarrow{\text{冷水}} t'_2 = 4℃$$

热水热容为
$$W_1 = \frac{9\ 360}{3\ 600} \times 4\ 186 = 10\ 883.6 \text{ W/℃}$$

冷水热容为
$$W_2 = \frac{4\ 680}{3\ 600} \times 4\ 186 = 5441.8 \text{ W/℃}$$

因而 $W_1 = W_{\max}$，$W_2 = W_{\min}$。

由热平衡关系 $10\ 883.6 \times (99 - t'_1) = 5\ 441.8 \times (32 - 4)$，故 $t'_1 = 85℃$。

而 $R_C = W_2/W_1 = 5\ 441.8/10\ 883.6 = 0.5$，$\varepsilon = \dfrac{t''_2 - t'_2}{t'_1 - t'_2} = \dfrac{32 - 4}{99 - 4} = 0.295$。

将以上数据代入式（1.81），即 $0.295 = \dfrac{1 - \exp[-\mathrm{NTU} \times 0.5]}{1 - 0.5\exp[-\mathrm{NTU} \times 0.5]}$，得 $\mathrm{NTU} = 0.38$。

故传热面积为

$$F = \frac{\mathrm{NTU} \cdot C_{\min}}{K} = \frac{0.38 \times 5\ 441.8}{830} = 2.49 \text{ m}^2$$

此例若以平均温差法计算时，有

$$\Delta t_{1m} = \frac{(85 - 4) - (99 - 32)}{\ln \dfrac{85 - 4}{99 - 32}} = 73.8℃$$

所需传热面积仍为

$$F = 5\ 441.8 \times 28/(830 \times 73.8) = 2.49 \text{ m}^2$$

若热流体的温度效率计算 ε，R_C，NTU 三值时，可得到 $\varepsilon_1 = 0.147$，$R_{c1} = 2$，$\mathrm{NTU}_1 = 0.19$，而 F 仍为 2.49 m²。

三、其他流动方式时的传热有效度

Kays 和 London 对于许多流动方式的 $\varepsilon - \mathrm{NTU}$ 关系做了介绍，并绘成线图，供设计时引

用。下面仍以〈1-2〉型和错流式热交换器为例进行推导。

(一)〈1-2〉型热交换器

该型热交换器的传热有效度可直接按式(1.37)作进一步分析求得。即

$$\xi(t'_1 - t''_1)\frac{\exp(m_a L) + \exp(m_b L)}{\exp(m_a L) - \exp(m_b L)} = t'_1 + t''_1 - (t''_2 - t'_2)$$

注意到 ξ 为每一流程单位长度上的传热面积,则有

$$m_a L = \frac{KF}{2W_1}\left[1 + \sqrt{1 + \left(\frac{W_1}{W_2}\right)^2}\right], \quad m_b L = \frac{KF}{2W_1}\left[1 - \sqrt{1 + \left(\frac{W_1}{W_2}\right)^2}\right]$$

为了推导的方便,假定热流体是小容量流体,则有

$$R_C = \frac{W_1}{W_2}, \quad \frac{KF}{W_1} = \mathrm{NTU}$$

将其代入式(1.37),得

$$\sqrt{1 + R_C^2}\frac{\exp\left[\frac{\mathrm{NTU}}{2}(1 + \sqrt{1 + R_C^2})\right] + \exp\left[\frac{\mathrm{NTU}}{2}(1 - \sqrt{1 + R_C^2})\right]}{\exp\left[\frac{\mathrm{NTU}}{2}(1 + \sqrt{1 + R_C^2})\right] - \exp\left[\frac{\mathrm{NTU}}{2}(1 - \sqrt{1 + R_C^2})\right]} = \frac{(t'_1 + t''_1) - (t''_2 + t'_2)}{t'_1 - t''_2}$$

$$(1.85)$$

令 $\Gamma = \mathrm{NTU}\sqrt{1 + R_C^2}$ 则式(1.85)等号之左等于

$$\sqrt{1 + R_C^2}\frac{\exp\left(\frac{\Gamma}{2}\right) + \exp\left(-\frac{\Gamma}{2}\right)}{\exp\left(\frac{\Gamma}{2}\right) - \exp\left(-\frac{\Gamma}{2}\right)} = \sqrt{1 + R_C^2}\left(\frac{1 + \mathrm{e}^{-\Gamma}}{1 - \mathrm{e}^{-\Gamma}}\right) \tag{1.86}$$

式(1.85)等号之右,由于

$$\varepsilon = \frac{t'_1 - t''_1}{t'_1 - t'_2}, \quad 1 - \varepsilon = \frac{t''_2 - t'_2}{t'_1 - t'_2} = \frac{1 - \varepsilon R_C}{\varepsilon}$$

得

$$\frac{(t'_1 + t''_1) - (t''_2 + t'_2)}{t'_1 - t''_1} = \frac{2}{\varepsilon} - (1 - R_C)$$

于是式(1.85)得到了简化,成为

$$\sqrt{1 + R_C^2}\left(\frac{1 + \mathrm{e}^{-\Gamma}}{1 - \mathrm{e}^{-\Gamma}}\right) = \frac{2}{\varepsilon} - (1 - R_C)$$

故得

$$\varepsilon = \frac{2}{(1 + R_C) + \sqrt{1 + R_C^2}(1 + \mathrm{e}^{-\Gamma})/(1 - \mathrm{e}^{-\Gamma})} \tag{1.87}$$

由此绘成的线图如图1-3-3所示。管侧流体相对于壳测流体来说,无论先逆后顺,还是先顺后逆,式(1.87)和图1-3-3均适用。对于〈1-2n〉型热交换器,其 ε 与〈1-2〉型相差很小,因而也可用上述结论。

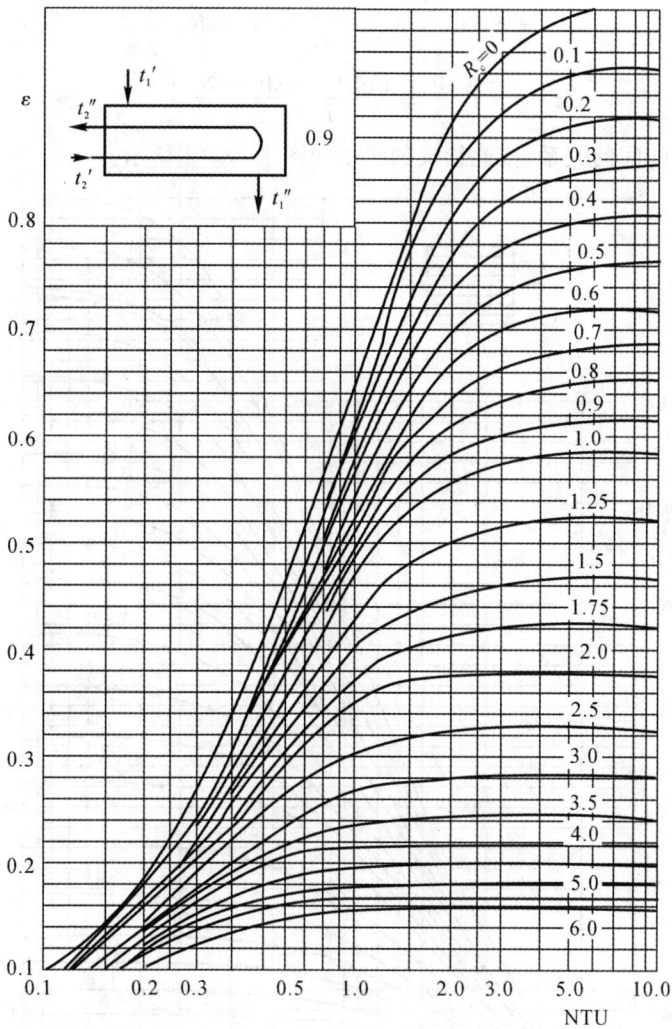

图 1-3-3 〈1-2〉型热交换器的 ε

(二) 两流体中仅一种有混合的错流式热交换器

这种流动方式已表示在图 1-2-4(b) 中，在推导平均温差时已得

$$\Delta t_{\mathrm{m}} = \frac{t''_2 - t'_2}{\ln\left(1 + \dfrac{t''_2 - t'_2}{t'_1 - t''_1}\ln\dfrac{t''_1 - t'_2}{t'_1 - t'_2}\right)}$$

考虑到

$$\frac{t''_2 - t'_2}{\Delta t_{\mathrm{m}}} = \frac{KF}{W_2} = \mathrm{NTU}, \quad \frac{t'_1 - t''_1}{t''_2 - t'_2} = R_C$$

而由式(1.15)，可得

$$\frac{t''_2 - t'_2}{t'_1 - t'_2} = 1 - PR_C = 1 - \varepsilon R_C \tag{1.88}$$

于是式(1.88)成为

$$-\text{NTU} = \ln\left[1 + \frac{1}{R_C}\ln(1 - \varepsilon R_C)\right] \tag{1.89}$$

或
$$\varepsilon = \frac{1 - \exp\{-R_C[1 - \exp(-\text{NTU})]\}}{R_C} \tag{1.90}$$

此即 ε 与 NTU 间的关系,依此绘成的线图如图 1 - 3 - 4 所示。

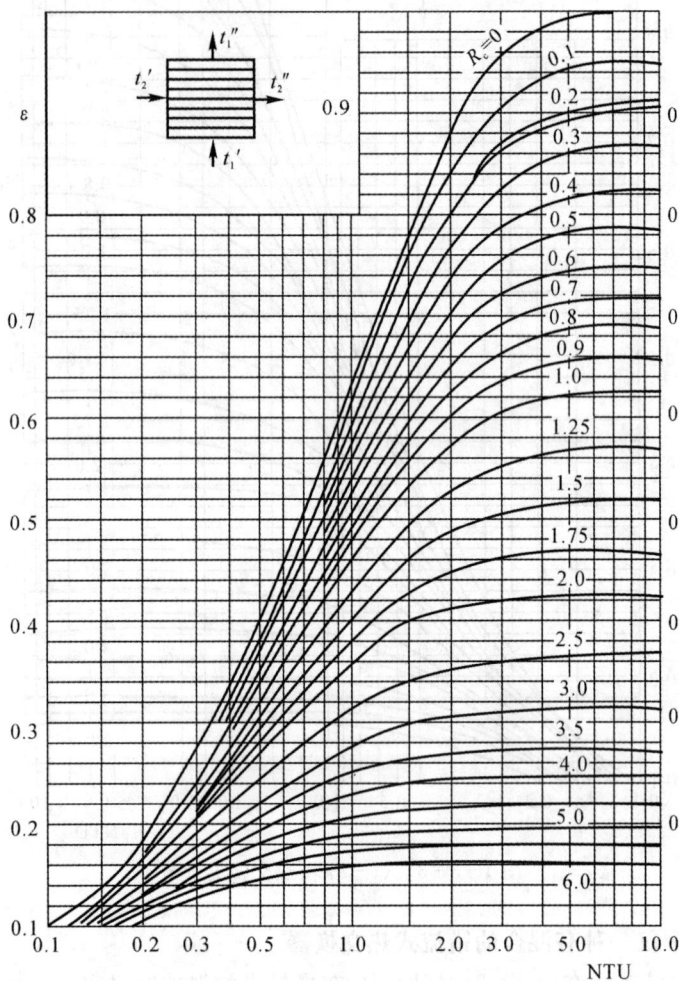

图 1 - 3 - 4 两种流体中仅有一种混合的错流式热交换器的 ε

(三) 其他更为复杂的流型

举出如下一些计算公式。对于 〈2 - 4〉型,有

$$\varepsilon = \left[\left(\frac{1 - \varepsilon_1 R_C}{1 - \varepsilon_1}\right)^2 - 1\right]\left[\left(\frac{1 - \varepsilon_1 R_C}{1 - \varepsilon_1}\right)^2 - R_C\right]^{-1} \tag{1.91}$$

式中,ε_1 为由式(1.87)算得的值,它对〈2-4n〉型也适用。按式(1.91)所作的线图如图 1 - 3 - 5 所示。

对于两种流体都不混合的错流式热交换器,其近似关系如下,但式(1.92)只有在 $R_C \approx 1$ 时才有把握,一般情况下,推荐使用图 1 - 3 - 6 而不是用式(1.92)。

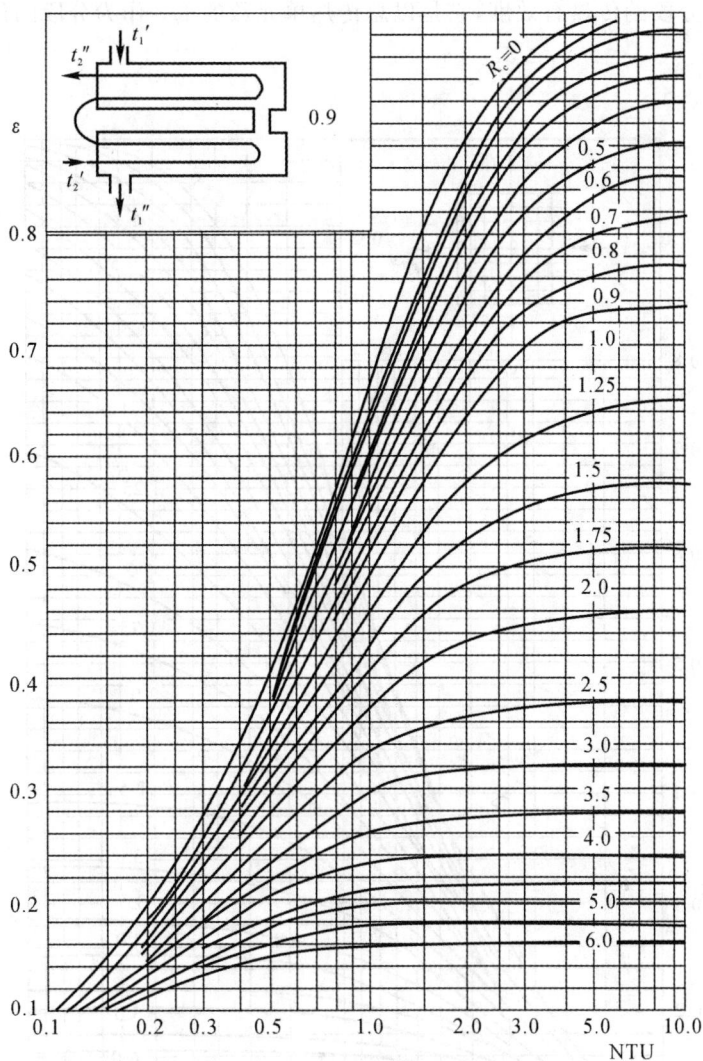

图 1-3-5 ＜2-4＞型热交换器的 ε

$$\varepsilon = 1 - \exp(R_C(\text{NTU})^{0.2}\{\exp[-R_C(\text{NTU})^{0.78}] - 1\}) \tag{1.92}$$

对于多次错流,其组合方式很多,图 1-3-7 所示为流体 A 在管程内互不混合,流体 B 混合,但两种流体在两段间均有混合的二次错流,其传热有效度为

$$\varepsilon = \frac{2\varepsilon_i - \varepsilon_i^2(1 + R_C)}{1 - \varepsilon_i^2 R_C} \tag{1.93}$$

其中,ε_i 为各分段的传热有效度。当各段传热系数及传热面积相等时,总传热单元数的 1/2 即为分段的传热单元数,于是可利用式(1.90)或图 1-3-4 得出 ε_i。

图 1-3-8 所示为三次错流,A 为非混合流,B 为混合流,但 A、B 在三段之间均有混合,其传热有效度为

$$\varepsilon = \frac{3\varepsilon_i - 3\varepsilon_i^2(1 + R_C) + \varepsilon_i^2(1 + R_C + R_C^2)}{1 - \varepsilon_i^2 R_C(3 - \varepsilon_i - \varepsilon_i R_C)} \tag{1.94}$$

式中的 ε_i 仍为各分段的传热有效度,它是以总传热单元数的 1/3 作为分段的传热单元数,利用式(1.90) 求得的。

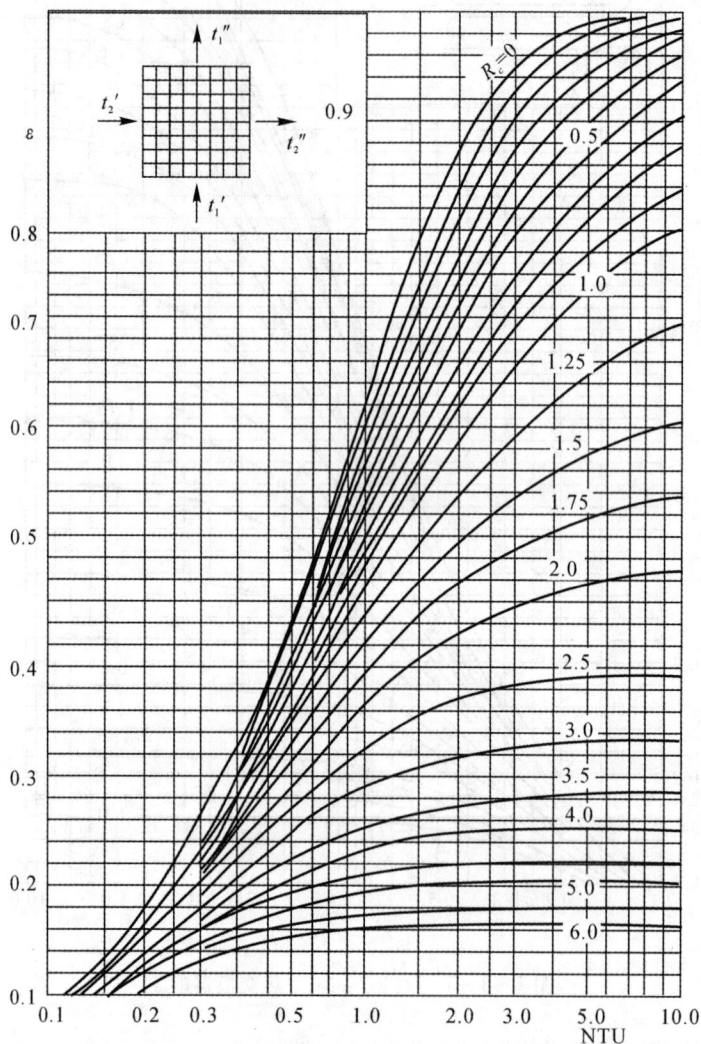

图 1-3-6 两种流体都不混合的错流式热交换器的 ε

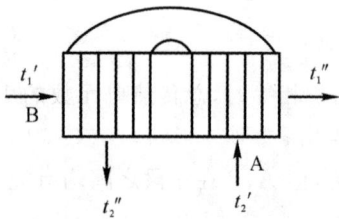

图 1-3-7 二次错流

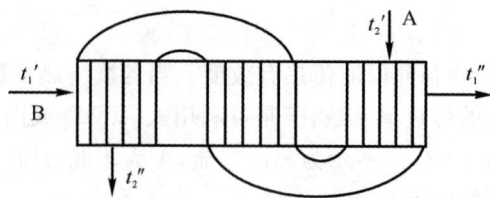

图 1-3-8 三次错流

【例 1 - 5】　有一管式空气预热器,烟气流过管内,在管程间有横向混合,如图 1 - 3 - 9 所示,已知传热面积 $F=1\,353\ \text{m}^2$,传热系数 $K=14\ \text{W/(m}^2\cdot\text{℃)}$,烟气的热容 $C_1=14\,460\ \text{J/℃}$,进口温度 $t'_1=465\text{℃}$,空气热容 $C_2=10\,540\ \text{J/℃}$,进口温度 $t'_2=135\text{℃}$,求烟气的出口温度。

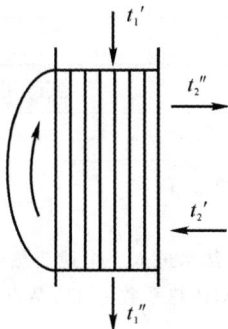

图 1 - 3 - 9　【例 1 - 5】附图

传热单元数 $\text{NTU}=\dfrac{KF}{C_2}=\dfrac{14\times1\,353}{10\,540}=1.8$,$R_C=\dfrac{C_{\min}}{C_{\max}}=\dfrac{10\,540}{14\,460}=0.729$,分传热单元数 $(\text{NTU})_i=\dfrac{1}{2}\times\text{NTU}=\dfrac{1}{2}\times1.8=0.9$。

查与本题相应的一次错流的线,得 $\varepsilon_i=0.485$,于是可利用式(1.93)计算总的传热有效度 ε 为

$$\varepsilon=\frac{2\times0.485-0.458^2\times(1+0.729)}{1-0.458^2\times0.729}=0.68$$

空气出口温度 t''_2 为

$$t''_2=t'_2+\varepsilon(t'_1-t'_2)=135+0.68(465-135)=359.4\text{℃}$$

由热平衡可求出烟气出口温度 t''_1 为

$$t''_1=t'_1-R_C(t''_2-t'_2)=465-0.729(359.4-135)=301.4\text{℃}$$

任务实施

项目任务书和项目任务完成报告见表 1 - 3 - 1 和表 1 - 3 - 2。

表 1 - 3 - 1　项目任务书

任务名称	传热有效度的计算	
小组成员		
指导教师	计划用时	
实施时间	实施地点	
任务内容与目标		
1.掌握传热有效度的定义。 2.能够计算顺流和逆流时的传热有效度。		
考核项目	1.传热有效度的定义。 2.各种流动方式时的传热有效度的计算。	
备注		

表 1 - 3 - 2　项目任务完成报告

任务名称	传热有效度的计算			
小组成员				
具体分工				
计划用时		实际用时		
备注				

1.应用推导方法得出 ε、NTU、R_C 三者的关系。

2.(参考【例 1 - 4】计算)温度为 99℃ 的热水进入一个逆流热交换器,将 4℃ 的冷水加热到 32℃。热水流量为 9 400 kg/h,冷水流量为 5 000 kg/h,传热系数为 830 W/(m² · ℃),试计算该热交换器的传热面积和传热有效度。

3.(参考【例 1 - 5】计算)有一管式空气预热器,烟气流过管内,在管程间有横向混合,如图 1 - 3 - 9 所示,已知传热面积 $F = 1\ 400\ m^2$,传热系数 $K = 14\ W/(m^2 · ℃)$,烟气的热容 $C_1 = 14\ 500\ J/℃$,进口温度 $t'_1 = 470℃$,空气热容 $C_2 = 11\ 000\ J/℃$,进口温度 $t'_2 = 130℃$,求烟空气的出口温度。

任务评价

项目任务综合评价见表 1 - 3 - 3。

表 1 - 3 - 3　项目任务综合评价表

任务名称：　　　　　　　　　　　　　　　　　测评时间：　　年　　月　　日

考核明细		标准分	实训得分								
			小组成员								
			小组自评	小组互评	教师评价	小组自评	小组互评	教师评价	小组自评	小组互评	教师评价
团队60分	小组是否能在总体上把握学习目标与进度	10									
	小组成员是否分工明确	10									
	小组是否有合作意识	10									
	小组是否有创新想(做)法	10									
	小组是否如实填写任务完成报告	10									
	小组是否存在问题和具有解决问题的方案	10									
个人40分	个人是否服从团队安排	10									
	个人是否完成团队分配任务	10									
	个人是否能与团队成员及时沟通和交流	10									
	个人是否能够认真描述困难、错误和修改的地方	10									
合计		100									

？！ 思考练习

1.Q_{max}是指一个面积为_____且其_____和_____与实际热交换器的_____和_____相同的逆流型热交换器所能达到的传热量的极限值。

2.在相同的传热单元数时,逆流热交换器的传热有效度总是_____顺流的,且随传热单元数的_____而_____。在_____中则是与此相反,其随着传热单元数的增加而趋于_____。

任务四　热交换器热计算方法的比较

任务描述

热交换器热计算方法分为设计性热计算和校核性热计算。设计性热计算是根据工艺提出的条件确定热交换器传热面积,校核性热计算即对热面积核算其传热能量、流体的流量或温度。本次任务的学习是让学生理解在用设计性热计算和校核性热计算时用哪种方法能显示出更大的优越性。

PPT
热交换器热计算
方法的比较

任务资讯

设计性热计算和校核性热计算的基本方程为:

传热方程式

$$Q = KF\Delta t_m = KFf(t'_1, t''_1, t'_2, t''_2)$$

热平衡方程式

$$Q = C_1(t'_1 - t''_2) = C_2(t''_2 - t'_2)$$

由此可知在热计算时共有 7 个基本量,即(KF),C_1,C_2,t'_1,t''_1,t'_2,t''_2。

这七个量中,必须事先给出 5 个才能进行计算,采用平均温差法或传热单元数法都可得到相同的结果,但在解题时的具体步骤却有所不同。通过具体设计实践可以看出,对于设计性热计算,平均温差法和传热单元数法在繁简程度上没有多大差别,但在采用平均温差法时,可以通过 ψ 值的大小判定所拟定的流动方式与逆流之间的差距,有利于流动形式的比较。而在校核性热计算时,两种方法都要试算。在某些情况下,K 是已知数值或可套用经验数据时,采用传热单元数法更加方便。

因此,在设计性热计算时,最好采用平均温差法;而在校核性热计算时,传热单元数法能显现出更大的优越性。

此外,米勒(Mueller)还提出了一种不同的流动方式,把有关变量综合到一起加以图解的方法,它同时采纳了平均温差法和传热单元数法的优点,对设计计算和校核计算都很方便。此法是在图上以 $\theta = \dfrac{\Delta t_m}{t'_1 - t'_2}$ 为纵坐标,以 P 为横坐标,针对不同热容比 R_C 作出一组曲线,图

1-4-1所示即为〈1-2〉型热交换器的 $\theta-P$ 图。利用它,在设计热计算时,无须算出逆流时的对数平均温差,而只要由 P,R 直接查得 θ 即可求得平均温差 Δt_m;在作校核热计算时,则可运用图上已标明的 C/KF 值(NTU的倒数)和 R 求得 P,进一步求出终温。此外,在图上还作有等 ψ 线,可用来比较与逆流的差距。

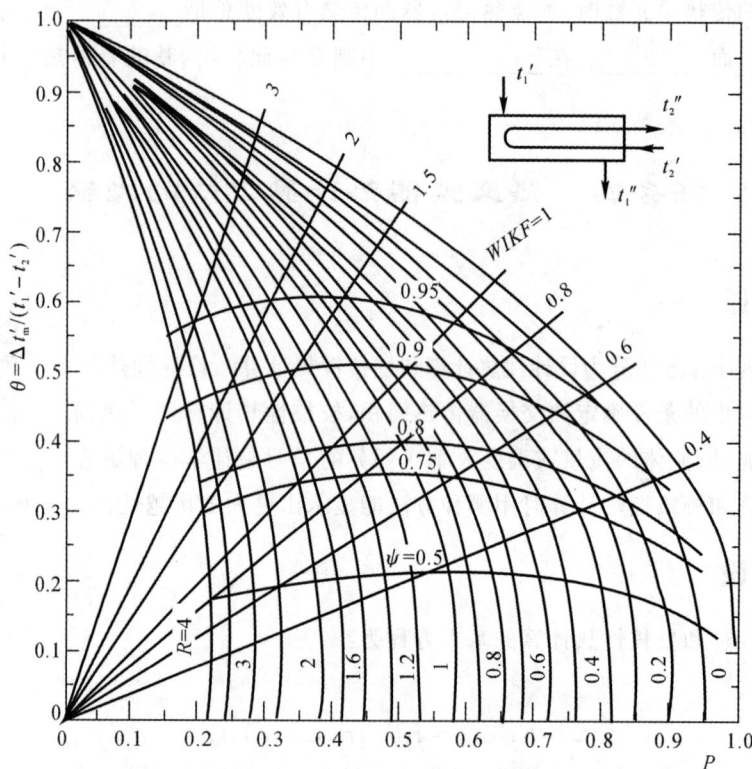

图 1-4-1 〈1-2〉型热交换器的 $\theta-P$ 图

📖 任务实施

项目任务书和项目任务完成报告见表1-4-1和表1-4-2。

表 1-4-1 项目任务书

任务名称	热交换器热计算方法的比较		
小组成员			
指导教师		计划用时	
实施时间		实施地点	
任务内容与目标			
1.掌握平均温差法。 2.掌握各种热交换器热计算方法的优缺点。			
考核项目	对比各种热交换器热计算方法的优缺点。		
备注			

表 1 - 4 - 2　项目任务完成报告

任务名称	热交换器热计算方法的比较		
小组成员			
具体分工			
计划用时		实际用时	
备注			
列出各种热交换器热计算方法,并对其优缺点进行比较。			

任务评价

项目任务综合评价见表 1 - 4 - 3。

表 1 - 4 - 3　项目任务综合评价表

任务名称：　　　　　　　　　　　　　测评时间：　年　月　日

考核明细	标准分	实训得分								
		小组成员								
		小组自评	小组互评	教师评价	小组自评	小组互评	教师评价	小组自评	小组互评	教师评价
团队60分 小组是否能在总体上把握学习目标与进度	10									
小组成员是否分工明确	10									
小组是否有合作意识	10									
小组是否有创新想(做)法	10									
小组是否如实填写任务完成报告	10									
小组是否存在问题和具有解决问题的方案	10									
个人40分 个人是否服从团队安排	10									
个人是否完成团队分配任务	10									
个人是否能与团队成员及时沟通和交流	10									
个人是否能够认真描述困难、错误和修改的地方	10									
合计	100									

思考练习

1. 传热方程式：＿＿＿＿＿＿＿＿＿＿＿＿＿＿＿＿＿＿＿＿＿＿。

2. 热平衡方程式：_____。

3. 在设计性热计算时，最好采用_____法；而在校核性热计算时，_____法能显现出更大的优越性。

4. 热交换器的热计算方法：_____、_____。

任务五　流体流动方式的选择

任务描述

对流传热是热传递的一种基本方式，它是在流体流动进程中发生的热量传递的现象。主要是由于质点位置的移动，使温度趋于均匀。虽然液体和气体中热传递的主要方式是对流传热，但也常伴有热传导。通常由于产生的原因不同，有自然对流和强制对流两种。根据流动状态，又可分为层流传热和湍流传热。化学工业中常遇到的对流传热是将热由流体传至固体壁面（如靠近热流体一面的容器壁或导管壁等），或由固体壁传入周围的流体（如靠近冷流体一面的导管壁等）。这种由壁面传给流体或相反的过程，通常称作给热。流体在热交换器内的流动方式对整个设计的合理性有很大的影响，因而对流动方式的选择也是至关重要的。

PPT
流体流动
方式的选择

任务资讯

流体在热交换器内的流动方式对整个设计的合理性有很大的影响，因而对流动方式的选择，应予以充分注意，在作具体考虑时，可注意以下几方面。

（1）在给定的温度状况下，保证获得较大的平均温差，以减小传热面积，降低金属或其他材料的消耗；

（2）使流体本身的温度变化值（Δt_1 或 Δt_2）尽可能大，从而使流体的热量得到合理利用，减少它的消耗量，并可节省泵或风机的投资与能量消耗；

（3）尽可能使传热面的温度均匀，并使其在较低的温度下工作，以便用较便宜的材料制造热交换器；

（4）应有最好的传热工况，以便得到较高的传热系数，同样起到减小传热面的作用。

以上各点往往存在矛盾，应该根据具体情况和主要要求，摒弃某些次要因素来考虑问题。

现分别就顺流和逆流以及混流和错流比较。

一、顺流和逆流

在各种流动方式中，顺流和逆流可以看作是两个极端情况。从前面所述的基本原理中，可以看出以下几点。

（1）在流体的进、出口温度相同的条件下，以逆流的平均温差最大，顺流的平均温差最小，其他各种流动方式的平均温差均介于顺流、逆流之间。因此，在逆流时可减小所需的传热面，或者在传热面相同时，逆流可传递较多的热量。

（2）逆流时，冷流体的出口温度 t''_2 可高于热流体的出口温度 t''_1，而在顺流时，t''_2 总是低于

t''_1,因而在逆流时,热流体或冷流体的温度变化值 Δt 可以比较大,从而有可能使流体消耗量减少。但要注意,不能片面追求高的 Δt,因为 Δt 的增加使热交换器两端的温差 $\Delta t'$ 和 $\Delta t''$ 有所降低,因而会使平均温差有相当程度的降低,在一定的热负荷下,会影响到传热面的相应增加。

因此,从热工观点看,逆流肯定比顺流有利,工业上所使用的热交换器中,流体流动方向多数为逆流,或者尽量设法接近逆流。

但应考虑到在采用逆流时,流体的最高温度 t''_2 和 t'_1 发生在热交换器同一端,使该端在较高壁温下工作。再者,逆流时流体的温度变化大,使传热面在整个长度方向上温度差别大,壁面温度不够均匀,而顺流方式却在这些方面优于逆流。当冷流体在最后加热阶段遇到高温而有化学变化的危险时,就不能采用逆流。采用顺流就有可能使用较经济的材料和避免复杂的结构(由于热应力等)。因而当热流体的温度高,或当产品在高温下可能产生化学变化时,为降低进口附近的壁温,有时就有意采用顺流,或者把换热面分段串联,低温段采用逆流,高温段采用顺流,例如有的蒸汽锅炉的高温过热器就采用这种方式布置。

当一种流体在有相变的情况下传热时,就没有顺、逆流的区别。同样,当两种流体的热容量相差较大 $\left(\dfrac{C_1}{C_2} > 10\ \text{或}\ \dfrac{C_1}{C_2} < 0.05\right)$ 时,或者平均温差比冷、热流体本身的温度变化大得多时,顺、逆流的差别就不显著了。

二、混流和错流

混流和错流的平均温差介于顺流和逆流之间,但纯粹的逆流和顺流,只有在套管式或螺旋板式这一类热交换器中才能实现。其他热交换器,例如为了保证管内或管外流体有足够流速,就得采用不同的程数。因此,混流或错流的选择不是完全从热工角度出发,更多的是由结构所决定。

在选用混流热交换器时应注意以下几点。

(1) 若是管内程数为偶数的简单混流(所谓简单混流是指管外程数是单程),两种流体不论是先逆流还是先顺流,在相同的进、出口温度下比较,可得到同样的平均温差,另外,〈1-2n〉型($n = 2,3,4,\cdots$)热交换器的 ψ 值比〈1-2〉型热交换器的 ψ 值虽有所降低,但相差很小。

对〈1-2〉型热交换器,有时为了获取最大的热回收量,冷流体终温 t''_2 必须尽可能地高,$(t''_1 - t''_2)$ 称为趋近温度(Approach Temperature),而当 $t''_2 > t''_1$ 时,称为发生了温度交叉,对于单壳程热交换器而言,此时的 ψ 值迅速下降。表 1-5-1 所列第一种情况和第二种情况的对比表明,同样的布置和流动方式[见图 1-5-1(a)],趋近温度值越小,ψ 值越低。

表 1-5-1　不同情况下的 ψ 值

项　目	第一种情况	第二种情况	第三种情况
流体温度 /℃	$t'_1 = 340; t''_1 = 240$ $t'_2 = 90; t''_2 = 190$ $\Delta t_1 = 100; \Delta t_2 = 100$	$t'_1 = 300; t''_1 = 200$ $t'_2 = 100; t''_2 = 200$ $\Delta t_1 = 100; \Delta t_2 = 100$	$t'_1 = 270; t''_1 = 170$ $t'_2 = 90; t''_2 = 190$ $\Delta t_1 = 100; \Delta t_2 = 100$
趋近温度 $(t''_1 - t''_2)$/℃	50	0	温度交叉 20
P	0.4	0.5	0.56
R	1	1	1
ψ	0.92	0.8	0.64

在采用先逆流后顺流的热交换器时,要特别注意温度交叉问题,以图 $1-5-1(b)$ 为例,相应的温度工况见表 $1-5-1$ 第三种情况,两流体有 20℃ 的温度交叉,这时冷流体流动过程中某处的温度将比热流体的温度高,超过此处,冷流体不再被加热,而是被冷却,ψ 值将降低到大约 0.64。

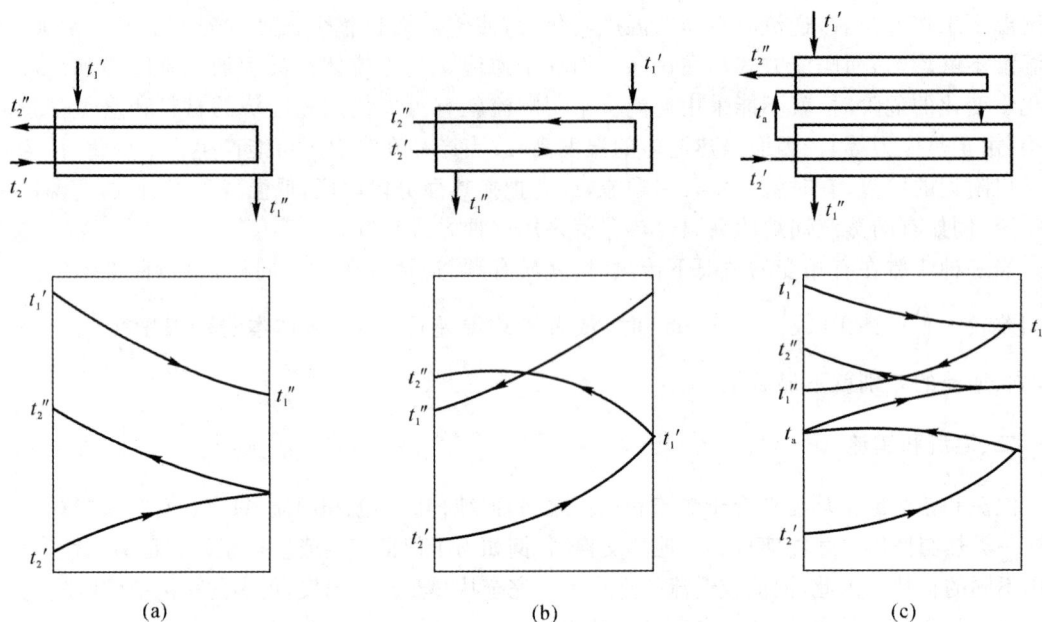

图 $1-5-1$ 〈$1-2$〉型与〈$2-4$〉型热交换器中的温度分布

因此,对先逆后顺的〈$1-2$〉型热交换器,温度交叉现象应予避免,避免的方法为增加管外程数或改成两台单壳程热交换器串联工作,如图 $1-5-1(c)$ 所示。对于第一台热流体温度自 t_1' 降至 t_1,而冷流体温度从 t_a 升高到 t_2''。对于第二台热流体温度从 t_1 降到 t_1'',而冷流体温度从 t_2' 升高到 t_a,它们都没有发生温度交叉,此时本例的 ψ 值约为 0.93。

(2)若是管内程数为奇数的简单混流,增加其中的逆流程数,可使平均温差提高。这是很明显的,因为其中逆流部分的传热面积增加了。

(3)采用多次混流(管内与管外同时分为若干流程时),可以比较显著地提高平均温差的数值。例如〈$2-4$〉型可显著高于〈$1-2$〉型,〈$3-6$〉型又高于〈$2-4$〉型。但多次混流虽增加了平均温差,同时也提高了流速,增加了传热系数,而结构却复杂了,增加了制造的困难以及流动的阻力,故在选择时应慎重考虑。

对于流体间严格垂直的错流式热交换器,不会遇到很多,图 $1-2-13$ 所示只有一种流体有横向混合的一次错流是遇到较多的,而图 $1-2-14$ 所示的两种流体均无横向混合的一次错流应用不多,但它的平均温差值要比前者高一些。

任务实施

项目任务书和项目任务完成报告见表 1-5-2 和表 1-5-3。

表 1-5-2　项目任务书

任务名称	流体流动方式的选择		
小组成员			
指导教师		计划用时	
实施时间		实施地点	
任务内容与目标			
1.掌握流体流动方式的选择。 2.掌握顺流和逆流流动方式。 3.掌握混流和错流流动方式。			
考核项目	1.选用混流热交换器时应该注意的问题。 2.顺流、逆流、混流和错流的流动方式。		
备注			

表 1-5-3　项目任务完成报告

任务名称	流体流动方式的选择		
小组成员			
具体分工			
计划用时		实际用时	
备注			

1.简述在选用混流热交换器时应该注意的问题有哪些。

2.分别简述顺流、逆流、混流和错流的流动方式。

任务评价

项目任务综合评价见表1-5-4。

表1-5-4　项目任务综合评价表

任务名称：　　　　　　　　　　　　　　　　　测评时间：　　年　　月　　日

考核明细		标准分	实训得分								
			小组成员								
			小组自评	小组互评	教师评价	小组自评	小组互评	教师评价	小组自评	小组互评	教师评价
团队60分	小组是否能在总体上把握学习目标与进度	10									
	小组成员是否分工明确	10									
	小组是否有合作意识	10									
	小组是否有创新想(做)法	10									
	小组是否如实填写任务完成报告	10									
	小组是否存在问题和具有解决问题的方案	10									
个人40分	个人是否服从团队安排	10									
	个人是否完成团队分配任务	10									
	个人是否能与团队成员及时沟通和交流	10									
	个人是否能够认真描述困难、错误和修改的地方	10									
合计		100									

思考练习

1.纯粹的逆流和顺流,只有在_____或_____这一类的热交换器中才能实现。

2.从热工观点看,_____比_____有利,工业上所使用的热交换器中,流体流动方向多数为_____,或者尽量设法接近_____。

3.在_____情况下没有顺、逆流的区别。

4.逆流的缺点:_____;_____。

项目二　管壳式热交换器的应用

热交换器是广泛应用于化工、石油化工和动力等行业的一种通用设备,随着科学生产技术的发展,促使了高强度、高效率的紧凑交换器层出不穷。而管壳式热交换器是以封闭在壳体中管束的间壁式热交换器。这种热交换器结构简单、造价低、流通截面较宽、易于清洗水垢,是目前应用最广的类型。本项目将通过管壳式热交换器的类型、结构,以及对热交换器基本的工作原理和设计步骤的介绍,让学者对管壳式热交换器有初步认识,为进一步学习热交换器的操作与应用打下基础。

🔍 项目目标

管壳式热交换器的应用

- **素养目标**
  1. 提高学生对管壳式热交换器的动手能力
  2. 激发学生对管壳式热交换器的学习兴趣
  3. 培养学生良好创新意识
  4. 增强学生的自信心和成就感

- **知识目标**
  1. 了解常见管壳式热交换器的类型及标准
  2. 熟悉管壳式热交换器每个组成部分的作用
  3. 掌握管壳式热交换器的制造原理
  4. 掌握换热管的检修处理办法
  5. 认识管壳式热交换器检修机具

- **技能目标**
  1. 掌握管子在管板上的固定和排列方式的正确操作
  2. 掌握管壳式热交换器的安装技术与验收
  3. 掌握管壳式热交换器维护的日常检查与处理
  4. 能进行热交换器的清洗除垢
  5. 掌握热交换器投运前水系统的处理
  6. 掌握管子与管板的各种连接技术

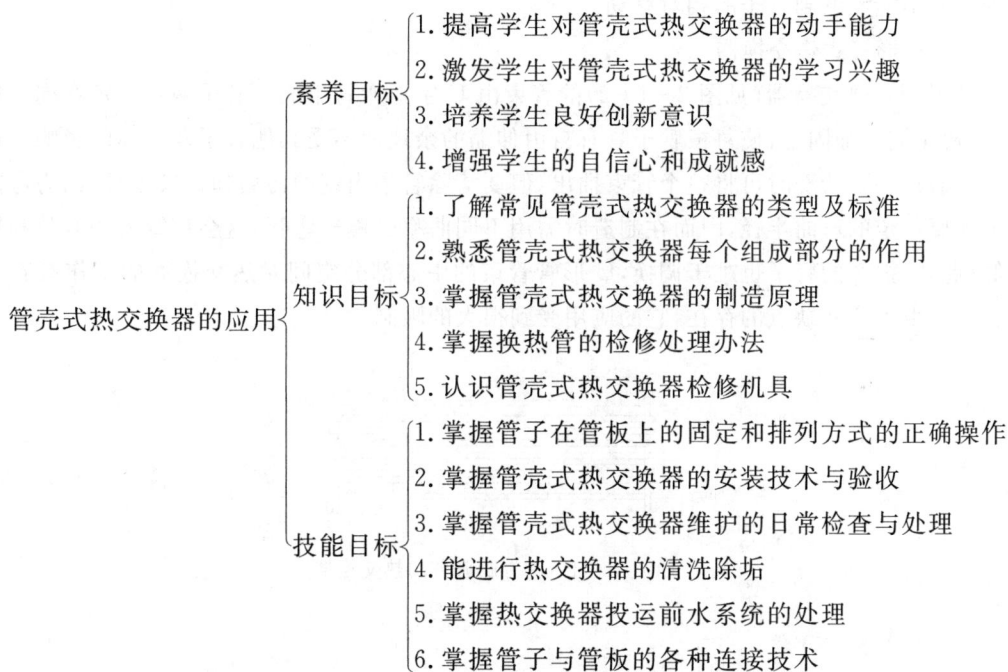

任务一　管壳式热交换器的类型、标准与结构

📖 任务描述

管壳式热交换器在化工生产方面的应用非常广泛,其类型繁多,且结构非常稳定,因此了解管壳式热交换器的类型、标准和结构有重要意义。

PPT
管壳式热交换器的
类型、标准与结构

![任务资讯]

一、类型和标准

管壳式热交换器按其结构的不同一般可分为固定管板式、U 形管式、浮头式和填料函式四种类型。

(一)固定管板式热交换器

图 0-5 和图 0-6 中所示的热交换器，是将管子两端固定在位于壳体两端的固定管板上，由于管板与壳体固定在一起，所以称之为固定管板式热交换器。与后述几种相比，它的结构比较简单，重量轻，在壳程程数相同的条件下可排的管数多。但是它的壳程不能检修和清洗，因此宜于流过不易结垢和清洁的流体，当管束与壳体的温差太大而产生不同的热膨胀时，常会使管子与管板的接口脱开，从而发生流体的泄漏。为避免后患可在外壳上装设膨胀节，如图 2-1-1 所示。它只能减小而不能完全消除由于温差而引起的热应力，且在多程热交换器中，这种方法不能照顾到管子的相对移动。

(二)U 形管式热交换器

U 形管式热交换器(见图 2-1-2)的管束由 U 字形弯管组成。管子两端固定在同一块管板上，弯曲端不加固定，使每根管子具有自由伸缩的余地而不受其他管子及壳体的影响。这种热交换器在需要清洗时可将整个管束抽出，但要清除管子内壁的污垢却比较困难：因为弯曲的管子需要一定的弯曲半径，因而在制造时需用不同曲率的模子弯管，这会使管板的有效利用率降低；此外，损坏的管子也难于调换，U 形管管束的中心部分空间对热交换器的工作有着不利的影响。由于这些缺点的存在，它的应用受到很大的限制。

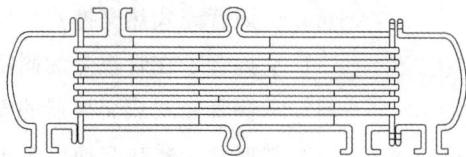

图 2-1-1　具有膨胀节的热交换器

图 2-1-2　U 形管式热交换器

(三)浮头式热交换器

这种热交换器如图 2-1-3 所示，它的两端管板只有一端与壳体以法兰实行固定连接，这一端为固定端；另一端的管板不与壳体固定连接而可相对于壳体滑动，这一端被称为浮头端。

因此,在这种热交换器中,管束的热膨胀不受壳体的约束,壳体与管束之间不会因差胀而产生热应力。这种热交换器在需要清洗和检修时,仅将整个管束从固定端抽出即可进行。由于浮头位于壳体内部,故又称内浮式热交换器。它的缺点是,浮头盖与管板法兰连接有相当大的面积,结果使壳体直径增大,在管束与壳体之间形成了阻力较小的环形通道,部分流体将由此处旁通而不参加热交换过程。上述优缺点表明,对于管子和壳体间温差大,壳程介质腐蚀性强、易结垢的情况,浮头式热交换器能很好地适应,但它的结构复杂,金属消耗量多,也使它的应用受到一定限制。

(四)填料函式热交换器

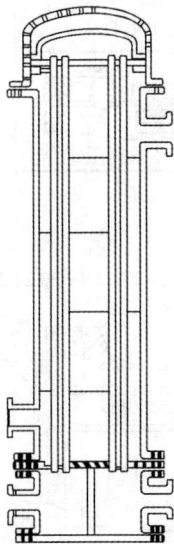

这是一种使一端管板固定而让另一端管板可在填料函中滑动的热交换器,其结构如图2-1-4所示,实际上它是将浮头露在壳体外面的浮头式热交换器,所以又称外浮头式热交换器。由于填料密封处容易泄漏,故不宜用于易挥发、易燃、易爆、有毒和高压流体的热交换。而且由于制造复杂,安装不便,因而此种结构不常采用。

动画
填料函式热交换器

管壳式热交换器的主要组合部件有前端管箱、壳体和后端结构(包括管束)三部分,详细分类及代号见表2-1-1,三个部分的不同组合,就形成结构不同的热交换器。为了搞清管壳式热交换器的一般结构,现以一个浮头式热交换器为例(见图2-1-5)。这台浮头式热交换器的前端管箱,属于表2-1-1所示的A型(平盖管箱),也可用B型(封头管箱)。而其壳体是一个单程壳体,属于表2-1-1中的E型。其后端结构,是一个钩圈式浮头,属于表2-1-1中所示的S型。因而将此热交换器命名为AES浮头式热交换器或BES浮头式热交换器,它的各个零部件名称见表2-1-2。

图2-1-3 浮头式热交换器　　图2-1-4 填料函式热交换器

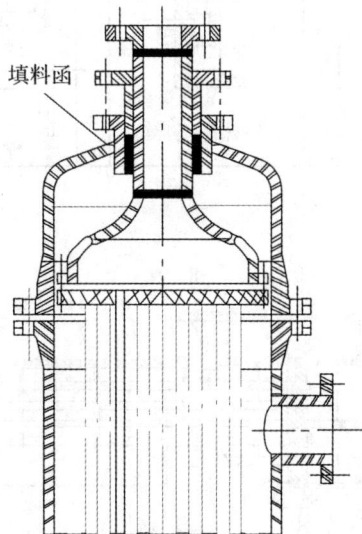

表 2 - 1 - 1 管壳式热交换器结构表类型及代号

前端管箱形式		壳体形式		后端结构形式	
A	平盖管箱	E	单程壳体	L	与A相似的固定管板结构
B	封头管箱	F	其有纵向隔板的双程壳体	M	与B相似的固定管板结构
		G	分流壳体	N	与N相似的固定管板结构
C	可拆管束与管板制成一体的管箱	H	双分流壳体	P	外填料函式浮头
		J	无隔板分流壳体	S	钩圈式浮头
N	与固定管板制成一体的管箱				可抽式浮头
		K	釜式重沸器壳体	U	U形管束
D	特殊高压管箱	X	穿流壳体	W	带套环填料函式浮头

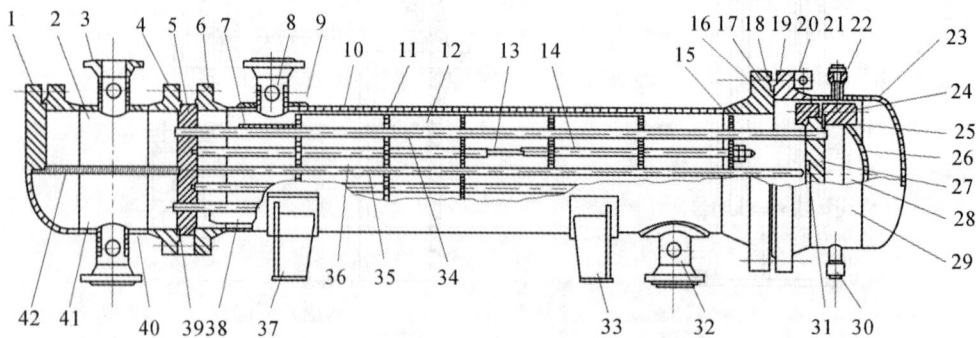

图 2 - 1 - 5 AES,BES 浮头式热交换器

表 2 - 1 - 2　AES，BES 浮头式热交换器零部件名称表

序　号	名　　称	序　号	名　　称	序　号	名　　称
1	音箱平盖	15	支持板	29	外头盖(部件)
2	平盖管箱(部件)	16	双头螺柱或螺栓	30	排液口
3	接管法兰	17	螺母	31	钩圈
4	管箱法兰	18	外头盖垫片	32	接管
5	固定管板	19	外头盖侧法兰	33	活动鞍座(部件)
6	壳体法兰	20	外头盖法兰	34	换热管
7	防冲板	21	吊耳	35	挡管
8	仪表接口	22	放气口	36	管束(部件)
9	补强圈	23	凸形封头	37	固定鞍座(部件)
10	壳程圆筒	24	浮头法兰	38	滑道
11	折流板	25	浮头垫片	39	管箱垫片
12	旁路挡板	26	球冠形封头	40	管箱圆筒
13	拉杆	27	浮动管板	41	封头管箱(部件)
14	定距管	28	浮头盖(部件)	42	分程隔板

　　由于管壳式热交换器的使用历史悠久，且其结构简单、应用普遍，因而对它的设计、制造、安装、检修和管理都已积累了比较丰富的经验，各国在此基础上形成了各自的标准、规范和规定，例如美国的 TEMA 标准，日本的 JIS B8249 标准，英国的 BS 5500 标准以及联邦德国的 AD 规范等，其中制定年代较早、广为熟知和采用的当推美国管式热交换器制造商协会 (Tubular Exchanger Manufactures Association) 所定的 TEMA 标准。

　　我国在管壳式热交换器的设计、制造方面也早已有自己的国家标准，在多次修订的基础上，国家技术监督局在 1989 年发布了标准号为 GB 151—1989 的《钢制管壳式换热器》，随后国家技术监督局又在 1999 年对此标准进行修订，公布了新的标准《管壳式换热器》(GB 151—1999)。目前，我国正在执行的是由国家质量监督检验检疫总局和国家标准化管理委员会在 2014 年 12 月 5 日共同发布的国家标准《热交换器》(GB/T 151—2014)，它规定了金属制热交换器的通用要求，并规定了管壳式热交换器材料、设计、制造、检验、验收及其安装、使用的要求。

　　该标准对管壳式热交换器适用的设计压力不大于 35 MPa，适用的公称直径不大于 4 000 mm，设计压力(MPa)与公称直径(mm)的乘积不大于 2.7×10^4。

　　按 GB/T 151—2014 的规定，管壳式热交换器的型号由结构类型、公称直径、设计压力、公称换热面积、公称长度、换热管外径、管/壳程数、管束等级等字母代号组合表示，如图 2 - 1 - 6 所示。

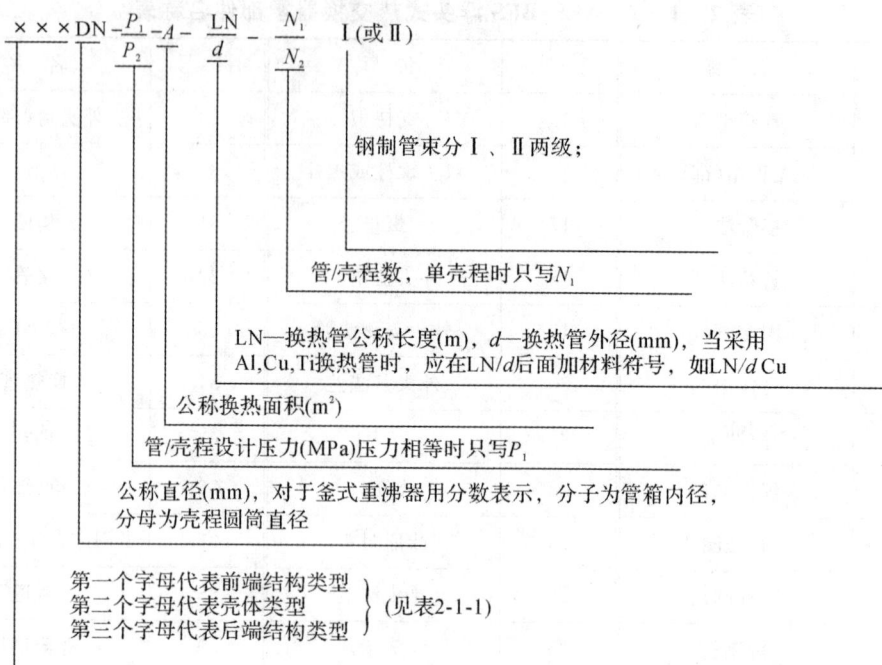

图 2-1-6 管壳式热交换器型号表示法

示例:浮头式热交换器,可拆平盖管箱,公称直径为 500 mm,管程和壳程设计压力均为 1.6 MPa,公称换热面积为 54 m²,换热管外径为 25 mm,公称长度为 6 m,4 管程,单壳程的钩圈式浮头式热交换器,其型号为

$$AES500 - 1.6 - 54 - \frac{6}{25} - 4I$$

二、管子在管板上的固定与排列及其特性

管子构成热交换器的传热面,它的材料应根据工作压力、温度和流体腐蚀性、流体对材料的脆化作用及毒性等决定,可选用碳钢、合金钢、铜、塑料和石墨等。

(一)管子在管板上的固定

管子在管板上的固定方法应能保证连接牢固,常用的方法有胀管法与焊接法两种。在高温高压且其接头在操作中受反复热变形、热冲击和热腐蚀的作用时,为保证其可靠性,有时采取胀焊并用的方法,对于非金属管及铸铁管也采用垫塞法固定,比较先进的还有爆炸胀接法、爆炸焊接法、液压胀管法和黏胀法等。

胀管法通常能保证连接的严密性,同时易于更换损坏的管子。胀接接头不仅受温度影响还受到操作压力、材质和其他条件的影响,因而不能简单地判定它的适用范围。目前一般多用于压力低于 4 MPa 和温度低于 300℃的条件下。因为高温要使管子与管板产生蠕变,从而引起胀接处的松弛而泄漏,故对高温、高压及易燃、易爆的流体,比较多地采用焊接法。另外,当热交换器内压力大于 0.6 MPa,或当不论何种压力但流体易挥发时,则在胀管前应在管孔中车以小槽,然后将管子胀好,以增加管子拔出时的阻力。

焊接法在高温高压下仍能保持连接的紧密性,对管板孔的加工要求较低,同时比胀管的工艺简便。但它在焊接接头处的热应力可能造成应力腐蚀和破裂,同时在管孔和管子间存在的间隙处也可能产生间隙腐蚀。为免此患,有时可先胀一下之后再焊。

(二)管子在管板上的排列

在确定管子在管板上的排列方式时,应该考虑以下原则:

(1)要保证管板有必要的强度,而且管子和管板的连接要坚固和紧密;

(2)设备要尽量紧凑,以便减小管板和壳体的直径,并使管外空间的流通截面减小,以便提高管外流体的流速;

(3)要使制造、安装、修理和维护简便。

这些要求能否满足,关键在于管子的排列方式和管间距的正确选择。

管子的排列常用的有等边三角形排列(或称正六角形排列)、同心圆排列和正方形排列,如图 2 - 1 - 7 所示。

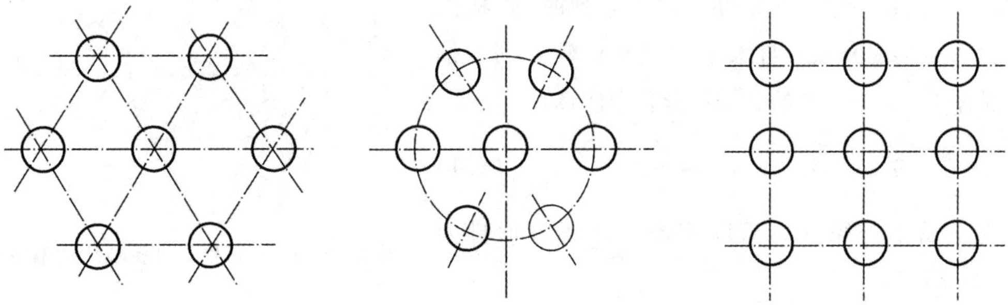

图 2 - 1 - 7 管子在管板上的排列

(a)等边三角形排列; (b)同心圆排列; (c)正方形排列

按等边三角形排列时,流体流动方向与三角形的一条边垂直,最内层六边形的边长等于 s,通常在管板周边与六边形的边之间的六个弓形部分内不排列管子,但当层数 $a > 6$ 时,则在这些弓形部分也应排列管子,这时最外层管子的中心不应超出最大六边形的外接圆周。

管子按同心圆排列时,管距 s 既为两层圆周之间的距离,也作为圆周上管子的间距,但是直线间距和弧形间距稍有差别,因而在圆周上布置管子只取整数,而采用这种排列方式时,各层圆周上的管间距是不相等的,这就使得管板上的画线、制造和装配都比较困难,这种排列方式的优点是比较紧凑,且靠近壳体处布管均匀,在小直径热交换器中,这种方式的布管数比等边三角形要多。但当层数 $a > 6$ 时,由于六边形的弓形部分可排管子,故等边三角形排列显得有利,且层数越多越有利。同时从前面所提出的简单、紧凑和工艺方面的各项要求来说,等边三角形排列也都能得到满足,因而它也是最合理的排列。

对于正方形排列,在一定的管板面积上可排列的管数最少,但它易于清扫,故在易于生成污垢、需将管束抽出清洗的场合得到一定的应用,例如在浮头式和填料函式热交换器中,采用这种排列是比较多的。

除上述三种方式外,也可采用组合的排列,例如在多管程热交换器中,每一程都采用等边三角形排列,而在各程相邻管排间,为便于安装隔板,则采用正方形排列,如图 2 - 1 - 8 所示。值得注意的是,在多管程热交换器中,分程隔板要占一部分管板面积,因而实际排管数必须由作图确定,此外,还有使流体的流动方向与三角形的一条边平行的转角等边三角形排列,以及使流体的流动方向与正方形的一条对角线垂直的转角正方形排列,如图 2 - 1 - 9 所示。

图 2 - 1 - 8　组合排列

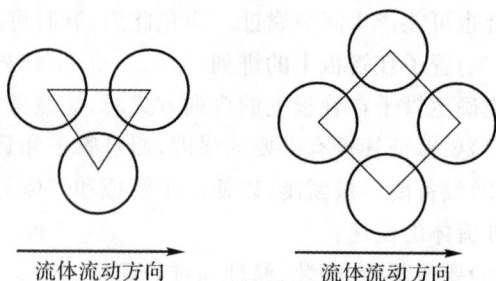

流体流动方向　　　　流体流动方向

图 2 - 1 - 9　转角排列

转角排列在清洗方面的条件与不转角的类似。对于卧式冷凝器,按转角等边三角形排列时,管板的轴线(指六边形对角线)与水平轴线间比较有利的偏转角(见图 2 - 1 - 10 中的 θ),可按下式计算:

$$\theta = 30° - \arcsin \frac{d_0}{2s} \qquad (2.1)$$

式中,d_0 为管子外径;s 为管间中心距。正方形排列时,$\theta = 26°25'$。

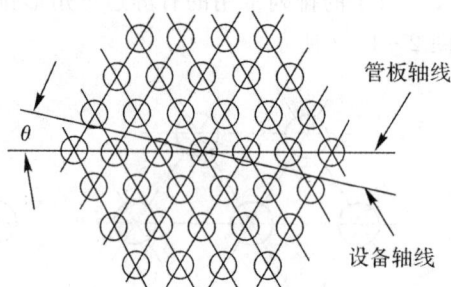

图 2 - 1 - 10　管板与设备轴线的偏转角

(三)换热管中心距

管板上两根管子中心线的距离称为换热管中心距,其大小主要与管板强度和清洗管子外表所需间隙、管子在管板上的固定方法等有关。采用焊接法时,中心距太小,焊缝太近,就不能保证焊接质量。而采用胀管法时,过小的中心距会造成管板在胀接时由于挤压力的作用而产生变形,失去了管板与管子之间的连接力。一般认为换热管中心距以不小于 1.25 倍的管外径为宜。常用的换热管中心距的值见表 2 - 1 - 3。对于多管程分程隔板处的中心距,最小应为中心距加隔板槽密封面的宽度,其值也列在表中。

表 2 - 1 - 3　换热管中心距　　　　　　　单位:mm

换热管外径	10	12	14	16	19	20	22	25	30	32	35	38	45	50	55	57
换热管中心距 s	13~14	16	19	22	25	26	28	32	38	40	44	48	57	64	70	72
分程隔板槽两侧相邻管中心距 l_E	28	30	32	35	38	40	42	44	50	52	56	60	68	76	78	80

注:①当管间需要机械清洗时应采用正方形排列,且管间通道应连续直通,相邻管间的净空距离$(s-d)$不宜小于 6 mm,对于外径为 10 mm,12 mm 和 14 mm 的换热管的中心距分别不得小于 17 mm,19 mm 和 21 mm。

②外径为 25 mm 的换热管,用转角正方形排列时,其分程隔板槽两侧相邻的管间距可取 32 mm×32 mm 的正方形的对角线长,即 $l_E = 45.25$ mm。

(四)布管限定圆

按照上述方法排列管子时,热交换器管束外缘直径受壳体内径的限制,因此在设计时要将管束外缘置于布管限定圆之内,布管限定圆直径 D_L 值的大小按结构形式而异,对于浮头式热交换器,如图 2-1-11(a) 所示,有

$$D_L = D_i - 2(b_1 + b_2 + b) \tag{2.2}$$

式中　　D_L—— 布管限定圆直径;

　　　　D_i—— 圆筒内径。

对于固定管板式、U 形管式热交换器,如图 2-1-11(b) 所示,有

$$D_L = D_i - 2b_3 \tag{2.3}$$

式中　　b—— 见图 2-1-11(a),其值可作如下选取:当 $D_i < 1\,000$ mm 时,$b > 3$ mm;当 $D_i = 10\,000 \sim 2\,600$ mm 时,$b > 4$ mm。

　　　　b_1—— 见图 2-1-11(a),当 $\leqslant 700$ mm 时,$b_1 = 3$ mm;当 $700 < D_i \leqslant \sim 1\,200$ mm 时,$b_1 = 5$ mm;当 $> 1\,200 < D_i \leqslant 2\,000$ mm 时,$b_1 = 6$ mm;当 $2\,000 < D_i \leqslant 2\,600$ mm 时,$b_1 = 7$ mm。

　　　　b_2—— 见图 2-1-11(a),$b_2 = (b_n + 1.5)$ mm。

　　　　b_3—— 固定管板式,U 形管式热交换器管束周边换热管外表面至壳体内壁的最小距离 [见图 2-1-11(b)],$b_3 > 0.25d$,且不宜小于 8 mm。

　　　　b_n—— 垫片宽度,其值当 $D_i \leqslant 70$ mm 时,$b_n \geqslant 10$ mm;当 $700 < D_i \leqslant 1\,200$ mm 时,$b_n \geqslant 13$ mm;当 $1\,200 < D_i \leqslant 2\,000$ mm 时,$b_n \geqslant 16$ mm;当 $2\,000 < D_i \leqslant 2\,600$ mm 时,$b_n \geqslant 20$ mm。

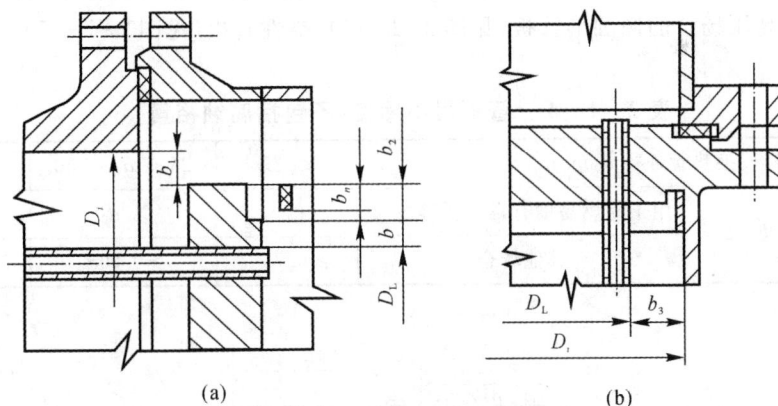

(a)　　　　　　　　　　　(b)

图 2-1-11　限定圆直径的计算

三、管板

管板是管壳式热交换器的关键零件之一,常用的为圆形平板。它的合理设计,对于节省材料和加工制造都有重要意义。

管板和壳体的连接有可拆和不可拆两种。固定管板式热交换器常用不可拆连接,两端的管板直接焊于外壳上并延伸到壳体之外兼作法兰,如图 2-1-12(a) 所示,拆下管箱即可检修胀口或清扫管内污垢。实践表明,把管板焊在壳体内不兼作法兰的结构用得较少。对于 U 形

管式、浮头管式等设备,为使壳程便于清洗,常采用如图 2-1-12(b) 所示结构,将管板夹在壳体法兰和管箱法兰之间构成可拆连接。

管板的受力情况比较复杂,影响管板强度的因素很多,因而管板的分析和计算公式相当繁复。由于采用的简化假定各不相同,与管板的真实受力情况有不同程度的差别,以至在同样条件下用各国规范计算公式得出的厚度差别很大。我国的计算方法在 GB/T 151—2014 中有明确的规定。

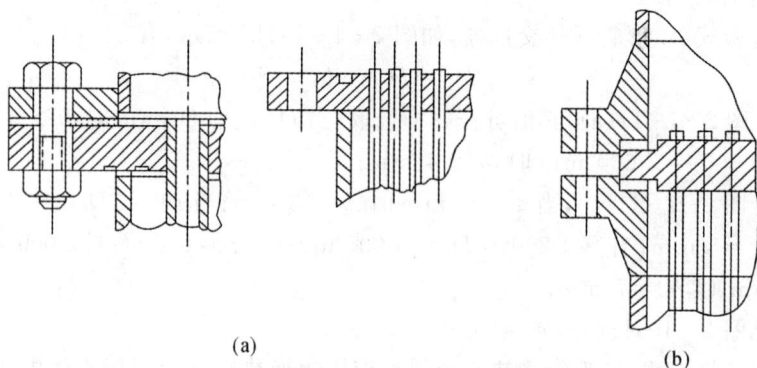

图 2-1-12　管板与壳体的连接方法

管板与管子用胀接法连接时,管板的最小厚度(不包括腐蚀裕量)按表 2-1-4 规定;当用焊接法连接时,最小厚度要满足结构设计和制造的要求且不小于 12 mm。

除圆形平管板外,管板的形式还有很多,例如为防止两流体泄漏的双管板(见图 2-1-13)、用于高温高压场合的椭圆形管板(见图 2-1-14)、挠性管板(见图 2-1-15)、球形管板、薄管板等。

表 2-1-4　管板最小厚度(不包括腐蚀裕量)

换热管外径 d_0/mm		$\leqslant 25$	$25 < d_0 < 50$	$\geqslant 50$
管板最小厚度 δ_{min}	用于易燃易爆有毒介质等场合	$\geqslant d_0$		
	其他场合	$\geqslant 0.75d_0$	$\geqslant 0.70d_0$	$\geqslant 0.65d_0$

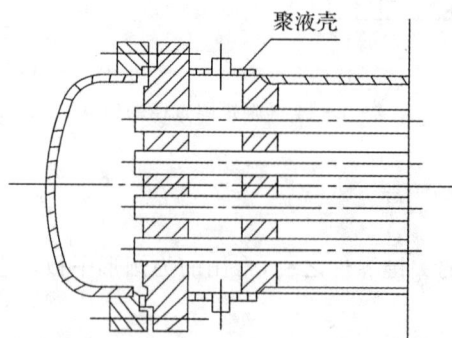

图 2-1-13　双管板

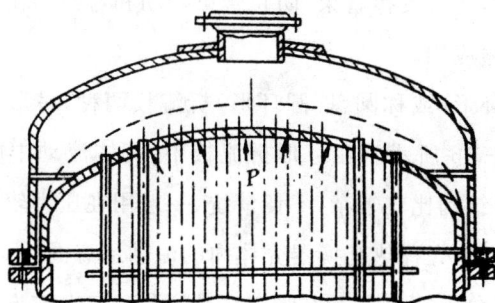

图 2-1-14　高压椭圆管板

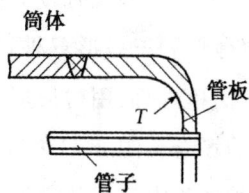

图 2-1-15　挠性管板

四、分程隔板

在管箱内安装分程隔板是为了将热交换器的管程分为若干流程。流程的组织应注意每一程的管数大致相等。分程隔板的形状应力求简单,并使密封长度尽可能短。根据 GB/T 151—2014 的规定,所采取的程数有 1,2,4,6,8,10,12 等 7 种。表 2-1-5 是管程布置的例子。

为了在管板上安装分程隔板,在管板上应设分程隔板槽,槽的宽度、深度及拐角处的倒角等均有具体规定。

表 2-1-5　管程布置

程　数		2	4 (平行)	4 (丁字形)	6
分程图	流体进出口端隔板	2 / 1	4 / 3 / 2 / 1	3 4 / 2 1	6 / 4 5 / 3 2
	另一端隔板	2 / 1	4 / 3 / 2 / 1	3 4 / 2 1	6 / 4 5 / 3 2

五、纵向隔板、折流板和支持板

为了提高流体的流速和湍流程度,强化壳程流体的传热,在管外空间常装设纵向隔板或折流板。

纵向隔板在 U 形管壳式热交换器中常有应用。由于它的安装难度较大,也由于它与壳体内壁之间容易存在间隙而产生流体泄漏,在它两侧的流体温度不同又存在热的泄漏,往往降低了装设纵向隔板的效果。由于这两个方面的问题,两块以上的纵向隔板在实际中很少采用。

折流板除使流体横向流过管束流动外,还有支撑管束、防止管束振动和弯曲的作用。它的装设不如纵向隔板那样困难,因此获得普遍应用。

折流板的常用形式有弓形折流板、盘环形(或称圆盘-圆环形)折流板两种,弓形折流板有单弓形、双弓形和三弓形三种,如图2-1-16所示。在弓形折流板中,流体流动中的死角较小,结构也简单,因而用得最多。而盘环形结构比较复杂,不便清洗,一般用在压力较高和物料比较清洁的场合。图2-1-17表示流体在单壳程热交换器壳体内的流动示意图。

弓形折流板在卧式热交换器中的排列分为缺口上下方向交替排列和缺口左右方向交替排列两种,如图2-1-18所示。当流过壳程的全是单相的清洁物料时宜用前者。若气体中含少量液体时,则应在缺口朝上的折流板的最低处开通液口,如图2-1-19(a)所示;若液体中含少量气体时,则应在缺口朝下的折流板最高处开通气口,如图2-1-19(b)所示;卧式热交换器、冷凝器和重沸器的壳程流体为气液相共存或液体中含有固体物料时,折流板缺口应垂直左右布置,并在折流板最低处开通液口,如图2-1-19(c)所示。

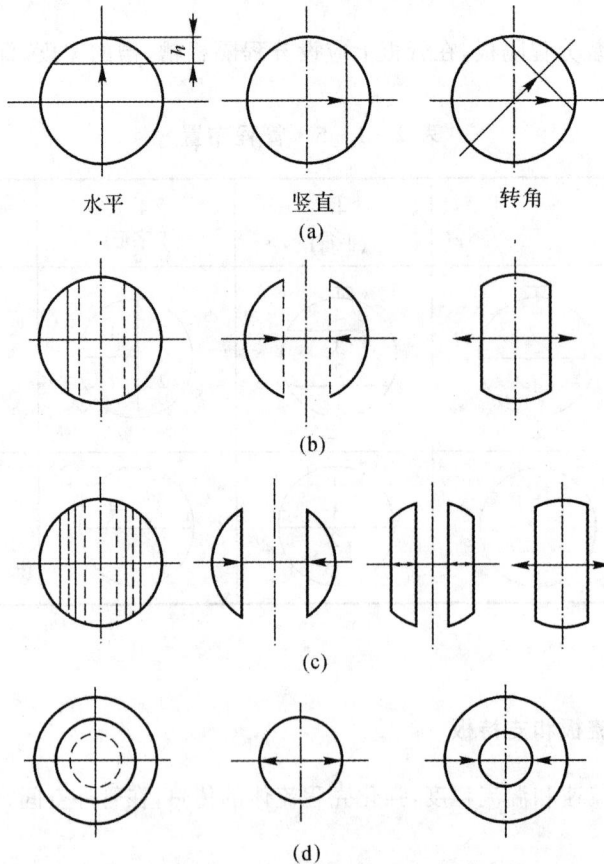

图 2-1-16　折流板的各种类型

(a)单弓形;　(b)双弓形;　(c)三弓形;　(d)圆盘-圆环形

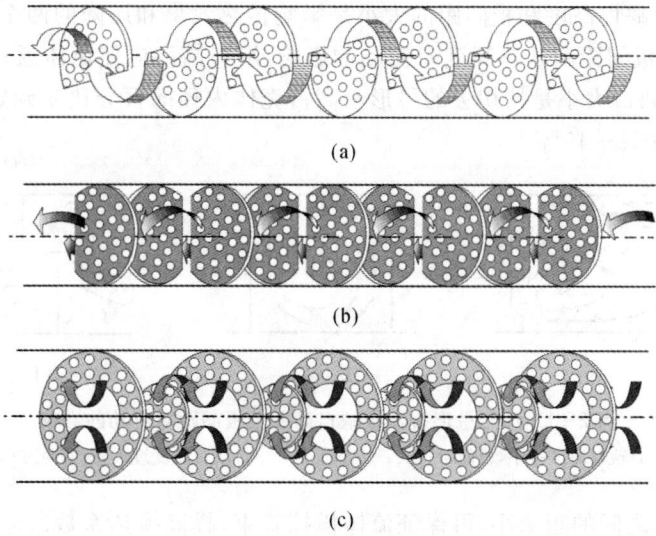

图 2-1-17　流体在单壳程热交换器壳体内的流动
(a)流体在单壳程水平圆缺形折流板热交换器壳体内的流动；(b)流体在单壳程垂直圆缺形折
流板热交换器壳体内的流动；(c)流体在单壳程盘环形折流板热交换器壳体内的流动

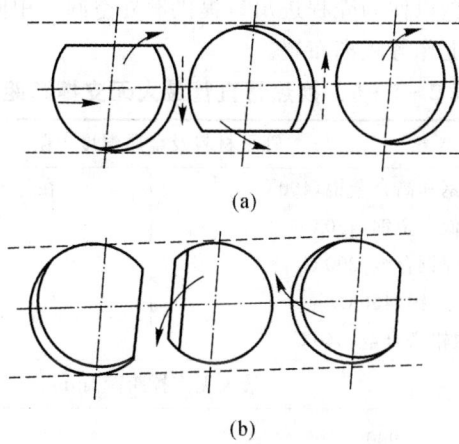

图 2-1-18　弓形折流板的排列
(a)缺口上下方向交替排列；(b)缺口左右方向交替排列

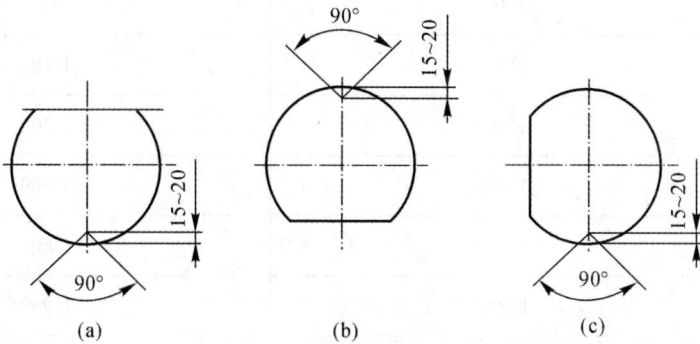

图 2-1-19　卧式热交换器中折流板的布置

弓形折流板的缺口高度和板间距的大小是影响传热效果和压降的两个重要因素。图 2-1-20 所示为折流板间距和缺口高度对流动的影响,缺口高度应使流体通过缺口时与横过管束时的流速相近,缺口大小是按切去的弓形弦高占壳体内径的百分比来确定的。缺口弦高一般为壳体内径的 20%~45%。

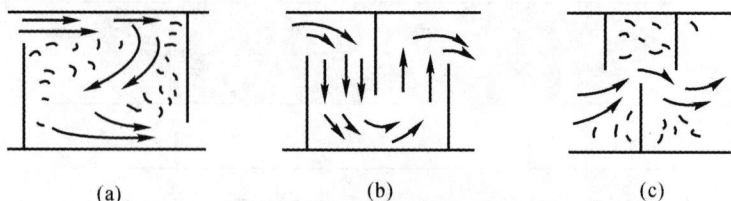

图 2-1-20 弓形折流板缺口高度及板间距对流动的影响
(a)缺口高度过小,板间距过大; (b)正常; (c)缺口高度过大,板间距过小

相邻两折流板之间的距离小,可保证流体横掠管束,提高换热系数。但若间距过小,又会增加流动阻力,难以检修和清洗;间距过大,则使流体难以垂直流过管束,使换热系数下降。为了保证设计的合理性,弓形折流板的间距一般不小于壳体内径的 1/5,且不小于 50 mm,最大则不能超过表 2-1-6 的规定,且不超过圆筒内径。两块管板与端部两块折流板的距离通常大于中间一些折流板的距离,以便为壳程进出口提供额外空间。中间折流板,除有特殊要求者外,一般在管子的有效长度上作等距离布置。

表 2-1-6 换热管直管最大无支撑跨距

管子外径/mm	管子材料及金属温度上限	
	碳素钢和高合金钢,400℃ 低合金钢,450℃ 镍铜合金,300℃ 镍,450℃ 镍铬铁合金,540℃	在标准允许的温度范围内: 铝和铝合金 铜和铜合金 钛和钛合金 锆和锆合金
	最大无支撑跨距/mm	
10	900	750
12	1 000	850
14	1 100	950
16	1 300	1 100
19	1 500	1 300
25	1 850	1 600
30	2 100	1 800
32	2 200	1 900

续 表

管子外径/mm	管子材料及金属温度上限	
	碳素钢和高合金钢,400℃ 低合金钢,450℃ 镍铜合金,300℃ 镍,450℃ 镍铬铁合金,540℃	在标准允许的温度范围内: 铝和铝合金 铜和铜合金 钛和钛合金 锆和锆合金
	最大无支撑跨距/mm	
35	2 350	2 050
38	2 500	2 200
45	2 750	2 400
50	3 150	2 750
55		
57		

注:①不同的换热管外径的最大无支撑跨距,可用内插法求得;

②超出上述金属温度上限时,最大无支撑跨距应按该温度下的弹性模量与本表中的上限温度下弹性模量之比的四次方根成正比地缩小;

③本表列出的最大无支撑跨距来考虑流体诱发振动。

为了防振并能承受拆换管子时的扭拉作用,折流板须有一定厚度,其具体规定见表 2-1-7。

表 2-1-7　折流板和支持板的最小厚度　　　　单位:mm

公称直径 D_N	换热管无支撑跨距					
	≤300	>300~≤600	>600~≤900	>900~≤1 200	>1 200~≤1 500	>1 500
	折流板或支持板最小厚度					
≤400	3	4	5	8	10	10
>400~≤700	4	5	6	10	10	12
>700~≤900	5	6	8	10	12	16
>900~≤1 500	6	8	10	12	16	16
>1 500~≤2 000	—	10	12	16	20	20
>2 000~≤2 600	—	12	14	18	20	22
>2 600~≤3 200	—	14	18	22	24	26
>3 200~≤4 000	—	—	20	24	26	28

折流板的材料应比管子软,较硬会损管子,导致管子破裂;若材料过软,则使管子磨损折流板,将相接管子间的部分磨损,形成穿有数根管子的大孔,使这些管子失去了这一位置的折流板支撑,引起自振频率降低,从而使管子因振动而损坏。

折流板的安装固定是通过拉杆和定距管来实现的,对于管子外径大于或等于 19 mm 的管束,拉杆和管板的连接如图 2-1-21(a) 所示。拉杆是一根两端皆带螺纹的长杆,一端拧入管板,折流板穿在拉杆上,各折流板之间则以套在拉杆上的定距管来保持板间距离,最后一块折流板用螺母拧在拉杆上给予紧固。拉杆直径 d_n 的选用与换热管外径 d 有关(单位:mm):

当 $10 \leqslant d \leqslant 14$ 时,$d_n = 10$;

当 $14 < d < 25$ 时,$d_n = 12$;

当 $25 \leqslant d \leqslant 57$ 时,$d_n = 16$。

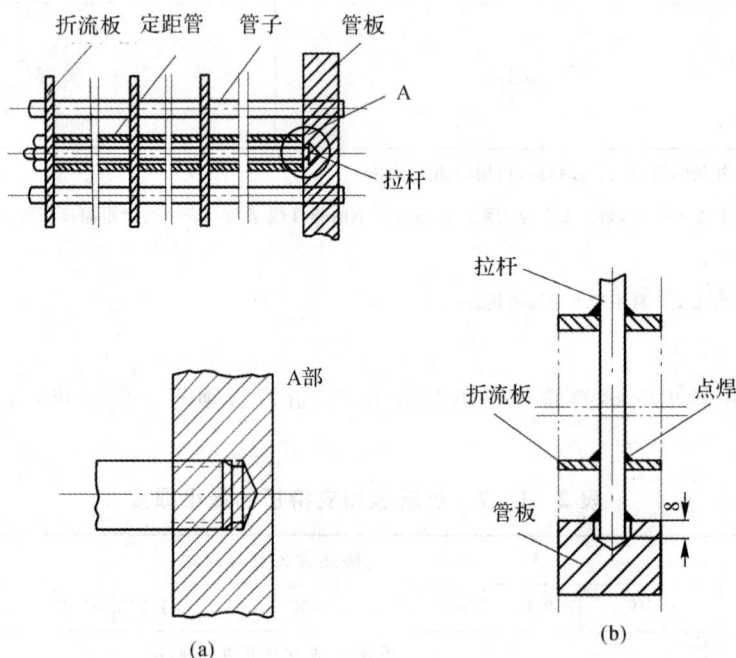

图 2-1-21　折流板的安装和固定

拉杆数量见表 2-1-8。在保证大于或等于表中所示拉杆总截面积的情况下,拉杆的直径和数量可以变动,但其直径不得小于 10 mm,数量不得少于 4 根。拉杆应尽量均布于管束的外边缘,但对于大直径的热交换器,在布管区内或靠近折流板缺口处也应布置适当数量的拉杆。对于管子外径小于或等于 14 mm 的管束,可把折流板焊在拉杆上,如图 2-1-21(b) 所示,此时则不需定距管。

热交换器组装一开始,就必须把拉杆和定距管就位,与折流板和管板一起构成一个架子,然后将管子穿入折流板中。

表 2-1-8 拉杆数量 单位:根

拉杆直径/mm	热交换器公称直径 D_N/mm								
	<400	400~<700	700~<900	900~<1 300	1 300~<1 500	1 500~<1 800	1 800~<2 000	2 000~<2 300	2 300~<2 600
10	4	6	10	12	16	18	24	32	10
12	4	4	8	10	12	14	18	24	28
16	4	4	6	6	8	10	12	14	16

拉杆直径/mm	热交换器公称直径 D_N/mm								
	2 600~<2 800	2 800~<3 000	3 000~<3 200	3 200~<3 400	3 400~<3 600	3 600~<3 800	3 800~<4 000		
10	48	56	64	72	80	88	98		
12	32	40	44	52	56	64	68		
16	20	24	26	28	32	36	40		

当设备上无安装折流板的要求(如冷凝换热)而管子的无支撑跨距又超过表 2-1-6 的规定时,应该安装一定数量的支持板,用来支撑换热管,防止它产生过大挠度。

任务实施

项目任务书和项目任务完成报告见表 2-1-9 和表 2-1-10。

表 2-1-9 项目任务书

任务名称	管壳式热交换器的类型、标准、与结构		
小组成员			
指导教师		计划用时	
实施时间		实施地点	
任务内容与目标			
1.了解管壳式热交换器的常见类型。 2.掌握管子在管板上的固定与排列的方式的正确操作。 3.理解管壳式热交换器每个组成部分的作用。			
考核项目	1.常见管壳式热交换器的类型。 2.管子在管板上的固定与排列的方式。 3.管壳式热交换器每个组成部分的作用。		
备注			

表 2－1－10　项目任务完成报告

任务名称	管壳式热交换器的类型、标准、与结构		
小组成员			
具体分工			
计划用时		实际用时	
备注			

1.图 2－1－2 是什么类型热交换器？

2.根据图 2－1－2 填写热交换器个部位名称，并说明其作用。

3.管子在管板上有哪几种排列方式？分别是什么？

任务评价

项目任务综合评价见表 2－1－11。

表 2－1－11　项目任务综合评价表

任务名称：　　　　　　　　　　　　　　　　测评时间：　　年　　月　　日

考核明细		标准分	实训得分								
			小组成员								
			小组自评	小组互评	教师评价	小组自评	小组互评	教师评价	小组自评	小组互评	教师评价
团队60分	小组是否能在总体上把握学习目标与进度	10									
	小组成员是否分工明确	10									
	小组是否有合作意识	10									
	小组是否有创新想（做）法	10									
	小组是否如实填写任务完成报告	10									
	小组是否存在问题和具有解决问题的方案	10									
个人40分	个人是否服从团队安排	10									
	个人是否完成团队分配任务	10									
	个人是否能与团队成员及时沟通和交流	10									
	个人是否能够认真描述困难、错误和修改的地方	10									
合计		100									

?! 思考练习

1.管子在管板上排列：＿＿＿＿＿法、＿＿＿＿＿法、＿＿＿＿＿法，其中＿＿＿＿＿排列方式是最合理的排列方式。

2.热交换器中的流动阻力是＿＿＿＿＿阻力和＿＿＿＿＿阻力。

3.管程和壳程分别是什么？

4.简述管子在管板上的固定方法。

5.简述管程、壳程内流体的选择的基本原理。

任务二　管壳式热交换器的制造、组装、安装与检验

📖 任务描述

管壳式热交换器在长期的使用中，其制造与组装不断地改进，目前已经基本定型。那管壳式热交换器是怎么制造与组装的？在组装中要注意什么问题？这里就相关内容进行介绍。

PPT
管壳式热交换器的
制造、组装、安装与检验

📚 任务资讯

一、零部件的制造与组装

(一)管壳式热交换器的制造

管壳式热交换器是一种传统的热交换器，它在工业上的应用具有悠久的历史。在长期的使用中，其结构形式不断地改进，目前已经基本定型，管壳式热交换器的壳体、管箱、封头、法兰及接管等的制造与一般化工容器基本相同。对维护检修工作者来讲，需要了解管壳式热交换器在制造和组装过程中较为特殊的方面，这里就相关部件的内容进行介绍。

1.筒体制造

(1)筒体椭圆度。热交换器筒体的椭圆度要求较高，因必须保证壳体与折流板之间有合适的间隙。如太大就会影响换热效果，太小就会增加装配的困难。因此，壳体在下料和辊压过程中必须小心谨慎。

(2)下料。下料须正确，切割方法有机械切割法、氧气切割法和等离子切割法三种。机械切割法是用斜口剪板机切割，效率低，不能切割高硬度的材料；氧气切割法可以切割较厚的碳素钢板，但不能切割不锈钢和其他高熔点的金属或非金属；等离子切割法不仅可切割高熔点的金属或非金属，且效率高、切口光滑又平整、热影响区小，材料性能无显著变化，工件变形小，成本低。切割好的钢板应根据钢板厚度、操作压力高低选定的破口形式进行边缘加工。

(3)卷板与焊接。钢板在卷板机上辊压加工时，须注意钢棒纵向边缘严格与滚筒轴线保持平行，辊压成形后的圆筒立即点焊，由卷板机上卸下后进行内外纵缝焊接。焊接采用手工电弧焊或埋弧自动焊，焊接过程中必须注意：焊条应保持干燥；坡口应清除干净；如发现焊接缺陷必须完全凿去再进行下一层焊接；尽量采用平焊；焊接顺序应合理，以减小变形和应力；所有壳体的纵、环焊缝(带蒸发空间的重沸器除外)，均应加工成与壳体齐平，以利于管束的装配；焊接后

须再上卷板机以矫正由于焊接产生的变形而得到正圆筒。壳体的允许不圆度应使金属模板能顺利地通过壳体而不会卡住,该模板由两块直径等于折流板的刚性圆盘及与它垂直的一根芯轴组成。接管注意不开在焊缝上,并应与其相连接的内表面齐平。

2. 封头和管箱的制造

封头和管箱的厚度一般不小于壳体的最小壁厚,且接管开孔住往采用整体加强而不用加强板。分程隔板两侧全长均应焊接,并应具有全焊透的焊缝。由于焊接应力较大,故管箱和封头法兰等焊接后,须进行清除应力的热处理,最后进行机械加工。

管程若为腐蚀性介质,则管箱及封头可采用复合板或耐腐蚀合金板衬里,在法兰内壁及端面可采用堆焊。

在热交换器制造过程中,管子的加工、管板的制造、管子与管板的连接为热交换器的特有部分,管子与管板的连接工艺是热交换器制造过程中最重要的一环,世界各国都很重视,并做了大量的研究工作。目前,由于我国炼油、化工及石油化工工业的发展,要求热交换器的操作条件越来越苛刻。为适应高温高压及大型化的需要,国内外已研究成功了许多新的连接工艺,今后将逐步在生产中推广使用。

3. 管子的选用和加工

直管一律采用整根管子而不允许有接缝,U形管拼接时应正确选择接头位置,使其尽量靠近弯头处,可避免由于穿管时接头经过折流板而造成穿管困难。U形管的最小弯曲半径,目前国内可达两倍管子外径。弯曲处须用直径为管子内径 0.85 倍的圆球作通过检查,以检验其不圆度。

管子加工的步骤如下。

(1)管子下料的方法可根据各制造厂的设备条件选用,可采用锯床切管、冲管机冲管、砂轮锯管等。有手工操作,也有利用液压系统和射流控制自动进给和后退的半自动操作。

(2)管子要校直,否则将造成穿管困难。

(3)管子两端须用磨管机清除氧化皮、铁锈及污垢等杂质,直至露出金属金泽。除锈长度不小于两倍管板厚度。国外也有在管子内径两端约 10 mm 长度范围内进行除锈。

(4)当管子与管板的连接采用胀接工艺时,管端硬度应低于管板硬度。如管子硬度高于或接近管板硬度,应将管子两端进行退火处理,退火长度一般取 200~250 mm。加热的燃料用木炭或焦炭等。碳素钢管加热的温度取 600~650℃(呈棕红色),合金钢管加热温度取 650~700℃(呈深红色)。加热时,管子的另一端必须堵死,避免因空气对流而影响加热。加热时应经常转动管子,使管壁各处的受热均匀,避免局部过热。保温时间 10~15 min,取出后埋在温热而干燥的砂子里面,或者用保温材料(石棉、硅藻土)包好,慢慢冷却,当采用不同材料如 20 号管子和 16Mn 管板,则本身存在硬度差,就不用退火处理。

(5)当采用胀接工艺时,管端须检查,如有纵向伤痕则不可使用。

当对热交换器有耐高温或腐蚀等要求时,为节约贵重材料、降低制造成本,除可根据需要采用双金属管外,还可进行各种表面处理,国内使用最多的为表面渗铝。在日本,比较盛行采用渗铬、渗铝、喷涂金属或树脂保护层等方法。经过渗铝处理的管子,在抗硫、硫化物和其他一些腐蚀介质以及耐热等方面效果很好。但渗铬和渗铝后,金属力学性能有所降低而且因其表面硬度增加,胀管比较困难。喷涂法是将保护材料如不锈钢、铝或合成树脂等喷涂在管子表面,在有应力腐蚀裂纹的场合,短时间内保护效果非常好。

4.管板的加工制造

管板一般采用低合金钢锻造,或者采用低合金钢钢板加工。管板毛坯可以是钢板、锻制的、焊制的及复合的。如为钢板材料时,加工前表面不平度当直径小于 1 000 mm 时不得大于 2 mm;等于或大于 1 000 mm 时,不得大于 3 mm。如超过以上规定时,应先进行校平,然后进行精加工。

当某种单一材料不能同时抵抗两侧换热介质的腐蚀时,必须采用双金属板。有时虽只是一种介质具有强烈腐蚀作用,但是管板尺寸较大较厚,那么采用整体的贵重材料制造管板不如采用复合板来得经济。常用的热交换器复合管板制造方法如下。

(1)轧制法。轧制法就是把轧制了的不锈钢板和碳素钢板叠合起来,用焊接等方法将四周固定,然后把叠合起来的钢板进行热轧加工。

(2)堆焊法。在碳素钢的表面,用焊接方法来焊接不锈钢,制成整个不锈钢的层面,然后把不锈钢层表面用切削方法加工成型。作为焊接方法,可以采用手工焊、埋弧焊等。但是,最近几年发展起来的带极电弧焊接法又取得了更广泛的应用。

(3)爆炸复合法。利用炸药的爆炸能将碳素钢与不锈钢接合的方法,如图 2 - 2 - 1 所示。在碳素钢的上面保持一定距离设置不锈钢板,在不锈钢板的上面把炸药全部布以一样的厚度,由一端借雷管爆炸而进行接合。在炸药爆炸的前端处,不锈钢复合材料变形,以高速度冲击到母材上,由冲击点向前方可以喷出金属射流,使它们进行接合。因为这种方法是在极其短的时间内完成的,所以在接合交界面上两种材料的合金元素扩散极少,这样,能够贴合异种金属而几乎不形成异种金属贴合时所存在的合金层。这种合金层非常坚硬,当材料弯曲时,往往从这里产生裂缝。

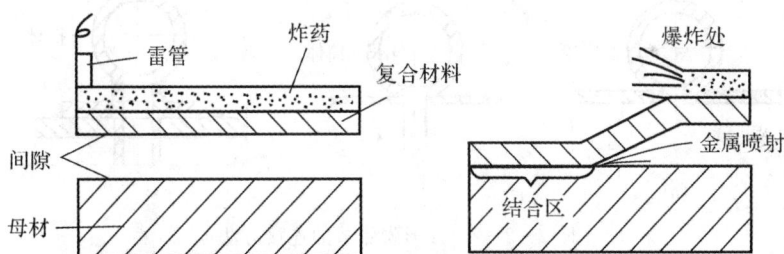

图 2 - 2 - 1　爆炸符合钢板的制造

(4)焊管覆合法。首先分别加工出覆合层钢板和基层碳钢板的孔,且覆合层板的孔应大于基层碳钢管板孔。然后穿管焊接,同时将不锈钢板、碳钢板及不锈钢管子焊在一起,以达到覆合的目的。此法适合于管间距较大的场合。

(5)桥面堆焊法。待碳钢板穿管焊接后,以不锈钢焊条堆焊焊管孔间的桥面,可使碳钢表面获得不锈钢覆合层,此法最节约不锈钢,但焊后不易热处理,也不易加工管板堆焊的平面。这种方法可用于管间距较小的场合。

管孔加工是管板制造中主要的一环,在加工过程中必须尽可能满足以下几点要求。

1)保证孔的位置及尺寸精度,如管孔不圆度、同心度及孔壁的表面粗糙度。

2)对大厚度的管板必须保证孔与管板平面垂直。

3)组装状态下管板和折流板的同一位置的管孔和拉杆用孔的中心应在同一直线上。

目前国内最普遍的管孔加工方法是管板下料、校平、平面外圆及压紧面的车削完毕后,进行画线、钻孔、刻槽、倒角等工序,适用于小批或单件生产的低压热交换器。为保证上下管孔的同心度可将两块管板叠合起来一起钻孔。

5.折流板的加工制造

由于折流板一般都很薄,钻孔时钻头的推力将使管板中心变形,故可将下料成整圆的折流板去掉毛刺并校平、重叠、压紧后沿周边点焊,然后一起钻孔。须注意折流板叠合后的厚度不能超过钻头工作部分的4/5。为防止折流板钻孔时产生挠曲而影响孔距精度,必须在折流板下面垫上整块木板以承受钻头的推力。

为保证顺利穿管,必须使折流板的管孔与管板的管孔中心在同一直线上。可以将管板当作钻模放在折流板上压紧后进行引孔,即以管板为基础先在折流板上钻出和管板孔距一致的定位孔,然后取下管板,将折流板压紧,并换上适合折流板的钻头,以引出的定位孔为准备进行加工,但必须注意为防止产生积累误差,故当作钻模的管板必须是第一块管板。

6.膨胀节

膨胀节是靠波壳的伸缩变形而起温差补偿作用的部件。波壳横截面的形状有许多种,实际使用的绝大多数为U形,其次是Ω形。

Ω形波壳与筒体连接的场合,一般像图2-2-2(a)所示的那样,将平行部插入筒体并将端部由内侧进行焊接。图2-2-2(b)所示的方法不但在焊接处产生较大的应力,而且不可能达到焊透,所以必须限于小直径筒体或应力小的场合下采用。若将薄弱环节结构改进如图2-2-2(c)所示,并使用环形管,制造方便,受力也较好,环形管壁可以较薄。

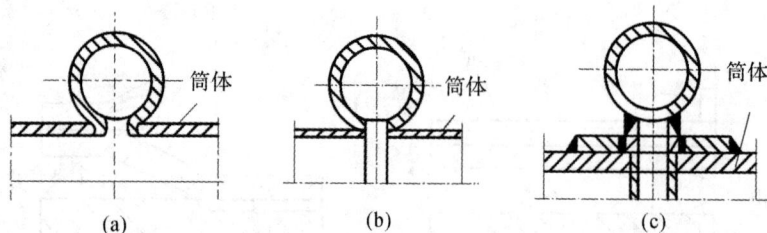

图2-2-2 Ω形膨胀节的连接方法

单波U形膨胀节的波壳结构如图2-2-3所示。图2-2-3(a)中顶部没有焊接,图2-2-3(b)顶部设置焊接部分。由于顶部处应力较大,所以在这部分焊接时应在U形顶部设置平行部,且应采用封底焊方法,作充分焊透。

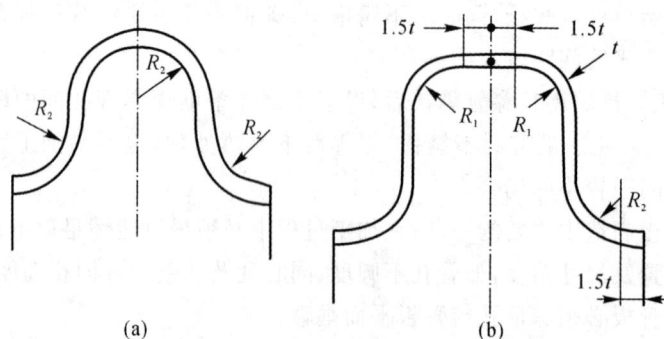

图2-2-3 U形膨胀节波壳结构

(二)管束的组装

管壳式热交换器的组装主要是指管束的组装。

热交换器组装要求两管板相互平行,允许误差不得大于 1 mm;两管板间长度误差为±2 mm;管子与管板应垂直;拉杆应牢靠固定;定距管两端面要整齐;穿管时管子头不能用铁器直接敲打。

(1)固定管板管束组装。固定管板管束的组装随着管板与壳体连接结构不同而不同。

对于压力较低直径较小的热交换器,组装如图 2-2-4 所示。先将一块管板和折流板组装,须使中心线调整一致。在此管板的某些部位,一般在中心线上及四周插入一部分管子,再将壳体装上并与管板点焊固定。

也可将两块管板同时装在壳体两端且点焊固定,然后再将全部管子从任意一头插入,也可两头同时插。一头由上向下插,另一头由下向上插,不会发生矛盾。对于压力较高、直径较大、对密封要求较高的热交换器,可先将管板焊上两个短接,短接再与筒体焊上后,最后穿管。

(2)浮头管束组装。浮头管束的组装如图 2-2-5 所示。先将两端管板固定在组装台上,保证两管板的同轴度、垂直度、平行度和两板之间的距离。两管板之间的平行度误差应小于±1 mm,两端距离误差应小于±2 mm。然后将拉杆、定距管、支承板、折流板按要求依次固定好,并校对好各部分尺寸,检查折流方向、同轴度是否符合要求,然后逐一穿入换热管。

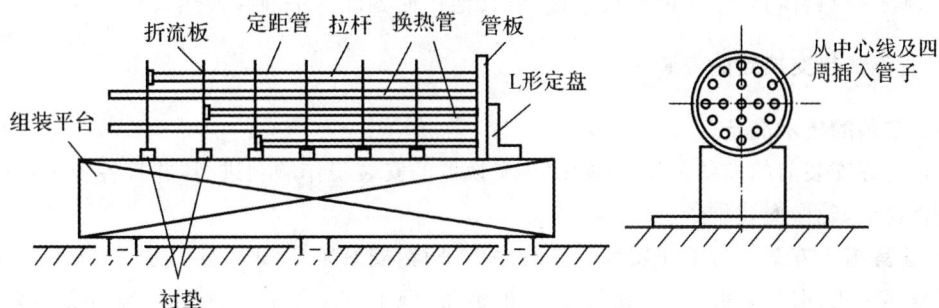

图 2-2-4 固定管板管束的组装

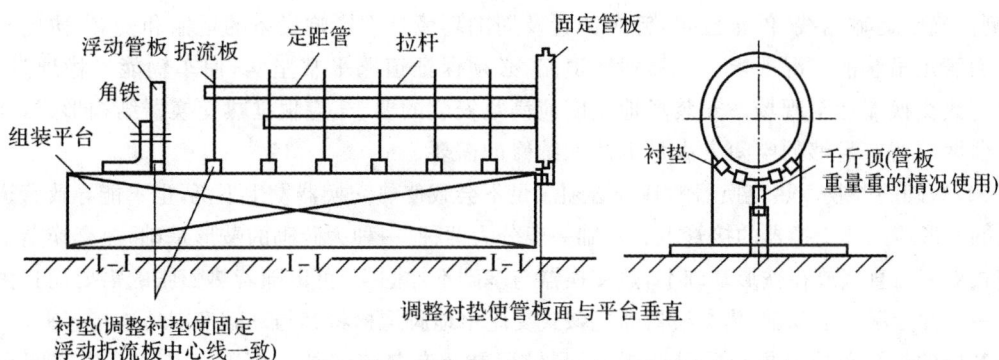

图 2-2-5 浮头管束的组装

(3)U形管束组装。U形管束如图 2-2-6 所示,先将管板固定在专用的组装平台上,保证其与装配平台水平面的垂直度,然后将拉杆、定距管、支承板、折流板依次组装好,先从中间穿入 U 形管,用木榔头击 U 形管的后部,将两端的管口插入管板,穿好一组后,焊接或胀接固定好,再插入另一组,顺次由里向外逐排组装。

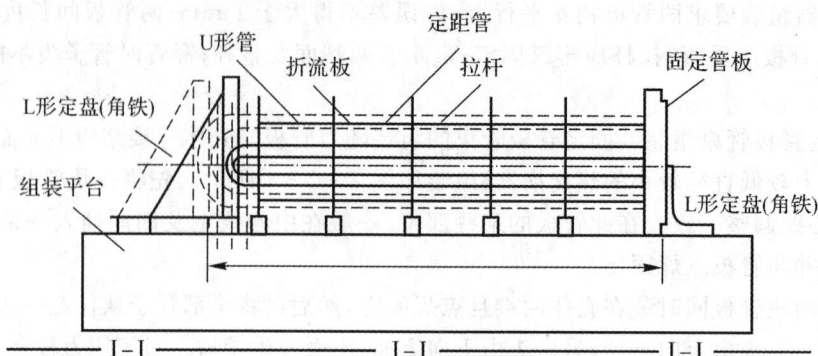

图 2-2-6 U 形管束的组装

管束的组装还应注意以下几点。

(1)拉杆上的螺母应拧紧,以免在装入或抽出管束时,因折流板窜动而损伤换热管。

(2)穿管时不应强行敲打,换热管表面不应出现凹瘪或划伤。

(3)除了换热管与管板间以焊接连接外,其他任何零件均不准与换热管相焊接。

二、管壳式热交换器的安装

(一)安装的技术准备

只有做好安装前的准备工作,才能使热交换器的安装工作顺利进行,并且各项技术指标都达到安装要求,确保安装质量。

(1)编写施工方案。为了使安装工作有序地进行,安装前应编写施工方案,施工方案的内容包括编制说明、编制依据、工程概况、施工的准备、施工方法和措施、技术措施和技术要求、施工用机具、施工用料、施工人员调配、施工进度计划图等。

(2)施工现场准备工作。可根据施工的现场平面布置图,对现场的其他各方面进行实际勘查,测量确定运输路线,停车位置,卸车位置及周围环境是否影响设备的运输和安装,协同有关各方面满足吊装的工况要求。疏通运输道路,必须保证道路平整坚实,使车辆能平稳通过,安全地将热交换器运至现场。安装场地宽度应满足安装的要求,应根据热交换器结构形式,在热交换器两端留有足够的空间来满足拆装和维修的需要。

(3)基础的验收。热交换器的基础必须满足不会致使热交换器发生下沉,也不能导致管道把过大的变形传到热交换器的接管上。基础一般分为两种:一种为砖砌的鞍形基础,热交换器上没有鞍式支座而直接放在鞍形基础上,热交换器与基础不加固定,可以随着热膨胀的需要而自由移动。另一种为混凝土基础,热交换器通过鞍式支座由地脚螺栓将其与基础牢固地连接起来。

基础的施工单位应提交质量证明书、测量记录及有关施工技术资料。基础上应有明显的标高线和纵横中心线,基础应清理干净,如有缺陷应进行处理。

在安装热交换器之前应严格地进行基础质量的检查和验收工作,主要项目如下:基础标高、平面位置、形状和主要尺寸以及预留孔是否符合设计要求;地脚螺栓的位置是否正确,螺纹情况是否良好,螺母和垫圈是否齐全;放置垫铁的基础表面是否平整等,另外,活动支座的基础面上应预埋滑板。

(4)垫铁的配置。基础验收完毕后,在安装热交换器之前应在基础上放垫铁,安放垫铁处的基础表面必须铲平,使两者能很好接触。垫铁厚度可以调整,使热交换器能达到设计的水平度和标高。垫铁放置后可增加热交换器在基础上的稳定性,并将其重量通过垫铁均匀地传递到基础上去。垫铁可分为平垫铁、斜垫铁和开口垫铁。其中,斜垫铁必须成对使用。地脚螺栓两侧均应有垫铁,垫铁的安装不应妨碍热交换器的热膨胀。

(5)热交换器的验收与处理。按设备的图纸进行认真、仔细的检查,包括设备的型号、质量、几何尺寸、管口方位、技术特性等。查阅出厂合格证、说明书、质量保证书等技术文件。检查设备是否有损坏、缺件(包括垫铁、螺栓、垫片、附件等)。做好检查、验收记录。

热交换器就位后需用水平仪对热交换器找平,这样可使各接管都能在不受力的情况下连接管道。找平后,斜垫铁可与支座焊牢,但不得与下面的平垫铁或滑板焊死。当两个以上重叠式热交换器安装时,应在下部热交换器找正完毕,并用地脚螺栓充分固定后,再安装上部热交换器。可抽管束热交换器安装前应抽芯检查、清扫,抽管束时应注意保护密封面和折流板。移动和起吊管束时应将管束放置在专用的支撑结构上,以避免损伤换热管。

根据热交换器的结构形式,应在热交换器的两端留有足够的空间来满足操作、清洗、维修的需要,浮头式热交换器的固定盖端应留出足够空间以便能从壳体内抽出管束,外头盖端必须也留出 1 m 以上的位置以便装拆外头盖和浮头盖。固定管板式热交换器的两端应留出足够的空间以便能抽出和更换管子。并且,用机械清洗管内时,两端都可对管子进行刷洗操作。U形管式热交换器的固定头盖应留出足够的空间以便能抽出管束,也可在其相对的一端留出足够的空间以便能拆卸壳体。

可抽管束热交换器安装前应抽芯检查、清扫。抽管束时,应注意保护密封面和折流板。移动和起吊管束时,应将管束放置在专用的支承结构上,以免损伤换热管。安装前一般应进行压力试验,当图样有要求时,还应进行气密性试验。

(二)安装的技术要求

1.吊装技术要求

吊装部门应准备好全部机索具,如吊车、抱杆、钢丝绳、滑轮组、导链和卡环等,并按安全规定认真做好检查工作。对大型热交换器,因直径大、换热管多,起吊质量很大,因此起吊捆绑部位应选在壳体支座有加强垫板处,并在壳体两侧设木方用于保护壳体,以免壳体在起吊时被钢丝绳压瘪产生塑性变形,如图 2-2-7 所示。

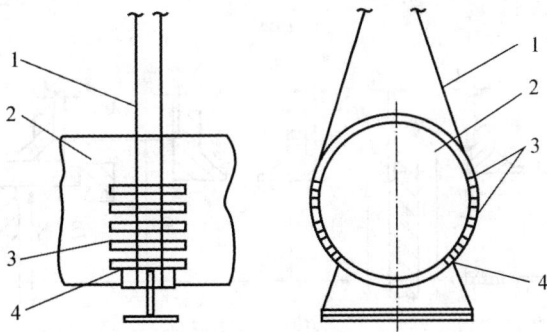

图 2-2-7 热交换器捆绑时壳体保护示意图
1—钢丝绳; 2—壳体; 3—木方; 4—加强垫板

2.安装尺寸偏差要求

应检查热交换器各部分尺寸的偏差是否符合标准的要求,国家标准 GB 151−2014 规定的热交换器组装尺寸的允许偏差如图 2−2−8 所示;平盖、法兰、隔板和管板等装配尺寸的允许偏差如图 2−2−9 所示。

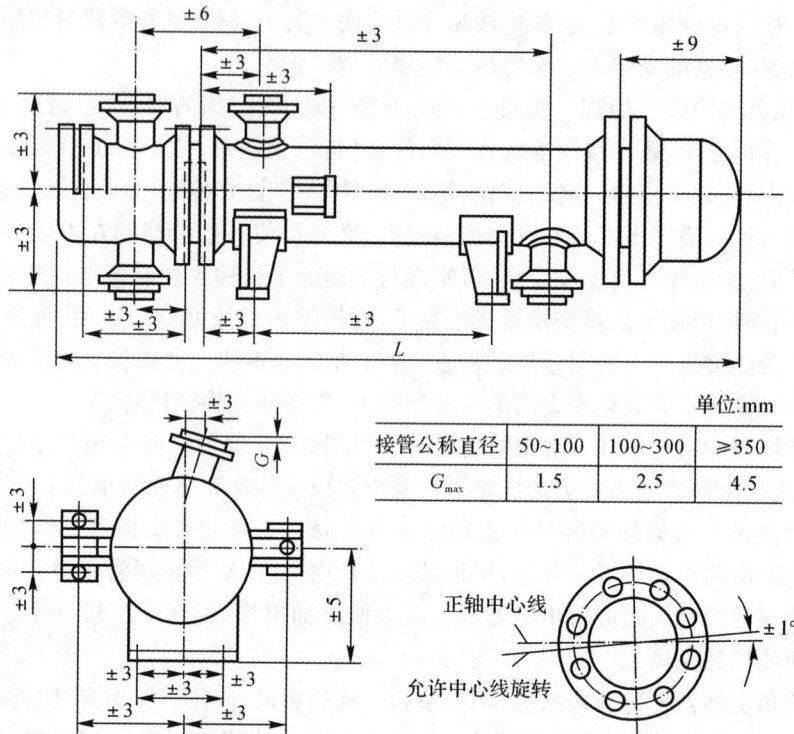

接管公称直径	50~100	100~300	≥350
G_{max}	1.5	2.5	4.5

单位:mm

正轴中心线

允许中心线旋转

±1°

图 2−2−8   热交换器组装的允许偏差

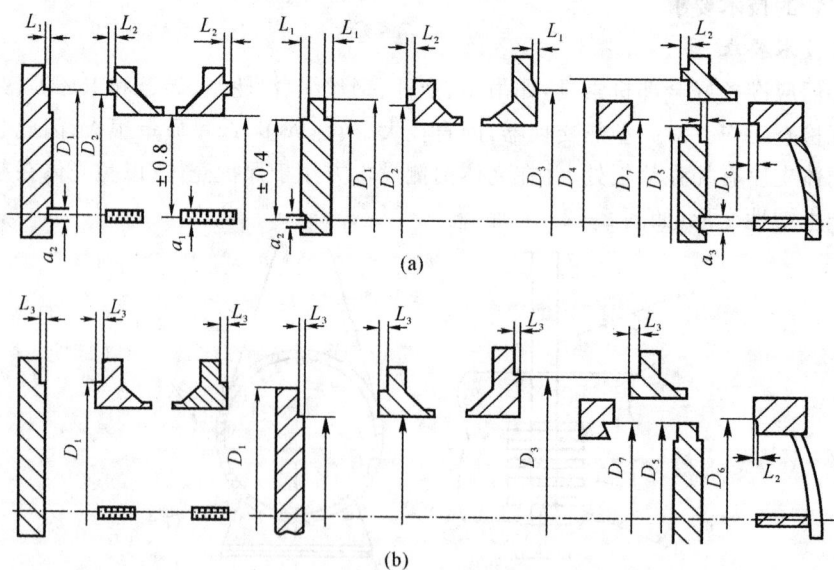

(a)

(b)

图 2−2−9   平盖、法兰、隔板、管板等装配尺寸的允许偏差

(a)凹凸面连接;   (b)平面连接

		单位:mm
符号	基本尺寸	偏差
t_1	6	+0.5,0
t_2	6	0,-0.5
t_3	3	+0.5,0
a_1,a_4	—	-0.8,0
a_2,a_3	—	0,+1.5

续图 2-2-9 平盖、法兰、隔板、管板等装配尺寸的允许偏差
(c)棒槽面连接

3.支座安装要求

(1)基础上活动支座一侧应预埋滑板,地脚螺栓两侧均有垫铁。设备找平以后,斜垫铁可以和热交换器底座板焊牢,但不得与下面的平垫铁或滑板焊死,且垫铁必须光滑、平整,以确保活动支座的自由伸缩。垫铁的安装应保证不妨碍热交换器的热膨胀。

(2)活动支座的地脚螺栓应装有两个锁紧的螺母,螺母与底板间应留有1~3 mm的间隙,以便底板能自由滑动。

4.热交换器的固定

(1)热交换器就位后需用水平仪对热交换器找平,这样可使各接管都能在不受力的情况下连接管道。找平后,斜垫铁可与支座焊牢,但不得与下面的平垫铁或滑板焊死。当两个以上重叠式热交换器安装时,应在下部热交换器找正完毕,并用地脚螺栓充分固定后,再安装上部热交换器。可抽管束热交换器安装前应抽芯检查、清扫,抽管束时应注意保护密封面和折流板。移动和起吊管束时应将管束放置在专用的支撑结构上,以避免损伤换热管。换热安装以后的允许偏差应符合下列要求:①标高±3 mm;②垂直度(立式)≤L/1 000且不大于5 mm,水平度(卧式)≤L/1 000且不大于5 mm;③中心位移±5 mm。

(2)与热交换器相连接的管线,为避免强力装配,应在不受力的状态下连接,并应不妨碍热交换器的热膨胀。根据热交换器的结构形式,应在热交换器的两端留有足够的空间来满足操作、清洗、维修的需要。浮头式热交换器的固定盖端应留出足够空间以便能从壳体内抽出管束,外头盖端必须也留出1 m以上的位置以便装拆外头盖和浮头盖。固定管板式热交换器的两端应留出足够的空间以便能抽出和更换管子。并且,用机械清洗管内时,两端都可对管子进行刷洗操作。U形管式热交换器的固定头盖应留出足够的空间以便能抽出管束,也可在其相对的一端留出足够的空间以便能拆卸壳体。

(3)重叠热交换器须在制造厂进行重叠预组装。重叠支座间的调整垫板应在压力试验合格后点焊于下面热交换器的支座上,并在重叠支座和调整垫板的外侧标注永久性标记,以备现场组装对中。

5.螺栓的紧固

螺栓的紧固至少应分三遍进行,每一遍的起点应相互错开120°,紧固顺序遵循图2-2-10的规定。

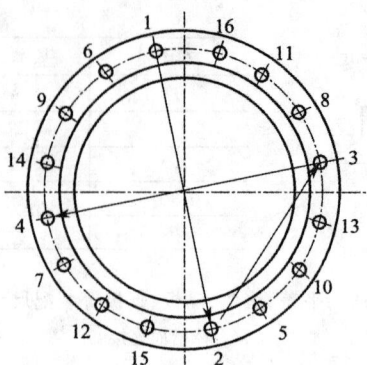

图 2-2-10　热交换器螺栓紧固顺序

(三)附件的安装

热交换器经安装找正、找平固定以后,可进行管道、阀门和安全附件安装。

1.管道的安装

(1)管道安装前热交换器安装、清洗、试压等工作已进行完毕。

(2)管子、管件及阀门等已按设计要求核对无误,并经检验合格且具有合格证件。

(3)安装前必须清理干净,不存任何杂物及油污。

(4)管道安装时应对法兰密封面及垫片进行外观检查,不得有径向沟槽和划痕等影响密封的缺陷。

(5)管道安装时,不得采用强力对口、加热管子、加偏垫或多层垫等方法来消除接口端面的空隙、偏差、错口或不同心等缺陷。

(6)管道安装后不得对热交换器产生任何方向的额外附加力。

(7)温度计套管及其他插入件的安装方向与长度应符合设计要求,管道温度变化较大时应设置热补偿器。

2.补偿器的安装

(1)U形波纹管的安装应符合以下要求。按设计规定进行预拉伸(或压缩),允许偏差为±10 mm,应与管道保持同心。水平安装时平行臂应与管线坡度相同,内套筒有焊缝的一端在流体流动方向的上游。垂直安装时,内套筒有焊缝的一端应在上部。

(2)填料函式补偿器安装应符合下列规定。与管道保持同心,不得歪斜;在靠近补偿器两侧,至少各有一个导向支座,以保证运行时自由伸缩,不偏离中心。按设计规定安装长度并应考虑气温变化,留有剩余的收缩量,允许偏差为±5 mm。插管应安装在介质流入端。填料石棉绳应涂石墨粉,并逐圈装入、逐圈压紧,各圈接口应互错开。

(3)阀门的安装。

1)阀门安装前要逐个进行强度和严密性试验。强度试验压力为其公称压力的 1.5 倍,试验时稳压时间不少于 5 min,以壳体填料无渗漏为合格。然后降至公称压力进行严密性试验检查,以阀芯或阀瓣面无渗漏为合格。

2)阀门的传动机构应灵活可靠,无卡涩现象;安装时应注意流体流动的方向。

3)安装铸铁、硅铁阀门时,应避免因强力连接或受力不均引起损坏。

三、试压与验收

(一)压力试验

热交换器制造和维修后要按 JB/T 4730－2005《压力容器无损检测》的要求对焊接接头进行射线或超声波、磁粉和渗透检验。检测合格之后,按 GB 150－1998 中 10.9 项(压力试验和气密性试验)的规定及 GB 151－1999 的规定进行压力试验。

1. 压力试验的技术要求

(1)固定管板热交换器的压力试验顺序:先进行壳程试压,同时检查热交换器与管板连接接头,然后再进行管程试压。

(2)U 形管式热交换器、釜式重沸器(U 形管束)及填料函式热交换器压力试验顺序:先用试验压环进行壳程试验并检查接头,再进行管程试压。

(3)浮头式热交换器、釜式重沸器(浮头式管束)压力试验顺序:先用试验压环和浮头专用试压工具进行管头试压,对釜式重沸器还应配备管头试压专用壳体;接着进行管程试压,最后进行壳程试压。

(4)按压差设计的热交换器,先按图样规定的最大试验压力差进行接头试压,再进行管程试压,后进行壳程试压。

(5)当管程试验压力高于壳程试验压力时,接头试压应按图样规定,或根据制造、维修方与使用厂家或使用单位双方商定的方法进行。

(6)重叠热交换器的接头试压可以单台进行,当各台热交换器连通时,管程及壳程试压应重叠组装后进行。

(7)压力试验的方法及要求按照 GB 150－1998 中 10.9 项的规定。

2. 水压试验与气压试验

水压试验,即液压试验,通常在热处理和无损探伤之后进行,其主要目的是检验壳体的宏观强度及焊缝的致密性。

水压试验时,要在上部开设排气口,一般要求水温不低于 5℃。先将水由下而上灌满容器,打开排气阀,以排出外壳体内的空气,等空气排完后关闭排气阀。然后开动水泵向壳体内注水,使壳体内的压力逐步升高,达到所要求的压力后保持压力不变,保持时间一般不小于 30 min。然后检验焊缝及金属壁有无泄漏。如有渗漏,修补后重新试验;试验过程中,应保持容器表面干燥。当壳体本体的残余变形率小于某一百分数时为合格(一般取 10%)。当水压试验时,一旦发现壳体有明显变形,应停止使用。试验完毕,打开排水阀放出水。将液体排尽,并用压缩空气将内部吹干。

对于管壳式热交换器来说,其试验压力可取 $1.25p$,且不小于 $p+0.1$ MPa,p 为设计压力。当设计温度高于 200℃时,其试验压力可由下式确定,即

$$p_t = 1.25P \frac{[\sigma]}{[\sigma]'} \tag{2.4}$$

式中　p_t —— 设计温度 ≥ 200℃ 时的试验压力;

　　　p —— 设计压力;

　　　$[\sigma]$ —— 试验温度下材料的许用应力;

　　　$[\sigma]'$ —— 设计温度下材料的许用应力。

立式壳体在试压时应卧置,其试验压力还应加上水柱静压。

水压试验存在一定程度的危险性,操作时应注意缓慢升压,必要时还可采取逐级升压的方法,即先升至某一压力,停顿一段时间后再继续升压。在一般情况下,经历 3～4 个阶段后升至终压。

与液压试验相比,气压试验的危险性较大。出于安全考虑,只有因设计或使用方面的原因而不能做水压试验时,才采用气压试验。例如,热交换器内的工质不允许与残留水分相接触的情形,对于做气压试验的热交换器,必须 100% 地进行焊缝探伤。

气压试验时的压力由式(2.5)计算,即

$$p_t = 1.15p \tag{2.5}$$

对于设计温度大于 200℃ 的情形,可按式(2.6)计算,即

$$p_t = 1.25p \frac{[\sigma]}{[\sigma]^t} \tag{2.6}$$

由于气体的可压缩性,故气压试验危险性大,发生爆炸时所造成的危害比水压试验大得多,因此,规定进行气压试验时应首先取得上级部门的同意,并在安全部门的监督下进行。同时,在实验前还必须具备可靠的安全措施。安全措施需经试验单位技术总负责人认可并由本单位安全部门检查监督;试验所用气体应为干燥洁净的空气、氮气或其他惰性气体;低碳钢和低合金钢的壳程、管程温度不低于 15℃,其他钢材按原设计要求进行。

气压试验时,压力应缓慢升至规定试验压力的 10%,且不得超过 0.05 MPa,然后保压 5 min。再对所有的焊缝及连接部位进行检查,如有渗漏应立即返修。经初步检验合格后,继续缓慢升压至试验压力的 50%,其后按每级规定试验压力的 10% 的级差,逐级升到试验压力,保压 10 min 后,将压力降至规定试验压力的 87%,并保持足够长的时间,再次进行泄漏检查,如有泄漏,修补后再按上述规定重新试验。

3. 气密性试验

在进行液压试验后,有时同时进行气密性试验,即用空气和肥皂水或探漏性气体进行检验。这一项工作对管子和管子压固焊的密封性检验特别有用。

当设备液压试验合格后方可进行气密性试验,试验压力应按 GB 150—1998 中的 3.10 规定进行;试验时压力应缓慢上升,达到规定的试验压力后保压 10 min,然后降至设计压力,对所有焊接接头和连接部位进行泄漏检查,小型设备亦可浸入水中检查,如有泄漏,修补后重新进行液压试验和气密性试验;对于与系统相连无法隔离开的设备,维修后需要进行气密性试验时,可以最高操作压力为准,具体升压步骤按上述规定。

接管补强圈的检漏的方法是:从试验孔内通入 $(5\sim7)\times10^5$ Pa 的空气,在与筒体内面结合处及补强圈全部焊缝上涂肥皂水检查。当壳体试验压力高于上述压力时,亦可在试验孔涂肥皂水,以检查是否有水从壳体泄漏。

衬里板的检漏方法是:由壳体上试验孔通入 $(1\sim2)\times10^5$ Pa 的空气(由衬里厚度决定试验压力),在壳体和衬里层的底层焊缝全部涂肥皂水检查。

(二)试车验收

1. 试车

(1)试车前应查阅图纸有无特殊要求或说明,铭牌上有无特殊标志。如管板是否按压差设计、对试车程序有无特殊要求等。

（2）试车前应清洗整个系统，并在入口接管处设置过滤网。

（3）系统中如无旁路，试车时应增设临时旁路。

（4）试车时应开启放气口，使流体充满设备。

（5）当介质为蒸汽时，开车前应排空残液，以免形成水击；有腐蚀性的介质，停车后应将残存介质排净。

（6）开车或停车过程中，应缓慢升温和降温，避免造成压差过大和热冲击。

2.验收

全部试压合格后，连接进出口管道与阀门，装上各种现场计量仪表，若设备连续运行24 h未发现任何问题，并根据各现场记录数据进行核算，满足了生产需要，即可交付用户，在办理移交手续时，应将设备的安装与检修记录和有关技术资料及备件材料消耗一并交付使用单位存入设备管理档案。具体的验收手续及内容按制造和维修单位与用户的合同要求进行。

四、管壳式热交换器的日常检查

（一）日常检查与处理

日常检查的目的是及时发现设备存在的问题和隐患，采用正确的预防和处理措施，避免设备事故的发生。检查内容包括：定期检查设备流量、压力、温度等的操作记录；检查、判断设备是否存在泄漏；检查设备保温或保冷是否良好；检查无保温和保冷的设备局部有无明显的变形；检查设备基础或支吊架是否良好；利用现场仪表或总控仪表显示画面观察设备流量是否符合设计要求，设备是否存在超温超压等；对现场有安全附件的热交换器，要检查安全附件是否良好；用听音棒判断设备是否存在异常声响，确认设备内热交换器是否存在互相摩擦和振动等。

1.温度的检测

温度是热交换器运行中主要的操控工艺指标，通过在线仪器检测及检查热交换器中各流体的进出口温度的变化，可以分析、判断介质流量的大小及换热情况的好坏和是否存在内漏等。要防止温度的急剧变化，因温度剧变会造成热交换器内件（特别是管束与管板）的膨胀和收缩不一致，导致产生温差应力，从而引起管束与管板脱离或局部变形及裂缝，还会加快腐蚀及产生热疲劳裂纹。

用水作为冷却介质的，水的出口温度最好控制在38℃以下，不宜超过45℃。因为水温超过38℃，微生物的繁殖会明显加速，腐蚀成分的分解加快，会引起管子腐蚀穿孔。同时已溶于水的碳酸氢钙、碳酸氢镁会受热分解形成沉淀，使热交换器结垢越来越严重，影响设备的换热能力。

通过对温度的检测和记录，可以计算传热系数。传热效率好坏主要表现在传热系数上，传热系数降低，则标志着热交换器的效率降低。定期测量热交换器两种介质的进出口温度、流量，计算出各时期的传热系数，并用坐标纸作出变化趋势图。它会是一条基本连续逐渐向下、切点斜率较小的平滑曲线。当传热系数低到不能满足工艺要求时，则应通过机械清洗或化学清洗来提高其传热系数，满足和维持工艺运行的需要。

2.压力的检测

通过对流体压力及进出口压差的测定和检查，可以判断热交换器是否结垢，是否存在堵塞引起的节流以及泄漏等。

对热交换器设备要注意防止超压,超压往往会使设备靠法兰连接的密封引起向外泄漏。一般石油、化工厂都存在大量的易燃易爆介质流体和有毒有害气体,常常因外漏引起火灾爆炸事故,有毒有害介质污染环境,严重的还会损坏系统内其他设备,甚至会造成人员伤亡和环境污染等重大事故,特别是无安全附件的设备要严防超压。

在内漏中高压流体往往向低压流体中泄漏,使低压流体压力很快上升甚至超压,并可能损坏低压设备或该设备的低压部分,引起催化剂失效或污染其他系统等各种不良后果,对运行中的高压热交换器应特别监视和警惕。

工艺操作中,若发现压力骤变,无论升高或降低,除应检查热交换器本身外,还应检查系统内其他影响因素,例如系统阀门的损坏、输送流体的机械发生故障等,尽快查出压力骤变的原因。

3.泄漏的检查

热交换器存在的主要问题之一是泄漏。泄漏有内漏和外漏之分。

(1)外漏的检查。外漏在运行生产中容易被检查发现。

1)对于轻微的气体外漏,可以直接用抹肥皂水或其他发泡剂来检查,也可借助试纸变色来检查。

2)对于酸性或碱性气体外漏可以凭视觉、嗅觉直接发现。

3)检查热交换器外壳体表面的涂料层或保温保冷层的剥落污染情况,也可确定壳体是否存在泄漏。

4)若泄漏气体为可燃性气体,可以用安全专用仪器来检测。对于存在剧毒的气体,还可以在现场设置自动分析记录仪,发现泄漏自动进行声光报警。

5)通过定期对壳体各连接处周围的空气取样分析,也能判断是否泄漏及泄漏程度。

(2)内漏的检查。内漏是由于管束的泄漏,造成管程和壳程间的内部串漏。管束泄漏有两个部位:一是在管子与管板连接处,二是管子本身泄漏。对于内部泄漏,操作人员不易直接发现,但可以从介质异常的温度、压力、流量,异常声音、振动及其他异常现象来判断发现。

压力反应:例如,某一热交换器管内是压力较高的气体,壳程是压力较低的液体,当管束中某一管子穿孔时,则管内的气体就串到管间(壳程)液体中,从液体压力表中即可反映出压力上升,这是因为气体串入液体,引起液体剧烈翻腾造成压力波动。

振动反应:用听音棒发现壳体内有异常响音,如有较多管子泄漏,用手摸壳体或液体出口管,会有震动的感觉。

取样分析:对一般热交换器(不使用冷却水),在出口处对低压介质定期取样,可知有无泄漏,试验项目根据两介质的特性选取,如色相、密度、黏度和成分等。如某化肥厂一台热交换器,其冷却介质是循环水,走管程,壳程是压力很高的合成气。当换热管穿孔或换热管与管板的焊接有气孔等缺陷时,就可以从该热交换器的进出口冷却水管的导淋取样分析,根据 pH 值的变化判断是否存在轻微泄漏。

综合现象:当发生泄漏时,热交换器一定会出现热交换器的冷却水压力波动大,管道和设备往往都有较大的异常声响和振动,冷却水管线上的防爆板会破裂漏水等,从而直接判断出该热交换器泄漏。

其他方法:假若热交换器管程走的是液体介质且压力较高时,还可以打开气体管线上的导淋,根据平常排导的情况亦可判断该热交换器是否存在内漏;对于冷却器,可在冷却器出口阀前的管道上装取样接管,定期取样检查有无被冷却的介质混入。当被冷却的介质为气体时,可在冷却水出口管道的上部安装积气报警器报警,以此检测泄漏。

停车修理期间,管束泄漏检查可采用压力试验的方法,这种方法便于检查管子泄漏的具体情况。其做法是:把管束放入壳体,两端装上试验法兰和浮头试验环,壳侧通水、加压、保压,目测检查两端管板处管子的泄漏情况,对漏管做出标记。壳程不允许进水的热交换器,可用气压试验。气压试验过程必须严格控制进气压力,首试压力应不大于 0.1 MPa,终试压力应不大于工作压力。查漏时用发泡液体顺序涂刷管板表面,仔细观察各管口。高压固定管板热交换器由于管板与管箱制成一个整体,设计压力比壳程大很多(如尿素装置的高压甲铵冷凝器管程操作压力为 14 MPa,而壳程水和蒸汽压力仅为 0.47 MPa),检查漏点时,可用渗透力非常强的混合气通入壳程,用酚酞溶液作试剂检查漏点。

4. 振动的检查

热交换器内的流体一般具有较高的流速,流体的脉动和横向流动会引起热交换器发生流体诱导振动。一般外部原因如输送流体的管道弹簧支吊架失效,热交换器本身地脚螺栓松脱,设备的支承基础不稳固等都会造成设备振动发生。对设备存在的振动要进行密切监测,严格控制振动值不超过 250 μm,超过此值时,则需要立即检查处理。

5. 保温或保冷层的检查

对于保温或保冷层,一般在设备的使用说明书上有具体要求。它的完好状态直接影响热交换器的传热效率,属于节能降耗要求内容,关系到生产的经济运行。另外,保温层或保冷层还有保护设备的作用,保温层或保冷层一旦破损,在壳体外部积附水分,使壳体发生局部腐蚀,有的热交换器还会因为保温保冷不符合要求发生泄漏。因此,发现保温或保冷层破损后应尽快修补,并要采取措施,防止水分进入保温或保冷层内。

6. 壁厚腐蚀减薄的检查

对于壳体会腐蚀、减薄的部位,可由外部测定壳体厚度。测定仪器有超声波测厚仪及其他非破坏性测厚仪器。

(二)停车检查和清洗

1. 停车拆开后检查项目

(1)污染程度,结垢程度。

(2)测定壁厚,检查减薄和腐蚀情况。

(3)检查焊接部位的腐蚀和裂纹情况。焊接部位较基材更易腐蚀、劣化,因此需仔细检查。

2. 管束检查

热交换器的管束检查是最困难之处,但也是最重要的检查项目。要特别仔细检查腐蚀、污染和减薄的部位如下:

(1)侧面有管口的管子表面;

(2)换热管管端入口部位;

(3)折流板和换热管接触部位;

(4)流体拐弯部位。

管束内部检查,可利用管内检查器或利用光照进行肉眼检查。管装配部位的松动检查是使用试验环进行泄漏试验。如果发现泄漏,就要再胀管或焊接装配。

3.停车拆开后的清洗与除垢

热交换器解体后,除垢方法有以下几种。

(1)喷射清洗:该法是将高压水通过喷嘴射出用以除去换热管外侧污垢,是清洗管束外侧行之有效的方法。一种方法将管束置于导轨上并使之移动的清洗方法。另一种方法是操作人员手持喷嘴进行人工清洗,如图2-2-11所示。

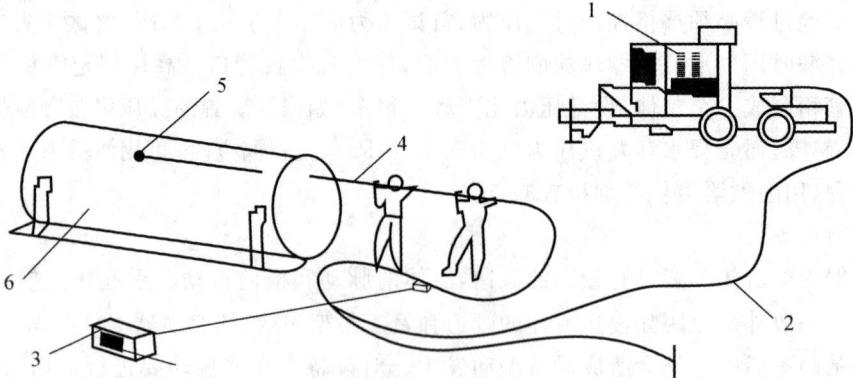

图2-2-11　人工手持刚性喷杆进行清洗作业

1—高压泵机组；　2—高压水软管；　3—脚踏阀；　4—喷杆；　5—多孔喷头；　6—热交换器

(2)机械清洗:该法用于管子内部清扫,而在细杆前端装上刷子、钻头、刀具等插入管内,然后使之旋转清除污垢。这种方法不仅适用于直管也可用于弯管,图2-2-12所示为机械清洗热交换器管束的典型装置和工具。

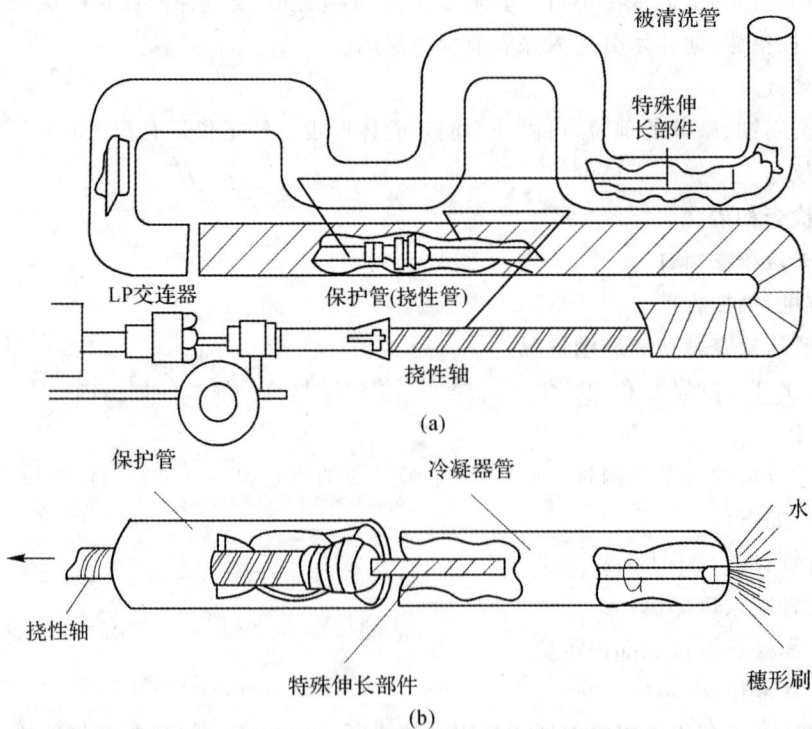

(a)

(b)

图2-2-12　机械法清洗热交换器管束

(a)机械法清洗U形管束；　(b)穗形刷清洗管束

（3）化学清洗：该法是用化学药液、油品在热交换器内部循环。将污垢溶解除去，其特点是：可不解体除垢，有利于大型设备；可以清洗其他方法无法清除的污垢；清洗过程不损伤金属和有色金属衬里。

关于清洗除垢的内容可参阅本书项目六的详细介绍。

五、循环冷却水系统的处理

（一）水质稳定剂

在石油化工厂中有大量的循环水冷却热交换器，冷却水在循环过程中由于水分不断蒸发而被浓缩，水中的水垢和污垢增多，加之某些微生物和藻类的生长，往往会使水的腐蚀性增强，腐蚀和堵塞循环水管。为此，必须在循环水中加入水质稳定剂，把循环水的腐蚀、结垢、微生物和藻类分别控制在工艺生产允许的范围内。水质稳定剂主要包括三大类：控制腐蚀的缓蚀剂、控制结垢的阻垢剂、控制微生物及藻类生长的杀菌剂。

水质稳定剂的配方随各循环水系统的水质而异，并受运行条件，如浓缩倍数、出口温度、环水流速等的影响。因此，国内有许多研究单位和生产水质稳定剂的厂家，根据各用户的循环水水质及运行参数，配制了各种水质稳定剂。

（二）热交换器投运前水系统处理

为了保证热交换器在循环冷却水系统中能长期正常稳定运行，必须在投入运行前进行清洗、置换、第二次清池、补水加药预膜、预膜后置换等预处理。

1. 清洗除污

清洗的目的是清除循环水系统的铁锈、无机盐垢、沉积物、生物菌类、藻类及其形成的污泥污垢等，有效提高热交换器的工作效率，并为设备预膜创造良好的条件，清洗应在开车以前进行，以便清洗结束后，对清洗好的热交换器新鲜金属表面进行预膜处理，防止设备腐蚀，并能立即投入正常运行。在对循环水系统的清洗中，常采用机械清洗和化学清洗相结合，机械清洗可以有效地除去大量的污垢和沉积物，减少药品的用量减轻排污，特别是对于循环水系统的集水池、水池、凉水池常用机械清洗。对腐蚀产物和硬垢一般多采用化学清洗，单台设备可以自配化学清洗液，也可以选用蓝星公司的清洗剂和缓蚀剂，或者委托清洗。对于循环水系统的清洗，一般都是厂家自配清洗液清洗，几种常用的清洗剂配制方案见表 2-2-1。

具体的清洗步骤如下：

首先在循环水系统停运前48 h，向循环水系统中加入杀生剂，进行杀菌剥离。浓度控制在一定范围内，循环水系统不溢流、不排污，通过调节补水控制液位和浓度。杀菌剥离48 h后，逐台停运循环水泵，并排干循环水系统的水，然后组织人员机械清洗，对集水池和吸水池清淤、冲洗。待系统和各热交换器检修完并确认各阀门的开关位置无误后进行全系统化学清洗。循环水量按正常运行量控制，药剂浓度按系统容积计算，化学清洗在常温中进行。各热交换器的上水要按要求进行，边补水边排污，每小时测一次循环水的浊度、含铁量，当浊度小于10 mg/L，总铁小于0.5 mg/L后停止补水和排污，向循环水系统通氯杀菌，并维持余氯0.3～1.0 mg/L共2 h，在短期内将pH值降到5.5～6.0并维持。在吸水池和集水池中分别配制好一定浓度的清洗液，当通氯杀菌结束后，立即转入清洗阶段，在水池中放入油挂片、锈挂片，进行清洗监控。监控指标与频率见表 2-2-2。

表 2 - 2 - 1　几种清洗剂配制方案

对　象	清洗液配方	清洗条件	说　明
单台或多台设备	盐酸(5%～10%) 乌落拓品(0.5%) 苯胺(0.2%) 冰醋酸(0.5%)	50～60℃	清洗水垢及铁锈
	盐酸(5%～10%) 诺丁(0.3%) 硫脲(0.05%)	50～60℃	清洗水垢及铁锈
	硫酸(5%～10%) 诺丁(0.3%)	60～80℃	仅用干清洗铁
	硫酸(5%～10%) 乌洛托品(0.3%) KI(0.05%)	50℃～80℃	仅用于清洗铁锈
循环水系统	聚磷酸盐$(1\,000\sim4\,000)\times10^{-6}$ 表面活性剂,消泡剂	0℃～50℃ pH5.5～7.0 清洗 8～24 h	
	TS－101 10×10^{-6} TS－102 $350\times10^{6-6}$ TS－103 $10\times10^{6-6}$	pH6～7.0 清洗 24 h	

表 2 - 2 - 2　监控指标与频率

项　目	指　标	清洗期间频率	置换前期频率	置换后期频率
PH		1 次/h		
余氯		1 次/h		
总无机磷		1 次/4 h		
浊度		1 次/4 h	1 次/4 h	1 次/2 h
二价铁离子	pH5.5～6.0	1 次/4 h	1 次/4 h	1 次/2 h
三价铁离子	质量浓度:0.3～1.0 mg/L	1 次/4 h	1 次/4 h	1 次/2 h
钙离子		1 次/4 h	1 次/4 h	1 次/2 h
镁离子		1 次/4 h		
锌离子		1 次/8 h		
碳酸氢根		1 次/4 h		

2. 预膜处理

当化学清洗的循环水中总无机、浊度、总铁基本稳定后,参考挂片已清洗干净,即转入全系统预膜,预膜的目的是用预膜剂在洁净的金属表面上预先生成一层薄而致密的保护膜,使设备在运行中不被腐蚀,预膜过程应在清洗结束后立即开始,预膜的配方因各厂的实际情况而异,国内常见的几种预膜方案、预膜剂的配方及使用条件见表2-2-3。

表 2-2-3　几种预膜剂的配方及使用条件

预膜剂系列	预膜剂组分		预膜的使用条件	备 注
	名称	质量浓度 $mg \cdot L^{-1}$		
铬系预膜剂	铬酸盐 聚磷酸盐 硫酸锌	50～300 400～600 50～100	pH 值 6.0～7.0 常温,48 h	若预膜温度在 75℃时,预膜时间只需 4 h
	重铬酸钾 六偏磷酸钠 硫酸锌	200 150 35	pH 值 7.0～7.2	单台预膜用
磷系预膜剂	六偏磷酸钠 硫酸锌 钙盐	640 160 40～80	pH 值 5.5～6.5 常温,24～48 h	美国 Beta 公司的 Betx807 预膜剂配方
	六偏磷酸钠 钙盐	150～200 60	pH 值 6.0±0.3 常温,48 h 余氯<0.2 mg/L 混浊度<10 mg/L	又称为高剂量单一六偏磷酸钠预膜配方
有机磷系预膜剂	HEDPA 钙盐($CaCO_3$)	40 150	常温,48 h 混浊度<10 mg/L	化学稳定性好,缓蚀性能比磷系好,不易水解和降解。目前国内外正在推广应用,多与其他水稳剂复合使用
	HEDPA 水解聚马来酸 钙盐($CaCO_3$)	35 2.5 80～150	常温,96 h 混浊度<10 mg/L	
钼系预膜剂	钼酸盐	800～1 200	pH 值 8～9.5 碱度<200 mg/L （以 $CaCO_3$ 计） 钙硬度<200 mg/L （以 $CaCO_3$ 计） 余氯<1 mg/L 混浊度<10 mg/L	缓蚀性能好,操作管理方便,药剂无毒,但药剂量大,成本高

　　预膜前应在水池将新脱脂的挂片挂放好,经加药和通氯一定时间后分析总磷、有机磷浓度,当有机磷浓度低于 20 mg/L 时,再投加适量的药品,在预膜期间应不补水、不排污、不溢流。基础预膜 72 h 后,观察挂片成膜情况并根据实际情况调整预膜时间。预膜完成后,要尽快排放和补水并保持一定的补水量。置换最终要求是浊度小于 10 mg/L,总铁小于 0.5 mg/L,此时停止补水和排污。预膜期间分析频率见表 2-2-4,预膜后置换分析次数及频率见表 2-2-5,一般清洗预膜网络如图 2-2-13 所示。

表 2-2-4 预膜期间分析频率

项　目	指　标	频　率	项　目	指　标	频　率
pH	6.50~7.0	1次/h	总铁		1次/4 h
余氯	0.30~1.0 mg/L	1次/h（加氯时）	无机磷	<0.5 mg/L	1次/4 h
钙离子	600~80 mg/L	1次/4 h	有机磷		1次/4 h
浊度	<10 mg/L	1次/4 h	总锌		1次/4 h

表 2-2-5 预膜后置换频率

项　目	置换前期频率	置换后期频率	项　目	置换前期频率	置换后期频率
pH	1次/4 h	1次/2 h	无机磷	1次/4 h	1次/2 h
浊度	1次/4 h	1次/2 h	有机磷	1次/4 h	1次/2 h
总铁	1次/4 h	1次/2 h			

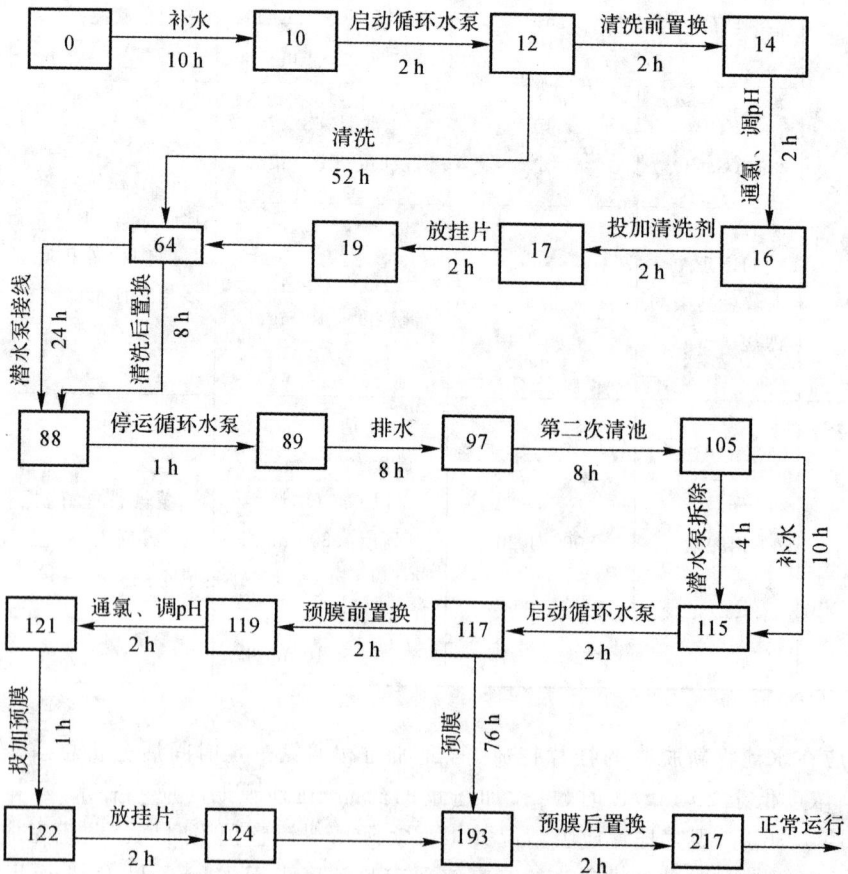

图 2-2-13 一般清洗预膜网络

六、腐蚀与防护

(一)腐蚀部位与腐蚀类型

热交换器腐蚀的主要部位是换热管、管子与管板连接处、管子与折流板交界处、壳体等。腐蚀的类型有间隙腐蚀、应力腐蚀、冲刷腐蚀、点蚀、电化学腐蚀等。

1. 换热管腐蚀

由于介质中污垢、水垢以及入口介质的涡流磨损易使管子产生腐蚀,特别是在管子入口端的 $40\sim50$ mm 处的管端腐蚀,这主要是与流体在死角处产生涡流扰动有关。

管子的腐蚀有全面腐蚀和部分腐蚀两种。全面腐蚀往往是由于设计时材料选择不当,或者是工艺条件不能满足设计条件的要求,或者是长期使用由于冲刷和电化学腐蚀引起换热管全面壁厚减薄,这样可以通过检修时测量数据,根据腐蚀率来推测可以安全使用的年限,也可以通过对工艺参数的调整,采用一些缓蚀措施来延长使用寿命。当管子部分腐蚀时,如点蚀、应力腐蚀等则无法预测。离管子入口处 50 mm 左右的长度是最易发生腐蚀的部位,其次还有管子内存在的机械加工的凸凹处以及 U 形管的外弯处都易发生腐蚀,如图 2-2-14(a)(b)(c)所示。在 U 形管热交换器的管束中心部位的管子由于曲率半径过小,外侧常常是应力腐蚀易发生部位,大多数此类热交换器在中心部位用堵头堵管。

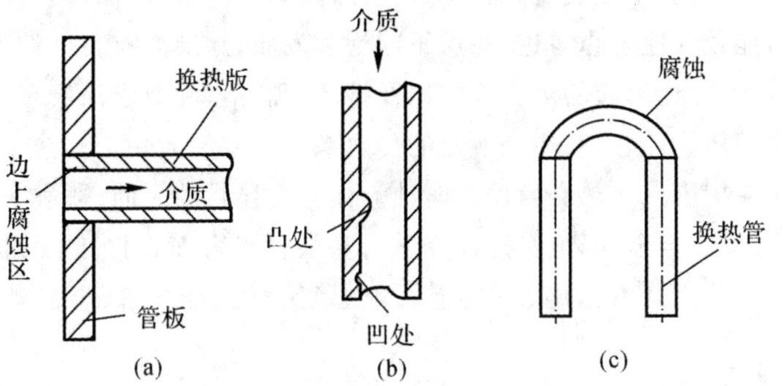

图 2-2-14　管子腐蚀部位
(a)边上的腐蚀; (b)凹凸处; (c)U 形管外弯处的腐蚀

2. 管子与管板、折流板连接处的腐蚀

换热管与管板连接部位及管子与折流板交界处都有应力集中,容易在胀管部位出现裂纹,当管与管板存在间隙时,易产生 Cl^+ 的聚积及氧的浓差,从而容易在换热管表面形成点坑或间隙腐蚀使它成为 SCC 的裂源。管子与折流板交界处的破裂,往往是由于管子长,折流板多,管子稍有弯曲,容易造成管壁与折流板处产生局部应力集中,加之间隙的存在,故其交界处成为应力腐蚀的薄弱环节。腐蚀裂纹主要分布在管桥边缘、胀管区以及这两者之间的缝隙区三个位置。例如,在实践中,某厂合成氨工艺的空压机二段冷却器管板边缘区管子裂纹占管子总数的 70%,某厂合成氨脱碳系统的溶液再沸器因在胀管区内出现了大量的贯穿性裂纹而进行了整台设备更新。

3. 壳体腐蚀

由于壳体及附件的焊缝质量不好也易发生腐蚀,当壳体介质为电解质、壳体材料为碳钢、管束用折流板为铜合金时,易产生电化学腐蚀,把壳体腐蚀穿孔。

壳体及其附件完全是焊接结构,因此焊缝及热影响区易发生腐蚀裂纹,特别是壳体流体介质是腐蚀性介质时,由于焊接和热处理质量不好而更容易发生泄漏。当壳体内流体的温度和浓度较高时,腐蚀性骤增,往往会在焊缝及热影响区内形成化学腐蚀和应力腐蚀。要防止此类腐蚀,往往采用两种方法:一是降低溶液浓度和温度并在其中加缓蚀剂;二是减少焊接部位,选用爆炸复合内衬不锈钢(304L,316L)。要防止热交换器腐蚀最根本的方法是采用耐介质腐蚀的金属和非金属材料,从控制介质的参数入手,添加缓蚀剂,或增加活性炭过滤器,消除其中存在强腐蚀性的杂质。

(二)腐蚀的防护

1. 化学腐蚀的防护

(1)采用防腐涂层。在热交换器与腐蚀介质接触的表面,通过一定的涂敷方法,覆盖上层耐腐蚀的涂料保护层,以避免碳钢与腐蚀介质直接接触,这是一种最经济有效的方法。对防腐涂层的主要要求有四点:涂层要有较好的耐蚀性,涂层在接触各种酸、碱、盐溶液和有腐蚀性介质的气体时,应比较稳定,涂层既不被腐蚀溶解或分解,也不能与流体介质起化学反应生成新的有害于工艺生产的物质影响装置运行;涂层要有较好的防渗性,涂层在接触渗透性较大的液体和气体介质时,能较好地阻止渗透,涂层不起泡和发胀;涂层要有良好的附着力且柔韧,不能因为热交换器的温度变化引起的热胀冷缩以及振动而脱落,并要求涂层有一定的力学性能,抗冲刷腐蚀;要求涂层传热性好,对热交换器的传热系数影响不大。

(2)采用金属保护层。在热交换器与腐蚀流体介质接触的表面,通过一定的方法覆盖上一层耐腐蚀性强的金属或合金,隔绝腐蚀性介质与基层材料表面直接接触,常用的方法有衬里,如采用电焊方法焊上钛材不锈钢衬里、金属堆焊复合板、复合管、金属喷涂、电镀和刷镀等方法。

(3)设置阳极保护。阴极保护是利用外加直流电源,使金属表面变为阴极而达到保护。阳极保护是把被保护的热交换器接以外加电源的阳极,使金属表面生成钝化膜,从而得到保护。

2. 应力腐蚀防护

热交换器的应力腐蚀多发生在管子和管板的胀焊部位,管子和折流板的交界处,薄管板的管桥部位。这些部位都有局部的应力集中,容易在胀管部位出现破裂,当管子与管板是粘胀加强度焊结构时,也容易在管子的焊接热影响区内发生腐蚀。特别是当热交换器是薄管板,管子与管板是强度焊,若热处理不好,也容易在管子与管板焊接的边缘产生点蚀和裂纹等应力腐蚀。当厚管板和管子连接采用胀或胀焊结合时,管子与管板存在间隙,如有 Cl^- 的聚集及氧的浓度差,极易在管子内外表面产生点坑,引起间隙腐蚀。管子与折流板交界处的破裂,往往是由于管子长,折流板多,管子稍有弯曲或者在穿管时引起的表面机械损伤,容易造成管壁与折流板产生局部应力集中,加之间隙的存在,当流体横向流时引起振动,故在交界处成为应力腐蚀和磨损的薄弱部位。对热交换器的应力腐蚀应采用以下方法。

(1)消除 Cl^- 集聚的条件。对管子与管板采用新型连接结构,如管子与管板对接焊,这样从根本上消除管头缝隙。另外还可以将管子与管板连接,用强度胀(如爆炸胀)加密封焊,减少 Cl^- 的集聚。如果条件许可,设计时可在热交换器壳体与管板相邻部位开孔加排污口,通过连续排污或间断排污来减少 Cl^- 的聚集。

(2)改进胀管工艺。目前热交换器的管子与管板连接方式无论胀或胀焊结合,其胀管的深度多达不到管板全厚而在壳程留下间隙,采用强度胀会降低管子的耐应力腐蚀能力,目前有采用橡胶胀管技术,以数控机床加工管板,控制换热管外径公差及自动控制挤压力的胀管技术,使管子在产生局部塑性变形的同时,局部只留下很少的残余应力或微裂纹,减少应力腐蚀的产生。

(3)选用耐温耐水性能好的防腐涂料,把管道的缝隙区加以涂封,以消除 Cl^- 在此浓缩的积聚条件。

(4)加入隔热套管。将预制好的耐高温双层同心套管插入管头内,外端焊接或胀接,这样可以在管头的传热面上形成一个不流动气层,增加对管头部分缝隙内的水分蒸发量,降低 Cl^- 的浓度,减缓 Cl^- 引起的间隙腐蚀。

七、振动与防护

(一)振动的原因与危害

热交换器管子产生振动的原因主要有两种:一种是外界激振源引起的振动,如往复式机械(例如往复式压缩机)的脉动气流引起的激振,或通过支撑构件或连接管道传来的振动。另一种是流体流动激振,可分为管侧和壳侧流体激发的振动。由于一般情况下管侧流动激发的振动振幅小,危害性不大,往往可以忽略,除非在流速远远高于正常流速的情况下,管侧激振才需要考虑。热交换器内的振动主要是壳侧介质所激发的,在正常流速下壳侧流动就可能引发很大的振幅,对换热管的危害最大。

在管壳式热交换器中,由于设置了折流板,故壳程中的流体是以横向即垂直于管子轴线的方向通过管束的。随着设备的大型化以及为了强化传热而尽量增大壳程流速,流体横向流诱发的热交换器振动的事例屡见不鲜。表现为管子与相邻管子或折流板孔内壁撞击,使管子受到磨损、开裂或切断;管子疲劳破坏;管子与管板连接处发生泄漏;壳程内发生强烈的噪声;壳程的压差增大。因而只有在设计制造中注意振动在设备运行中发生的可能,并采取必要的措施才能避免发生。

换热管子振动损坏情况主要有管子的磨损和管子材料的疲劳断裂两种。

管子的磨损又分为两种情况:一种是在振幅很大的情况下,管子与管子相互接触而磨损(磨平穿漏)成菱形,这种情况绝大多数产生在振动位移最大的中间跨度处。管子的热膨胀增加了振动磨损的可能性。这是由于管子的热变形扩大了引起接触的相对运动,致使管子产生六角形的磨损。另一种是管子与支撑板由于振动发生相对运动而产生磨损,导致管壁逐渐变薄最后磨穿。另外,由于折流板(或支承板)上的管孔通常都比管子外径大,振动管的管壁有可能被折流板(或支承板)切割、断裂,且当折流板很薄而材料比管材硬时尤其突出。接头的松弛与腐蚀同时存在的情况下,振动磨损增加,这种磨损形状呈马鞍形。在管子穿出管板处,也会由于振动而使管孔尖锐的边缘对管子起切割作用。

管子的疲劳断裂则是由于周期的循环激振(包括出现共振或微振的情况下)造成的。因为当管子振动时,会出现反复弯曲作用的周期性交变应力。如果管子长久地承受很强的交变应力,管子的某些应力最高部位就会出现疲劳破裂。

在管壳式热交换器的以下区域最容易发生振动。

(1)U形管:由于U形管子的固有振动频率低,因此容易产生振动。

(2)进出口区:热交换器进出口区域中通常局部会产生高流速,这种高流速会导致振动。

(3)管板区:热交换器中靠近管板的无支撑管跨距常大于折流板区域的跨距,从而导致管子较低的固有频率。进口及出口与该区域相连,可能存在的局部高流速连同低的固有频率,使得该处成为防止振动首要考虑的区域。

(4)折流板区:位于折流板切口处的管子的无支撑管跨距是折流板间距的两倍,大的无支撑跨距会使管子的固有频率降低,从而容易产生振动。

(5)障碍物区:任何有碍流动之物,例如拉杆、防冲挡板等都可以产生局部高流速,因此会在障碍物边上引发振动。

振动破坏的位置一般出现在下列位置处。

(1)传热管件支承跨度中间位置处,由于管间相互碰撞,外观呈现明显磨口。

(2)紧靠折流板缺口处,换热管与折流板发生碰撞而遭磨损。

(3)折流板管孔内,传热管振动时折流板管孔边缘对传热管的锯切、碰撞,严重时会导致管子断裂。

(4)传热管原有的一些细小裂纹或缺陷,因振动逐渐扩展,最终导致破坏。

管子振动破坏多发生在壳程时气体或蒸汽的场合,操作压力高时更明显。壳程为液体时,也会发生管子振动破坏,但一般限于流体局部高速区的少数管子。换热管子振动损坏情况主要有两种,即管子的磨损和管子材料的疲劳断裂。

(二)防振措施

1.降低壳程流体流速

当传热管的固有频率一定时,降低壳程流速,就可避免激发共振,但这往往是生产操作所不允许的。若运行条件不能改变,可在热交换器进、出口管处设计防冲板、导流筒或液体出口分配器等,降低壳程进、出口处流速,使流体脉动值降到最低。其中设置导流筒是防止流体冲刷管束,降低壳程流体进入管束的有效措施。设计上也可以用增大管间隙、改变管束的排列角的办法来降低流速。

当管束已采取过防振动措施,而效果不明显时,工艺上应考虑调整介质的流速。

2.提高管子的自振频率

提高管子的自振频率可大大减少共振的机会。提高频率最有效的方法就是减少跨距。管子的固有频率与跨距的平方成反比,跨距缩短1倍,自振频率约增大3倍。例如,跨距若减少20%,则固有频率可提高50%。

管子间隙处插入板条或杆状物来限制管子的运动可以增加管子的自振频率,这个方法对于热交换器的U形变管区可以有效地防止振动,在折流板缺口处不布管,可以使每块折流板都支承着所有的管子。与通常有折流板的热交换器中的管子相比,中央部分管子的跨距都缩短了一半,使自振频率大为增加。而且各折流板之间还可设置支持板,进一步加大管子的刚性而对传热与压力降并无实质性的影响。减少管子和折流板孔之间的间隙与加厚折流板虽不能使管子的自振频率有实质性的改变,但却能减轻管子受折流板的锯割作用并增加系统的阻尼。如果折流板的材料比管子软,有时也能使损坏减轻。

3.设置消声隔板

在壳程设置平行于管子轴线的纵向隔板,可以有效地降低噪声隔板的位置,使其离开驻波节而接近波腹。

4.抑制周期性旋涡的影响

在管子的外表面周向缠绕金属丝或沿轴设置金属条都可抑制或削弱周期性旋涡的影响,减小作用在管上的交变力。改变折流板的形式以改变换热管的支承状况也可减小振动,如采用折流杆代替传统的折流板不仅可以起到防振的效果,还可以强化转换,减少污垢与壳程压力降,如图2-2-15所示。

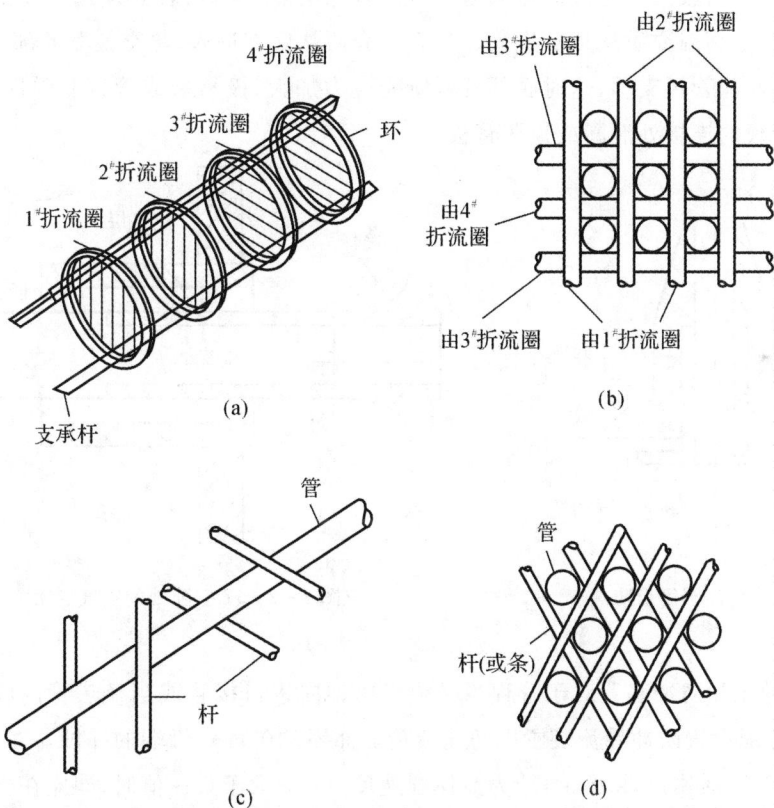

图2-2-15 采用折流杆代替折流板

八、高温介质的热防护

当气体流速较高,如果气体中还含有粉尘,特别是粉尘具有研磨性时,加热面很容易发生冲蚀。因气体温度很高,还会产生高温腐蚀。在高温下,氢腐蚀或氯化会使钢产生脆化。在这种情况下,若不采用适当的防护措施,高温高速气流冲蚀必将使设备很快损坏。

(1)高温管板的热防护在设计时一般减小管板的厚度,采用如椭圆形管板、蝶形管板、球形管板和挠性管板等来吸收部分热应力,其次对壳体、接管的管板设一层 100 mm 左右的耐火混凝土等耐热材料作为保护衬里,或者在耐热衬里上面再加一层薄的高镍铬合金钢保护衬板。

(2)接管的热防护采用图 2-2-16 所示的结构,在接管里面安装圆筒形的防热套。圆套筒和接管之间有间隙,从接管进入的高温介质不会使壳体温度急剧上升,冲击的热应力小,另一方面,运行期间温度的变化不致引起反复的热疲劳。图 2-2-17 所示空隙处的介质热阻防止了壳体急剧的温度变化。

(3)合理安排介质流动方向在高温条件下使用的热交换器,必须特别考虑装置内部由于高温梯度而导致的热应力。当装置停车降温时,热应力的影响尤为严重。必须安排好换热介质的流动过程及选取适当的结构形式,才能减缓装置的热应力,避免过早损坏。热交换器的热端热流率较高,热应力较大。为减缓热应力,常选用卧式热交换器,若必须选用立式安装的热交换器时,则应布置高温介质从顶部进入。如高温介质从底部进入,热交换器的部分重量就由处于高温工况的底部管板支承,这时底部管板所受应力加大,极易造成管板非弹性变形,甚至会引起管子与管板的连接处泄漏或损坏管板。

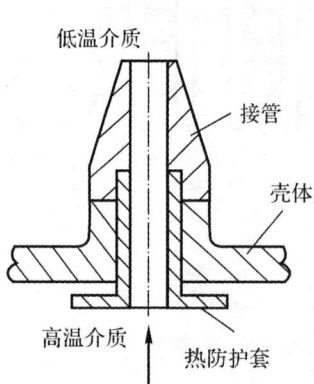

图 2-2-16 圆筒形防热套

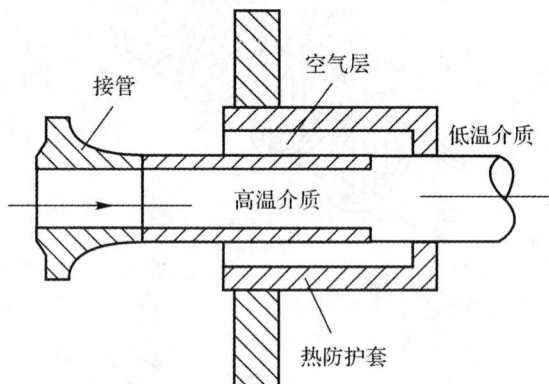

图 2-2-17 空隙处的空气层

(4)设置导流和防冲装置对于管程当必须采用轴向入口接管或当换热管内液体流速超过 3 m/s 时,应考虑设置防冲导流装置以防止流体分布不均匀和对管端的冲蚀。对壳程,当入口管的 ρU 值(ρ 为介质密度,kg/m³;U 为流体线速度,m/s)大于某一值时,即应在壳程进口处设置防冲挡板或导流筒。对于非腐蚀性的单相流体 $\rho U^2 > 2\,230$ 时,或者沸点下的液体 $\rho U^2 > 740$ 时,对于温度较高的其他气体、蒸汽以及气液混合物都应设置防冲板或导流筒。当壳程进出口接管距管板较远,容易造成流体停滞区过大的情况时,应设置导流筒。

防冲板的结构如图 2-2-18 所示,其中图 2-2-18(a)和图 2-2-18(b)所示是把防冲板两侧焊在定距管(或拉杆)上,为牢固起见,也可从第一块折流板焊接,图 2-2-18(c)所示是把防冲板焊在壳体上。

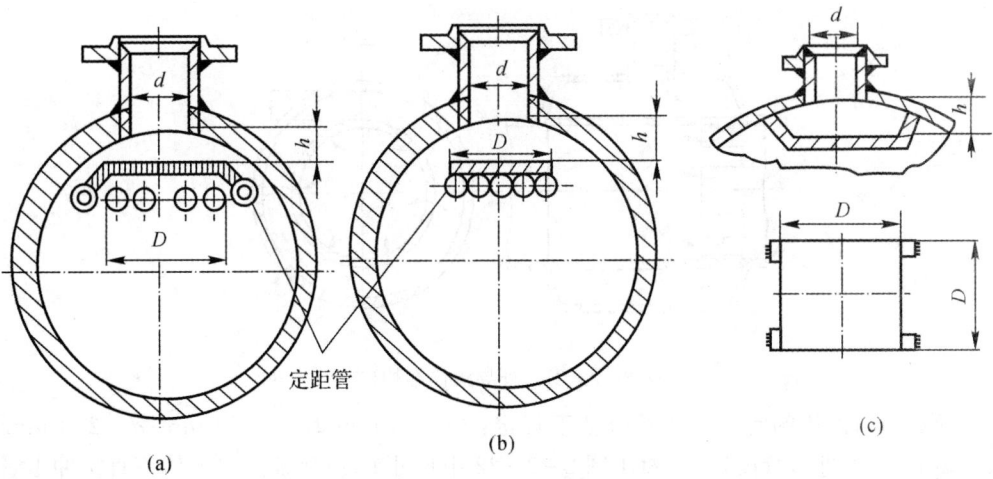

图 2 - 2 - 18 防冲板结构

内导流筒的结构如图 2 - 2 - 19 所示,一般 h 应大于 $D/3$,导流筒端部至管板的距离 S 应满足使该处的环形面积不小于导流筒外侧的流通截面积。外导流筒的结构如图 2 - 2 - 20~图 2 - 2 - 22 所示,其中前两种是直内筒结构,后一种是斜内筒结构。对于立式热交换器,应在内衬下端开泪孔。

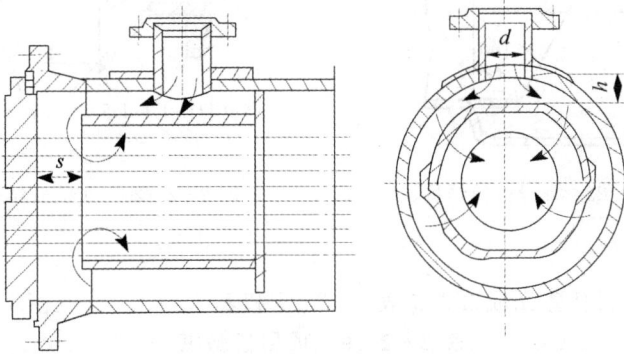

图 2 - 2 - 19 内导流筒

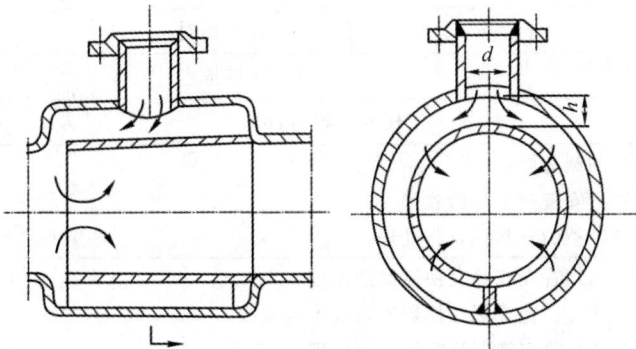

图 2 - 2 - 20 外导流筒结构(一)

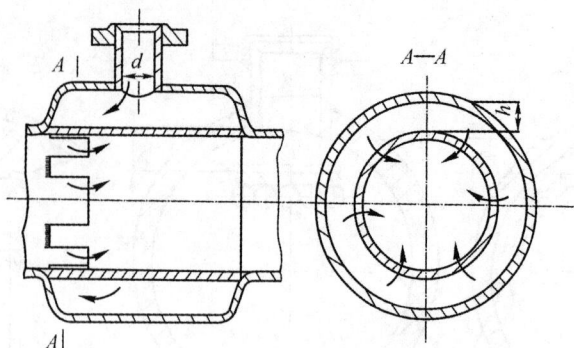

图 2-2-21　外导流筒结构(二)

外导流筒与内筒的间距 h 应符合如下规定:$d \leqslant 200$ mm 时,$h = 50$ mm;$d > 200$ mm 时,$h = 100$ mm(d 为进口管内径)。对于图 2-2-22 中尺寸 L,应保证进口流体不直接冲击管束。蒸汽入口可采用扩大管,起缓冲作用,扩大管内应设两块导流板,如图 2-2-23 所示。

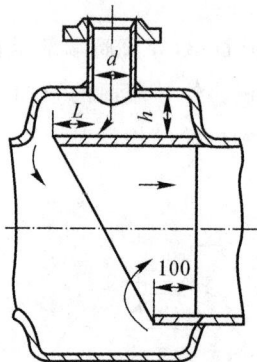

图 2-2-22　外导流筒结构(三)

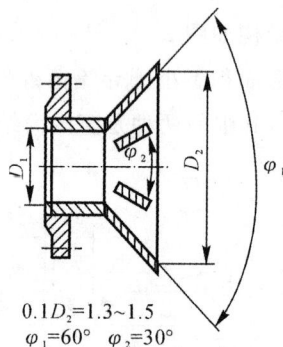

$0.1D_2 = 1.3 \sim 1.5$
$\varphi_1 = 60°$　$\varphi_2 = 30°$

图 2-2-23　扩大管结构

任务实施

项目任务书和项目任务完成报告见表 2-2-6 和表 2-2-7。

表 2-2-6　项目任务书

任务名称	管壳式热交换器的制造、组装、安装与检验		
小组成员			
指导教师		计划用时	
实施时间		实施地点	
任务内容与目标			
1.了解管壳式热交换器的制造原理。 2.掌握管壳式热交换器的安装技术与验收。 3.理解管壳式热交换器维护的日常检查与处理。			
考核项目	1.管壳式热交换器制造原理。 2.管壳式热交换器安装技术与验收。 3.热交换器日常维护与处理。		
备注			

表 2 - 2 - 7　项目任务完成报告

任务名称	管壳式热交换器的制造、组装、安装与检验	
小组成员		
具体分工		
计划用时	实际用时	
备注		

1.图 2 - 2 - 4 是固定管板管束组装示意图,请简单描述组装过程及基本原理。

2.图 2 - 2 - 4 所示装置组装完成,在日常维护中我们要做哪些检查并处理及时发现设备存在的问题?

3.图 2 - 2 - 5 是浮头管束组装示意图,请简单描述组装过程及基本原理。

任务评价

项目任务综合评价见表 2 - 2 - 8。

表 2 - 2 - 8　项目任务综合评价表

任务名称：　　　　　　　　　　　　　　　测评时间：　　年　　月　　日

考核明细		标准分	实训得分								
			小组成员								
			小组自评	小组互评	教师评价	小组自评	小组互评	教师评价	小组自评	小组互评	教师评价
团队60分	小组是否能在总体上把握学习目标与进度	10									
	小组成员是否分工明确	10									
	小组是否有合作意识	10									
	小组是否有创新想(做)法	10									
	小组是否如实填写任务完成报告	10									
	小组是否存在问题和具有解决问题的方案	10									
个人40分	个人是否服从团队安排	10									
	个人是否完成团队分配任务	10									
	个人是否能与团队成员及时沟通和交流	10									
	个人是否能够认真描述困难、错误和修改的地方	10									
合计		100									

⁇ 思考练习

1.管壳式热交换器制造、检验的主要特点是什么？

2.常用的热交换器复合管板制造方法是什么？

3.管壳式热交换器组装指_____的组装。

4.热交换器组装要求_____、允许_____；两管板间长度误差_____；管子与管板_____；拉杆_____；_____要整齐；穿管时管子头不能用铁器直接敲打。

5.管壳式热交换器安装的技术准备与要求是什么？

6.压力试验的技术要求是什么？

7.管壳式换热水器维护的日常检查有哪些？

任务三　管壳式热交换器的检修

▶ 任务描述

PPT
管壳式热交换器的检修

在化工生产中，热交换器是用来实现物料之间能量传递过程的传热设备，管壳式热交换器作为一种传统的换热设备，处理能力大、选材范围广、适应性强，易于制造而且成本较低，易清洗，在高温高压下也能适用等诸多的优点，仍在热交换器中占主导地位。那么出现问题的时候该如何检修？检修的技术准备又是怎样的？本任务将介绍具体方法。

▣ 任务资讯

一、检修准备与检修内容

（一）检修准备

此处以 U 形管式热交换器为例，说明一般的检修过程。

（1）设备安全交出停车后，应切断该设备所有与装置相连的管道、阀门，将设备内泄压，把介质排放干净，置换合格后加盲板，交付检修单位的该项目负责人。

（2）检修前的检查在拆卸前，有保温的设备要拆去保温，搭好检修用的脚手架和平台，并把跳板用铁丝固定好，若需要进一步确认圈点的地方在拆卸前可用氮气从堵头或导淋处用临时接管试，找出漏点做好标记，在打开管箱法兰后，要详细观察管隔板的分程密封情况，管板上接管入口处有无异物堵住管口，以及有无垢层及腐蚀产物在箱内堆积，并做好记录，通知分析人员取样分析腐蚀物和结垢的化学组成，若工艺车间技术人员不在场时，还需要通知工艺技术人员到场，让其了解原因，以便工艺在运行中采取相应对策。要测量各部存在腐蚀地方的厚度，比较严重的地方需在本次检修中处理或下次检修中处理，必须绘草图详细记录或拍照记入设备检修档案。对于管内及管板的腐蚀或点部位，可采用涡流探伤查找，涡流探伤的原理是，用非磁性管子配上专用探头（视需检测管子的管径大小选用探头）插入高频磁场内，在管内产生涡流。涡流的大小或变化程度受金属材料的材质、成分、形状、尺寸、管子减薄以及伤痕等的影响。U 形管式热交换器可抽芯检查，确定管子外部和管体的腐蚀情况。管板的检查，非铁磁性管板可用着色探伤检查表面微裂纹和气孔等缺陷,碳钢管板除可用着色探伤外,还可用空气、氮气,有的甚至可用氨来检查,其方法是用橡胶塞子塞好管子一端,用肥皂水和发泡剂或用 pH 试纸放在管子另一端,就可检查出有泄漏的管子,试验压力要控制在 0.3 MPa 以下。

对于热交换器的管箱与壳体可以用测厚、探伤和肉眼检查各易产生腐蚀和泄漏的部位,也可利用拆卸前的气密试验确定壳体的泄漏部位。

(二)检修内容

热交换器小修与中修的主要内容有以下几点:

(1)拆卸热交换器两端封头或管箱,清扫管程内部及头盖积垢。

(2)清洗、清扫管子内表面和壳体异物,检查热交换器两端盖和管箱的腐蚀、锈蚀、裂纹、砂眼等缺陷。

(3)对管束和壳体进行试压和试。通过试压找出泄漏的管子和管口;对泄漏的管口进行补胀、补焊,对泄漏的管子用锥型堵头堵死。

(4)对管箱、后盖及出入口接管法兰换整片并试压。

(5)部分螺栓、螺母的更换及壳体保温修补。

(6)检查保温、防腐,进行局部测厚。

(7)检查热交换器各密封面情况,表面不应有划痕、凹坑和点蚀。

热交换器大修主要内容有以下几方面:

(1)包括中修内容。

(2)抽芯,使用专用抽芯机将管束从壳体里抽出。

(3)对管束进行清理、清扫、清洗,并检查换热管的变形和弯曲情况。

(4)检查隔板和拉杆螺栓的腐蚀及锈蚀情况。

(5)管、壳程清洗,这里管束清洗指的是管束抽出后,用高压水进行的彻底清洗,一般在专用场地进行。壳程相对管束清理要方便得多,一般在检修现场进行,关于管束清洗有后文专门讨论。

(6)管束回装,通过试压查漏、堵漏。管束回装一般使用抽芯机进行,$D_N > 400$ mm 的热交换器可用葫芦、钢丝绳操作。

(7)当管束堵管数达到管程单程管子 10% 以上时,管束应进行更新。

二、热交换器的清洗除垢

热交换器在运行中,往往会因流体介质的腐蚀、冲刷,在热交换器各传热表面都有结垢或积污,甚至堵塞,因而使热交换器各传热面的传热系数或传热面积减小,从而降低了热交换器的传热能力。检修时不仅要消除设备存在的缺陷,还要使其达到设计生产能力,故必须对管壳式热交换器进行彻底的清理除垢,清洗除垢的方法较为实用的主要有以下三种。

(一)机械法清理除垢

(1)当管束轻微堵塞或积渣积垢时,可以用不锈钢筋或低碳钢的圆盘从一头插入,另一头拉出的方法清除。

(2)轻薄的积垢,可以用专用清管刷(大小按管径选),一头穿粗铁丝,将清管刷从换热管中拉出,反复几次就可以除去与换热管结合不太紧密的垢或堆积异物。

(3)当管子内结垢比较严重或全部堵死时,可以用软金属插管清理。

(4)当管子的管口被结垢或异物堵塞时可以用铲、制、翻、刷等手工方法处理。

机械清理方法的缺点是清理效率低、工作量大、多次清理会对换热管有损害,并且不能处理 U 形管之类的热交换器。

(二)高压冲洗清理除垢

高压水冲洗清理是利用高压清洗泵打出的高压水,通过专用清洗枪直接将高压水射在需清洗部位,它的压力调节范围是 $0 \sim 100$ MPa,当结垢不太紧密时,可选择压力在 40 MPa 左右,当结垢坚硬紧密时,还可以将高合金喷头塞入管内采用更高的压力清洗,一般此方法主要用于清洗管壳式热交换器的管内垢层,或者冲洗可抽出管束的热交换器的设备壳体及管束表面的结垢和异物,对于有污物、沉淀、结垢不紧密的其他管壳式热交换器,视设备结构特点,也可以用 $20 \sim 30$ MPa 的高压水冲洗管子,如 U 形管可以在两个管端冲洗,亦能清理好。

使用高压水冲洗清理比人工清理和机械清理效率高,清理效果明显,但对于设备存在结垢严重、垢层坚硬的热交换器,此方法也不可取。另外清洗时要针对设备本身的情况合理调节水压,并注意人身及设备安全,清洗人员要穿好劳动防护用品。试用水枪时,枪口严禁对人;在清洗时,注意水枪喷水的方向;若设备封头已拆开,要设立警戒范围,并有专人警戒。

(三)化学法清理除垢

热交换器管程或壳程结构,有因水质不好形成的水垢,也有油污引起的油垢,还有结焦沉淀和热附着结垢等形式,在化学法除垢前,首先应对结垢物质进行化学分析,弄清结垢物质的组成,决定采用哪种试剂,并做好挂片,一般对硫酸盐和硅酸水垢采用碱洗法清洗,对碳酸水垢则用酸洗涤剂清洗。对于一些流体介质的沉积物或有机物的分解产物,有几种金属形成的合金垢层,还应采用相应的活化剂。先将活化剂溶液加热浸泡后,使垢层与热交换器表面张力减少或松脱;再根据垢层的化学特性决定酸洗或碱洗。在酸洗或碱洗前做好与被清洗表面材质相同或相近的挂片,在清洗时,随时监测,以免由于清洗的配方不当对热交换器造成过大的腐蚀,并按一定的时间对清洗液取样分析 Fe^{3+} 浓度的变化情况。

(1)化学除垢的主要方法。在实际清洗中最基本方法有三种:浸泡法、喷淋法和强制循环法。但在实际应用中常是两种方法混合使用,如浸泡法与强制循环法常相结合,一般是先浸泡再强制循环。浸泡法适用于垢层与热交换器换热面结合不紧容易脱落的小型换热设备,若加蒸汽进行蒸煮及搅动,效果会更好。喷淋法适用于大型容器,容器内外壁清洗或一些风冷的空冷器带翅片的外表面清洗。假若喷游法提高喷淋压力,先喷淋浸泡再高压冲洗效果还会较好。强制循环法是一种普遍采用的方法,它适用于清理结构紧凑通道截面小的热交换器,而且清洗液可反复利用,直到清洗合格后再排液,在排清洗液前可以先进行中和处理,减小对环境的危害,有利于环境保护。强制循环法所需设备主要是溶液槽,循环量适中的耐腐蚀泵(耐酸或耐碱),并根据实际情况配加热装置,常用电加热和蒸汽加热两种。电加热的装置必须接好漏电开关,以免造成人员触电。溶液槽的容积与被清洗的设备大小和清洗泵的循环量大小有关,要以清洗液在设备中能进行循环为准,一般清洗槽容积在 2 m^3 左右,最好是耐酸碱的不锈钢溶液槽。

(2)清洗液的确定。由于热交换器内各部分结垢情况往往是不均匀的,在化学清洗前应查清各部分的结垢情况,以确定配制清洗液(酸碱溶液)的浓度,同时要确定加入何种缓蚀剂。缓蚀剂的作用是不妨碍一般垢层的溶解,但能防止金属被腐蚀。例如:硝酸洗垢时,用 Lan-5 缓蚀剂;盐酸洗垢时,常用 O_2-缓蚀剂(O_2-缓蚀剂是由甲盛和苯胺在热水及盐酸的催化作用下合成的);而用略酸洗垢可不加缓蚀剂。酸洗时常用的酸浓度及缓蚀剂用量见表 2-3-1 及表 2-3-2,可参考。

表 2 - 3 - 1　硝酸溶液浓度及缓蚀剂用量

结垢厚度/mm	酸铬浓度/（%）	酸洗温度/℃	Lan - 5 缓蚀剂量/（%）	
<3	5~7	30~40	乌洛托品	0.3
3~5	7~10	30~40	苯胺	0.2
>5	10~14	30~40	硫氰酸钠	0.1

注：①缓蚀剂量是相对于总酸量的质量分数。

②在上述浓度范围内，对薄垢循环酸洗 2 h，对厚垢循环酸洗 4~6 h。

表 2 - 3 - 2　盐酸溶浓度及缓蚀剂用量

结垢厚度/mm	盐酸浓度/（%）	O_2-缓蚀剂用量占酸液用量的百分比	处理时间/h
<5	6	0.4	5~7
5~10	8	0.6	7~9
>10	12	0.8	8~10

兰星清洗公司开发的 Lan-826 是一种多用型酸洗缓蚀剂。该缓蚀剂的特点是适用性强，既适用于氧化性酸，也适用于多种有机酸，且高效；在各种化学清洗用酸中具有优良的缓蚀效果，在常用条件下使金属的腐蚀率小于 1 mm/a（年），能有效抑制酸吸收氢的能力并能抑制 Fe^{3+} 加速腐蚀的能力，酸洗时金属表面不产生点蚀或坑蚀。安全而廉价 Lan-826 的适用范围：可以配制酸性清洗液清除碳酸钙型、氧化铁型、硫酸钙型、混合型硅质等各种类型污垢，适用于碳钢、低合金钢、不锈钢、铜、铝等金属及不同材料的连接结构的酸性清洗液，可以清洗各种锅炉、冷却器、加热器、反应器、储槽、上下水系统。使用方法：按表 2 - 3 - 3 选定清洗剂，首先要确定好缓蚀剂用量，脱盐水用量，清洗用的酸或碱量；把缓蚀剂加入已接好泵及管道的清洗槽内，放入一定量的脱盐水，搅拌均匀后再加热，就配制好了清洗液，有的还要加入表面活化剂，这样更易于除垢。

表 2 - 3 - 3　清洗剂与 Lan - 826 的配用

清洗剂	酸浓度/（%）	温度/℃	Lan - 826/（%）	腐蚀率/（mm·a^{-1}）	缓蚀率/（%）
加氨柠檬酸	3	90	0.05	0.31	99.6
加氨柠檬酸-氟化氢铵	1.8∶0.24	90	0.05	0.39	99.3
氢氟酸	2	60	0.05	0.69	99.4
盐酸	10	50	0.20	0.74	99.4
硝酸	10	25	0.25	0.13	99.9
硝酸-氢氟酸（8∶2）	10	25	0.25	0.24	99.9
氨基磺酸	10	60	0.25	0.46	99.7
羟基乙酸·	10	85	0.25	0.38	99.4
羟基乙酸-甲酸-氟化氢铵	2∶1∶0.25	90	0.25	0.74	99.2
EDTA	10	65	0.25	0.16	99.2
草酸	5	60	0.25	0.40	96.4
磷酸	10	85	0.25	0.93	99.9
醋酸	10	85	0.25	0.52	98.9
硫酸	10	65	0.25	0.67	99.9

（3）化学清洗法的常用配制与应用。硝酸与 Lan-826 缓蚀剂溶液的配制方法是：先在清洗槽中注入脱盐水，开启清洗泵，将水打入要清洗的热交换器中。当水可以正常循环时，也就是能保证泵的正常吸入量，根据注入水的总量计算需加的硝酸量和 Lan-826 缓蚀剂量。将粉碎的乌洛托品和硫氰酸钠用水溶解后加入酸槽，再加入苯胺。开启清洗泵将缓蚀剂混合均匀，把计算好的硝酸用量连续、小心、缓慢地加入槽中，保持泵的正常运行，使酸和缓蚀剂在循环中混合均匀，再对清洗液进行取样分析，确定其是否能满足清除垢层的要求。

盐酸与 O_2-缓蚀剂的配制方法是：先将脱盐水加入清洗槽中，用电或蒸汽将水加热到 75℃ 左右，依次加入盐酸、苯胺，最后加甲醛，均匀混合后，取样分析是否满足清洗要求。

在酸洗过程中应对进出热交换器的清洗液进行分析，测定酸性清洗液浓度和垢层物质含量以及 Fe^{3+} 的含量，定期观察挂片（放在清洗槽上），通过分析确定清洗状况，决定是否继续配备清洗液。若挂片存在较大的腐蚀，就要加缓蚀剂并分析产生的原因，严重时要立即排液并进行漂洗。正常清洗，将垢层洗完后，也要在排液后用清水循环冲洗，边洗边排，直到排出液呈中性为止。用碱洗法虽除垢效果较酸洗差，但较为安全。用碱洗一般多采用加蒸汽蒸煮，即煮洗。蒸煮时间不少于 24 h，用纯碱时碱液浓度为 1%～2%，用烧碱时碱液浓度为 0.2%～0.4%，用磷酸钠时碱液浓度为 0.3%～0.5%，蒸煮后要立即用水冲掉污垢，否则污垢会重新碱化而难于清除。此法主要用来除油垢或硫酸盐或硅酸盐引起的垢层。

（4）化学清洗的安全事项。化学清洗的安全注意事项如下。从事清洗的作业人员应穿戴好耐酸碱腐蚀的工作服，并佩戴好劳动保护用品，特别要保护好眼睛、手和脚，防止加药时飞溅烧伤，在清洗现场要拉好警戒线，有专人负责安全，防止他人误入引发事故。在化学清洗前要检查由清洗设备、清洗槽、输送管道、被清洗的热交换器组成的循环系统，确定此系统与其他设备相隔绝，以免清洗液进入其他设备内或影响他人的安全。在清水循环时，要消除存在外漏的地方，防止输送管堵塞和跑液。废液要进行必要的无害处理后才能排放，不准乱倒乱排，以免发生生产区内下水管道腐蚀等安全责任事故。

除以上清洗方法外，目前除垢的最新方法是超声波除垢法。它是利用超声波穿透污垢层，利用金属层与垢层的弹性模量不同，由此产生不同的声阻、振动频率和振幅，使垢层松脱、破坏。但对于结合紧密，黏性强的软垢层，效果就不显著，此种方法不适用于石油、化工等大型热交换器的清洗，比较适用于小型设备电子产品或体积小不易或不允许拆卸的小型热交换器的清洗。在清洗时要注意超声波的频率范围，一般控制在 $(2.5～3.0)\times10^5$ Hz 的范围内。

各种清洗方法的具体内容参见本书项目六的介绍。

三、换热管的检修处理

由于腐蚀、冲击、振动以及应力等原因，会造成热水器的损坏，这种损坏主要发生在管子上，特别是管子与管板的连接处。一旦管子穿孔或破裂，会使介质互串，产品受污染，破坏了正常的操作，对于换热管的损坏，可以根据具体情况，采用补漏、堵管或更换管子的办法进行修复。

（一）补漏修复

堵管虽是一个简便的方法，但若堵管太多，就会降低传热效率，更换管子则维修时间长，成本较高。技术人员发明了一种补漏的新方法，它既不更换管子，也不堵塞管子，是在管子穿孔或开裂的地方，固定一个套筒，换热介质可以通过套筒沿管子继续流动，而原来泄露的地方都被固定的套筒堵住。

这种补漏的具体方法是,先作一个空心套筒并把它插入损坏的管子中,然后采取、熔焊或钎焊或其他合适的方法把套筒固定在泄露点附近的管子内表面,若泄露点在管板处,采用爆炸焊接法来固定套筒是很适宜的,但若漏泄发生在管子中间的某个部位,则不能施行爆炸焊接,因为它有炸裂管子的可能性。这时宜采用钎焊法来固定套筒,套筒外表面预先嵌入钎接金属,把它插入到泄露处后,用低功能炸药把套筒爆炸粘胀在管子内壁上,再用电阻丝等方法进行加热,直至钎接金属熔化,把套筒与管子牢固地钎接在一起,形成一个严密不漏的接头。这种钎接法补漏不适用于修复在管板处发生的管子损坏,因为管子与管板接触面积大,散热快,加热时很难把钎接金属熔化。

实际上,大多数热交换器的泄漏都发生在管子与管板的连接接头附近。要搞清楚管子的损坏是在管板厚度区间以内还是邻近管板的自由伸出段,往往是十分困难的。针对这种情况,设计了图 2-3-1 所示的补漏套筒。它的特点是兼具爆炸焊接和钎焊连接两种过程。套筒的一端外径较小、壁较薄,里面装有高能炸药;另一端外径较大、壁较厚,里面装有较低能量的炸药,而且外表面熔敷有钎焊金属。套筒小端置于管板处的管内,大端置于管子的自由伸出段。一旦起爆,套筒小端将被强大的爆炸能牢牢焊接在管板处的管子上。套筒大端则只有稍许膨胀变形,仅仅粘胀在管子内壁,然后,用筒形电阻加热器加热,进行钎焊。

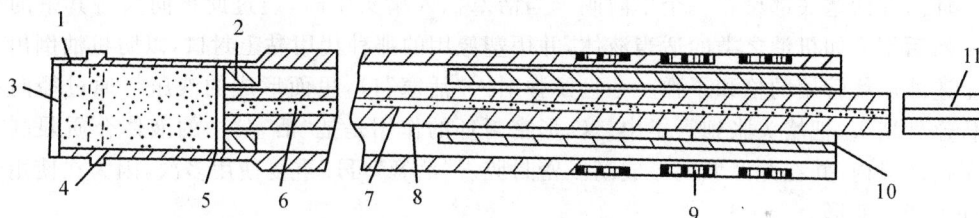

图 2-3-1　补漏套筒

1—硝基炸药;　2—软木环;　3—纸盖板;　4—凸肩;　5—定位圆盘;
6—高能炸药;　7—引线;　8—聚乙烯软管;　9—钎焊金属;　10—空心筒;　11—雷管

(二)堵管修复

换热管往往会由于流体介质的腐蚀、磨损、冲刷、装配拉伤以及管子本身存在的缺陷或壁厚偏差大等各种原因产生裂纹、穿孔等损坏,从而引发泄漏。管子在管口处的泄漏一般可修复,但在管板内侧则很难或无法修复。若泄漏的管子数不多,堵管又能满足生产要求,则可采用堵管的方法加以修复。一般的做法是:用圆锥形的金属堵头将管口两端堵塞(若管程压力较高时堵紧后还要进行焊接,避免堵头冲脱)。金属堵头的长度常加工成大端直径的两倍。小端直径应等于 0.85 倍的管子内径尺寸,锥度为 1∶10,堵头材料应选用硬度低于或等于管子硬度的材料。用堵塞换热管进行补漏的方法,通常要求堵管的数量要小于或等于总换热管数的10％。特殊条件下,比如系统停车时间短,整个装置不在计划检修期内,而该热交换器换热面积减少对系统经济运行影响不大等情况,也可不受此限制,以满足生产需要为重。

最简单的堵管方法,是上述将堵头焊接在漏泄的管子端部的方法。在长期的实践中,技术人员也发展了一些新的更加有效的堵管方法,此处列举几例。

(1)液压堵管。加拿大某公司研究出一种液压堵管的方法,其堵头如图 2-3-2 所示。堵头中心钻有充填液体介质的孔,采用一种特殊的"枪"(就像建筑工程上把钢钉打入砖石、混凝土或铁器中的那种枪一样)对准堵头中心的孔发射一颗子弹。堵头中心的钻孔比子弹略小。当子弹射到孔中时,因为液体不可压缩,从而产生很高的液体静压,将堵头牢牢胀接在管子内壁上。而子弹则因失去能量而自动掉出来。所用的液体介质可以为水、油、"伍德"混合物、石蜡和聚乙烯。堵头外表面加工有若干环形沟槽,它不但像"锚"一样有助于堵头与管子的固定,而且可以消除因管内表面可能的腐蚀而产生的漏通道。

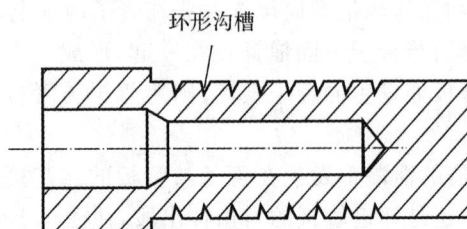

图 2-3-2 液压堵头

为了解决更大直径管子的堵塞问题,研制了一种类似"活塞"的堵头,如图 2-3-3 所示。堵头是一个空心的短壳,"活塞"插入里面。"活塞"中心钻有如上述液压堵头一样的孔,并且钻有若干径向孔把中心孔与外侧环隙连通。在堵头膨胀段相对应的活塞外表面上设有两道 O 形密封环。在活塞底部设有一个单向阀。当活塞插入堵头中时,通过此单向阀将其中的空气排出。然后倒入如机油之类的适当液体,并用塑像用的那种代用黏土封口,以防机油倒出。仍采用上述液压堵管用的枪和子弹。一旦子弹射入"活塞"口,里面形成的液压将通过径向小孔向外传递到堵头,把堵头胀到管子中。O 形密封环的作用是把"活塞"中的液体介质限制在所需的胀接区段内,并在此区域内形成高压密封腔。"活塞"可以重复使用多次,因为在使用中它本身并不产生变形。

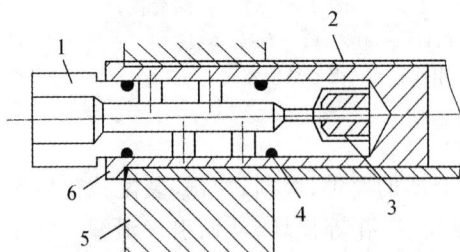

图 2-3-3 活塞式液压堵头

1—活塞; 2—管子; 3—单向阀; 4—O 形密封环; 5—管板; 6—堵头

(2)爆炸堵管。爆炸堵管的原理是利用炸药爆炸产生的强大冲击波,使堵塞与管子熔融在一起,达到堵死管子的目的。所用堵塞如图 2-3-4 所示。堵塞由塞头和管子作的塞杆组成。塞头内孔约成 $70°$ 的角,可用钻头一次钻成,塞杆被磨成近 $1.5°$ 的锥角,堵塞外径应比管子内径小 $0.5 \sim 1.0$ mm,堵塞壁厚 $\delta = 2 \sim 2.5$ mm。雷管、炸药、橡皮塞等组件的组装如图 2-3-4 所示。

(三)换热管更换修复

在换热管更换以前,首先要将管束进行试漏,确定需更换的管子,并做好标记。对于管壳式热交换器,理论上可以根据需要对换热管任意更换。实际上往往因为管束长,特别是运行中存在弯曲的管子泄漏,加之腐蚀、结垢等原因,抽出泄漏管子有一定的难度。相对而言,换热管管径较大、壁厚较厚的管子更换会比较容易。抽出管束可采用人力纹车、吊链、机械化的专用抽芯设备等工具进行。

对于 U 形管换热管束,外围的管子是可以更换的,但对于管束里层的管子则无能为力,只有当 U 形换热管的泄漏发生在靠近管板侧时,可以整体切割泄漏段的管子,重新将管子与管板连接好。由于是旧管,最好采用先焊后胀的方法,以确保检修的可靠性。

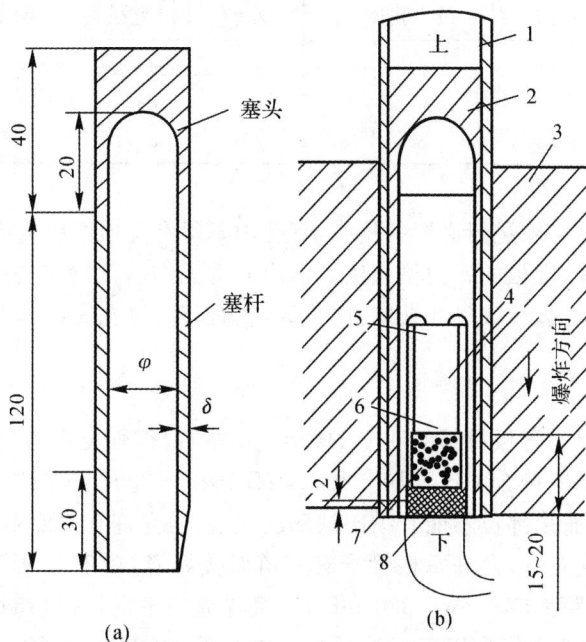

图 2-3-4　爆炸堵管示意图
(a)堵塞的结构和尺寸;　(b)堵塞的爆炸法的组装
1—换热管;　2—堵塞;　3—管板;　4—雷管;　5—尾部;　6—头部;　7—炸药;　8—橡胶塞子

换热管更换修复的一般步骤如下。

1.管子的取出

将管子从管板中取出的方法,因设备本身的结构形式和加工设备的不同而有所不同。

(1)固定管板式列管热交换器。固定管板式热交换器全部或部分更换管子,都要使用万能摇臂钻或多头钻床,将管板孔内的管头部分钻掉,一根一根的抽出。为了保证穿管顺利,最好取一根后就马上穿一根,防止全部取完后,折流板移位,穿不上管子。

(2)浮头式或填料函式列管热交换器。浮头式或填料函式列管热交换器由于可取出带管板的管束,若要整体更换管子,可以将管束从管板的内侧用气割割去,为了防止气割时火焰对管板加热而产生的变形,一般距管板 100 mm 以上,然后车去或钻去管子与管板的连接部位,冲出或拔出留在管板上的管子。如果只更换部分管子,则应在钻床上将两端管板处的管端部分钻掉,冲出管子。也可用专用取管设备来进行更换管束。可以直接将管板孔内的管头部分钻掉,再割断连接管板的定位拉杆,将管束取出。

2.管板孔的清理、修磨、检查

将管板孔周围的毛刺去除,管孔内如有介质结晶物或结垢,应用磨孔机或倒丝刷清理干净,有油污要用丙酮或四氯化碳清洗,避免焊接管子时产生气孔。利用旧管板时,管孔可能偏大,但不能超过管孔最大允许偏差的 1.5 倍,所以在钻或车管时,要控制好孔的尺寸,以免管板报废,如出现个别孔超差可填焊处理,这样往往会增加修复的工作量和难度。管板上管孔直径的允许偏差见表 2-3-4。

表 2-3-4 管板的管孔允许偏差 单位:mm

管子外径	管孔直径	最大偏差	利用旧管板最大孔径	管子外径	管孔直径	最大偏差	利用旧管板最大孔径
$\phi19$	$\phi19.4$	0.2	$\phi19.6$	$\phi38$	$\phi38.5$	0.3	$\phi38.8$
$\phi25$	$\phi25.4$	0.24	$\phi25.64$	$\phi45$	$\phi45.5$	0.4	$\phi5.9$
$\phi32$	$\phi32.5$	0.3	$\phi32.8$	$\phi57$	$\phi57.7$	0.4	$\phi58.1$

管板清理及修磨后必须进行必要的检查,管孔内不得有穿通的纵向或螺旋形的刀痕,管孔轴线应垂直于管板平面,管板的密封槽或法兰面应光滑无伤痕,对整个管板应进行无损探伤以确定管板有无缺陷,如有裂纹或气孔缺陷,应采取措施消除,管孔直径偏差、圆度及锥度都要在允许范围内。

3.穿管准备

管子材料的硬度要比管板材料的硬度 HB 小 30 左右,否则要在管端 150~200 mm 范围内进行退火处理。管子应符合 GB 5310-2008,GB 3087-2008 的要求。若为中高精度冷拔管,管子的焊接部位或胀接部位不能有纵向缺陷的痕迹,但允许有深度不超过 0.1 mm 的环向沟槽。对于管束长的换热管,允许每根管子有一道对接焊缝,对于 U 形管允许有两道对接焊缝,但两道焊缝之间的距离应不小于 300 mm,对接焊缝应平滑,对口错边量不得超过管子壁厚的 15%,对接后管子的直线度以不影响顺利穿管为限。并进行直径 0.85 倍内径的通球试验,焊后应进行单管水压试验,试验压力为管程设计压力的 2 倍。穿管前的准备工作包括切管、退火和磨管。

(1)切管。手工操作一般用割管刀,管子长度偏差为±0.2 mm。用专用割管机,在保证长度一致的情况下,可一次切割大量的管子。在切管时,割管长度应比两管板之间的设计距离长一些,胀接时要长出 6~8 mm,焊接时至少要长出 2 倍的管子壁厚。

(2)退火。如果管子的硬度不能满足低于管板硬度 HB30 左右时,采用退火的办法来增加管子的可塑性,保证管子在胀接时必须具有的塑性变形,并使胀接的塑性变形处和翻边喇叭口处不发生裂纹。退火的方法是,将管端 150~200 mm 处加热到 600~650℃,保温 10~15 min,用石棉包好缓慢冷却。

(3)磨管。管子两端 120~150 mm 处要抛光,去掉铁锈和污物,露出金属光泽。可用抛光机抛光或喷砂机除锈,手工可用砂布处理,对管内壁也要进行适当的清理、打磨,以保证胀管能正常进行。

4.管子与管板的连接

管子与管板连接方式有胀接、焊接和胀焊连接。焊接和胀焊连接方式主要用于换热介质的压力及温度都较高的地方。但是,不管采用哪种方式,其目的都是使换热管与管板可靠、有效连接,满足运行无泄漏、不拉脱的基本要求。胀管方式往往会因温度变化和压力波动使管子与管板产生泄漏,在较大的温差应力下,还会造成换热管从管板上拉脱。所以对于介质压力高或温差应力大的管壳式热交换器应采用焊接或胀焊合;对于温差应力较大的薄管板一般采用焊接结构;对于温差应力大的厚管板,一般采用焊胀结合的方式,既可保证强度的要求又可减小间隙腐蚀。关于管子与管板连接的检修技术在下文中加以详述。

5.管束的重新组装

如管子不是全部更换,可将准备好的管子穿进管孔,并在两端预留好适当长度。如果管束要全部更换,就要制作相应的组装工具,做好人力、物力和工具的准备。管束组装的具体方法前文已述及。

四、管子与管板的连接技术

管壳式热交换器的制造及检修过程,最重要的就是管子与管板的连接,连接方法根据热交换器的使用条件、检修或加工条件不同而异。但基本可分为胀接、焊接、胀焊并用三大类。胀接有机械滚胀、液压胀管、液袋胀管、橡胶胀管、爆炸胀管、脉冲胀管和粘胀;焊接有电焊和弧焊、内孔对接焊、锥弧焊接、高频焊接、摩擦焊接、钎焊和爆炸焊;焊胀并用的有强度焊加粘胀、强度焊加强度胀、强度胀加密封焊以及强度胀加粘胀加密封焊、强度焊加强度胀加粘胀。实际应用中应根据材料和工艺操作条件按表2-3-5选择连接方法。

表 2-3-5　根据材料和操作条件选择管子连接方法

操作条件		材　料	连接方法
压力/(kgf·cm⁻²)*	温度/℃	管子和管板	
≤16	200		①光孔,全胀
16～40	200	碳钢或低合金	②双槽,全胀
40～100	200	钢或有色金属	③精铰孔胀,密封焊
>100	200～350		④有或无槽全胀,强焊度
≤40	≤200	不锈钢	①双槽,全胀
>40	>200		②有或无槽全胀,强悍度
≤16	-45～-20	低温钢	①光孔,全胀
>16	-45～-20		②光孔,全胀,强悍度

＊1 kgf·cm⁻²=0.1 MPa。

(一)管子的胀接

对于胀管连接有两个方面的基本要求。一是要求管子与管孔壁连接牢固,使胀接部分能承受热交换器内壳程的压力,以及管子本身的重量和因温度与压力的变化引起的应力,壳程与管程的温度差引起的附加应力等,从而避免管子与管板被拉脱。二是必须具有很好的密封性,保证胀接处不产生泄漏。

1.机械胀接

(1)机械胀接原理。机械胀接的原理如图2-3-5所示,用胀管器滚柱的压力,使管子端部的金属壁受到内挤压被胀大,当管子外壁与管板孔壁的金属产生变形时,由于管子的变形量要远远大于孔壁的变形量,从而使管子产生流动塑性变形。当撤去胀管器以后,孔壁马上发生弹性收缩。将管子胀大部分紧紧抱住,使管子与管板紧密相连。为了使管子能抵抗一定的拉脱应力,还可借助翻边胀管器将管子伸出部分翻成喇叭口形状,以预防管子在运行时从管孔中被拉出。

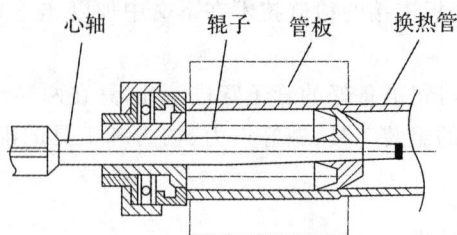

图 2-3-5　机械胀接原理

2.胀管率的确定

为了保证胀管质量,必须选择合适的胀管率,通常用胀紧程度与管孔厚的直径百分比来表示胀管率。整个胀管过程可以分为两步。第一步是用胀管器将装入管孔中的管子胀大,使管子外壁与管孔紧密贴合;第二步是将管子和管孔最后胀到需要的数值,并把端部翻成喇叭形状。从第一步到第二步,管子的内径胀大了一个数值,这个数值就是胀紧程度,可用公式表示为

$$H = d_1 - (d_0 - e) \tag{2.7}$$

式中　　H—— 管子的胀紧程度,mm;

　　　　d_1—— 管子胀紧后的内径,mm;

　　　　d_0—— 管子胀紧前的内径,mm;

　　　　e—— 胀紧前管子与管孔的间隙,mm。

通常胀紧程度不以绝对值表示,而以对管板孔内径、管壁厚度或管子内径的相对百分比来表示。即管子内径的胀大值对管板孔内径相对百分比 h_0 为

$$h_0 = \frac{d_1 - (d_0 - e)}{D} \times 100\% \tag{2.8}$$

式中　　D—— 管板孔胀前的内径,mm。

如果管胀率 h_0 太小,管子和管孔的变形量不充分,管子的塑性变形不够,管孔的弹性变形相应就小,便不能使换热管与管板紧密贴合,密封能力小,这种情况称为"欠胀"。如果胀管率过大,使管孔直径增大,超过了弹性形变,并产生塑性变形,则经不起温差与压力变化的波动,有的甚至会在管子或管板上产生微裂纹,使管子管板的强度以及密封性降低,这种情况称为"过胀"。一般中低压热交换器,可选用 $h_0 = 6\% \sim 7\%$;对于高压热交换器,可选用 $h_0 = 7\% \sim 8\%$ 为宜。

3.胀管质量的影响因素

(1)管子与管板材料的硬度差。通常管板材料硬度应比管子材料硬度高,这样在胀管过程中管板基本上不产生塑性变形,只是管子产生塑性变形,依靠管板弹性变形的收缩得到强度高、密封可靠的胀接。如 16Mn 管板与 10# 换热管之间的胀接是合适的,但与 20# 换热管胀接时,20# 管则应进行管端软化退火(当有应力腐蚀要求时,应整根进行软化处理或换成 10# 换热管);假若管子材料硬度高,管板管孔被胀大,发生塑性变形,管子是部分弹性变形,则胀接质量反而下降,所以一般选用硬度差在 HB30～50 范围内的管板与管子。

（2）管子与管孔接合面质量。管头表面与管孔内壁两结合面的加工质量，对胀管质量好坏影响较大。若结合表面很不平整，接合面不严密，胀接处易产生泄漏；若结合面加工精度高，胀接得就很严密，但它们之间的摩擦力较小，抗拉脱力也就小。因此，管子和管孔表面加工不应太粗糙，但也不需太光洁。由于管头的变形比管孔大，故管头的表面较管孔加工精细些，管孔只要求洁净，并用粗砂布略为打光即可。当管子与管板的硬度差较大时，表面可粗糙些，当两者硬度较接近时，表面加工要光洁一些。

（3）管子与管板的径向间隙。管孔与换热管的径向间隙是影响管接头胀接质量的最重要因素，因为胀接时必须消除间隙后继续胀才能达到胀接的目的。当管板孔径与管子外径间隙过大时，管子在胀紧时，会产生较大的塑性变形，并因冷作硬化容易产生裂纹。间隙过小时，管子的塑性变形不足。当退出胀管后，部分弹性变形恢复，使换热管抗压力和温差波动能力小，易产生泄漏，有时甚至使管子与管板被拉脱。常用的间隙 e 见表 2-3-6。

表 2-3-6　管板孔径与管子外径的间隙　　　　　　　单位：mm

管子外径	管板孔径与管子外径的间隙 e		管子外径	管板孔径与管子外径的间隙 e	
	最大	最小		最大	最小
$\phi19$	0.5	0.30	$\phi38$	0.8	0.35
$\phi25$	0.5	0.30	$\phi57$	1.0	0.55

（4）管子的翻边。管子翻边能增加管口的抗拉脱力，当管子受压应力时，就不用翻边。一般翻边量为 3 mm 左右（3 mm 为没翻边时伸出管板的长度），翻边后呈圆锥状（即喇叭口），过大的翻边角易形成裂纹，实际中大多采用 12°角的翻边。

（5）管孔的开槽。管孔开槽是增加拉脱力最有效的方法，为了提高胀接管抗拉脱能力和密封可靠性，管孔大多采用开槽的结构。不仅增加管子摩擦力，而且增加了密封面积，管孔开环形小槽深为 0.4～0.5 mm，管板厚度小于 30 mm 时，槽数为 1，厚度大于 30 mm 时，槽数为 2，强度胀一般开两个槽，厚管板可开更多的槽，如图 2-3-6 所示。

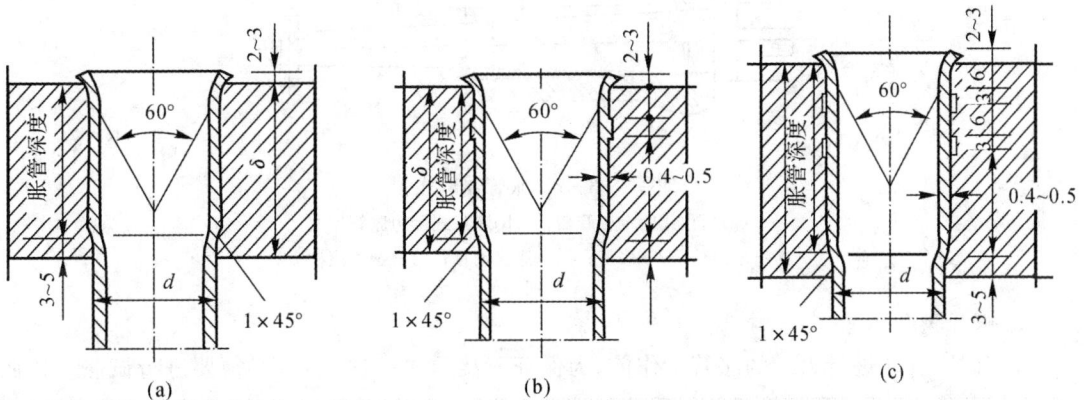

图 2-3-6　胀接时管孔的结构形式

（6）胀管深度。胀管深度即管子在管孔中被胀大与管板紧密贴合部位的长度。它与压力、温度、介质、管板厚度等有关。胀管深度的大小直接关系到胀管质量。它一般不低于下述三值中的最小值:50 mm、管板厚度减去 3 mm、两倍管子外径。

(7)胀管速度。胀管速度决定于胀杆的转速,胀杆与滚柱的锥度以及胀杆中心线与滚柱中心线在空间组成的夹角,即推进角的大小。胀接速度过大时,管子塑性变形减小,管子塑性流动过快,易产生裂纹,胀接强度和密封可靠性低。因此,在实际操作中要控制好适宜的胀接速度。

4.胀管器

胀管器有两种,即螺旋式和斜柱式,目前大多使用斜柱式。斜柱式又分两种形式:斜柱式固定胀管器和斜柱式翻边胀管器。如图 2-3-7(a)所示,斜柱式固定胀管器主要由壳体 1、胀杆 2 及胀接滚柱 3 组成,胀杆尾部与胀接滚柱均为圆锥体,但锥度不同。斜柱式翻边胀管器结构与前者基本相同,仅多一翻边液柱 4,其形状如图 2-3-7(b)所示。胀管过程首先用斜柱式固定胀管器先胀住和固定管子,然后用斜柱式边胀管器翻边。

斜柱式胀管器胀杆旋转时,带动滚柱转动,使滚柱在自转的同时,还贴着管内壁公转。而滚柱在运动中,产生使胀杆推进的分力,使胀杆能自动推进。因为胀杆及滚柱都具有锥度,且两者中心线在空间组成一个推进角,因此在轴向推进的同时,必然产生径向扩张,扩张的大小与胀杆滚柱的锥角及推进角的大小成正比。应强调指出的是胀管器推进的距离与管子被胀大的程度间有一定关系。另外,滚柱在自转时虽然角速度是一致的,但直径大的一端与直径小的一端线速度不一样,因此滚柱与管壁之间必然存在滑动现象。

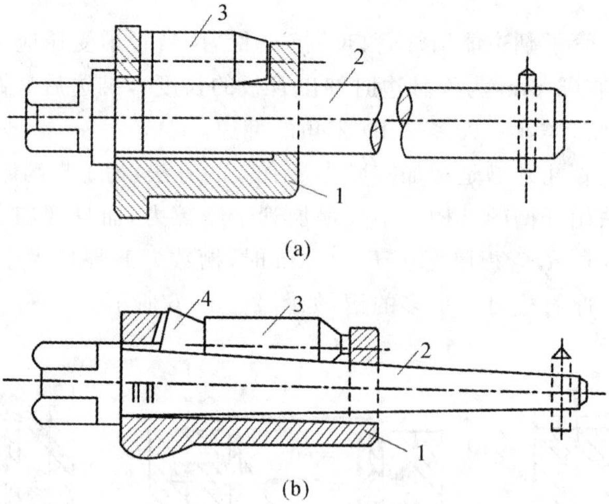

(a)

(b)

图 2-3-7 胀管器形式

(a)斜柱式固定胀管器; (b)斜柱式翻边胀管器

1—壳体; 2—胀杆; 3—胀接滚柱; 4—翻边滚柱

5.胀管操作工艺

(1)试胀。在进行大量的胀管工作前,为保证胀接质量一次成功,必须要进行试胀。试胀时,一切条件(包括管子与管板的材质及其力学性能、尺寸、胀管工具、周围环境及操作者)均应与实际工作条件一致。在试胀中应精确地测量胀管前后管子与管板孔的直径,以确定所获得的胀管率,并仔细观察外表面的各种迹象及管子轴向伸长量。胀后还要进行密封试验、抗拉脱试验,最后将管子从管板中取出,观察被胀部分的变形情况。在弄清以上情况后,就可以鉴定试验的胀接质量,并按设计制造要求最后确定胀接工艺。

(2)胀接前的准备及检查。除管板及管子材质、尺寸、外观与力学性能等均符合规定要求外,必须选择一种与管子内径及管板厚度相适合的胀管器,并在胀前进行详细检查。胀杆和滚柱表面不应有过大的沟纹与磨损,滚柱能从壳体中掉出来及滚柱洞孔的磨损超过 1 mm 的胀管器均不应使用,胀杆不应有弯曲,弯曲程度不得超过 0.1 mm,胀前胀管器胀杆和滚柱以及管头内表面涂以润滑油,但不允许将油脂落到管子与管孔的间隙内,以免影响胀接质量。

(3)紧固。在胀管时,如有密封焊加强度胀或强度焊加粘胀,都要先进行焊接后再胀接,因先胀后焊易形成气孔,影响密封性能。只进行胀接的管子在胀管前要先将管子的一端固定,另一端便可开始胀接。把斜柱式固定胀管器放到已经装好在管板中的管头里,用手推进胀杆,使滚柱张开把胀管器的外壳稳住,并与管子内靠紧,使外壳上的止推盘与管头之间保持 10～20 mm,然后用手转动胀杆成启动电动装置,胀管器便开始工作。这时滚柱在管中滚压并和外壳旋转,整个胀管器向前推进,当管子胀到与管孔完全接合时,由于止推盘靠着管头而使胀管器不能推进,紧固胀管的步骤就完成了。

(4)胀紧与翻边。将斜柱式边翻胀管器按放置距离要求装入管子后,即可工作,当胀管器进入管内的深度达到事先规定的数值,即胀管滚柱与翻边滚柱的交接线进入管内 2 mm 左右,管头的胀紧与翻边工作就结束。

6.胀接操作注意事项

(1)胀接顺序。胀接时由于管子伸长对管板产生一个反力。若胀接顺序不合理,则管板可能产生各种变形(见图 2-3-8),一般胀接顺序有两种不同的做法。一种是一端管板从中央开始按对角线,从里向外呈放射状向外胀。另一种是在胀第二端管板时,为了减少管子的残余纵向应力,应当从管板最外层的管子先胀,逐步从外围按对角线向里胀,最后到中心,否则会使中心部分管子的拉应力增加很大。对薄管板采用强度胀密封的热交换器,特别要根据管子的壁厚及管板的结构和材质来确定采用的胀管顺序,否则会对管板产生破坏。

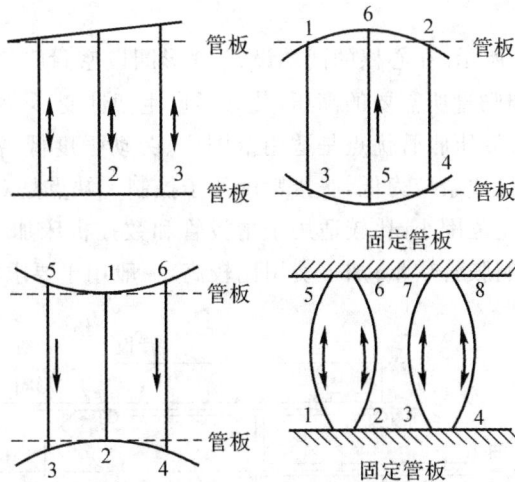

图 2-3-8　胀接变形

(2)胀管器的使用。手动胀接时,应尽量保持胀杆转速及用力均匀,为了保证润滑及冷却胀管器滚柱,每胀一根管都要注一次机油;为防止滚柱与胀杆的退火,每胀四个管头,就应把胀管器的各零件拆开,在煤油中清洗并仔细检查是否有损坏,若无损坏则重新抹油继续使用;胀接时周围环境温度不得低于-10℃,发现胀接质量不符合要求时,可以重胀,重胀不能超过三次。

(3)胀紧程度的控制。正确判断胀紧程度,是确保胀接质量的关键所在。下面提供几种方法,供在实际操作中参考。

1)控制胀管推进距离。鉴于胀管器的运动特点,可以用控制胀管器推进的距离来控制管子的胀紧程度,此方法在操作中较为简便,常被采用。胀管器推进距离计算公式为

$$Y = 1.1 h_d D / \tan\alpha \tag{2.9}$$

式中　Y——胀管器推进距离,mm;

　　　h_d——胀紧程度,%;

　　　D——管孔的直径,mm;

　　　α——胀杆锥体母线偏角,(°)。

由于 d 值较小,$\tan\alpha$ 值与胀杆圆锥度接近,故用胀杆圆锥度代替,系数 1.1 是考虑到管子内径因金属弹力作用而缩回的附加系数。

2)目测方法。用肉眼观察管板孔周边区域。因弹性变形及轻微的塑性变形而产生明显的径向 45° 的金属流动线和氧化皮裂纹,并有氧化皮开始脱落,这种现象表明已具有一定胀紧程度。

3)轴向伸长法。在胀管时,由于管子在径向被胀大,而使管壁变薄,在受管孔的束缚时,被迫使金属发生轴向流动,使得管口伸过管板的长度增加。胀度越大,边伸长量就越长,通过测定管子向外的伸长量大小来粗略判断出胀紧程度。

4)扭矩控制法。手工胀管时,操作者可凭经验,根据加给胀管器的扭矩大小,确定胀紧程度。若采用电动胀管器,可通过控制电机输出扭矩的大小控制胀紧程度,当扭矩达到规定值时,装置自动停止工作。

7. 液压胀管

液压管如图 2-3-9 所示,在心棒的两端设置 O 形圈以密封胀管介质。胀管介质常用油或水。在管子内表面施加胀管所需的高压,使管子产生塑性变形,实现管子管孔的胀接。此种胀管器在国内外都有。液压胀管优点是适用范围广、劳动强度低、密封性能好,在胀接处的表面不易产生微裂纹,胀接残余应力低,胀接紧度便于控制。缺点是对管子内径和管板孔的加工尺寸公差要求严格,公差范围小,比较适用于精拔管和数控机床加工的管板;泄漏的介质对其他管孔会造成污染,影响胀管质量;加工费用比较高,一般用于要求密封性严格,工作参数高的热交换器生产。

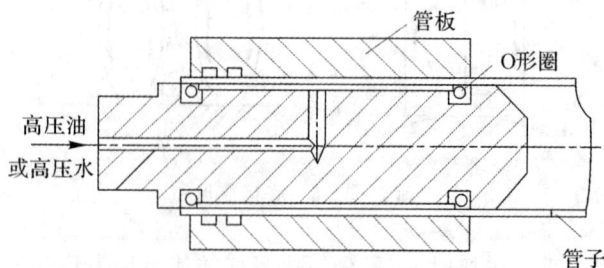

图 2-3-9　液压胀管

8.爆炸胀接

爆炸胀接是利用高能炸药在爆炸瞬间所产生的冲击波的巨大压力,迫使胀接部位的管子高速产生塑性变形,从而使管子和管板胀接在一起。爆炸胀管如图2-3-10所示。

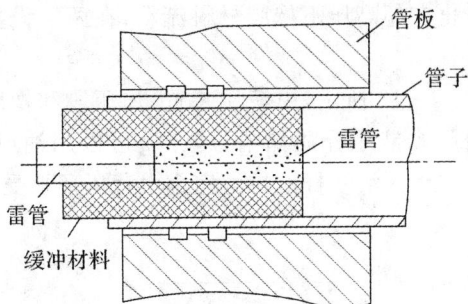

图2-3-10　爆炸胀管

(1)爆炸胀接的特点与应用。爆炸胀管是一种独特的胀管工艺,其优点主要有以下几点。

1)抗拉脱力及密封性好,对于高温高压下工作的厚壁管与密封焊并用,效果更好。

2)适用范围广,可用于各种金属,包括管子和管板是异种金属、硬度和熔点相差很大的管子与管板胀接。

3)由于胀接时的变形速度快,因此管子向外伸长率和管板的变形都较小。

4)劳动强度小、工效高、爆炸技术简单,可同时起爆数个甚至成百上千个,容易控制掌握,不需专用设备,成本较低。

5)对于小管径管、厚壁管、厚管板、不锈钢管、合金钢管、铝合金管、铜管的胀接比机械滚胀有利。

由于爆炸胀接加密封焊不需要用润滑油,完全克服了因润滑油污染而带来的可能产生的焊接缺陷,使管子与管板获得高质量的可靠密封。同时,由于爆炸胀接已成功地在多孔和整体爆炸胀接方面运用,有效地提高了劳动生产率和减轻了劳动强度,因此,爆炸胀接在高温高压热交换器管束的生产中取得了较大的发展。

(2)爆炸胀接工艺要点。

1)要正确选用用药量,用药量过小管子不易胀牢,过大则会炸裂管子,造成管板和管孔塑性变形大,而且会增大返修的难度。

2)要合理控制好管子与管孔的间隙。间隙过小,易引起管子与管板只产生弹性变形,胀不紧管子。间隙过大,易使管子过大变形,产生裂纹,造成泄漏或胀不紧管子即"松胀"。

3)管板孔内必须开槽,因爆炸胀接对槽的充满程度比机械滚胀好得多,容易产生更强的抗拉脱力。

4)爆炸胀接的耐压性能随着接头的表面粗糙度的降低而升高,为了增强爆炸胀接时塑性变形的流动性,管子和胀管接头要尽量降低表面粗糙度。

5)同一次爆炸必须使用同批雷管,引线材料也要相同,以免因起爆时间不同而将药包带出损坏管子。

6)多孔同时起爆必须保持一定距离,一般孔间距为管径的1.5倍左右,管口两端不能同时起爆。在起爆现场要有安全防护措施,要制定好工序,有安全监护,有专人负责指挥。

9.橡胶胀管

(1)橡胶胀管原理。橡胶胀管的胀管头如图 2-3-11 所示,当加载拉杆上施加外力时,软橡胶胀管介质受轴向压缩,并径向扩胀,形成 $100\sim400$ MPa 的超高压胀管压力,使管子塑性变形,胀接于管内壁,为了防止在超高压下橡胶材料流动,在两端设置特球形状的硬橡胶或聚四氟密封环。

橡胶胀管器系统如图 2-3-12 所示,由液压装置、加压段和橡胶胀头组成。液压装置包括柱塞泵、液压回路、各种阀门和液压介质储槽等,介质可以用油或水,其压力为 22 MPa 左右。加压段包括液压罐和背压环。活塞杆的拉力完全由背压环承受,由内部进行力平衡,完全不需要外部支承反力。

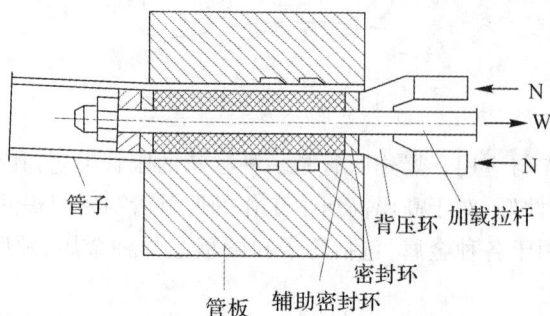

图 2-3-11　橡胶胀管器的胀管头

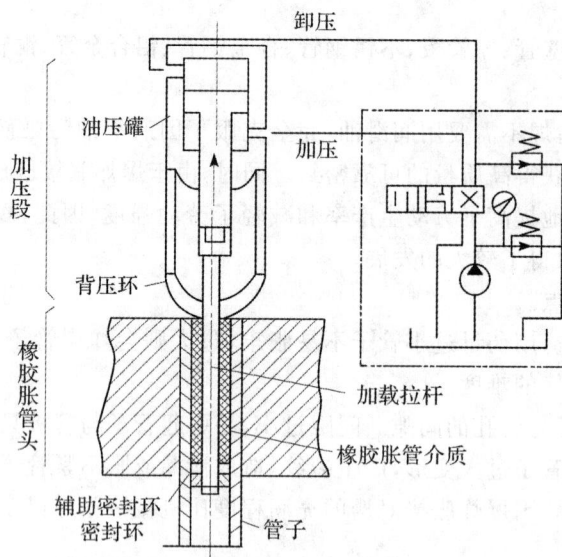

图 2-3-12　橡胶胀管器系统

胀管头中心有用高强度钢制造的细长加载拉杆。它承受很高的拉应力。胀管头的关键件是橡胶胀管元件、密封环和辅助密封环。胀管元件采用软橡胶,在两端放置的密封环和辅助密封环是具有特殊形状的耐高压的硬橡胶环或填充四氟环。根据橡胶胀管原理,橡胶胀管元件的软橡胶材质应弹性好,可压缩性小。密封环和辅助密封环的形状根据高压 U 形橡胶密封环进行设计加工,具体尺寸根据胀管的管径尺寸确定。

(2)胀管压力控制。在橡胶胀管中,管子仅仅在胀管前的管孔和管子之间间隙范围内扩胀减薄,而且减薄量较小,因此不能用机械滚胀控制条件,而是用由加载拉杆的拉力产生的橡胶胀管压力来作为胀管控制条件。胀管压力就是管子在橡胶胀管介质的压力下,屈服变形并填满管孔密封沟槽所必需的压力。实际胀管压力为 $p=(4\sim5)p_0$,p_0 为管子内壁屈服压力,可用下式计算,即

$$p_0=\frac{\sigma_y}{\sqrt{3}}\left(1-\frac{d_1^2}{d_0^2}\right)\left(1+\frac{d_1^4}{3d_0^4}\right)^{1/2} \tag{2.10}$$

式中　　p_0——管子内壁屈服压力,MPa;

$\quad\quad d_0$——胀管前的外径,m;

$\quad\quad d_1$——胀管后的管子内径,m;

$\quad\quad \sigma_y$——管子材料常温屈服极限,N/m²。

(3)橡胶胀管的特点与应用。

1)胀接强度好。由于以静态内压胀管,没有机械挤压效应,不会出现明显的壁厚减薄加工硬化以及表面粗糙有微裂纹现象,管子几乎完全嵌入管孔沟槽内,因此抗拉脱力大,偏差范围小,耐压性能好,抗疲劳性强。

2)抗应力腐蚀。管子的胀管段和末段胀管交界区光滑过渡,残余应力小,管子内表面无加工硬化现象,外表面拉伸残余应力小,抗应力腐蚀性能好,管子完全嵌入管孔沟槽内,改善耐压性能,保证了热交换器内流动介质不易流入管子端部,避免了换热介质内的腐蚀物质浓度在管端集聚升高,防止间隙腐蚀的发生。

3)密封可靠。采用橡胶胀管,管子的轴向伸长量较小,即使在焊后胀管也不会损伤管端密封焊的可靠性,胀管时不存在润滑油的污染现象。

4)工艺便捷。橡胶胀管使用方便,胀管速度快,可同时胀几个管子,胀管力完全内部平衡,不必从外界施加支承压力,因此安全省力。在胀紧管子时主要依靠压力来控制胀管质量,因而控制方便,且胀接精度高,对于高压厚管板,可以进行全管板厚度胀管,胀管的管子尺寸适应范围宽,10~110 mm 内径的管子都可以胀接。对于薄壁管和表面应力敏感性大的钛管也可用此方法胀接。胀管头的橡胶元件可以重复使用,不易损坏,备件消耗少,成本较低。

橡胶胀管的主要缺点是:橡胶元件密封环和辅助密封环需要根据管子尺寸加工,胀接拉杆的尺寸也要根据胀管大小调整,且对拉杆强度要求高;背压环及液压罐不能做到一套多用,即胀接头及加压段部分随着胀管内径的大小而选用不同的型号,胀接系统维修率较高。

(二)管子的焊接

一般情况下,焊接比胀接更能保证严密性。在检修和制造中,对多次补胀无效的管子,最后采用的方法也是焊接。目前对于碳钢和低合金钢,工艺介质在温度高于 250℃,压力为中压时的热交换器,也主要采用焊接结构。此外,当介质毒性强,与大气混合易起火或爆炸,介质漏性强,对环境有污染或产品纯度高不允许介质泄漏混杂的热交换器,管子与管板的连接也常采用焊接结构。

1.主要焊接方法

常用的焊接方法大致有三种,手工电弧焊、气体保护焊及钎焊。焊接方法应根据管端不同的材料组合来决定,各种碳钢和低合金钢可以用手工电弧焊或气体保护焊。通常采用镍极氩

弧焊或氩气保护焊。虽然钎焊连接强度与耐热性均不及熔焊,但因熔焊法不能避免间隙腐蚀和结构应力腐蚀,采用钎焊连接可以消除这种缺陷。

2.焊接质量的影响因素

影响焊接质量的因素很多,有环境条件、管子与管板材料本身的可焊性能、焊接工艺的制定、连接尺寸和结构形式等多种因素,其中结构尺寸和焊接工艺是保证强度与防止泄漏的重要因素。

(1)焊接结构形式。焊接结构形式主要有两大类,一种是用胀接保证强度,用焊接来保证密封;另一种是用焊接来保证强度和密封的形式,分别如图2-3-13和图2-3-14所示。对于管端焊接,焊接结构形式应根据管子与管板材料、物理性能、焊接性能和介质的工艺参数来决定。

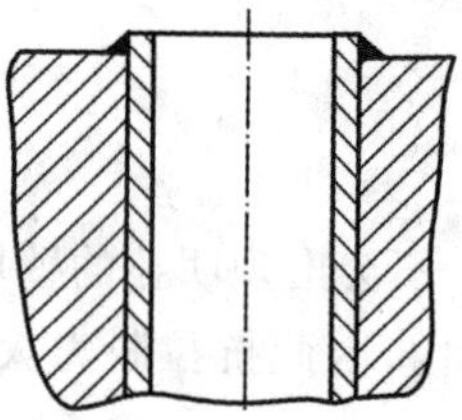

图2-3-13　焊接结构形式(一) 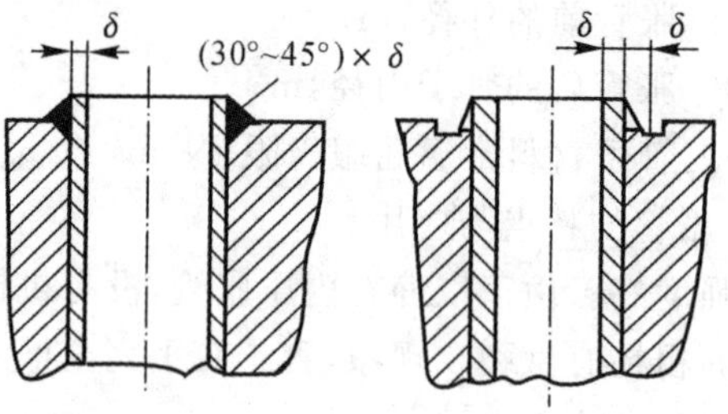　　　　图2-3-14　焊接结构形式(二)

管子伸出管板长度为3 mm左右或等于管子厚度。图2-3-14所示是在管板上开有隔热槽的形式。隔热槽在焊接过程中,除可以减少管板的变形,还可以保证焊接质量。通过隔热槽可实现管子与管板的等厚度焊接。

(2)焊接工艺的选择。正确选择焊接工艺是保证质量的重要因素。除考虑选择焊接方法、焊条、焊接位置、运输条件等外,还要考虑焊前预热和焊后热处理。应按金属材料的性能及预热条件来决定是否需预热及其温度和方法。预热方法一般有两种:一是烧嘴局部加热;另一种是用电气加热元件绕在管板上整体预热。焊后处理视管子和管板材料的物理特性而定。对于不锈钢,其膨胀系数大,热处理容易使管板变形,所以一般不进行焊前预热和焊后热处理。但对于管子和管板是铬钼钢材料的,焊前必须预热,焊后必须热处理。

为了防止焊接变形和减少残余应力,要按图2-3-15所示的顺序先将每根管子两端与管板点焊,每根管子需点焊均匀分布的点后,再进行焊接。划分区域的多少按管板直径而定,大管板可以多分几个区域。

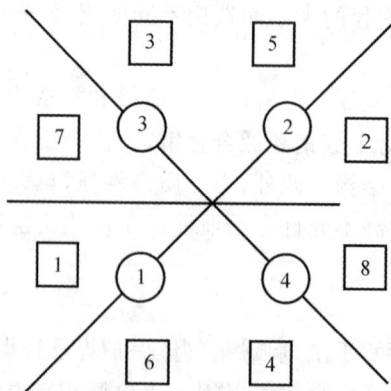

图2-3-15　点焊顺序

　　为了保证焊接质量,管口端面与管端外圆表面及管板孔壁面必须经过净化处理。先将灰炭、油污、铁锈等杂质清除干净,再用丙酮或四氯化碳对焊接部分进行脱脂,并用压缩空气吹干净。除锈范围为管端外圆,其长度要稍大于管板厚度。

(三)胀焊结合

　　胀焊并用在热交换器的制造中使用最多,一般有强度胀加密封焊或强度焊加粘胀。当温度和压力较高且热交换器换热管与管板的连接接头在操作中受到反复热变形、热冲击和热腐蚀作用时,为保证换热管与管板连接处不泄漏,减少间隙腐蚀和减弱管子因振动引起的破坏,常采用胀焊并用的连接方法。

1. 先焊后胀

　　先焊后胀工序,焊前管板坡口容易清洗干净,焊接时管子与管板间隙处的空气可以从正、反两侧排除,对于防止焊缝产生气孔及保证焊接接头的质量十分有益。同时,后胀可以使胀口胀后的残余应力不会松弛,避免了因焊接高温的影响而发生松弛。但是对于焊接性较差的管子与管板接头,胀接时焊道容易产生微裂纹,甚至于将焊道胀裂。对于这种情况,应采用深度胀(即管口 10～15 mm 左右不胀),使胀接部位避开焊道,从而减小胀接对焊道的影响,这也是先焊后胀工艺的最大不足之处。试验研究表明,采用先胀后焊工艺,管子与管板焊后的泄漏率比采用先焊后胀工艺要高出 10 倍左右,而且检验结果表明,焊缝外观均匀,有金属光泽,成形美观,着色检查的气孔与未熔合现象很少。因此,国外也多采用先焊后胀工序。

2. 先胀后焊

　　采用先胀后焊工序,由于胀接时在管端及坡口处将留下大量油污及铁锈等杂物,尽管焊前要进行清洗,但由于管桥较窄,加之管子伸出管板等原因,难以保证坡口的彻底清洗。当焊接时,这些遗留杂物将发生剧烈的化学变化,水分和空气因受热而局部膨胀,并在管子与管孔的间隙内形成压力,由于胀后背面堵死,这些带压气体只能从焊道一侧排除,焊接时处于熔融状态下的金属无强度可言,气体便很容易穿过焊道,尤其在收弧处更是如此。气体冲出焊道使焊缝金属呈沸腾状,造成焊缝高低不平,甚至呈蜂窝状。同时,还使焊缝表面氧化,造成未熔合等缺陷。在焊缝冷却过程中,有的气体未能及时逸出焊缝表面,从而在焊缝内部形成气孔。另外,焊接时产生的高温会导致已胀接的部位变形,使胀接过程中产生的残余应力和弹性变形消失,从而可能使胀紧力减小甚至消失,试验研究结果表明,先胀后焊工艺泄漏率是先焊后胀的10 倍左右。长期的大量生产实践也证明,先胀后焊确实存在着许多不足,尤其是在焊接工艺性能较差的情况下问题更为严重,如 20MnMo,15CrMo 与奥氏体不锈钢管的匹配就属于这种情况。

3. 胀焊顺序的选择

　　通常在温度不太高而压力很高或介质极易渗漏时采用强度胀加密封焊,强度胀是靠胀接来承受管子的动静载荷,并保证连接强度和密封的可靠性,管子的焊接是辅助防漏措施。在压力和温度都很高的条件下,则采用强度焊加粘胀,强度焊是靠焊接来承受管子的载荷并保证密封,管子的粘胀是为了消除换热管与管板孔产生间隙,并增强抗疲劳破坏能力两种胀焊结构,如图 2-3-16 所示。胀焊的先后顺序没有统一的规定,焊前预胀的优点是管壁紧贴于管板孔壁,提高了焊缝的抗疲劳性能,可防止焊缝裂纹。但因承受高温高压的热交换器中多数是厚壁管,机械胀接时,一般都要使用润滑油,而油燃烧和蒸发生成的气体使焊缝产生气孔。另外,粘胀的根部与上端焊缝之间存在的间隙在焊接受热时,空气受热膨胀从焊接熔合线的熔池中逸出产生气孔从而影响焊接质量。而且先胀时也需要固定管口,胀后再换管子更不方便。所以一般都采用先焊后胀的方法。

尽管可以采用先胀后焊工序,但国内外制造使用情况表明,采用先焊后胀工序更具有优势。从很多实践经验看,在设计和制造时,应优先考虑先焊后胀工序,对于管子材料可焊性较差的情况,可以将管口留出 10～15 mm 不胀的区域。若需焊后热处理时,如胀接采用机械胀,则在热处理前先胀一次,热处理之后再轻胀一次;如采用柔性胀接(液袋胀接等),则在热处理之后胀一次即可。

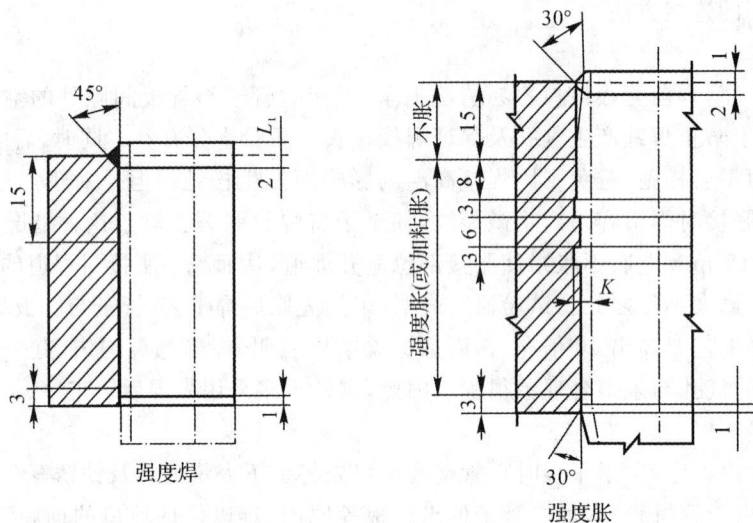

图 2-3-16 胀焊结构

五、管壳式热交换器检修机具

(一)抽芯工具

浮头式、U 形管式热交换器管束的抽出、回装,在热交换器检修中工作量、难度最大,必须借助专用抽芯设备。抽芯机必须在吊车的配合下才能工作。抽芯机按抽芯时的位置分为上置式(悬挂钢丝绳式)和下置式(螺母螺杆式、链条式);按抽芯机抽芯时的传动方式分为软传动式(钢丝绳悬挂式、链条式)和硬传动式(螺母螺杆式)。

1.悬挂式钢丝绳抽芯机

(1)装置结构。悬挂式钢丝绳抽芯机结构如图 2-3-17 所示。从抽芯机分类可看出,悬挂式钢丝绳抽芯机的特点是抽芯机置于热交换器上方,抽芯力靠钢丝绳传导,管束抽出后,悬挂于抽芯机架下方,即在抽芯或回装时,靠前后两根钢丝绳将管束兜(悬挂)在机架下方。通过与电动机同轴的定滑轮,将电动机的转动直接传到动滑轮,产生平行于管束轴向的拉力,当拉力大于管束与壳体的摩擦力时,管束被抽出(拉入)。

(2)应用特点。

悬挂式钢丝绳芯机的应用特点有以下几点。

1)结构简单,制造方便,因无特殊机加工件,热交换器安装检修单位可以独立自制。

2)抽芯速度较快。因是用钢丝绳实现对电机的直接传力,单根钢丝绳移动较快,故抽芯也较快。例如 6 m 长的管束,正常情况下,抽芯时间约 18 min。

3)由于管束是用钢丝绳悬挂在机架上的,管束仅靠两根钢丝绳悬挂在机架上,因而此种抽芯机适合抽较小型的管束,最大管束公称直径应小于或等于 800 mm。

4)必须保证悬挂管束钢丝绳在良好状态,足够粗才能保证抽芯过程的安全。因此在抽芯前,必须认真检查悬挂钢丝绳。

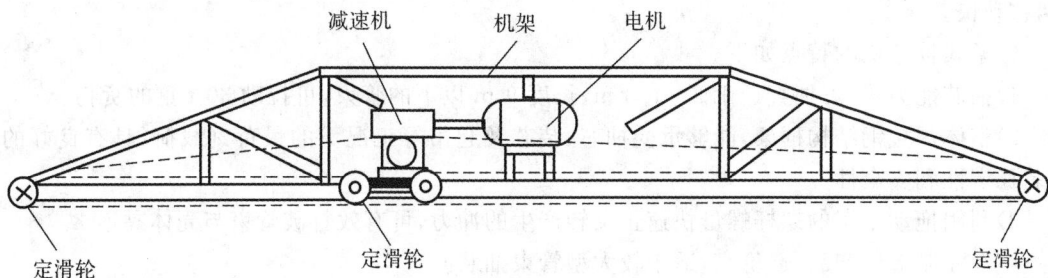

图 2 - 3 - 17　钢丝绳抽芯机结构示意

2. 螺杆螺母式抽芯机

(1)装置结构。螺杆螺母式抽芯机结构如图 2 - 3 - 18 所示。螺杆螺母式抽芯机置于管束下方,电动机带动蜗轮加长蜗杆机转动,实现转动方向转变。蜗杆转动带动有螺母的拉板在滑道前后方向移动。拉板与管板用钢丝绳连接(装管束时,用长枕塞在拉板与管板之间),当拉板拉力超过管束与壳体间的摩擦力时,管束被抽出。

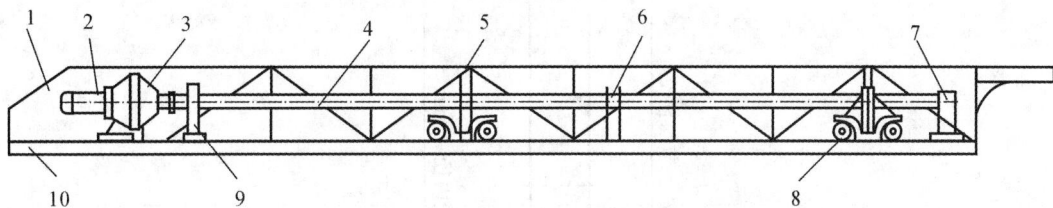

图 2 - 3 - 18　螺杆螺母式抽芯机结构

1—机架；　2—电动机；　3—减速机；　4—主螺母；　5—管束拖车；
6—活动螺母；　7—螺杆轴承；　8—管束拖车；　9—固定螺母；　10—导轨

(2)应用特点。

螺杆螺母式抽芯机的应用特点有以下几点。

1)结构较简单,一般安装检修单位可以实现抽芯机装配,但完全实现制造有一定难度,主要是 7 m 长的蜗杆及蜗轮机加工困难较大,必须在专业厂加工,故造价较高。

2)安全性比悬挂钢丝绳式抽芯机好。抽出的管束在机架上,管束没有坠落的可能。

3)可以用来抽较大直径的管束。

4)速度慢,效率低,6 m 管束抽出约用时 40 min。

以上两种抽芯机,抽芯过程拉力平稳,不能实现冲力。如果管束与壳体间黏结力较小,抽芯顺利,基本可以满足使用要求。但重油装置的热交换器,管束与壳体间黏结力较大,使用无冲力抽芯机时,往往还需借助人力,用葫芦(倒链)拉管束,管束能够移动后,抽芯机再单独抽出管束。操作较为困难。

(3)链条式抽芯机。在综合了上述两种"土制"抽芯机优缺点的基础上,专业制造厂设计生产了链条式抽芯机。链条式抽芯机属下置式,抽芯机构由两部分组成。小车部分传动机构为蜗轮蜗杆,小车前部用钢丝绳与管束连接,抽芯开始或抽芯卡住时,小车可迅速实现反向移动,放松钢丝绳且有一定行程后停止,再启动往前运动,从而产生冲力,抽动管束。大车部分,在小车抽动管束后,大车拉板放在管板后面,启动大车,带动管束移动。大车用轴式链条传动,效率高,移动快。

链条式抽芯机的特点如下。

1)抽芯能力强,可抽直径 1.2～1.8 m,长度 9 m 以下的管束,可拉动 30 t 重的货物。

2)整体焊接钢结构框架,能够承受抽芯、装芯及起吊等工况下的最苛刻载荷,具有良好的吊装稳定性和安全性。

3)利用拖动小车的螺杆螺母快速正反转产生的冲力,可有效打破管束与壳体黏连。

4)专业制造厂产品,造价高,适于较大型管束抽装。

(二)试压专用工具

(1)U 形管热交换器试验压环。U 形管热交换器壳程压力试验时,需用试验压环试压,试验压环与热交换器筒体法兰节圆尺寸、螺栓器孔数相同。试压时,试压环与壳体法兰在螺栓力的作用下,将管板与筒体法兰面夹紧,达到试压目的,结构如图 2-3-19 所示。

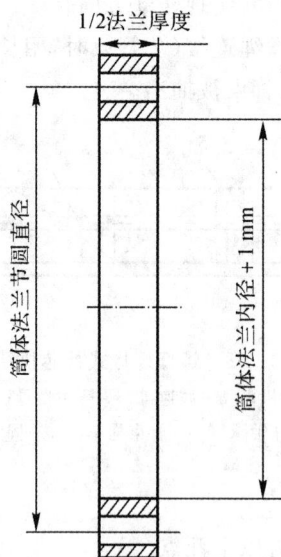

图 2-3-19　U 形管换热气试压压环

(2)内浮头热交换器专用试压工具。内浮头式热交换器进行管头试压时,所有的专用试压工具由两部分组成,即试验压环和浮头专用试压组合工具。试验压环与 U 形管试压压环结构完全相同(见图 2-3-19)。浮头专用试压组合工具由试压胎具和压板组成。试压胎具如图 2-3-20 所示,压板如图 2-3-21 所示。试压胎具环向密封原理,镶在槽内的 2～3 道 C 形橡胶环,在外加水压的作用下,密封浮动管板环面。胎具平面上镶有 O 形橡胶圈,螺栓通过压板,将胎具压紧在壳体法兰上,用 O 形圈实现与壳体法兰间的密封。

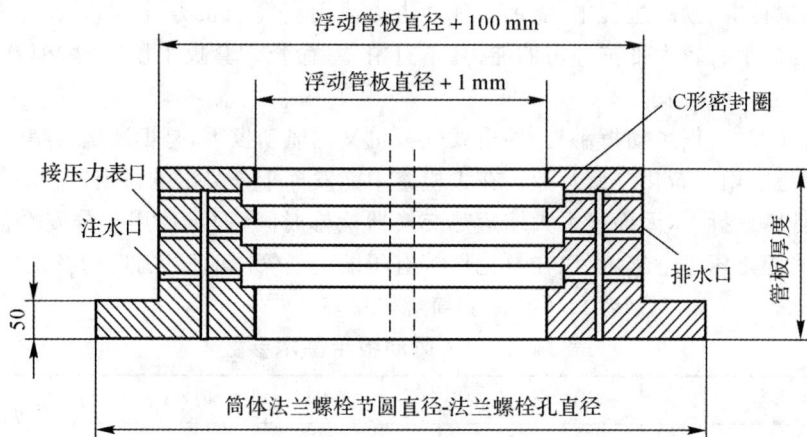

图 2-3-20 内浮头式热交换器浮动管板试压胎具

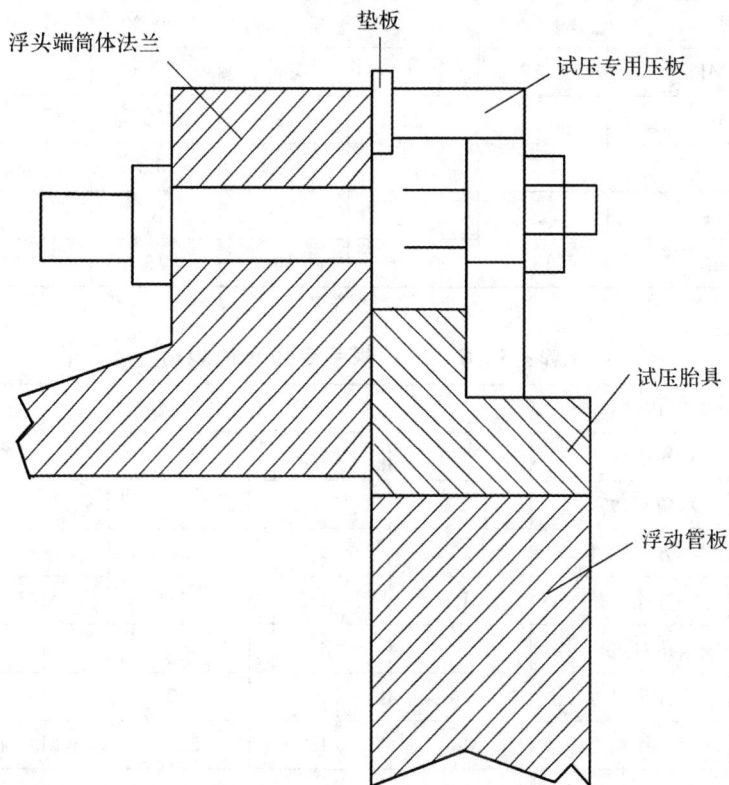

图 2-3-21 内浮头式热交换器试压用压板

　　试压环和试压胎具的设计应考虑试压过程的短暂性和试压介质的安全性、操作确定性,推荐材质为 Q235A-F,许用应力 $[\sigma]=1.5\sigma_p$,无表面粗糙度要求。

(三)拆、紧工具

(1)套扳手。套扳手是热交换器螺栓松紧中最常用、最为经济和方便的手工工具,俗称"紧头"。由于在螺栓拆、紧的过程中,需加大锤冲击力或用套筒加长力臂,才能拆开或上紧,这就要求拆螺栓的扳手有较大抵抗冲击的能力,不打滑,寿命长。套扳手制造时,模具尺寸等于标准螺母外形尺寸,冲压制造。

(2)冲击式气扳机(风动扳手)。冲击式气扳机又称风动扳手,是拆装螺栓螺母的高效机械手工工具,广泛应用于石化维修行业。在大检修中能发挥十分突出的作用,在几秒内就可将一只螺栓螺母拧紧或拆下,因而能大大缩短热交换器检修时间,而且使用十分安全简便,风动扳手使用的动力源是压缩空气,所以在石化厂等有压缩空气管网的厂区,使用特别方便。风动扳手基本参数见表2-3-7,风动扳手专用套筒规格见表2-3-8。

表 2 - 3 - 7　风动扳手基本参数

基本参数	FB20	FB30	FB42	FB56	FB72	FB100
拧紧螺纹范/mm	18~20	24~30	32~42	45~56	58~72	76~100
负荷耗气量/(L/s)	30	40	50	60	75	90
累积扭矩/(N·m)	490	1 605	4 492	9 880	18 076	43 576
传动四方系列	80×20	25×25	30×30	30×30	45×45	63.5×63.5
工作气压/MPa	0.63	0.63	0.63	0.63	0.63	0.63
边心距/mm	32	39	48	52	80	96
机重/kg	4.5	7.4	11.5	15.5	33	98
拧紧时间/s	2	3	5	10	20	30
气管内径/mm	13	13	16	16	19	19

表 2 - 3 - 8　风动扳手专用套筒规格

型　号	内　容	普通螺栓				
	螺栓规格	M18	M20	M22	—	—
FB20	六角对边尺寸	27	30	34	—	—
	方头尺寸	20	20	20	—	—
	螺栓规格	M20	M22	M24	M27	M30
FB30	六角对边尺寸	30	32	36	41	46
	方头尺寸	25	25	25	25	25
	螺栓规格	M30	M33	M36	M39	M42
FB42	六角对边尺寸	46	50	55	60	65
	方头尺寸	30	30	30	30	30
	螺栓规格	M36	M42	M48	M52	M56
FB56	六角对边尺寸	55	56	75	80	85
	方头尺寸	30	30	30	30	30

续 表

型 号	内 容	普通螺栓				
FB72	螺栓规格	M56	M64	M72	M80	—
	六角对边尺寸	85	95	105	115	—
	方头尺寸	45	45	45	45	—
FB100	螺栓规格	M80	M90	M100	—	—
	六角对边尺寸	115	130	145	—	—
	方头尺寸	63.5	63.5	63.5	—	—

特别需要指出的是,风动扳手不能取代套扳手,原因是有些在高温下使用的热交换器螺栓与螺母咬死,拆卸困难,风动扳手的冲击力不足以松开螺母,必须借助于套扳手长手柄,在大锤的冲击下,取得大的冲击扭矩,松开螺母。套扳手松开螺母后,再用风动扳手松出螺母,将大大加快拆螺栓的工作效率。

另外,热交换器热紧时一般用套扳手,而不用风动扳手。

(3)液压扳手。液压扳手用于高压热交换器大规格螺栓的松紧。液压扳手可精确控制高强度螺栓连接扭矩,提高螺栓螺纹连接质量和可靠性,是高压热交换器检修的必备工具之一。

任务实施

项目任务书和项目任务完成报告见表 2-3-9 和表 2-3-10。

表 2-3-9 项目任务书

任务名称	管壳式热交换器的检修		
小组成员			
指导教师		计划用时	
实施时间		实施地点	
任务内容与目标			
1.了解管壳式热交换器的检修准备与内容。 2.掌握热交换器的清洗除垢方法。 3.了解换热管的检修处理办法。 4.掌握管子与管板的各种连接技术。 5.认识管壳式热交换器检修机具。			
考核项目	1.管壳式热交换器的检修准备与内容。 2.管壳式热交换器的清洗除垢方法。 3.换热管的检修处理办法。 4.管壳式热交换器检修机具。		
备注			

表 2 - 3 - 10　项目任务完成报告

任务名称	管壳式热交换器的检修		
小组成员			
具体分工			
计划用时		实际用时	
备注			
1.简述管壳式热交换器的检修内容与处理方法。 2.抽芯工具在什么情况下使用？它的应用特点是什么？ 3.清洗除垢的方法较为实用的有哪些？			

任务评价

项目任务综合评价见表 2 - 3 - 11。

表 2 - 3 - 11　项目任务综合评价表

任务名称：　　　　　　　　　　　　　　　测评时间：　　年　　月　　日

考核明细		标准分	实训得分								
			小组成员								
			小组自评	小组互评	教师评价	小组自评	小组互评	教师评价	小组自评	小组互评	教师评价
团队60分	小组是否能在总体上把握学习目标与进度	10									
	小组成员是否分工明确	10									
	小组是否有合作意识	10									
	小组是否有创新想（做）法	10									
	小组是否如实填写任务完成报告	10									
	小组是否存在问题和具有解决问题的方案	10									
个人40分	个人是否服从团队安排	10									
	个人是否完成团队分配任务	10									
	个人是否能与团队成员及时沟通和交流	10									
	个人是否能够认真描述困难、错误和修改的地方	10									
合计		100									

思考练习

1.当管束堵管数达到管程单程管子_____以上时,管束应进行更新。

2.热交换器清洗除垢的方法较为实用的是_____、_____和化学法清理除垢,除以上清洗方法外,目前除垢的最新方法是_____,它是利用_____,利用_____,由此产生不同的声阻、_____和振幅,使垢层松脱、破坏。

3.管板与换热管间的连接方式有_____、_____或二者并用的连接方式。

4.管壳式热交换器检修机具有_____、_____和_____。

项目三　高效间壁式热交换器的维修

　　管壳式热交换器具有结构简单、适用范围广、清洗方便等优点,但传热效果较差、体积比较庞大,因此在某些场合下,需要使用在传热性能、体积等方面具有一定优点的其他形式的热交换器。本项目将着重叙述近数十年来应用较广的一些高效的间壁式热交换器:螺旋板式、板式、板翅式和翅片管式等。

　　从能源利用角度考虑,工程应用上对热交换器的要求首先是希望有高的传热效率,也经常要求热交换器具有较小的体积,即要"紧凑",这个问题对于某些传热性能差的流体之间的换热,如气-气热交换器尤为突出。因为为了保持传热量不变,传热面积的增加将导致热交换器的体积庞大。如以同样的传热量和功率消耗为比较条件,则气-气热交换器的传热面积通常要比液-液热交换器大 10 倍左右。因而,提出了在增加传热面积的同时,减小热交换器体积的要求。

　　为了比较所设计的热交换器在满足一定的传热量下占有的体积大小,常应用一个指标——"紧凑性"。紧凑性是指热交换器的单位体积中所包含的传热面积大小,单位为m^2/m^3。至于达到什么样的指标值才可称为紧凑,则并无规定,一般可参照 Shah K. R. 所提出的数值 $700\ m^2/m^3$,凡大于该值的热交换器即可称为紧凑式热交换器,构成紧凑式热交换器的关键是要具有紧凑的传热表面,它可以通过使用二次表面来形成,如板翅式热交换器中的传热翅片;或使用板状表面代替管状,如螺旋板式热交换器及其他措施。

🔍 项目目标

高效间壁式热交换器的维修

素养目标
1. 提高学生动手操作能力
2. 培养学生良好的职业素养和创新意识
3. 激发学生学习高效间壁式热交换器的维修技术的兴趣
4. 增强学生的自信心和成就感

知识目标
1. 了解螺旋板式热交换器的基本构造和工作原理
2. 掌握螺旋板式热交换器的制造、装配与检验
3. 了解板式热交换器的构造和工作原理
4. 掌握式热交换器的安装与检验
5. 了解板翅式热交换器的构造和工作原理
6. 了解翅片管热交换器的构造和工作原理
7. 掌握空冷式热交换器的安装

技能目标
1. 能够维护与检修螺旋板式热交换器
2. 能够维护与检修板式热交换器
3. 能够维护与检修板翅式热交换器
4. 能够检修空冷式热交换器

任务一　螺旋板式热交换器的维修

任务描述

　　螺旋板式热交换器是一种由螺旋形传热板片构成的热交换器。它比管壳式热交换器传热性能好,结构紧凑,制造简单,运输安装方便,适用于石油化工、制药、食品、染料和制糖等工业部门的气-气、气-液、液-液对流或冷凝的热交换。通过学习螺旋板式热交换器基本构造和工作原理,能够对螺旋板式热交换器进行制造、装配、检验与维修。

PPT
螺旋板式热交
换器的维修

任务资讯

一、基本构造和工作原理

　　螺旋板式热交换器的构造包括螺旋形传热板、隔板、头盖、连接管等基本部件(见图3-1-1),其具体结构将因形式不同而异,图3-1-1(a)所示为一种可拆式的螺旋板式热交换器的结构简图。各种形式的螺旋板式热交换器均包含由两张厚约2～6 mm的钢板卷制而成的一对同心圆的螺旋形流道,中心处的隔板将板片两侧流体隔开,冷、热两流体在板片两侧的流道内流动,通过螺旋板进行热交换,螺旋板一侧表面上有定距柱,它是为了保证流道的间距,也能起加强湍流和增加螺旋板刚度的作用。一般用直径为3～10 mm的圆钢在卷板前预焊在钢板上而成。

动画:
螺旋板式热交换器

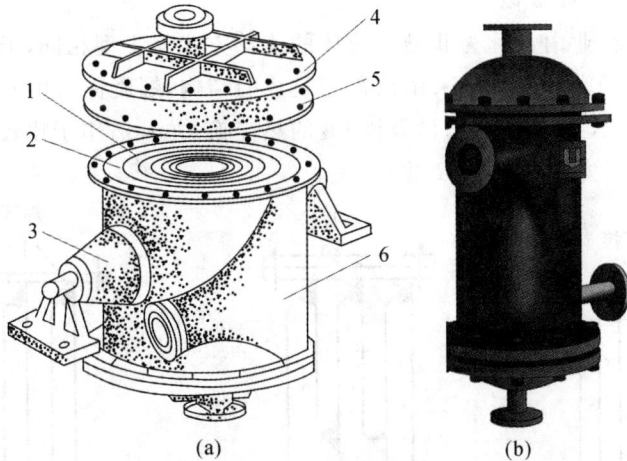

图3-1-1　螺旋板式热交换器(可拆式)结构简图
(a)结构简图;　(b)实物图
1—定距柱;　2—螺旋板;　3—回转支座;　4—头盖;　5—垫片;　6—切向接管

　　螺旋板式热交换器可分别按流道的不同和螺旋体两端密封方法的不同来分类。但根据我国的行业标准,我国的螺旋板式热交换器是按可拆与不可拆来分的,笔者将其分为三种形式(图 3-1-2 所示为示意图,标准的图形可看国标)。

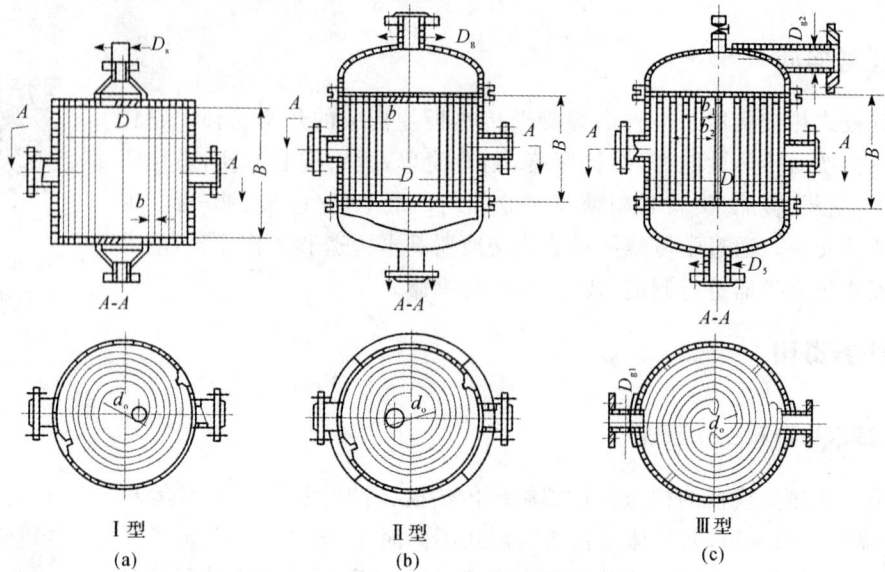

I 型
(a)

II 型
(b)

III 型
(c)

图 3-1-2　螺旋板式热交换器的三种形式

不可拆型(行业内称为 I 型):两流体均匀螺旋流动[见图 3-1-2(a)],通道两端全焊密封[见图 3-1-3(a)],为不可拆结构、通常是冷流体由外周边流向中心排出,热流体由中心流向外周排出,实现了纯逆流换热。常用于液-液热交换,由于受到通道断面的限制,只能用在流量不大的场合。也用于汽-液、气-汽流体的传热,还可用来加热和冷却高黏度液体,按国标,目前工作的公称压力在 2.5 MPa 以下。

可拆式堵死型(行业内常称为 II 型):流体的流动方式与 I 型相同,但通道两端交错焊接[见图 3-1-3(b)],两端面的密封采用顶盖加垫片的结构,螺旋体可由两端分别进行机械清洗,故为可拆式堵死型,主要用于气-液及液-液的热交换,尤其适用于比较脏、易结垢的介质,按国标,工作的公称压力为 1.0 MPa 以下。

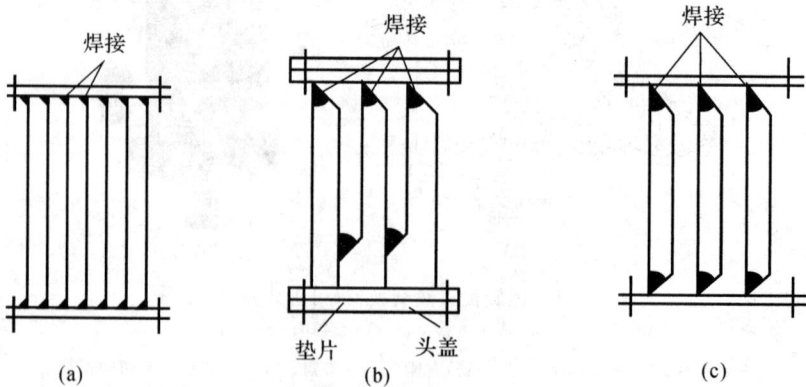

焊接

焊接

焊接

(a)

垫片　头盖

(b)

(c)

图 3-1-3　流道的密封

可拆式贯通型(行业内常称为Ⅲ型):一侧流体螺旋流动,流体由周边转到中心,然后再转到另一周边流出,另一侧流体只做轴向流动,如,蒸汽由顶部端盖进入,经敞开通道向下轴向流动而被冷凝,凝液从底部排出[见图3-1-2(c)]。通道的密封结构为一个通道的两端焊接,另通道的两端全敞开[见图3-1-3(c)],实际上这是一种半可拆结构。由于它的轴向流通截面比螺旋通道的流通截面大得多,适用于两流体的体积流量相差大的情况,故常用作冷凝器等气-液热交换,允许的工作压力为1.6 MPa。

除此以外,还可以有一些特殊结构,如,一侧流体螺旋流动,另一侧为先轴向而后螺旋流动的结构,适用于蒸汽的冷凝冷却。我国产品在用于冷凝时,要求立式安装,国外已有用于某些特殊场合的水平放置的螺旋板式冷凝器,为了适应大流量工况的需要,我国已有厂家研制出四通道的螺旋板式热交换器。其中每种流体可以同时在两个流道内流动,使流量增大1倍,流道长度减小为原来的1/2,阻力也大为减小,已在酒精制造领域得到应用。

从上述螺旋板式热交换器的流道结构可见,由于流体在螺旋形流道内的流动所产生的离心力,使流体在流道内外道之间形成二次环流,增加了扰动,使流体在较低雷诺数下($Re=1\,400\sim1\,800$甚至为500时)就形成了湍流。并且因为流动阻力比管壳式小,流速可以提高(螺旋板式热交换器允许的设计流速,对液体一般为2 m/s,对气体一般为20 m/s),因而螺旋板式热交换器中传热系数K值可比管壳式提高$0.5\sim1$倍以上。一般,$K=582\sim1\,163$ W/(m^2·℃);水—水时,最大可达3 000 W(m^2·℃)。加之板间距较窄,使它的紧凑性达到100 m^2/m^3,约为普通管壳式的2倍。在管壳式中,流体常要做180°的大转向流动,使得阻力增加很多,螺旋板式中的流动阻力主要产生在流体与螺旋板的摩擦上,流速的提高虽使得阻力增加,但传热效果也得到较好的改善,因而可以认为螺旋板式热交换器能更有效地利用流体的压力损失。由于螺旋板式热交换器往往具有两个较长的冷、热流体的流道,故有助于精密控制流体出口温度和有利于回收低温热能,在纯逆流情况下,两流体的出口端温差最小可达到3℃。螺旋板式热交换器对于污垢的沉积具有一定的"自洁"作用,因为流道是单一的,一旦流道某处沉积了污垢,该处的流通面积就减小,流体在该处的局部流速相应提高,使污垢较易被冲刷掉。

鉴于螺旋板式热交换器为单流道和卷制而成,所以它的单台容量和工作压力、温度都受到限制,工作压力不得超过$1.0\sim2.5$ MPa。工作温度一般小于250℃,特殊条件可达450℃。在单台设备不能满足使用要求时,可以多台组合使用。国外的螺旋板式热交换器的最高工作压力为4.0 MPa,我国的螺旋板式热交换器的主要设计参数见表3-1-1。

表3-1-1　螺旋板式热交换器的主要设计参数

设计量	设计参数
螺旋板宽度/mm	$150\sim1\,900$
螺旋板厚度/mm	$2\sim6$
单台换热面积/m^2	$0.5\sim300$
螺旋通道间距/mm	$5\sim40$
中心管直径/mm	$150\sim300$
螺旋体外径/mm	$<3\,000$
定距柱直径/mm	$5\sim14$
设计压力/MPa	一般推荐小于2.5,设计压力大于2.5时,应进行必要的评审过程
设计温度/℃	$-90\sim45$按GB 150-1998,不锈钢可不高于70

根据我国国标 GB/T 28712.5—2012,螺旋板式热交换器的型号表示法为与原行业标准 JB/T 4751—2003 相同(见图 3-1-4)。

示例:

(1)不可拆热交换器,材质为碳钢,设计压力为 1.6 MPa,公称换热面积为 50 m,螺旋板板宽 10 m,公称直径 1 000 m,两个螺旋通道的通道间距分别为 10 m 和 14 m,其型号为:

BLCL.6-50-1.0/1000-10/14

(2)堵死型可拆热交换器,材质为不锈钢,通道 1 设计压力为 0.6 MPa,通道 2 设计压力为 1.6 MPa,公称换热面积为 50 m²,螺旋板板宽为 1.0 m,公称直径为 1 200 mm,两个螺旋通道的通道间距都为 14 mm,其型号为:

KLS0.6/1.6-50-1.0/1200-14-D

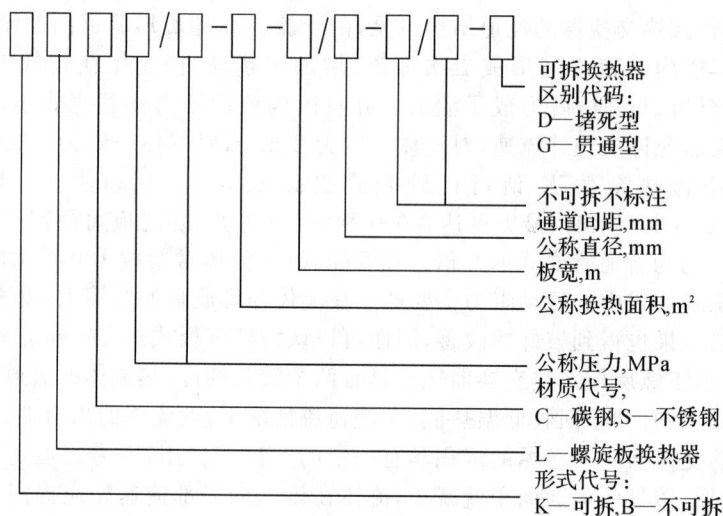

图 3-1-4 螺旋板式热交换器的型号表示法

二、螺旋板式热交换器的制造、装配与检验

(一)螺旋板式换器的制造与装配

螺旋板式热交换器的制造、检验与验收应遵循 JB/T 4751-2003《螺旋板式换热器》中的相关规定。螺旋板式热交换器的制造工艺程序大致如下:放样、下料→拼接→探→压泡或焊定距柱→卷制螺旋体→焊接螺旋通道→装配→精加工→总装→试压→检验→成品油漆出厂。这里就螺旋板式热交换器主要部件在制造过程中的质量要求及装配要点进行说明。

1. 下料

下料的关键是控制好下料余量。放样画线以后,用气割下料,两侧要直不可弯曲或凹凸,断口要与两侧垂直。

2. 板材拼接

用来卷螺旋体的钢板长度一般均较长,这需要进行拼接(卷制钢板除外),拼接时要求钢板平直,并磨平焊,否则在卷制过程中会出现偏移。对于用增厚的螺旋体作为外壳时,增厚的板材与螺旋体本身的焊接采用对接双面焊焊缝,不锈钢螺旋体采用平板对接,板厚 4～6 mm 拼接时,每板边铲坡口 30°,双面刨槽。不锈钢板厚 2～3 mm 拼接时,不开坡口,两板间距 1 mm。碳钢螺旋体因板较薄,一般采用卷筒钢板,可减少拼接与焊缝探伤工序。拼接焊缝要求 100％无损探伤。

3.定距柱

螺旋板的定距柱有三方面的作用:①控制螺旋通道的间距;②增加螺旋体的强度和刚度; ③使流动介质产生油流、强化传热。

定距柱的制造技术要求如下。

(1)定距柱一端应有 $1\times45°$～$2\times45°$ 的倒角,高度偏差控制在 $0～0.3$ mm,相邻定距柱画线位置偏差为 ±2.0 mm,定距柱边缘与拼板焊缝的边缘间距不得小于 20 mm,一张螺旋板上的定距柱应为同一规格。

(2)定距柱与螺旋板的连接采用两点对称点焊(沿螺旋板板长或板宽的方向两点点焊均可)。相邻定距柱点焊后的位置偏差为 ±5.0 mm。实际高度与定距柱高度之差不得大于0.6 mm;

(3)对定距柱的尺寸,应进行不少于 10％的抽样检查。对定距柱的点焊质量,应进行不少于 20％的抽样检查,若发现烧穿及漏焊时,除补焊外,应对点焊质量进行 100％检查。

4.螺旋体

(1)卷制螺旋体前,应清除定距柱点焊的焊渣及其他杂物。

(2)卷制螺旋体时,定距柱不得脱落:若发现脱落,需补焊定距柱。必要时,也可用定距泡替代。

(3)螺旋体的各项尺寸偏差应符合 JB/T 4751—2003《螺旋板式换热器》的具体规定。

5.中心隔板

(1)中心隔板高度余量应同螺旋板宽度余量相同。

(2)中心隔板宽度的允许偏差为 $0～1.0$ mm。

(3)中心隔板刨削前应校平,平面度应不大于 1/ 1 000。

6.装配

(1)外圈板与螺旋体的对接错边量应不大于 10％δ_w(螺旋板厚),且不大于 1 mm;连接板与半圆筒体的对接错边量应不大于 10％δ_w 且不大于 1 mm;切向缩口与螺旋体对接错边量不大于 1 mm;接管与切向缩口对接错边量应不大于 1.5 mm。

(2)法兰面应与其轴线垂直。接管法兰螺栓孔应跨中均布,如图 3－1－5 所示。

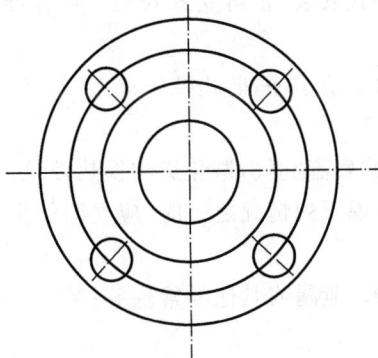

图 3－1－5　接管法兰螺栓孔应跨中均布

(二)螺旋板式热交换器的检验

热交换器制成或检修后,应对两螺旋道分别做压力试验。压力试验采用液压,以洁净的水为介质进行(需要时也可采用不会导致发生危险的其他液体)。水温不得低于5℃。奥氏体不锈钢热交换器用水进行液压试验后,应立即将水渍去除干净。无法达到这一要求时,应控制水中氯离子含量不超过25 mg/L。试验时,液体的温度应低于其闪点或沸点。

1.试验压力

只要有一个螺旋通道的工作压力大于大气压力时,试验压力可按下式确定:

$$p_t = 1.25p \frac{[\sigma]}{[\sigma]'}$$

两个螺旋通道的工作压力都为真空度时,试验压力按下式确定:

$$p_t = 1.25p$$

式中　　p_t——试验压力,MPa;

　　　　p——设计压力,MPa;

　　　　$[\sigma]$——试验温度下材料的许用应力,MPa;

　　　　$[\sigma]'$——设计温度下材料的许用应力,MPa。

2.压力表与排气口

液压试验时必须用两个量程相同且标定合格的压力表,压力表的量程不应低于1.5倍和高于3倍的试验压力,压力表应安装在被试验热交换器顶部,便于观察的位置。热交换器或试验装置应设置排气口。

3.试压过程

试压时应将热交换器充满液体,滞留在热交换器内的气体必须排净。热交换器外表应保持干燥,待热交换器壁温与液体温度接近时,才能缓慢升压至设计压力;确认无泄漏后继续升压到规定的试压压力,保压30 min,然后降至试验压力的80%保压足够时间进行检查,检查期间压力保持不变,不得采用连续加压以维持试验压力不变的做法,不得带压紧固螺栓。热交换器试压后应将液体排放干净,必要时应用压缩空气将其内部吹干。

三、螺旋板式热交换器的维护与检修

(一)安装、使用与维护

1.螺旋板式热交换器的安装

(1)螺旋板式热交换器可卧式安装,也可立式安装。用作冷凝器时必须立式安装,以便冷凝液畅通,并从上部接管排气。

(2)配管前应将系统管路内清洗干净,防止杂物进入产品流道内阻塞通道。

2.螺旋板式热交换器的使用

(1)运行前,应排净设备内的残流空气,避免影响换热效果。

(2)严禁超温、超压运行,出现下列情况之一时,应立即停止运行:

1)压力、温度超过设计值;

2)焊缝发生裂缝,鼓泡、变形、泄漏或其他异常现象;

3)安全附件失效;

4)周围发生事故,影响运行安全。

(3)停运前,应将流道内的介质通过排液口或最低位置接管排除干净。

3.维护

(1)日常维护。

1)定期检查设备运行情况,并根据温度、压力值确认运行情况是否正常。

2)长时间停运时,应将通道内介质排放干净,然后用压缩空气吹干,最好内充氧气并封闭进出口。外表擦洗干净,补刷防锈油漆,密封面涂黄干油防护。

3)流道内结垢后,可用酸洗清除污垢,并立即用碱溶液中和后进行充分清洗。对通道内的杂物可用蒸汽吹扫清除。

4)严禁在带压运行时进行焊接等任何维修。

5)焊缝泄漏补焊等维修应正确选用焊材,防止焊接裂纹的产生。

(2)维护安全注意事项。

1)操作人员必须严格执行工艺操作规程,严格控制工艺条件,严防设备超温超压。

2)冬季停车应放净容器中的全部介质,防止冻坏设备。

3)热交换器在运行中,不允许带压紧固螺栓。

(二)螺旋板式热交换器的检修

1.检修周期及其检修内容要求

(1)中修检修要求。

1)检查端盖与壳体连接部位的密封情况,视情况修理或更换密封垫片;

2)检查修理热交换器进出口管道、阀门;

3)检查热交换器焊接部位的腐蚀情况;

4)检查清理螺旋通道;

5)检查、校验仪表及安全装置;

6)检查各部位紧固螺栓,必要时更换;

7)检查、修补绝热层和防腐层。

(2)大修检修要求。

1)包括中修内容;

2)修理或更换进出口管道阀门;

3)检修或更换螺旋板式热交换器,并试压检验;

4)修理或更换各仪表、管线及安全装置;

5)检查修理基础;

6)进行防腐处理,更换绝热层。

2.零部件检修与处理

(1)壳体。

1)壳体表面应进行多点测厚,对局部减薄或烂蚀严重的应予焊补。

2)壳体对接焊缝须经超声波或 X 射线检查,质量符合国家现行的有关标准。

(2)螺旋体。

1)螺旋体应无明显变形、压瘪等现象,如有变形,应予修复。对变形、压瘪严重、修复困难的,应予更换。

2)螺旋体焊缝须经 100% 无损探伤检查合格。

（3）密封结构。

1）对垫片密封结构，应检查垫片是否有变形、老化；垫片在热交换器检修时一般应予更换。有关垫片的性能和选用可参见 JB/T 4751—2003《螺旋板式换热器》。

2）对焊接密封结构，应用磁粉或着色探伤检查，对存有裂纹等缺陷的应打磨干净，再进行焊补。

3. 强度试验和气密性试验

强度试验一般用液压试验，其试验压力为设计压力的 1.25 倍。当不能采用液压试验时，可采用气压试验，其试验压力为设计压力的 1.15 倍。采取气压试验时，必须采取严格的安全措施，并经技术负责人批准；试压时两通道要保持一定压差。

在整个试压过程中，注意观察有无渗漏现象，当试验压力高时，还应注意两端面的变形。气密性试验则在水压试验后，以操作压力的 1.05 倍进行试验。用肥皂溶剂检漏，不冒气泡为合格。已经做过气压试验，并经检查合格的，可免做气密性试验。

4. 试车与验收

（1）试车前的准备工作。

1）完成全部检修项目，检修质量达到要求；检修记录齐全。

2）清扫整个系统，设备管道阀门均畅通无阻。

3）确认仪表及其他安全附件完整、齐全、灵敏、准确。

4）拆除盲板，打开放空门，放净全部空气。

5）清理施工场地，做到"工完、料净、场地清"。

6）对易燃、易爆的岗位，要按规定备有合格的消防用具和劳保防护用品。

7）排净设备内水、气，对易燃、易爆介质的设备，还应用惰性气体置换干净，保证运行安全。

8）凡影响试车安全的临时设施、起重吊机具等一律拆除。系统中如无旁路，试车时宜增设临时旁路。

（2）试车。

1）检查盲板是否拆除，检查管道、阀门、过滤器及安全装置是否符合要求。

2）开车或停车过程中，应逐渐升温和降温，避免造成压差过大和热冲击。

3）试车中应检查有无泄漏、异响，如未发现泄漏、介质互串、温度及压力在允许值内，则试车符合要求。

（3）验收。

试车后压力、温度、流量等参数符合技术要求，连续运转 24h 未发现任何问题，技术资料齐全，即可按规定办理验收手续，并交付生产。

5. 检修安全注意事项

整个检修过程要注意以下事项。

（1）在制定修理方案时，应遵循化工部《化工企业安全管理制度》拟定相应的安全措施。在检修前，需办好"三证"，即"检修许可证""设备交出证"和"动火证"。

（2）设备单机或系统停车后，容器的降温、降压都必须严格按照操作规程进行。

（3）对于盛装易燃、易爆、易蚀、有毒、剧毒或窒息性介质的设备，必须经过置换、中和、消毒、清洗等处理，并定期取样分析以保证设备中有毒、易燃介质含量符合《安全管理制度》的规定。

(4)容器内照明电压不高于 24 V,容器外照明电压不高于 36 V。

(5)检修用搭置的脚手架、安全网,升降装置等应符合工厂安全技术规程要求。高处进行检修,一定要符合高空作业安全要求。

(6)进入容器内工作的人员,应严格遵守入塔进罐的安全规定。

(7)起重机具必须严格进行检查,符合要求。

(三)常见故障及处理

螺旋板式热交换器常见故障及处理方法见表 3-1-2。

表 3-1-2 螺旋板式热交换器常见故障及处理方法

现　象	原　因	处理方法
传热效率低	1.螺旋体通道结垢 2.螺旋体局部腐蚀,使介质短路 3.平板盖变形	1.用酸洗或蒸汽吹洗 2.修理或整台更换 3.整形或更换端盖
连接处泄露	1.螺旋体两端面不平或有缺陷 2.螺旋体端面与密封垫板间有脏物 3.螺栓受力不均	1.修整或更换 2.清除脏污脏物 3.对称交叉均匀紧固螺栓
介质串混	1.螺旋体腐蚀穿孔 2.密封板变形	1.更换设备 2.更换密封板

任务实施

项目任务书和任务完成报告见表 3-1-3 和表 3-1-4。

表 3-1-3 项目任务书

任务名称	螺旋板式热交换器的维修		
小组成员			
指导教师		计划用时	
实施时间		实施地点	
任务内容与目标			
1.掌握螺旋板式热交换器基本构造和工作原理。 2.熟练应用螺旋板式热交换器的制造工艺程序。 3.理解螺旋板式热交换器主要部件在制造过程中的质量要求及装配要点。 4.能够检验螺旋板式热交换器。 5.能够维护与检修螺旋板式热交换器。 6.会处理螺旋板式热交换器的常见故障。			
考核项目	1.螺旋板式热交换器的基本构造。 2.三种螺旋板式热交换器的工作原理。 3.螺旋板式热交换器的制造工艺程序。 4.螺旋板式热交换器的检修内容要求。 5.螺旋板式热交换器常见故障及处理方法。		
备注			

表 3 - 1 - 4 项目任务完成报告

任务名称	螺旋板式热交换器的维修		
小组成员			
具体分工			
计划用时		实际用时	
备注			

1.根据图 3 - 1 - 1(a),填写螺旋板式热交换器的基本构造,并阐述三种螺旋板式热交换器的工作原理。

(1)_____

(2)_____

(3)_____

(4)_____

(5)_____

(6)_____

螺旋板式热交换器的工作原理:

2.螺旋板式热交换器的制造工艺程序包括什么?

3.简述螺旋板式热交换器的检修内容要求。

4.以表格的形式,罗列螺旋板式热交换器常见故障及处理方法。

任务评价

任务综合评价见表 3 - 1 - 5。

表 3 - 1 - 5　项目任务综合评价表

任务名称：　　　　　　　　　　　　　　　　测评时间：　　年　　月　　日

考核明细		标准分	实训得分								
			小组成员								
			小组自评	小组互评	教师评价	小组自评	小组互评	教师评价	小组自评	小组互评	教师评价
团队60分	小组是否能在总体上把握学习目标与进度	10									
	小组成员是否分工明确	10									
	小组是否有合作意识	10									
	小组是否有创新想(做)法	10									
	小组是否如实填写任务完成报告	10									
	小组是否存在问题和具有解决问题的方案	10									
个人40分	个人是否服从团队安排	10									
	个人是否完成团队分配任务	10									
	个人是否能与团队成员及时沟通和交流	10									
	个人是否能够认真描述困难、错误和修改的地方	10									
合计		100									

?! 思考练习

1. 螺旋板式热交换器的使用中严禁超温、超压运行，出现哪些情况时，应立即停止运行？
2. 螺旋板式热交换器维护的安全注意事项是什么？
3. 螺旋板式热交换器主要检修的零部件有哪些？

任务二　板式热交换器的维修

任务描述

　　板式热交换器是近数十年来得到发展和广泛应用的一种新型、高效、紧凑的热交换器(见图 3 - 2 - 1)。它由一系列互相平行、具有波纹表面的薄金属板相叠而成，比螺旋板式热交换器更为紧凑，传热性能更好。国外著名的生产厂家有瑞典 ALFA-LAVAL 公司、英国 APV 公司、日本大阪制作所等。我国在板式热交换器的设计与制造上也已达到较高的水平。

PPT
板式热交换
器的维修

板式热交换器的应用面很广,尤其是更适宜用于医药、食品、制酒、饮料合成纤维、造船、化工等工业,并且随着板型、结构上的改进,它的应用领域正在进一步扩大。

任务资讯

一、构造和工作原理

动画
板式热交换器

板式热交换器按构造分为可拆卸(密封垫式)、全焊式和半焊式三类,以密封垫式的应用为最广。它们的工作原理基本相同。可拆卸板式热交换器由三个主要部件——传热板片、密封垫片、压紧装置及其他一些部件,如轴、接管等组成[见图 3-2-1(a)]。在固定压紧板上,交替地安放一张板片和一个垫圈,然后安放活动压紧板,旋紧压紧螺栓即构成一台板式热交换器。各传热板片按一定的顺序相叠即形成板片间的流道,冷、热流体在板片两侧各自的流道内流动,通过传热板片进行热交换[见图 3-2-2]。

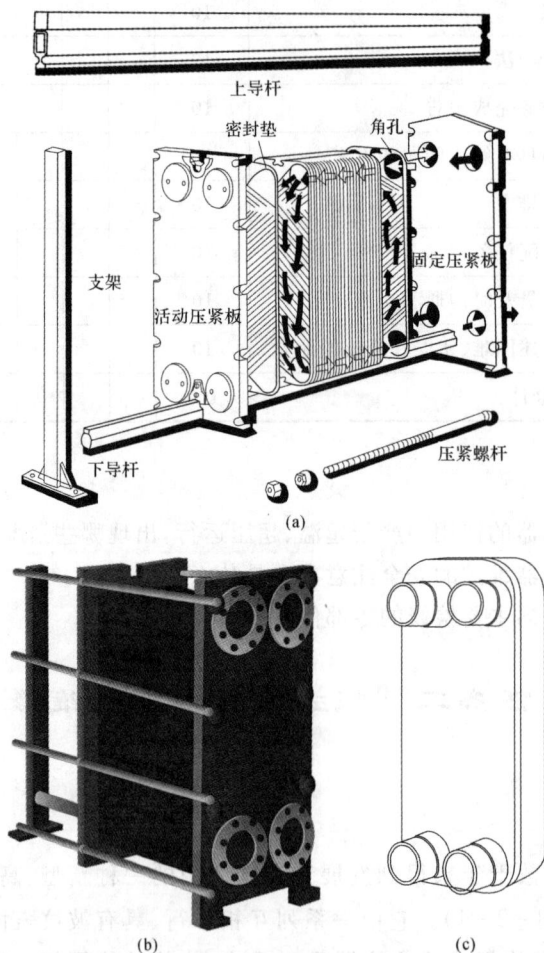

(a)

(b)   (c)

图 3-2-1 板式热交换器

(a)可拆式板式热交换器结构简图; (b)可拆式板式热交换器实物图; (c)焊接式板式热交换器实物图

（一）传热板片

传热板片是板式热交换器的关键元件。它的设计主要考虑两方面因素：①使流体在低速下发生强烈湍流，以强化传热；②提高板片刚度，能耐较高的压力。

传热板片的波纹形式不同会对传热及流动阻力有较大影响，为满足不同传热场合的需要，人们已研发出多种多样的波纹板片。不同波纹结构形式的板片所组成的流道使流体形成带状流、网状流和旋网流等不同方式的流动，图 3－2－3 所示为列入我国原板式热交换器国家标准 GB 16409－1996 的板片波纹形式。就应用而论，以人字形波纹板和水平平直波纹板为最广。

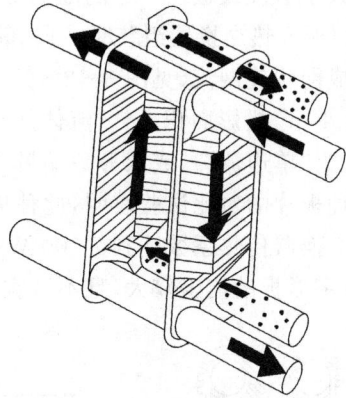

图 3－2－2　板式热交换器中的换热

人字形波纹(代号R)		水平平直波纹(代号P)
球形波纹(代号Q)	斜波纹(代号X)	竖直波纹(代号S)

图 3－2－3　我国板式热交换器国家标准的板片波纹形式

人字形波纹板——它的断面形状常为三角形[见图 3-2-4(a)]，人字形之间夹角通常为 120°。板式热交换器组装时，每相邻两板片是相互倒置的，从而形成网状触点，并使通道中流体形成网状旋网流（见图 3-2-9）。据统计，装配后相邻两板片间能形成多达 2 300 个支承触点（在 1 m² 投影面积上）。流体从板片一端的一个角孔流入，可从另一端同一侧的角孔流出（称之为"单边流"），或从另一端另一侧的角孔流出（称之为"对角流"）[见图 3-2-4(d)]。根据各种板片的对比试验表明，此种板片不仅刚性好，传热性能也较好。经国内改进的人字形板式热交换器传热系数达到 7 000 W/(m²·℃)以上（水-水，无垢阻），压力降也得到了改善。一般，人字形板的流阻较大，且不适宜于含颗粒或纤维的流体。

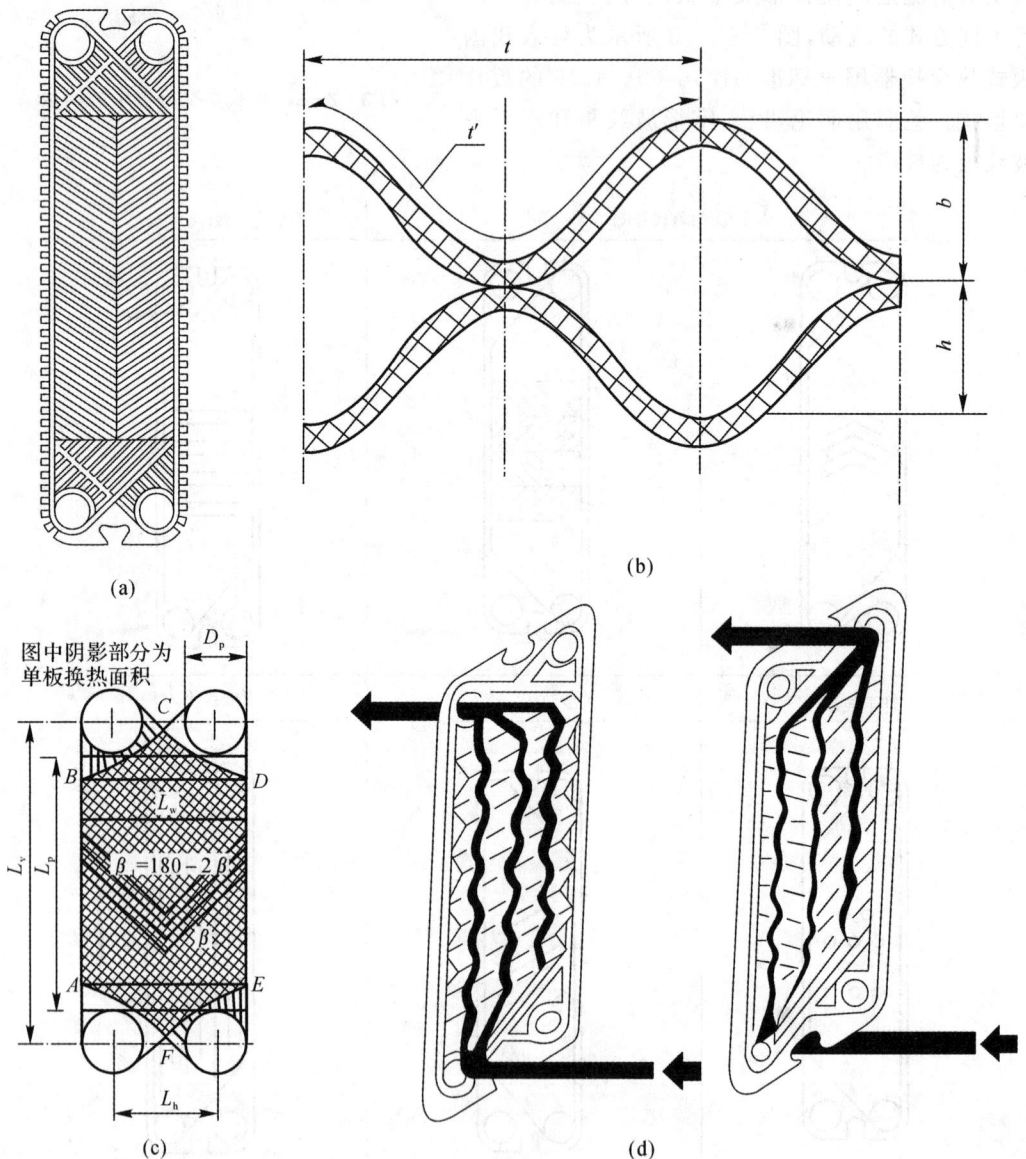

(a)

(b)

(c)

(d)

图 3-2-4　人字形板式热交换器

(a)人字形板片；　(b)波纹；　(c)几何尺寸；　(d)流体的单边流和对角流

水平平直波纹板——如图 3-2-5 所示为一种断面形状为等腰三角形的水平平直波纹板。它的传热和流体力学性能均较好,传热系数可达 5 800 W/(m² · ℃)(水-水,无垢阻),其他断面形状的还有有褶的三角形波纹(英国 APV 公司),阶梯形波纹(日本蒸馏工业所制造的 NPH 型板)均属此类。

不论何种板片,它们都具有以下共同部分:强化传热的凹凸形波纹、板片四周及角孔处的密封槽、流体进出孔(角孔,一般为圆形,大型冷凝器板片角孔常为三角形)、悬挂用缺口。板片组装后两板片间都有相互接触的地方,称为触点。如,水平平直波纹板上的小平面就是为了形成支承点(见图 3-2-5)。其作用是在板片两侧出现压差时,保持流道的正常间隙形状,同时使流动"网状"化,强化传热。经验表明,合理的触点设计是提高板片耐压程度的有效途径。

板片材料有碳钢、不锈钢、铝及其合金、黄铜、蒙乃尔合金、镍、钼钛、钛钯合金及氟塑料-石墨等。目前应用最广的是不锈钢,常用于净水、河川水、食物油和矿物油。由于钛的耐腐蚀性能好,特别是在含氯介质中,所以虽然钛很费,钛板热交换器仍被用于化工等蚀性强的场合。板片的厚度很薄,为 0.5~1.5 mm,通常为 1 mm 左右。制造板式热交换器的关键是板片的成型,目前几乎全是冲压型板。

(二)密封整片

为了防止流体的外漏和两流体之间内漏,必须要有密封垫片(见图 3-2-6)。密封一方面对流体起密封作用,另一方面又将冷热流体分配至相应的流道内。它安装于密封槽中,运行中承受压力和温度,而且受着工作流体的侵蚀,此外在多次拆装后还要求它具有好的弹性。对橡胶质量的要求除了耐蚀、耐温外,还要求其他物理性能满足下列要求:根据使用压力不同,硬度一般应在 65~90 邵氏硬度,压缩水久变形量不大于 10%,抗拉强度≥8 MPa,延伸率≥200%。板式热交换器运行中出现的故障,很少是板片或其他机件的损坏,大部分是垫圈发生问题,如脱垫、伸长、老化、断裂等,所以,对于板式热交换器的密封垫片的材料有着特殊的要求。我国板式热交换器产品中使用的密封垫片材料有:丁橡胶、高温橡胶、三元乙丙橡胶、氟橡胶、氯丁橡胶、硅橡胶及石棉纤维板。以三元乙丙橡胶用得最多(适用温度为 -50~150℃),石棉纤维板适用温度为最高(20~250℃)。随着工艺对操作压力和温度提出更高的要求,板式热交换器的密封结构改进也成为人们的注意力集中点。密封问题之所以显得这样突出,是因为它的密封周边很长。如,一台装有 200 块板片,每片面积为 0.5 m² 的板式热交换器,其垫圈总长达到约 900 m。再考虑到它的频繁拆卸和清洗,仍要保持不泄漏就并非易事。为了能更好地防止内漏,在密封垫上采用了双道密封,同时为了能及时发现内漏,许多厂家在密封垫图上开有凹槽(通常称之为"信号孔"),一旦出现泄漏,流体将首先由此泄出。

垫片与板片的连接方式有两种:①胶粘式,它适用于垫片易受介质腐蚀而产生溶胀、经常需拆开以及工作压力高的场合。②免粘式,它是以燕尾植式、按扣式和卡入式的方式使垫片与板片相连接。对于大型垫片,还有将这两种方式结合使用的情况。

(三)压紧装置

它包括固定与活动的压紧板、压紧螺栓。它用于将垫片压紧,产生足够密封力,使得热交换器在工作时不发生泄露,通过旋紧螺栓来产生压紧力。对于大型板式热交换器,其密封压紧力甚至超过 9.8×10⁵ N,所以要有坚固的框架。板式热交换器的框架形式有多种,图 3-2-1 所示就是一种双支撑框架式的结构,在制造成本中,压紧装置占了一个相当大的比例。因此,应当注意板片尺寸和负荷的关系,如果条件许可,宜采用数量较多的小尺寸的板片,而使压紧装置费用相对降低。在压紧装置的结构上,近年出现了带有电动和液压的压紧装置,使板片的拆卸和压缩可自动进行。

图 3-2-5　水平平直波纹板片

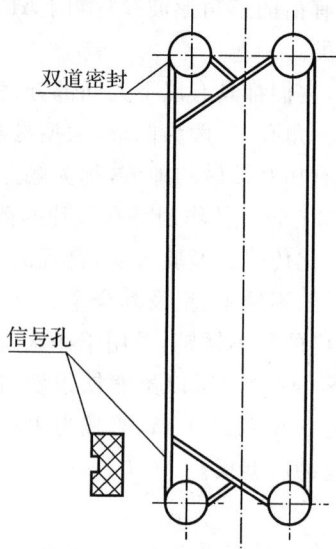

图 3-2-6　密封垫片

(四)其他类型板式热交换器的结构

常见的用于液-液换热的板式热交换器也可用于相变换热(蒸发或冷凝),但效果较差。为了适用于相变换热,有专用的板式蒸发器和板式冷凝器。

图 3-2-7 所示为英国 APV 公司的板式蒸发器。其中,每 4 块加热蒸汽冷凝及溶液蒸发的板组成一个单元体(图中为板 1~4)。溶液从升膜板(板 2)下部两个角孔进入,形成的蒸汽及浓缩液通过顶部转换孔流经降膜板(板 4),由底部的大矩形角孔排出。加热蒸汽则由靠近板侧面的大矩形角孔进入,从底部凝液孔排出。这种板式蒸发器的特点是,角孔(指加热蒸汽及蒸发形成的蒸汽所流经的孔)相当大,板面为平板面,并且板间距较大,以减少蒸汽通道及凝结与蒸发两流道中的流阻。图 3-2-8 所示为板式冷凝器的传热板片,其通气体的角孔很大,波纹节距也较大,使流体阻力显著减小,冷凝传热效果提高。

由于板式热交换器是由若干传热板片叠装而成,板片很薄且具有波纹形表面,因而带来一系列优点。由于波纹板片的交叉相叠使通道内流体形成复杂的二维或三维流动(见图 3-2-9)和窄的板间距,大大加强了流体的扰动,因而能在很小的 Re 数时形成湍流和高的传热系数。临界雷诺数在 10~400 范围内,具体数值取决于几何结构。附录 A 中列有一般情况下热交换器的传热系数值。据资料介绍,在同一压力损失下,板式热交换器每平方米传热面所传递的热量为管壳式的 6~7 倍。加之板片很薄,其紧凑性约为管壳式的 3 倍,可达 300 m^2/m^3 以上,在同一热负荷下其体积为管壳式的 1/10~1/5。对于可折式板式热交换器,不仅清洗、检修方便,而且可按需要,方便地通过增减板片数和流程的多种组合,达到不同的换热要求和适应不同的处理量。此外,在板式热交换器中还可以通过采用加装隔板的办法在一台热交换器中实现三种以上流体之间的热交换。图 3-2-10 所示为同时与三种流体换,进行牛奶的巴氏杀菌(从约 73℃ 的预热牛奶加热到 85℃)、热回收(从 85℃ 冷却到 17℃)和冷却(从

17℃冷却到5℃)。

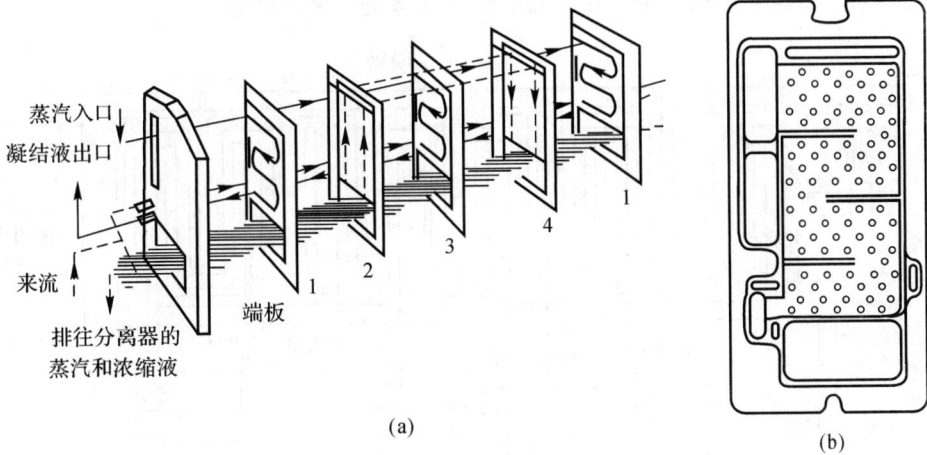

图 3-2-7　板式蒸发器

(a)流体流程示意图；　(b)蒸发器板片简图

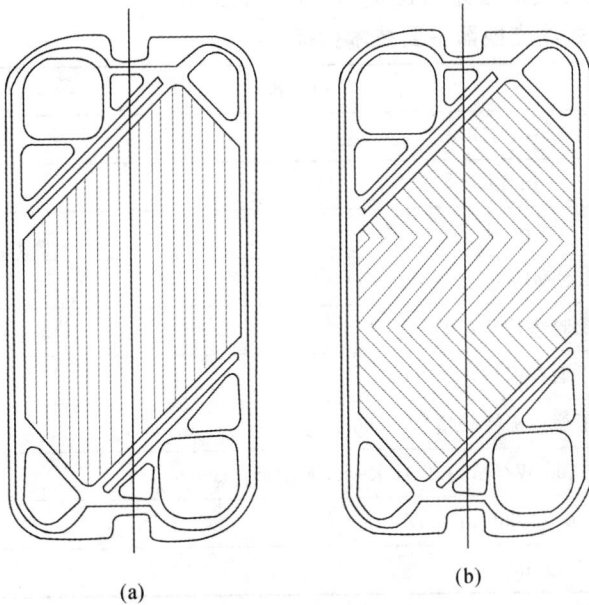

图 3-2-8　板式冷凝器板片

(a)冷却板片；　(b)冷凝板片

图 3-2-9　流体在板间通道中的三维流动

　　板式热交换器所存在的主要问题是它的操作压力和温度的提高受到结构的限制。一般的板式热交换器只能用于 0.6 MPa 以下的压力和 120～150℃的温度,经过板片形式和框架结构的改进,采用新型的密封垫片和板片材料,耐压和耐温均已有相当大的提高。现在国内生产的板式热交换器的最大单片面积达到 2.0 m² 以上,最高工作压力 1.6 MPa,最高工作温度 200℃,对于许多工业的热工过程,尤其是流体有腐蚀性而必须使用贵重金属材料制造的,在压力 1.5 MPa 和温度 150℃以下的条件下,存在板式热交换器逐渐取代管壳式的趋势。至于板式热交换器由于流道狭室和角孔的限制而难以实现大流量运行的问题,由于大型板式热交换器的出现和采用多段并联操作的方法使得它已不能成为主要的问题。

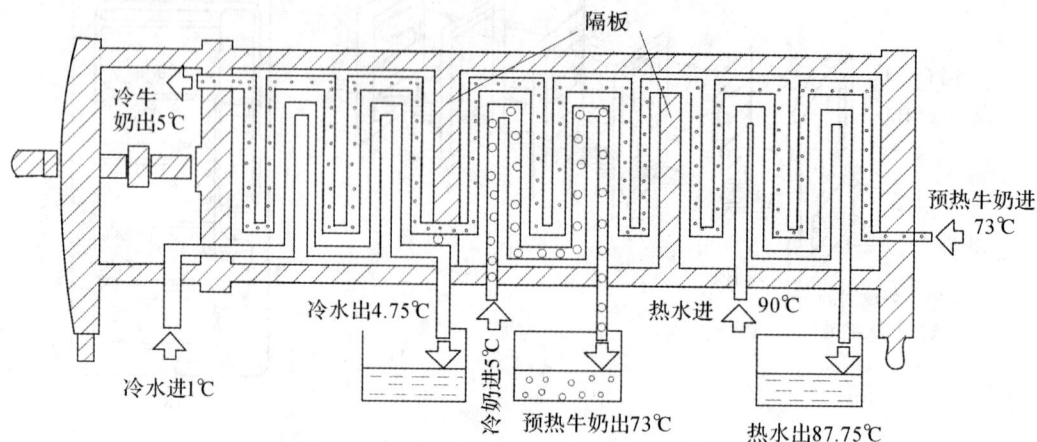

图 3 - 2 - 10 板式热交换器中的三种流体换热

目前世界上板式热交换器所达到的主要技术指标见表 3 - 2 - 1(可拆式)。

表 3 - 2 - 1 板式热交换器主要技术指标

指　标	范　围
最大板片面积	4.67～0.475 m²
最大角孔尺寸	450 mm 以上
最大处理量	5 000 m³/h
最高工作压力	2.8 MPa
最高工作温度	橡胶垫片　150℃
	压缩石棉垫片　260℃
	压缩石棉橡胶垫片　360℃
最佳传热系数	7 000 W/(m² · ℃)(水-水,无垢阻)
紧凑性	250～1 000 m²/m³
金属消耗量	16 kg/m²

全焊式、半焊式的板式热交换器的产生解决了板式热交换器(可拆式)的耐温耐压偏低问题,使应用范围大大扩展。全焊式板式热交换器可分为整体焊而成的钎焊板式热交换器及由弧焊、激光焊和电阻焊等焊接而成的普通焊接板式热交换器,目前最大焊接式单板传热面积为18 m²,最小焊接式单板传热面积为 0.006 m²。半焊式则为每两张板片焊在一起成为焊接单元,单元之间用整片密封,然后组装成一体,这样,焊接单元中的流道可承受较高的温度和压力,但不能拆卸,焊接单元之间的流道能承受的压力和温度和可拆式板式热交换器相同。这样的组合可适应两种温度和压力相差较大的流体换热的需要。

在目前使用的板式热交换器中,板片两侧的流道截面形状和大小都是相同的,即所谓"对称型"。为了适应换热流体流量比相差很大的情况或适用于相变换热场合,一种新型的非对称型的板式热交换器已研制成功,并应用于工业生产过程,此外,为满足不同工况的需要,还有双层板片、大间隙板片、石墨板片及电加热板等种类的板式热交换器。

(五)板式热交换器的型号表示法

按原国标 GB 16409—1996,板式热交换器的型号按如下格式表示:

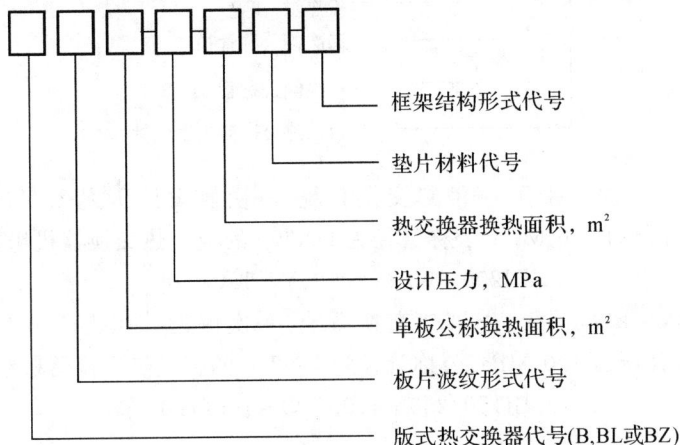

其中,B——板式热交换器;BL——板式冷凝器;BZ——板式蒸发器。

例如,BRO.3-1.6-15-N-I 则为人字形波纹、单板公称换热面积 0.3 m²、设计压力 1.6 MPa、换热面积 15 m²、丁腈垫片密封的双支撑框架结构的板式热交换器。

经修订后的国标为 NB/T 47004—2009(JB/T 4752),板式热交换器的型号表示法为:

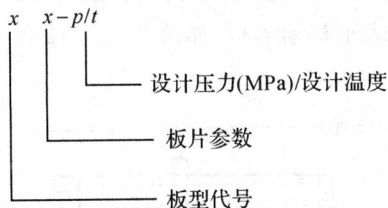

示例:

(1)板型为 M,板片角孔直径为 20 cm,设计压力为 1.6 MPa 设计温度为 100℃的板式热交换器,表示为

$$M20-1.6/100$$

(2)板型为 V,板片单板公称换热面积为 1.3 m²,设计压力为 1.0 MPa,设计温度为 120℃的板式热交换器,表示为

$$V13-1.0/120$$

为满足用户需要,热交换器制造厂也可以板式热交换器机组的产品形式提供给用户,板式热交换器机组产品的型号表示方法如下(国标 GB/T 29466—2012)。

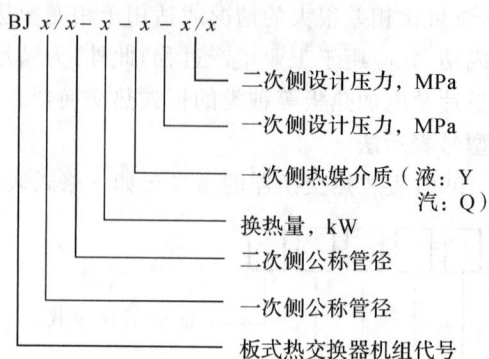

BJ $x/x - x - x - x/x$

- 二次侧设计压力，MPa
- 一次侧设计压力，MPa
- 一次侧热媒介质（液：Y 汽：Q）
- 换热量，kW
- 二次侧公称管径
- 一次侧公称管径
- 板式热交换器机组代号

示例：

(1)换热量 5 000 kW,用于液-液热交换系统,一次侧设计压力 1.0 MPa,公称管径为 DN200,二次侧设计压力 0.6 MPa,公称管径为 DN300 的板式热交换器机组表示为

$$BJ200/300 - 5000 - Y - 1.0/0.6$$

(2)换热量 4 000 kW,用于汽-液热交换系统,一次侧设计压力 1.6 MPa,公称管径为 150 mm,二次侧设计压力 1.0 MPa,公称管径为 DN250 的板式热交换器机组表示为

$$BJ150/250 - 4000 - Q - 1.6/1.0$$

二、板式热交换器的安装与检验

(一)板式热交换器的装配与安装

板式热交换器基本结构如图 3-2-11 所示。固定盖板、移动盖板是硬度刚度较大的厚钢板,导轨焊接在固定盖板和支撑脚上,这种结构便于换热板安装和清洗;导杆引导换热板定位,锁紧螺杆沿盖板周边布置,螺杆孔成 U 形,便于快速装配和拆卸。固定盖板上有接管,标有字母和数字,F 表示固定盖板,M 表示移动盖板,如图 3-2-12 所示。整片及换热板工作原理如图 3-2-13 所示。

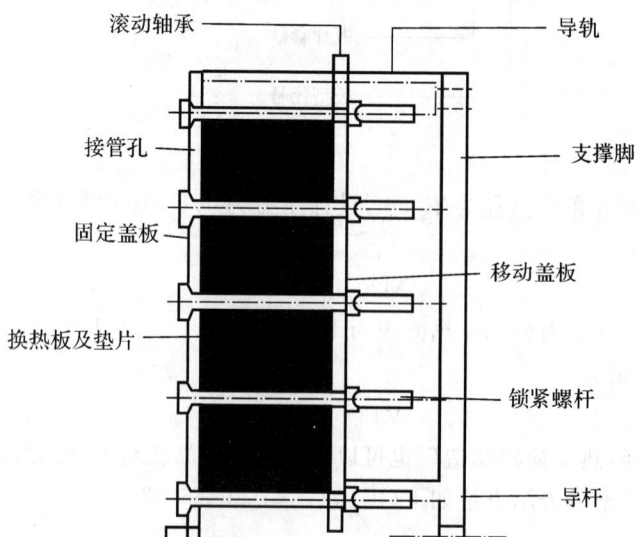

图 3-2-11　板式热交换器

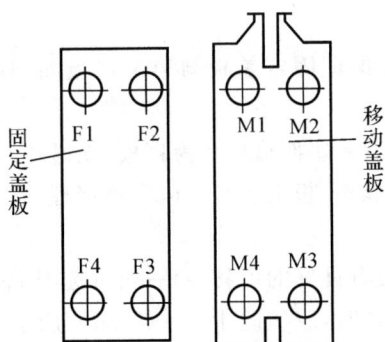

图 3-2-12　盖板

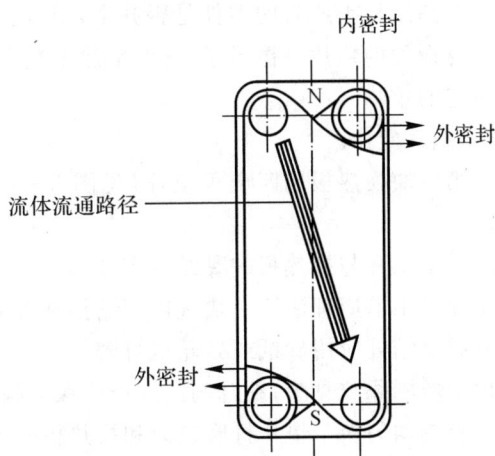

图 3-2-13　换热板及垫片工作原理

1.安装的技术要求

(1)板式热交换器应按流程组合设计图进行组装。

(2)板片在装配前应进行清洗,垫片槽和波纹表面不应有污物。

(3)当垫片用黏合剂粘贴在板片垫片槽内时,不应有扭曲与松脱,若采用其他非粘贴方法将整片固定在板片垫片槽内时,亦不应有扭曲和偏离板片垫片槽等情况。

(4)组装时,应均匀对称地拧紧夹紧螺柱(或顶杆),以保持板片的平行状态。组装后,当夹紧尺寸 L 小于 1 000 mm 时,两压紧板间的平行度偏差不应大于 2 mm;当夹紧尺寸 L 大于或等于 1 000 mm 时,两压紧板间的平行度偏差不应大于夹紧尺寸 L 的 3%,且不大于 4 mm(夹紧尺寸 L 是指固定压紧板内侧至活动压紧板内侧间的距离)。同时,夹紧尺寸 L 的偏差应不大于 $\pm 2 N_P$ mm(N_P 为板片总数)。

(5)压紧板接管法兰密封面与接管中心线的垂直度偏差不应大于法兰外径的 1%(法兰外径小于 100 mm 时,按 100 mm 计算),且不大于 3 mm。法兰或压紧板的螺柱(栓)孔应跨中布置(见图 3-2-14)。

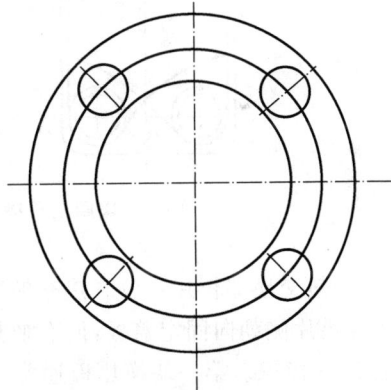

图 3-2-14　热交换器维修

(6)板式热交换器的碳素钢零部件外露表面应采取防锈措施法兰密封面宜涂油(脂)防护。

(7)板式热交换器需涂漆的金属表面,应清除油污和影响涂漆质量的杂物,漆膜应均匀,不应有气泡、龟裂和剥落等缺陷。

(8)组装后,板式热交换器内腔应洁净、无杂物。

2.装配与安装程序

(1)准备工作。

1)认真阅读随机文件(合格证、材质证、流程图、装配图和装箱清单等)。

2)检查板片、接管、垫片的材质是否与热交换器内介质的耐腐蚀性要求相一致。

3)按图纸检查所有的零件是否齐全,型号、尺寸是否与图纸相符。

4)将板片的垫片槽擦干净,均匀地涂上黏合剂,粘上垫片,然后把板片整齐地叠放在一起,压上一定的重物。

(2)垫片定位。

1)第一块换热板用四全角垫片(见图3-2-15),以保证固定盖板与第一块板间间隙的密封。

2)其余垫片与换热板的黏结按图3-2-16进行,最后一块换热板片为盲板,无通孔。

垫片黏结前应理清第一块板用四角垫和普通板用奇偶垫,板上黏接面应完整清理和干燥,垫片表面黏结处应用砂纸或砂轮机打磨。

用钢丝刷舔胶黏涂,黏合剂的选择应保证橡胶与钢板有良好的可黏性,一般可选用704乳白胶。胶应均匀涂于垫片打磨表面和换热板密封面。黏合时,胶应晾干5～10 min,用手轻压以不黏手为宜。仔细将垫片放进换热板密封面,注意不要让杂物掉进去。垫片与换热板贴合时,可用圆边榔头轻轻敲击压紧。

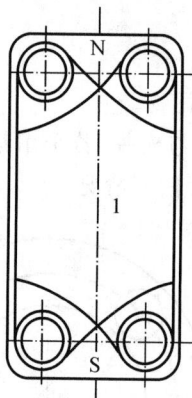

图3-2-15 首块四全角垫   图3-2-16 垫片与换热板的黏结

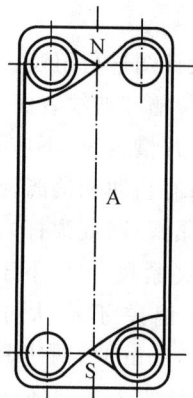

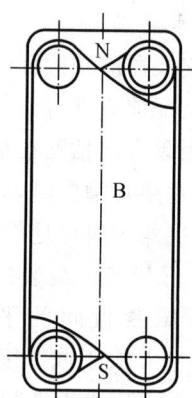

(3)热交换器板片定位。热交换器板片组装如图3-2-17所示。安装时需要注意:所有换热板垫片侧朝向固定盖板,所有换热板片两端都有N、S标识,垫片安装要对应并符合换热板上N、S标识。第一块换热板通常N朝上,第二块S朝上,第三块N朝上……依次交叉排列。固定盖板和支撑脚的安装应根据导轨和导杆进行,移动盖板通过滑轮悬挂在导轨上,由下部导杆定位。

(4)换热板装配。

1)换热板后倾侧偏,绕导轨支撑点旋进导杆,如图3-2-18所示。

2)换热板放进导杆后,应按图3-2-19所示进行对中。

3)换热板严格按规定顺序装配,如图3-2-20所示。装配时注意不要碰松垫片。

(5)换热板紧固。换热板对中后,手动移向固定盖板,移动盖板后轻微预压,对称旋紧四个对角螺杆,中间螺杆依次跟进,用游标卡尺量盖板间上、下、左、右距离,保持四个螺杆旋进距离基本一致。最终应使每张板片的垫片有大约20%～25%的压缩变形。必要时,也可用液力千斤顶装配,手动均匀压紧,以便节约时间。

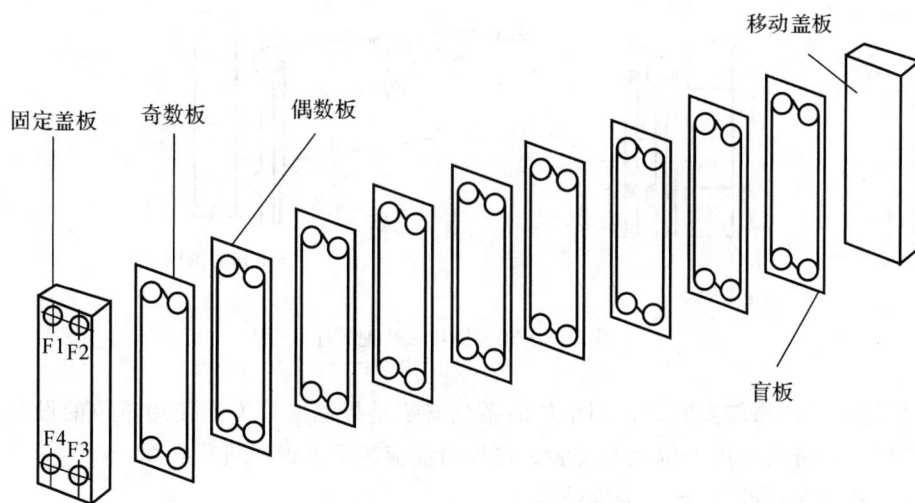

图 3-2-17　板式热交换器板片定位

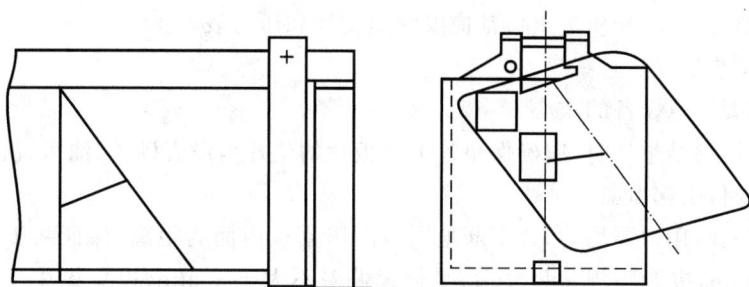

图 3-2-18　换热板安装

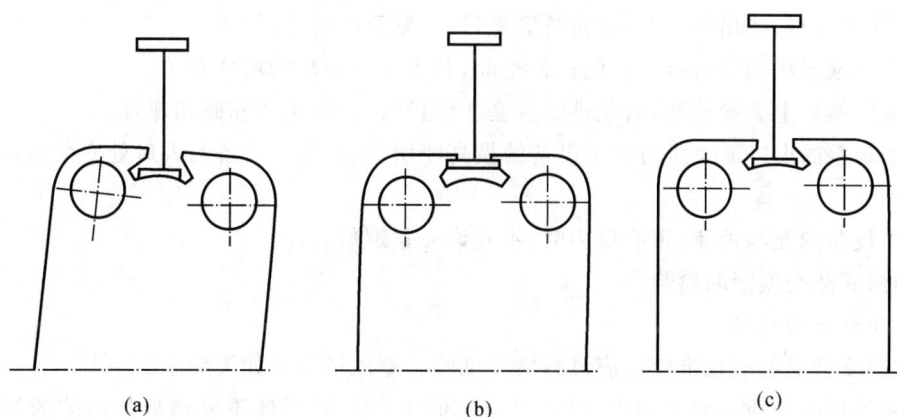

(a)　　　　　　　　　　　(b)　　　　　　　　　　　(c)

图 3-2-19　换热板对中

(a)错误安装；　(b)正确安装；　(c)错误安装

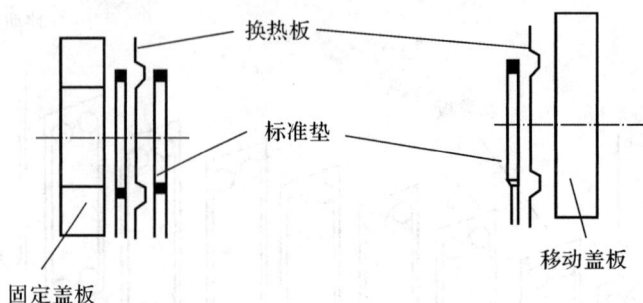

图 3-2-20 换热板装配顺序

(6)使用单位的系统安装。使用单位的系统安装是指制造厂发至使用单位的设备或使用单位检修好的设备向应用工位上的安装。这种情况应按下面说明进行。

1)将设备放在基础上,固定地脚螺栓。

2)检查管道的冷、热介质进出口与设备上的接管是否一致。考虑到检修方便,管道与热交换器连接时最好用短节。

3)热交换器的冷、热介质进出口都应安装温度计和压力表。

3.装配和安装过程注意事项

(1)吊装时要注意设备的重心。

(2)向垫片槽黏结垫片时,应确保垫片上和板片的垫片内没有砂子、油污、铁屑和焊剂等杂物,以免损坏密封,引起泄漏。

(3)拧紧螺栓时用力要均匀,并不断地测量两压紧板内侧的距离,保证两压紧板间平行度偏差不大于 3 mm,夹紧到规定尺寸后,平行度偏差不大于 1 mm,以免垫片压偏或滑出整片槽,同时,一边夹紧一边细查,观察是否有垫片、板片发生错位等现象。

(4)液压试验的液体一般采用水,水温不应低于 5℃,试验时应缓慢升压,试验完成后,适当地松开压紧螺母,放出积水,然后再拧紧螺母,夹紧至原尺寸,待用。

(5)热交换器周围应留有一定的检修空间,其大小与板片的尺寸有关。

(6)夹紧螺栓上要涂黄油,有条件时应套上保护管,以免生锈和碰伤螺纹。

(7)如果泵的出口最大压力大于设备的最高使用压力,要在设备的入口处安装减压阀和安全阀。

(8)当设备内充满液体、带有压力时,不允许夹紧螺母。

(二)板式热交换器的检验

1.液压试验的规定

板式热交换器制成或维修后应进行液压试验。液压试验有如下要求。

(1)液压试验介质一般采用水,且水温应不低于 5℃;奥氏体不锈钢板片组装的板式热交换器,用水进行液压试验时,应控制水的氯离子含量不超过 25×10^{-6}。

(2)液压试验时,应用两个精度不低于 1.5 级,且量程相同的并在有效检定期内的压力表,压力表的量程为试验压力的两倍左右为宜,但应不低于 1.5 倍和高于 4 倍的试验压力。

(3)试验时应在适当位置设排气口,试验过程应保持热交换器观察面的干燥。

(4)板式热交换器两侧应分别进行单侧液压试验。试验时,另一侧应同时处于无压力状态。

(5)试验时应缓慢升压,达到规定的试验压力后,保压时间为 10～30 min,然后降至设计压力下保压,对所有密封面和受压焊接部位进行检查,且保压时间不少于 30 min。检查期间压力应保持不变,不应采用连续加压或拧紧夹紧螺柱以维持试验压力不变的做法。

(6)液压试验合格后,应排放流道内的积水。

2.试压检验

(1)单面试压检查换热板的裂纹、穿孔、垫片内漏等缺陷。方法是向所测试板单向侧注水,压力为最大操作压力。由于单向承压,保压时间不应超过 20 min,以防换热板变形,损坏垫片及密封。压力不降为合格。

(2)整体试压检查设备外漏及各密封点情况。方法是向换热板正、反两面注水,试验压力为正常操作压力的 1.25 倍,保压 30 min。压力不降为合格。

(3)气密试验板式热交换器用于特殊介质或气体,需进行气密性试验,试验压力为正常操作压力的 1.05 倍,用肥皂溶液或洗涤剂刷涂密封面周边,不冒气泡为合格。

三、板式热交换器的运行与故障

(一)运行与操作

1.开车

(1)开车前应确认设备管道已完好连接,仔细检查进出口管道,不得有砂子、焊渣等杂物;温度计、压力表及电导分析仪安装到位。

(2)打开放空阀门,放净全部空气。

(3)打开热交换器进口阀引入高温介质,待升到一定压力后,引低温介质。操作时应严格控制开启速度,防止水击。

(4)开始运行操作时,如两种介质压力不一样,要先缓慢打开低压侧阀门,然后打开高压侧阀门。

2.运行

(1)设备应在规定的工作温度、压力范围下操作,超温超压可能破坏密封性能造成泄漏,禁止操作时猛烈冲击。

(2)刚开车时可能出现微漏现象,不必急于调整,可观察运行 1～2 h 后,若仍有微漏,则用扳手均匀再紧一遍夹紧螺栓,则轻微泄漏一般可消除。

(3)开始运行时,若发现热交换器冷热不均,应检查空气是否放尽,换热板片是否加错,通道是否堵塞等,并采取相应有效措施处理。

(4)发现两种介质有串通现象时(可通过分析介质成分或压力变化情况判断),尤其是易燃易爆介质,则应立即停车,进行检查与处理。

(5)运行中,温差突变或阻力降增大,一般是入口处有杂物、结疤或换热板流体通道堵塞。应首先清理过滤器,进行反冲洗。如效果不明显,则应安排计划检修清洗换热板。

(6)根据需要对热交换器保温,防止雨淋和节约能源,导轨和滑轮定期防腐。

3.停车

(1)停车运行时应缓慢切断高压侧流体,再切断低压流体,有助于延长设备使用寿命。

(2)停车时,缓慢关闭低温介质入口阀门,待压力降至一定值后,关高温介质进口阀门,保持冷、热流体较小的压差。待流体压力降至常压、温度降至常温后,交付检修。

(3)冬季停车应放净设备的全部介质,防止冻伤设备。

(4)若热交换器停用时间较长(如采暖供热系统的板式热交换器),为防止密封垫片永久性压缩变形,可将夹紧螺栓稍微松开,至密封垫片不能自动滑出为宜。

(二)板式热交换器常见故障及处理

板式热交换器的运行一般比较平稳,但由于工艺条件变化频繁,流体介质腐蚀性强,往往也会出现一些故障。

1.外漏

外漏主要表现为渗漏(量不大,水滴不连续)和泄漏(量较大,水滴连续)。外漏出现的主要部位为板片与板片之间的密封处、板片二道密封泄漏槽部位以及端部板片与压紧板内侧。

产生外漏的原因主要有以下几点:

(1)夹紧尺寸不到位、各处尺寸不均匀(各处尺寸偏差不应大于 3 mm)或夹紧螺栓松动。

(2)部分密封垫脱离密封槽,密封垫主密封面有脏物,密封垫损坏或垫片老化。

(3)板片发生变形,组装错位引起跑垫。

(4)在板片密封槽部位或二道密封区域有裂纹。

案例:北京、青海和新疆等地的多个热力站均采用饱和蒸汽作为一次侧热源供暖,由于蒸汽温度较高,在设备运行初期系统不稳定的情况下,橡胶密封垫在高温下失效,引起蒸汽外漏。

外漏的处理方法如下:

(1)在无压状态,按制造厂提供的夹紧尺寸重新夹紧设备,尺寸应均匀一致,压紧尺寸的偏差应不大于 $\pm 0.2N$ mm(N 为板片总数),两压紧间的平行度应保持在 2 mm 以内。

(2)在外漏部位上做好标记,然后热交换器解体逐一排查解决,重新装配或更换垫片和板片。

(3)将热交换器解体,对板片变形部位进行修理或者更换板片。在没有板片备件时可将变形部位板片暂时拆除后重新组装使用。

(4)重新组装拆开的板片时,应清洁板面,防止污物黏附于垫片密封面。

表 3-2-2 给出了常见泄漏现象、产生原因及维护措施,可作为参考。

表 3-2-2 常见泄漏现象、原因及措施

现 象	原 因	措 施
停机泄漏	热交换器频繁启停,温度急剧变化	恢复正常温度
金属板间介质外泄	①密封垫安装错位 ②由于系统超压使密封垫挤出 ③密封垫老化损坏 ④夹紧尺寸不对 ⑤板片变形 ⑥由于磨损或腐蚀造成板片穿孔	打开热交换器重新固定密封垫或更换密封垫 调整夹紧尺寸 修复或更换变形板片 更换损坏板片 更换盲片 更换损坏板片
盲板与压紧板间外泄	坚硬异物击穿盲片	更换盲片
热交换器内漏	由于磨损或腐蚀造成板片穿孔	更换损坏板片

2.串液

主要特征为压力较高一侧的介质串入压力较低一侧的介质中,系统中会出现压力和温度的异常,如果介质具有腐蚀性,还可能导致管路中其他设备的腐蚀。串液通常发生在导流区域或者二道密封区域。

串液的产生原因主要有以下几点:

(1)操作条件不符合设计要求。

(2)由于板材选择不当导致板片腐蚀产生裂纹或穿孔。

(3)板片冷冲压成型后的残余应力和装配中夹紧尺寸过小造成应力腐蚀。

(4)板片泄漏槽处有轻微渗漏,造成介质中有害物质(如 Cl^-)浓缩腐蚀板片。

案例:某铝业有限公司硫酸系统中某台板片材料为 254 SMo 的 BR03 板式热交换器,在运行 5 个月后出现冷却水侧碳钢接管腐蚀泄漏,酸液泄漏到了冷却水侧。检查发现板片酸液进口处和导流区域有严重的腐蚀及开裂现象。现场分析发现,系统运行温度、流量和浓度等工艺参数均超出设计条件,使用温度远超出材料的适用范围。采用饱和蒸汽作为一次侧热源的板式热交换器在运行过程中容易发生板片腐蚀,导致产品串液。这是由于蒸汽温度较高,设备运行中很容易造成橡胶密封垫在高温下失效,引起蒸汽外漏并在二道密封区域急速冷凝。随着外漏的不断进行,冷凝残液越聚越多,局部形成 Cl^- 质量浓度较高区域,达到破坏板片表面钝化层的腐蚀条件。同时,由于此区域板片冷冲压形成的内部应力较大,在表面钝化层被破坏的情况下,内部应力作用导致应力腐蚀的发生。

串液的处理方法如下:

(1)调整运行参数,使其达到设计条件。

(2)更换有裂纹或穿孔板片,在现场用透光法查找板片裂纹。

(3)热交换器维修组装时夹紧尺寸应符合要求,并不是越小越好。

(4)板片材料合理匹配。

3.压降异常

表现为压力降大于设计值和压力降小于设计值两种情况。尤其压力降大于设计值更为常见。介质进、出口压降超过设计要求,甚至高出设计值许多倍,严重影响系统对流量和温度的要求。在供暖系统中,若热侧压降过大,则一次侧流量将严重不足,即热源不够,导致二次侧出温度不能满足要求。

压降过大的产生原因如下:

(1)运行系统管路未进行正常吹洗,特别是新安装系统管路中许多脏物(如焊渣等)进入板式热交换器的内部,由于板式热交换器流道截面积较窄,热交换器内的沉淀物和悬浮物聚集在角孔处和导流区内,导致该处的流道面积大为减小,造成压力主要损失在此部位。

(2)板式热交换器首次选型时面积偏小,造成板间流速过高而压降偏大。

(3)板式热交换器运行一段时间后,因板片表面结垢引起压降过大。

案例:某厂为用户提供了 BR10 型板式热交换器,用于水-水换热的集中供热系统,一次供水设计温度为 130℃。在热交换器设计选型时,传热导数偏高,接近 5 500 $W/(m^2 \cdot K)$,而实际应在 3 500 $W/(m^2 \cdot K)$。同时,设计单位在水泵选型时流量余量又偏大,造成热交换器二次侧介质板间流速超过 1 m/s,实际运行压降在 0.2～0.3 MPa,使得二次网水力平衡严重失调。

压降过大的处理方法如下：

(1)清除热交换器流道中的脏物或板片结垢。对于新运行的系统,根据实际情况每周清洗一次。清洗板片表面水垢(主要指 $CaCO_3$)时,选用含 0.3 氨基磺酸溶液或含 0.3 乌洛托品、0.2 苯胺、0.1 硫氰酸钾和 0.8 硝酸溶液作为清洗液,清洗温度 40～60℃。不拆卸设备化学浸泡清洗时,要打开热交换器冷介质进、出口,或安装设备时在介质进、出口接管上安装 $D_N=25$ mm清洗口,将配好的清洗液注入设备中,浸泡后用清水清洗干净残留酸液,使 pH≥7,拆开清洗时,将板片在清洗液中浸泡 30 min,然后用软刷轻刷结垢,最后用清水清洗干净。清洗过程中应避免损伤板片与橡胶垫。若采用不拆卸机械反冲洗方法,应事先在介质进、出口管路上接一管口,将设备与机械清洗车连接,把清洗液按介质流动的反方向注入设备,循环清洗时间 10～15 min,介质流速控制在 0.05～0.15 m/s。最后再用清水循环几遍,将清水中 Cl 质量浓度控制在 25 mg/L 以下。

(2)二次循环水最好采用经过软化处理后的软水。一般要求水中悬浮物质量浓度不大于 5 mg/L、杂质直径不大于 3 mm,pH≥7。当水温不大于 95℃时,Ca、Mg 摩尔浓度应不大于 2 mmol/L;当水温大于 95℃时,Ca、Mg 摩尔浓度应不大于 0.3 mmol/L、溶解氧质量浓度应不大于 0.1 mg/L。

(3)对于集中供热系统,可以采用一次向二次补水的方法。

压降异常的一般原因及采取措施见表 3-2-3,可供参考。

表 3-2-3　列出了压降异常的一般原因及采取措施

现　象	原　因	措　施
压力降大于设计值	①实际流量大于设计流量	调整流量或增加板片
	②热交换器板间堵塞	打开热交换器,清理板间污垢
	③热交换器入口堵塞	打开热交换器,清理入口
压力降小于设计值	泵的能力/测定有误	准确测定调整系统流量

4.供热温度不能满足要求

供热温度不满足要求的主要特征是出口温度偏低,达不到设计要求,产生原因主要有以下几点:

(1)一次侧介质流量不足,导致热侧温差大,压降小。

(2)冷侧温度低,并且冷、热末端温度低。

(3)并联运行的多台板式热交换器流量分配不均。热交换器内部结垢严重。

对此的处理方法有以下几点:

(1)增加热源的流量或加大热源介质管路直径。

(2)平衡并联运行的多台板式热交换器的流量。

(3)拆开板式热交换器清洗板片表面结垢。

一般板式热交换器常见运行异常原因和处理措施见表 3-2-4。

表 3-2-4　板式热交换器常见运行异常原因及处理措施

现　象	原　因	措　施
水-水热交换器		
热侧画水温度过高	①换热面积过小 ②冷侧堵塞	增加换热面积 拆开热交换器清洗
冷侧供水温度过低	①冷侧流量过大 ②冷热侧污垢 ③热侧流量过低或温度过低	调整冷侧流量 拆开热交换器清洗 增加热侧流量或提高温度
汽-水热交换器		
不换热	疏水阀堵塞	清理疏水阀
水击	热交换器内水位过高	调整蒸汽量
冷凝水温度过高	热交换器面积过小或板型不合适 蒸汽量过大 冷侧流量过小	增加面积或调整板型 减少蒸汽量 增加冷侧流量

Vicarb 板式热交换器日常故障与处理方法见表 3-2-5。

表 3-2-5　Vicarb 板式热交换器日常故障与处理方法

故障现象	故障原因	处理方法
介质外漏	密封垫热裂	根据影响计划停车换垫片
介质内漏	密封垫热裂	根据影响计划停车换垫片
	换热板内蚀穿孔	根据影响计划停车换换热板
温差小,换热效率差	冷介质温度高	降低冷介质前端温度
	过滤器堵	清洗过滤器
	换热板通道堵	停系统清洗换热板

5.总结

综合板式热交换器各种常见、典型的故障情况,将板式热交换器的故障原因及排除方法综合列于表 3-2-6 中,以供参考。

表 3-2-6　板式热交换器一般故障及排除方法

故障现象	故障原因	故障处理方法
两种介质互串	换热板片腐蚀穿透	更换换热板片
	换热板片有裂纹	修补换热板片或更换
换热板片压偏	板束压紧值超过允许范围	严格控制板束长度计算值,不得超过
	夹紧螺栓紧固不均匀	应对称、交叉、均匀拧紧夹紧螺栓
	换热板片变形太大	更换换热板片

续 表

故障现象	故障原因	故障处理方法
换热板片压偏	密封垫片厚度相差太大	应根据密封垫片技术要求,尤其不应有搭接或对接接缝
	换热板片挂钩损坏	更换板片挂钩
	密封垫片沟槽深度偏差太大	更换密封垫片或更换板片
密封垫片断裂与变形	介质温度长期超过允许值	更换新的密封垫片
	橡胶密封片老化	更换新的密封垫片
	密封垫片配方及硫化不佳	更换合格的密封整片
	密封垫片厚度不均	更换合格的密封垫片
	密封垫片材质选择不对	更换合格的密封垫片
压力降超值或压力突然猛增	过滤器失效	更换过滤器或清洗过滤器
	角孔处有脏物堵塞	清理角孔处堵塞的脏物
	板片通道有污垢结疤	用化学或机械方法清除污垢结疤
	压力表失灵	修理、校对或更换压力表
	介质入口管堵塞	清理入口短管脏物
传热效果差	冷介质温度高	降低水温或加大水量
	换热板片污垢结疤	清洗板片,去除污垢
	水质污浊或油污,微生物过多	加强过滤、净化介质
	超过清洗间隔期	定期清洗并清扫过滤器
	多板程中盲孔位置错误	重新组装
	设备内空气未放净	排尽设备内部空气
热交换器冷热不均	开车时设备内空气未放净	放净设备内空气
	部分通道堵塞	加强清洗与过滤,疏通部分堵塞通道
	停车时介质未放净,尤其易结晶介质	停车并放净设备内介质

四、板式热交换器的维护与检修

(一)板式热交换器的维护

1. 日常检查与维护

日常维护应定时检查设备静密封的外漏情况,通过压力表或温度表监测流体进出口的压力、温度情况;无表计设备可通过红外线测温仪监测进出口温度。对设备的内漏,可通过流体取样分析或电导分析仪监测。

对于备用设备,若长期不使用时,应将拧紧螺栓放松到规定尺寸,以确保垫片及热交换器板片的使用寿命,使用时再按要求夹紧。设备连续运行时,在信号孔发现介质流出时应进行分析,如是螺栓松动或由于长期热交换而伸长,在对其进行夹紧时应非常小心,因为板式热交换器之所以具有较高的传热系数,其最主要原因是其板片波纹能使流体在较小的流速下产生湍流。非专业人员在夹紧时,极有可能对其产生不可恢复的损坏。当设备处于使用状态时,建议不要夹紧。若发现密封垫片老化应予更换。

板式热交换器的易损部件主要是密封垫片,一般用三元乙丙胶垫,耐酸、耐碱、耐盐,适用于在有氯化物及有机溶剂等严重腐蚀的场合,工作温度一般在－20～150℃。实践证明,加了消泡剂的 aMDEA 溶液将会出现胶垫溶胀现象。从目前运行情况分析,胶垫的使用寿命大约在 1～2a。正确的操作对板式热交换器的使用寿命有直接影响,因此在热交换器运行时,应避免水锤等影响其性能的不正当操作,介质入口应加合适的过滤器。

2. 清洗过滤器

板式热交换器流体通道小,一般在流体进口都装有过滤器。过滤器的规格应根据流体介质的化学特性、浑浊性、颗粒度等情况选取,必须保证过滤器开孔率不得小于 80%。若介质混杂物多、浊度大,最好选择总管与支管均装设过滤器(即两级过滤)。

考虑生产的连续性和便于清洗,过滤器设有副管线,清洗时间根据流体温差情况决定。在线运行时,开副管线,关过滤器前后截断。拆过滤器,清洗滤芯杂质,或视滤芯情况更换滤芯,完毕回装,不需停车。在检修时,如果发现介质出入口短管及通道有杂物堆积,则说明过滤器失效,应及时清洗。

3. 控制工艺参数

板式热交换器对工艺流体的要求是温度和压力不能太高,操作温度下流体不结晶、不沉淀。热交换器应根据各自的特点选择流体流量、温度、压力。这里以尿素水解用板式热交换器为例,其工艺参数见表 3 - 2 - 7。

表 3 - 2 - 7　尿素水解用平板式热交换器工艺参数

设备名称	热介质					
	介质名称	入口温度 ℃	出口温度 ℃	入口压力 kgf·cm⁻²	动力黏度 cp	流量 t·h⁻¹
Vicard v28ch/sst	水	153	91.3	4.3	0.228	45.6
Vicard v60cdx/sst	废水	92	60.1	4.0	0.384	45.6

设备名称	冷介质					
	介质名称	入口温度 ℃	出口温度 ℃	入口压力 kgf·cm⁻²	动力黏度 cp	流量 t·h⁻¹
Vicard v28ch/sst	工艺冷凝液	45	113.7	4.6	0.37	40.9
Vicard v60cdx/sst	冷却水	32	42.96	4.0	0.695	13.26

注:$1(kgf/cm^2)=98.066\ 5\ kPa$;$1\ cp=1×10^{-3}\ Pa·s$。

4. 防垢处理

热交换器运行一定时间后,在内外壁上黏附一层白色水垢。水垢形成的原因主要是水中含有溶解度较小的钙、镁盐类,且其溶解度随水温升高而下降,变成难溶的盐类(水垢)。

水垢的存在,对热交换器造成不良后果:①降低传热效率。水垢导热性很差,比钢铁导热能力小 30%～50%。故水垢的存在将严重影响传热面传热。有关实验资料显示,产生 1 mm 厚的水垢,将使热交换器传热效率下降 10% 左右。②增加维修难度。水垢附在传热面上,难以清除,增加了检修费用,耗费人力、物力,甚至会使受热面损伤,降低热交换器寿命。③增加流通阻力。水垢产生后,会减小传热面内外流通截面,增加了传热面内外循环水的流通阻力,严重时流通截面很小,甚至完全被堵塞,就会使热交换器不能正常工作。

为防止水垢的产生,目前主要采用加药软化处理、磁化及离子棒防垢处理、钠离子交换处理等方法。

(1)加药软化。这种方法简单高效,经济性很好,是一种实用性很强的防垢处理方法。加药处理分校正剂处理和防垢剂处理两种方法。加入校正剂能起校正水中永硬的作用,水中的永久硬度与校正剂反应生成泥渣(而不让永硬生成硫酸盐水垢)加入防垢剂能和水中硬度的盐类起反应生成泥渣而不结垢。即使水质发生变化(水硬度的含量增加),防垢剂仍能起到防止生成水垢的作用。常用的校正剂有 NaOH、Na_2CO_3、$NaHCO_3$ 等,常用的防垢剂是由校正剂药品和磷酸三钠、栲胶等物质组成的混合药剂,有关药剂的具体使用可查阅有关资料。

(2)磁化防垢处理。磁化防垢处理的原理是利用水分子具有的极性,即水分子是共价化合。水的单个分子有极性和氢键的作用,聚合成双分子缔合体$(H_2O)_2$ 或多分子缔合体$(H_2O)_n$。当水流通过高强度的磁场,水中的多分子缔合体和离子磁场受到外界磁场的作用,原来离散的多离子组成的缔合体被拆散成单个的或短键的缔合体,它们以一定的速度垂直切割外界磁场的磁力线而产生感应电流。因此,每个离子按与外界磁场同方向建立新的磁场,相邻的带极性的离子或分子,就有秩序地相互压缩和吸引,从而导致结晶条件的改变,形成的结晶物很松弛,抗压抗拉能力差,并且很脆,其黏结力和附着力都很弱,不易附着在受热面上形成水垢。

根据上述原理,制成了各种形式的磁化器,比较典型的有永磁磁化器和强磁除垢器等。有关产品及其应用可查阅相关资料。

(3)钠离子交换。钠离子交换的原理是利用置换原理将水中的钙、镁盐类,将其用钠离子置换,这样水中就没有了钙、镁离子或者钙、镁离子大大减少,达到软化的目的。以此原理制成钠离子交换装置,进行钠离子交换处理。

上述方法作为对板式热交换器防垢处理的措施,设计制造单位和运行单位均可采用,作为运行单位,可以作为板式热交换器日常维护的重要水处理措施。

(二)板式热交换器的检修

1.检修前的准备

(1)检修前各项技术准备充分,检修系统与装置总系统隔离,确认设备已置换到位。

(2)检修人员、备件、材料到位,检修任务、进度明确。

(3)拆卸前应测量好两盖头间的长度尺寸,以便回装时参考。

2.检修程序

(1)拆卸。板式热交换器拆卸前,应测量板束的压紧长度尺寸,做好记录。拆卸按照安装的逆序进行,零部件放置规范,做好标识,避免撞击、划伤。拆卸前应确认热交换器冷热侧进出口阀门已关闭,且确认热交换器内部已排空。若热交换器温度过高,则应等温度降至 40℃ 以下再行拆卸。

若密封垫片粘在两板片间的沟槽内,此时需用螺丝刀小心地将其分开,螺丝刀应先从易割开的部位插入,然后沿其周边进行分离,切不可损坏热交换器板片和密封垫片。

需要注意的是,拆卸钛材的板片时,严禁与明火接触,以防氧化。

(2)清洗。

1)化学清洗。不拆设备进行化学清洗,清洗液通过进出口管导淋循环,试剂配制要求不腐蚀换热板及垫片;拆下的换热板也可在容器槽内进行化学浸泡清洗。清洗时,应监测溶液中 H^+、Ca^{2+}、Fe^{2+} 的浓度,当 Ca^{2+} 增长缓慢或 Fe^{2+} 有大的变化时停止化学清洗。溶液根据结垢成分配制,一般用 10%HCl 加 1%缓蚀剂。

2)机械清洗。设备解体后,进行机械清洗。用高压水枪冲刷表面杂质,注意换热板放于平面上,以防高压水冲击使换热板变形。注意不要用硬钢丝刷清理表面,以防钢丝划伤换热板,加速换热板腐蚀。对于用水很难冲刷的沉积物,则可用软纤维刷子、鬃毛刷来洗刷。

关于清洗的具体方法,参见下述第(三)项"板片的清洗与保护"的内容。

(3)检修。

1)主要检修内容有以下几点。

中修:拆除进出口管清洗杂物;检查进出口管的橡胶内衬,不应有裂纹和破坏,否则应进行相关处理。检查测量螺栓预紧力和板片总体尺寸。

大修:包括中修内容,如热交换器结垢应解体清洗,或者另行配管在线化学清洗;用放大镜检查密封板条的弹性和压缩变形情况,必要时可以更换;检查换热板片变形情况;检查换热板片有无腐蚀、穿孔等缺陷。

2)更换垫片。尤其设备发生内外漏现象时要严格检查垫片。检查密封垫片是否有老化、变质、裂纹等缺陷,禁用硬的物品在表面上乱划。检查换热板片是否有局部变形,超过允许值的,应进行修整或更换。如垫片损坏,必须更换垫片。从节约成本出发,换垫应有针对性,不必全部更换。根据外漏标识,取出该板更换垫片,其余板垫片不换。同样,对内漏,如明确漏点位置,也可不全部更换垫片,只换破损垫片。密封垫片与换热板片表面(沟槽内)严禁积存固体颗粒,如沙子、铁渣等。更换新密封垫片时,需要用丙酮或其他酮类有机溶剂,将密封垫片沟槽擦净。再用毛刷将合成树脂黏结剂均匀涂在沟槽里。换垫困难时,可适当加热换热板背面,使胶脱离,注意换热板上密封面处应清理干净。

3)更换换热板。热交换器解体后,检查热交换器板片是否有穿孔,一般用加倍的放大镜,有时也可用灯光或煤油渗透法等逐片检查。若换热板腐蚀严重或穿孔,在不能补焊处理时,应更换换热板。更换换热板时应注意换热板的奇偶性,垫片黏结符合奇偶性要求。

(4)重新组装。

1)重装组件前,必须将合格的换热板片、密封垫片、封头(头盖)、夹紧螺栓及螺母等零件擦洗干净。

2)封垫片与沟槽黏结前,必须用丙酮或其他同类有机溶剂等溶化沟槽内残胶,再用细纱布擦净。

3)用与密封垫片沟槽宽度相同的鬃毛刷子,将合成树脂黏结剂涂在板片沟槽内,然后压入密封垫片,用平钢板压平,放置 48 h 即可。

4)用丙酮等有机溶剂,将被挤在沟槽外面的残胶料溶解,并清除干净。

5)更换新密封垫片时,要仔细检查新密封垫片四个角孔位置,必须与旧密封垫片相同。

6)平板热交换器的一个板片损坏而无备件时,可将此板片和相邻的板片同时取下,再拧紧夹紧螺栓。

7)应均匀、对称、交叉地拧紧夹紧螺栓,拧紧至板束长度达计算值尺寸时为止。

测量组装后板片总压缩量,一般可按下式计算,即

$$L = (\delta_1 + \delta_2)n + \delta_2$$

式中　　L—— 拧紧后板束总长度,mm;

　　　　δ_1—— 板片厚度,mm;

　　　　δ_2—— 密封板条压缩后的厚度(一般为未压缩厚度的 80%、压缩量 20%,最大压缩量不能超过 35%),mm;

　　　　N—— 换热板片数量。

8)为防止密封垫片与板片黏在一起,可在密封垫片上涂一层混合物。混合物所用色的油、酒精、滑石粉的配比,按质量计为 1:1:2。

(三)板片的清洗和保护

保持板片的清洁是板式热交换器检修的主要内容,也是保持板式热交换器无故障和具备高传热系数的重要条件之一。在板片间,介质是沿着狭窄曲折的流道运动的,即使产生不太厚的垢层,也将引起流道的变化,显著地影响流体的运动,使压降增大,传热系数下降,甚至将流道堵塞,使热交换器无法继续运行。

1.清洗方法

(1)化学清洗法。这种方法是将化学溶液循环地通过热交换器,使板片表面的污垢溶解、排出。此法不需要拆开热交换器,简化了清洗过程,也减轻了清洗的劳动程度。由于板片波纹能促进清洗液剧烈湍流,有利于垢层溶解,所以化学清洗法是比较理想的方法。

化学清洗剂的选择,目前大多采用酸洗,它包括有机酸和无机酸。有机酸主要有草酸、甲酸等,无机酸主要有盐酸、硝酸等。清洗剂的选择应根据热交换器结构、工艺、材质和水垢成分等因素确定。比如热交换器流通面积小,内部结构复杂,清洗液若产生沉淀则不易排放;再如换热材质为镍钛合金,使用盐酸为清洗液,容易对板片产生强腐蚀,缩短热交换器的使用寿命等。通过反复试验发现:一般情况下,选择甲酸作为清洗液效果最佳。通过酸液浸泡试验,发现甲酸能有效地清除附在板片上的水垢,同时它对热交换器板片的腐蚀作用也很小。在甲酸清洗液中加入缓蚀剂和表面活性剂,清洗效果更好,并可降低清洗液对板片的腐蚀。当热交换器材质允许时,由于盐酸价格便宜、容易购置,仍大量采用盐酸作为清洗剂。

(2)机械(物理)清洗法。机械清洗法一般用喷水清洗。此法适用于化学清洗不能除去的碳化物垢层,其优点是对设备磨损率低,缺点是必须拆卸设备。除了喷水清洗,有时也将板片用刷子进行人工洗刷,从而达到清除板片表面污垢的目的。这种方法对较坚硬、较厚的垢层,不易清洗干净。

喷水清洗的水压选择很重要,常用压力为 50~70 MPa。压力过低,清洗效果不好,压力过高可能损伤设备,因此在操作前应进行预试验,取得经验后再行操作。值得注意的是,对于不锈钢板式热交换器,在进行喷水清洗时应控制水中氯离子含量。

(3)综合清洗法。对于污垢层比较坚硬又较厚的情况,单纯采用上述一种方法都难以清洗干净。综合法是先用化学清洗法软化垢层,再用机械(物理)清洗法除去垢层,以保持板片清洁干净。

2.水垢清洗

(1)清洗剂选择。一般情况下,选择甲酸作为清洗液效果最佳。盐酸价格便宜、容易购置。故盐酸是最常用的除垢剂,其除垢机理表现为以下几点。

1)溶解作用。酸溶液容易与钙、镁、碳酸盐水垢发生反应,生成易溶化合物,使水垢溶解。

2)剥离作用。酸溶液能溶解金属表面的氧化物,破坏与水垢的结合,从而使附着在金属氧化物表面的水垢剥离,并脱落下来。

3)气掀作用。酸溶液与钙、镁、碳酸盐水垢发生反应后,产生大量的二氧化碳。二氧化碳气体在溢出过程中,对于难溶或溶解较慢的水垢层,具有一定的掀动力,使水垢从热交换器受热表面脱落下来。

4)疏松作用。对于含有硅酸盐和硫酸盐混合水垢,由于钙、镁、碳酸盐和铁的氧化物在酸溶液中溶解,残留的水垢会变得疏松,很容易被流动的酸溶液冲刷下来。

(2)水垢清洗的工艺要求。

1)酸洗温度。提升酸洗温度有利于提高除垢效果,如果温度过高就会加剧酸洗液对热交换器板片的腐蚀,通过反复试验发现,酸洗温度控制在60℃为宜。

2)酸洗液浓度。通过反复试验得出,酸洗液应按甲酸81%、水17%、缓冲剂1.2%、表面活性剂0.8%的浓度配制,清洗效果极佳。

3)酸洗方法及时间。酸洗方法应以静态浸泡和动态循环相结合的方法进行。酸洗时间为先静态浸泡2 h,然后动态循环3～4 h。在酸洗过程中应经常取样化验酸洗浓度,当相邻两次化验浓度差值低于0.2%时,即可认为酸洗反应结束。

4)钝化处理。酸洗结束后,板式热交换器表面的水垢和金属氧化物绝大部分被溶解脱落,暴露出崭新的金属,极易腐蚀,因此在酸洗后,对热交换器板片进行钝化处理。

(3)水垢清洗的具体步骤。

1)酸洗前,先对热交换器进行开式冲洗,使热交换器内部没有泥、垢等杂质,这样既能提高酸洗的效果,也可降低酸洗的耗酸量。

2)将清洗液倒入清洗设备,然后再注入热交换器中。

3)将注满酸溶液的热交换器静态浸泡2 h,然后连续动态循环3～4 h,其间每隔半小时,进行正反交替清洗。酸洗结束后,若酸液pH值大于2,酸液可重复使用,否则,应将酸洗液稀释中和后排掉。

4)酸洗结束后,用NaOH、Na₃PO₄、软化水按一定的比例配制好,利用动态循环的方式对热交换器进行碱洗,达到酸碱中和,使热交换器板片不再腐蚀。

5)碱洗结束后,用清洁的软化水,反复对热交换器进行冲洗半小时,将热交换器内的残渣彻底冲洗干净。

6)清洗结束后,要对热交换器进行打压试验,合格后方可使用。

注意:清洗过程中,应严格记录各步骤的时间,以检查清洗效果。图3-2-21所示为板式热交换器的化学除垢清洗示意图。

3.清洗时注意事项

(1)化学清洗时溶液要保持一定的流速,一般为0.8～1.2 m/s。其目的在于增加溶液的湍流程度。

(2)对于不同的污垢应采用不同的化学清洗液。除了经常采用的稀释纯碱溶液外,对于水垢可用5%的硝酸溶液。在纯碱生产中生成的垢可用5%的盐酸溶液。但不得使用对板片产生腐蚀的化学洗剂。

(3)机械(物理)清洗时不允许用碳钢刷子刷洗不锈钢片,以免加速板片的腐蚀。同时不能使板片表面划痕、变形等。如果板片上有污点或铁锈时,建议用去污粉清除。

(4)清洗后的板片要用清水冲洗干净并擦干,放置时应防止板片发生变形。

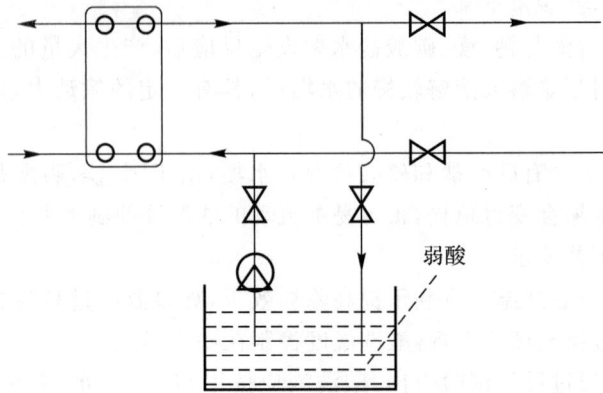

图 3-2-21　板式热交换器的化学除垢清洗示意图

4.清洗过程

这里以板式热交换器作水冷却器为例,说明清洗过程。清洗流程如图 3-2-22 所示,虚线为临时接管(101.6 mm)。循环冷却水被隔离,化学清洗液从 S_4 进入从 S_2 流出。清洗程序分为试漏、冲洗、化学清洗、漂洗等步骤。清洗前对板式热交换器进行试漏,检查有无内漏(介质由高压侧向低压侧渗漏):将板式热交换器两侧介质排尽,对需要清洗的一侧充氮气至操作压力后保压,另一侧留一打开的导淋或排气孔。若压力不降,说明其密封性能很好。或检查板式热交换器的各个有可能产生泄漏的地方,如果查明有内漏,则板式热交换器板片需要修复或更换。

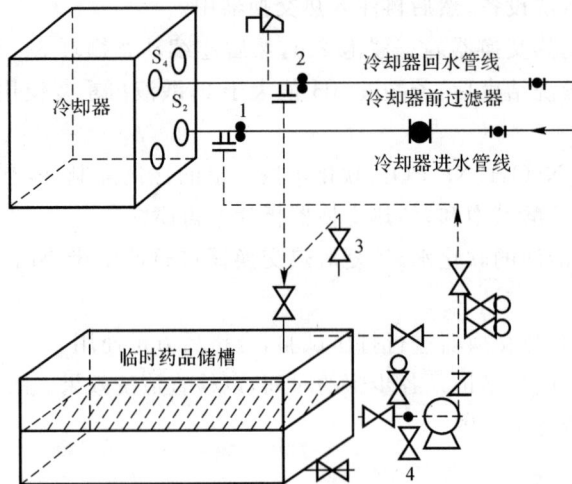

图 3-2-22　板式热交换器化学清洗流程示意图

1—板式热交换器过滤器后接永久性法兰,加盲板,盲板后接永久性 101.6 mm 接口(带法兰),临时管线接该处;

2—蝶阀前接永久性法兰连接,加盲板,盲板后接永久性 101.6 mm 接口(带法兰),临时管线接该处;

3—冲洗水排地沟;　4—低点排放口

按照图 3-2-22 所示,对板式热交换器进行热水(50℃左右)冲洗,控制清洗泵的出口压力及流量在板式热交换器允许的条件下运行,尽可能冲洗出附着在板片上的垢,直到板式热交换器出口的水无明显浑浊为止。用热水冲洗既有利于降低化学药剂的用量,也可缩短化学清洗的时间。

(1)酸洗液配方。硝酸用量3%~5%,LX9-001用量0.1%,温度为常温。

(2)酸洗工艺条件及操作。在酸槽内加入循环冷却水和LX9-001缓蚀剂进行溶解。启动泵打循环,20 min后分次加入硝酸配成约3%~5%酸洗液。同时在酸槽中挂入不锈钢挂片3块,以测定腐蚀速率。

(3)酸洗时间。酸洗时间以2~3 h为佳,一般不超过3 h。对终点的判断,若以碳酸钙为主的水垢,可视泡沫消失,槽中液面下降,浊度不再上升,酸液浓度稳定情况确定清洗终点。

(4)化学清洗过程中的分析项目及频率。总铁:酸洗前分析1次,以后2次;酸浓度:2次/h;浊度:2次/h。清洗结束时应及时取出挂片观察腐蚀情况并计算平均腐蚀速率。热交换器清洗结束时的分析数据见表3-2-8。

表 3-2-8　板式热交换器清洗数据

时间	浊度/$(mg \cdot L^{-1})$	总铁/$(mg \cdot L^{-1})$	酸浓度/(%)	流量/$(kg \cdot h^{-1})$
8:30	690.0	800.00	4.15	150 000
9:00	706.0	828.00	4.04	150 000
9:30	701.0	830.00	4.02	150 000

酸洗结束后,将系统残留酸液排至临时贮槽进行中和排放、向槽内加入大量清水进行循环清洗,边排边补水至pH值趋于中性后,停止补水及排放,酸洗完毕,用氮气或压缩空气吹干设备。

漂洗是进一步将板式热交换器中的残留酸液置换出来。根据清洗流程图3-2-22所示,漂洗采用次通过的方法比循环方法的效率及效果要好。

如果板式热交换器板片存在垢下腐蚀,则需要进行系统评估,再确定清洗方案或其他措施。

5.清洗案例

Superchanger板式热交换器的现场清洗用于铜加工的Superchanger板式热交换器进行现场清洗,可不拆开热交换器,用泵将水(或清洗溶液)输送入装置的内部即可。现场清洗是清洗板片的首选方式,尤其是当工艺液体带有腐蚀性时。图3-2-23所示为Superchanger板式热交换器现场清洗系统示意图。

(1)现场清洗的原则。

1)当热交换器尚热、带压、载液或正处于作业中时,决不要打开热交换器。

2)必须始终使用清水进行冲洗作业,清水中应不含盐、不含硫、不含氯或含铁离子浓度要低。

3)如果用蒸汽作为杀菌介质,处理丁垫片的蒸汽温度不要超过132℃、处理三元乙丙橡胶垫片的蒸汽温度不要超过177℃。

4)如果用含氯溶液作为清洗介质,应尽可能在最低的温度用最小浓度的溶液。用这种溶液清洗板片的时间应尽可能缩到最短。溶液含氯的浓度不能超过 100×10^{-6}、溶液的温度必须低于 37℃，板片与溶液接触的时间不能超过 10 min。

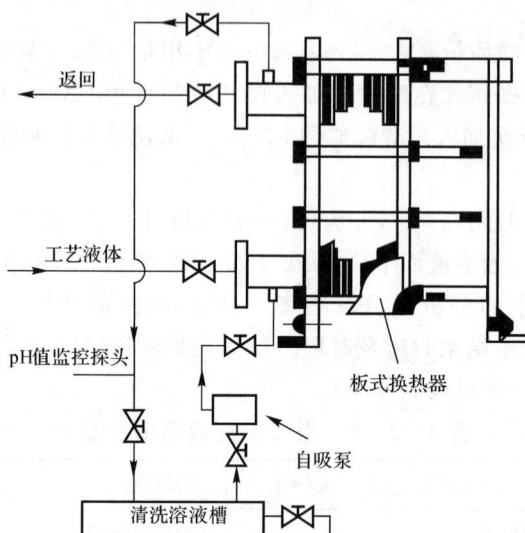

图 3-2-23　Superchangers 板式热交换器现场清洗系统示意图

5）必须在水循环通过装置之前加浓缩的清洗溶液，决不要在水循环时注入这些溶液。

6）必须用离心泵使清洗溶液保持循环。

7）不要使用盐酸清洗板片。当污垢为硫酸钙、硅酸盐、氧化铝、金属氧化物时，可选择柠檬酸、硝酸、磷酸或氨基磺酸；当污垢为碳酸钙时，可选择 10% 硝酸。

8）在用任何类型的化学溶液清洗板片后，都必须用清水将板片彻底冲洗干净。

（2）现场清洗步骤。

1）将热交换器两边进出管口内的液体排尽。如果排不尽，可用水将工艺液体强行冲出。

2）用大约 43℃ 的温水从热交换器的两边冲洗，直到流出的水变得澄清且不含工艺流体。

3）将冲洗的水排出热交换器，连接就地清洗泵。

4）要清洗彻底，就必须使就地清洗溶液从板片的底部向顶部流动，以确保所有的板片表面都用清洗溶液弄湿。

5）最佳的清洗方案是：使用就地清洗溶液以最大流速冲洗，或以就地清洗喷嘴直径允许最大流速清洗[喷嘴直径 2 in(1 in＝2.54 cm)，允许的最大流速为 260 GPM(1GPM＝6.3×10⁻⁵ m³/s)，喷嘴直径 1 in，允许的最大流速 67 GPM]。如果能在彻底污染前，按照制定的定期清洗计划进行就地清洗作业，那么清洗效果会更好。

6）用就地清洗溶液清洗完后，再用清水彻底冲洗干净。

如果热交换器是用盐水作为冷却介质，在清洗作业开展前，应先将盐水尽量排干净，然后用冷水将热交换器冲洗一遍。如果在用热就地清洗溶液对热交换器两边清洗之前，将所有的盐水彻底冲洗干净，对设备的腐蚀将最小。

通常，当热交换器中有纤维状物及大颗粒物质存在时，对装置进行反冲洗的效果相当明显。用下列两种方式之一可达到反冲洗的目的：

1)用清水与正常操作相反方向冲洗装置;

2)布置管道井在管道上设置阀门,以便在固定的时间内在产品边以反向模式作业,这种特殊模式特别适合产品是蒸汽的热交换器。

当水流中含有相当数量的固体或纤维物质时,建议在热交换器前面的供水管线上装网式过滤器,这样可减少反向冲洗的次数。

任务实施

项目任务书和项目任务完成报告见表3-2-9和表3-2-10。

表3-2-9　项目任务书

任务名称	板式热交换器的维修		
小组成员			
指导教师		计划用时	
实施时间		实施地点	
任务内容与目标			
1.掌握板式热交换器构造和工作原理。 2.能够安装与检验板式热交换器。 3.会运行与操作板式热交换器。 4.能够处理板式热交换器常见故障。 5.能够维护与检修板式热交换器。			
考核项目	1.板式热交换器构造和工作原理。 2.板式热交换器安装的技术要求。 3.板式热交换器常见故障及处理措施。		
备注			

表3-2-10　项目任务完成报告

任务名称	板式热交换器的维修		
小组成员			
具体分工			
计划用时		实际用时	
备注			
1.描述板式热交换器的构造和工作原理。 2.简述板式热交换器安装的技术要求有哪些。 3.板式热交换器常见故障有哪些?怎么处理?			

任务评价

项目任务综合评价见表 3－2－11。

表 3－2－11　项目任务综合评价表

任务名称：　　　　　　　　　　　　　　　测评时间：　　年　　月　　日

考核明细		标准分	实训得分								
			小组成员								
			小组自评	小组互评	教师评价	小组自评	小组互评	教师评价	小组自评	小组互评	教师评价
团队60分	小组是否能在总体上把握学习目标与进度	10									
	小组成员是否分工明确	10									
	小组是否有合作意识	10									
	小组是否有创新想（做）法	10									
	小组是否如实填写任务完成报告	10									
	小组是否存在问题和具有解决问题的方案	10									
个人40分	个人是否服从团队安排	10									
	个人是否完成团队分配任务	10									
	个人是否能与团队成员及时沟通和交流	10									
	个人是否能够认真描述困难、错误和修改的地方	10									
合计		100									

思考练习

1. 液压试验介质一般采用水，且水温应不低于_____；奥氏体不锈钢板片组装的板式热交换器，用水进行液压试验时，应控制水的氯离子含量不超过_____。

2. 试验时应缓慢升压，达到规定的试验压力后，保压时间为_____，然后降至设计压力下保压，对所有密封面和受压焊接部位进行检查，且保压时间不少于_____。检查期间压力应保持不变，不应采用连续加压或拧紧夹紧螺柱以维持试验压力不变的做法。

3. 清洗时，应监测溶液中 H^+，Ca^{2+}，Fe^{2+} 的浓度，当_____增长缓慢或_____有大的变化时停止化学清洗。溶液根据结垢成分配制，一般用_____加_____缓蚀剂。

任务三　板翅式热交换器的维修

任务描述

20 世纪 30 年代，首先是发达国家，将板翅式热交换器用于发动机的散热，到 50 年代开始在深冷和空分设备上应用。随着有色金属和不锈钢防腐处理技术和钎焊工艺技术的提高，板翅式热交换器在石油化工、航空、车辆、动力机械、空分、深低温领域、原子能和宇宙航行等工业部门中逐渐得到了广泛的应用。它的结构紧凑、轻巧、传热强度高的特点引起了科技和工业界的注意,被认为是最有发展前途的新型热交换设备之一。

PPT
板翅式热交换
器的维修

任务资讯

一、构造和工作原理

(一)基本单元

如图 3-3-1 所示,隔板、翅片及封条三部分构成了板翅式热交换器的结构基本单元。冷、热流体在相邻的基本单元体的流道中流动,通过翅片及与翅片连成一体的隔板进行热交换。因而,这样的结构基本单元体也就是进行热交换的基本单元。将许多个这样的单元体根据流体流动方式的布置叠置起来,钎焊成一体组成板翅式热交换器的板束或芯体。图3-3-2所示为常用的逆流、错流、错逆流板束。一般情况下,从强度、热绝缘和制造工艺等要求出发,板束顶部和底部还各留有若干层假翅片层(又称强度层或工艺层)。在板束两端配置适当的流体出入口封头,即可组成一台板翅式热交换器,如图 3-3-3 所示。

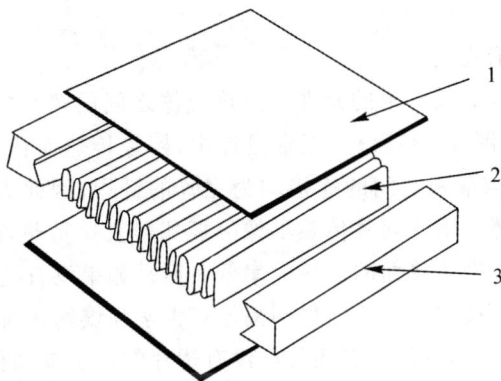

图 3-3-1　板翅单元

1—隔板；　2—翅片；　3—封条

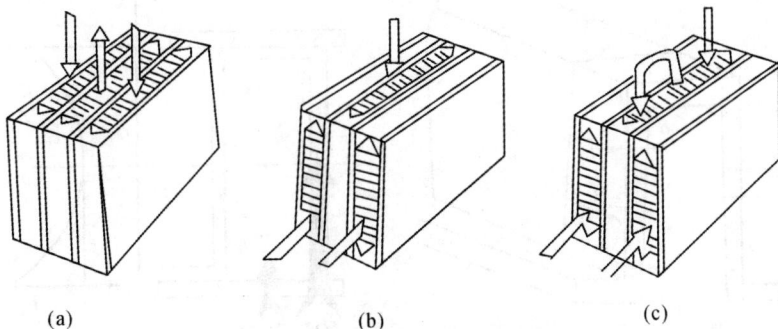

(a)　　　　　　　　　(b)　　　　　　　　　(c)

图 3-3-2　不同流型的板束通道

(a)逆流；　(b)错流；　(c)错逆流

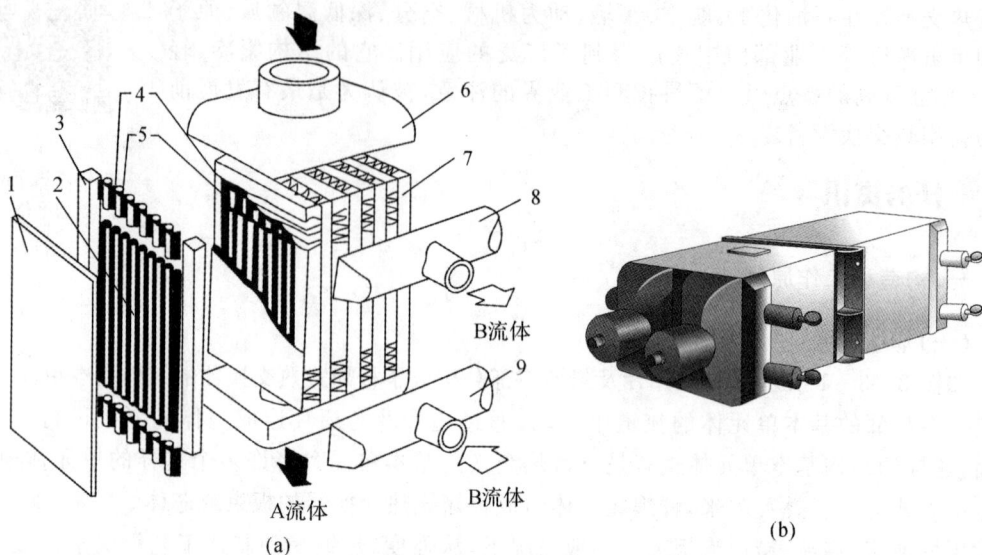

图 3-3-3　板翅式热交换器

(a)结构简图；　(b)实物图

1—平板；　2—翅片；　3—封条；　4—分配段；　5—导流片；　6,8,9—封头；　7—板束

(二)翅片的作用和形式

　　翅片是板翅式热交换器最基本的元件。冷热流体之间的热交换大部分通过翅片,小部分直接通过隔板来进行(见图 3-3-4)。正常设计中,翅片传热面积大约为热交换器总传热面积的 67%～88%。翅片与隔板之间的连接均为完善的钎焊,因此大部分热量传给翅片,通过隔板并由翅片传给冷流体。由于翅片传热不像隔板那样直接传热,故翅片又有"二次表面"之称。二次传热面一般比一次传热面的传热效率低。但是如果没有这些基本的翅片就成了无波纹的最简易的平板式热交换器了。美国加利福尼亚大学和埃姆弦航空实验室分别对没有翅片和有翅片的热交换器进行试验证明,有翅片比没有翅片的热交换器体积减小了 18% 以上。假如设计的翅片效率最低为 70% 时,其重量可少 10%。翅片除承担主要的传热任务外,还起着两隔板之间的加强作用。尽管翅片和隔板材料都很薄,但由此构成的单元体的强度很高,能承受较高的压力。

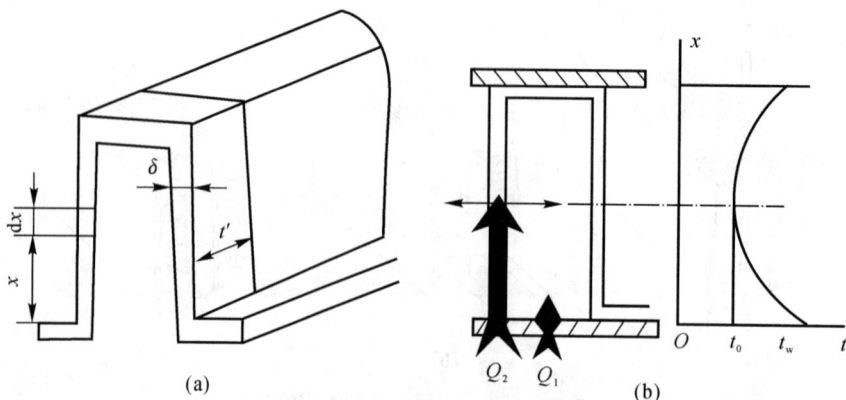

图 3-3-4　翅片及其表面温度分布示意图

(a)单个翅片；　(b)翅片表面温度分布

翅片的形式很多,如平直翅片,锯齿翅片、多孔翅片、波纹翅片、钉状翅片、百叶窗式翅片、片条翅片等。以下介绍其中的几种常用形式。

1. 平直翅片

平直翅片又称光滑翅片,是最基本的一种翅片,图 3-3-5(a)所示为其中的一种,它可由薄金属片滚轧(或冲压)而成。平直翅片的特点是有很长的带光滑壁的长方形翅片,当流体在由此形成的流道中流动时,其传热特性和流动特性与流体在长的圆管中的传热和流动特性相似。这种翅片的主要作用是扩大传热面,但对于促进流体湍动的作用很少。相对于其他翅片,它的特点是换热系数和阻力系数都比较小,所以宜用于要求较小的流体阻力而其自身传热性能又较好(如液侧或发生相变)的场合。此外,翅片的强度要高于其他类型的翅片。故在高压板翅式热交换器中用得较多。

2. 锯齿形翅片

它可以看作平直翅片被切成许多短小的片段,相互错开一定的间隔而形成的间断式翅片[见图 3-3-5(b)],这种翅片对促进流体的湍动,破坏热边界层十分有效,在压力损失相同的条件下,它的传热系数要比平直翅片高 30% 以上,故有"高效能翅片"之称。锯齿形翅片传热性能随翅片切开长度而变化,切开长度越短,其传热性能越好,但压力降增加。在传热量相同的条件下,其压力损失比相应的平直翅片小,该种翅片普遍用于需要强化传热(尤其是气侧)的场合。

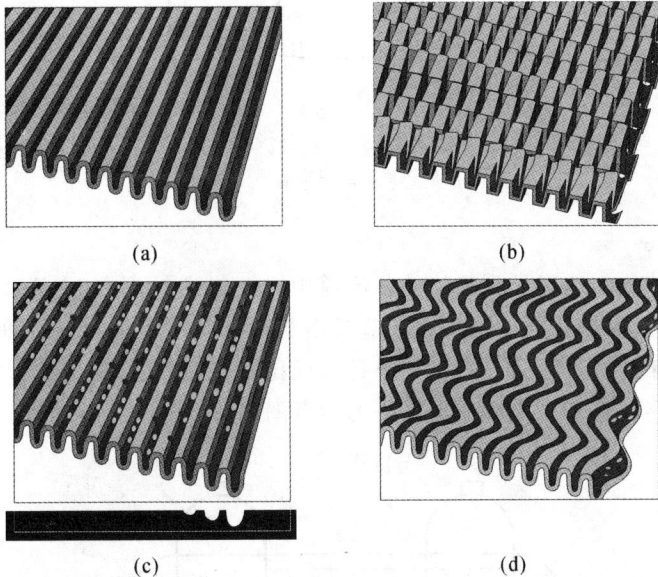

图 3-3-5　常用翅片类型

(a)平直翅片;　(b)锯齿形翅片;　(c)多孔翅片;　(d)波纹翅片

3. 多孔翅片

它是在平直翅片上冲出许多圆孔或方孔而成的[见图 3-3-5(c)]。多孔翅片开孔率一般在 5%~10% 之间,孔径与孔距无一定关系。孔的排列有长方形、平行四边形和正三角形三种,我国目前采用的多孔翅片孔径为 $\phi2.15$、$\phi1.7$,孔距为 6.5 mm、3.25 mm,正三角形排列。翅片上的孔使传热边界层不破裂,更新,提高了传热效率。它在雷诺数比较大的范围内($10^3\sim$

10^4)具有比平直翅片高的换热系数,但在高雷诺数范围会出现噪声和振动,翅片上开孔能使流体在片中分布更加均匀,这对于流体中杂质颗粒的冲刷排除是有利的,多孔翅片主要用于导流片及流体中夹杂颗粒或相变换热的场合。

4. 波纹翅片

它的结构如图 3-3-5(d)所示。它是在平直翅片上压成一定的波形(如人字形,所以又称人字形翅片),使得流体在弯曲流道中不断改变流动方向,以促进流体的湍动,分离或破坏热边界层。其效果相当于翅片的折断,波纹愈密,波幅愈大,其传热性能就愈好。

我国常用的翅片有平直、多孔和锯齿形翅片三种,并用汉语拼音符号和数字统一表示翅片的形式与几何参数。如 65PZ2103,则 PZ——平直翅片,65——6.5 mm 翅高,21——2.1 mm 节距,03——0.3 mm 翅厚。如是多孔形,则为 DK,锯齿形则为 JC,几何参数表示法相同。

(三)整体结构

1. 封条

封条的作用是使流体在单元体的流道中流动而不向两侧外流。它的上下面均具有一定的斜度,以便在组成板束时形成缝隙,利于钎剂渗透。它的结构形式很多,最常用的为如图 3-3-6 所示的燕尾形、燕尾槽形和矩形三种。

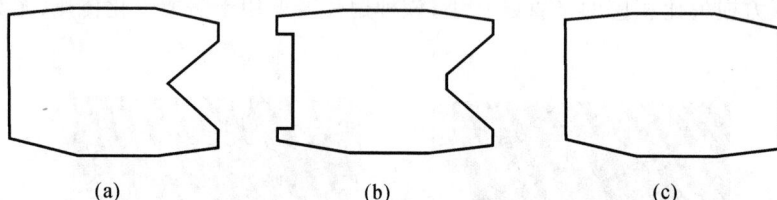

$$(a) \qquad\qquad (b) \qquad\qquad (c)$$

图 3-3-6 封条形式

(a)燕尾形; (b)燕尾槽形; (c)矩形

2. 导流片和封头

为了便于把流体均匀地引导到翅片的各流道中或汇集到封头中,一般在翅片的两端均设有导流片,导流片也起保护较薄的翅片在制造时不受损坏和避免通道被钎剂堵塞的作用。它的结构与多孔翅片相同,但其翅距、翅厚和小孔直径比多孔翅片大,封头的作用就是集聚流体,使板束与工艺管道连接起来。导流片与封头的示意图如图 3-3-7 所示。

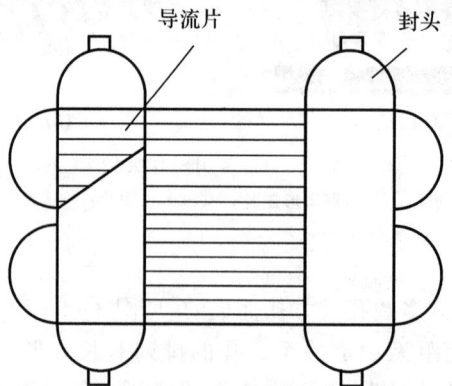

图 3-3-7 导流片与封头

对各种结构形式的板翅式热交换器,导流片可布置成如图 3-3-8 所示的几种形式。图中Ⅰ型主要是由于在热交换器的端部有两个以上的封头,因此要用导流片把流体引导到端部一侧的封头内。Ⅱ型布置是由于在热交换器端部有三个以上的封头,需要把一股流体引导到中间封头内。Ⅲ型布置主要是用于热交换器端部散开或仅有一个封头的情况下。Ⅳ型是为了满足把封头布置于两侧面设计的。Ⅴ型布置是为满足管路布置需要而采用的。应注意到设置异流片并不一定能完全克服流体在流道内分配不均匀的问题,因为分配是否均匀还与流体的状态有关。

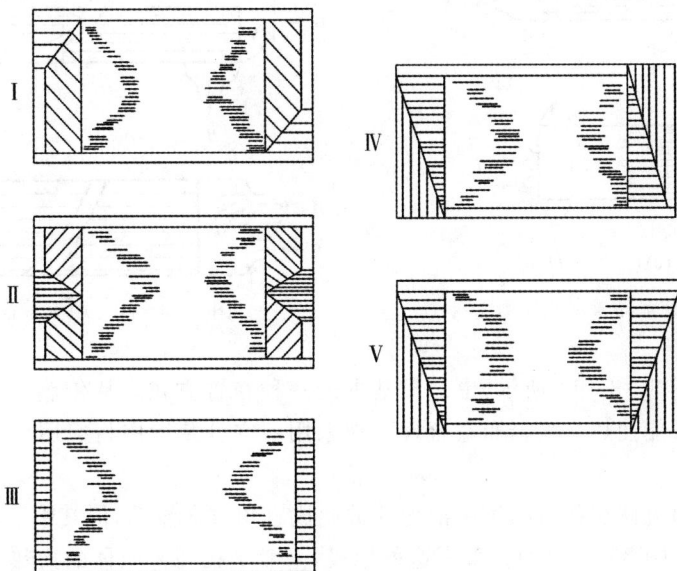

图 3-3-8 导流片布置的几种形式

3.隔板与盖板

隔板材料是在母体金属(铝锰金属)表面覆一层厚约 0.1~0.4 mm,含硅 5%~12%的钎料合金,所以又称金属复合板,在钎焊时合金熔化而使翅片与金属平板焊接成整体。为了钎焊方便,可将钎料轧制成薄片再用机械方法布置于铝材表面,成为一种钎焊用复合板,即双金属复合板。隔板厚度一般为 1~2 mm,最薄为 0.36 mm。板翅式热交换器板束最外侧的板称为盖板,它除承受压力外还起保护作用,所以它的厚度一般为 5~6 mm,它与翅片的焊接多数采用板下加焊片的方法,焊片厚度与隔板复合层相同。

4.流道的布置形式

按运行工况要求可将流体布置成逆流、顺流、错流、错逆流(或称多程流)和混流(或称多股流)等多种形式。

(1)逆流。在板翅式热交换器中实现逆流有三种形式(见图 3-3-9),其中,逆流 1,2 型[见图 3-3-9(a)(b)]为两种流体的逆流布置,而 3 型[见图 3-3-9(c)]为多达 5 种流体的逆流布置。逆流形式用得最普遍。

(2)顺流。如图 3-3-10 所示,这种流动形式应用得较少,主要用在加热时需要避免流体被加热(或冷却)到高(或低)于某一规定温度的场合。

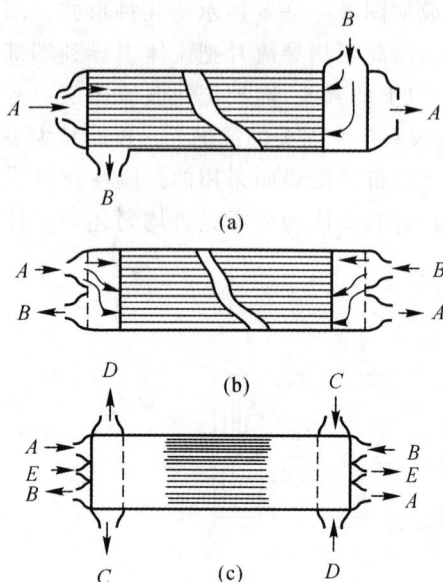

图 3-3-9 逆流布置示意图

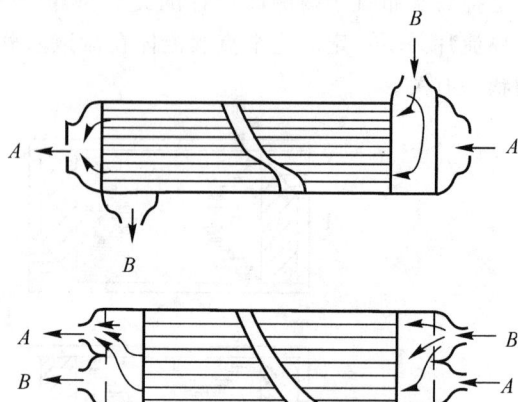

图 3-3-10 顺流布置示意图

(3)错流。如图 3-3-11 所示,也是最基本的一种布置方式。从传热上考虑这种布置并无突出优点,但它常能使热交换器布置合理而被采用。空分装置中将它用于一侧相变或温度变化很小的场合。

(4)错逆流。两流体在各自通道中沿翅片彼此成直角方向流动,但其中一流体是按逆流方向经过几次错流(见图 3-3-12)。采用这种形式,一般是在两种流体的换热系数相差很大的情况下,为了提高传热性能差的流体的换热系数,将其流通截面缩小,使流速增加,从而改善传热性能,并可使热交换器的结构做得比较紧凑。

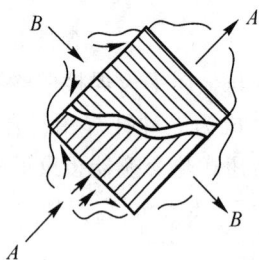

图 3-3-11 错流布置示意图

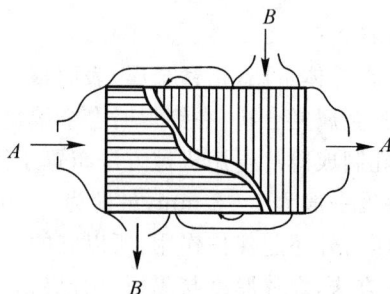

图 3-3-12 错逆流布置示意图

(5)混流。在一个热交换器中,某些流体间是错流,而另外一些流体间是逆流(见图 3-3-13)。它的最大优点是能同时处理几种流体的热交换,并合理分配各种流体的传热面积。采用这种形式可以将几个热交换器并成一个,使设备的布置更加紧凑,生产操作更方便,使热(冷)量损失减小到最低程度,但它制造比较困难,在石化、气体分离设备中被大量地采用。

5.组装结构

由于板式热交换器在制造时截面积和长度都受到钎焊工艺的限制,因此在使用中,单个板束的热交换器往往不能满足需要(目前最大的板束单元尺寸约 1 200 mm×1 200 mm×7 000 mm),则经常采用将多个相同的板束串联或并联,组成一个大型的板翅式热交换器的组装体。在组装体中,可采用并联组装、串联组装和串并联混合组装。并联组装时(见图 3 - 3 - 14)用集流管及分配管将其连成一个整体。

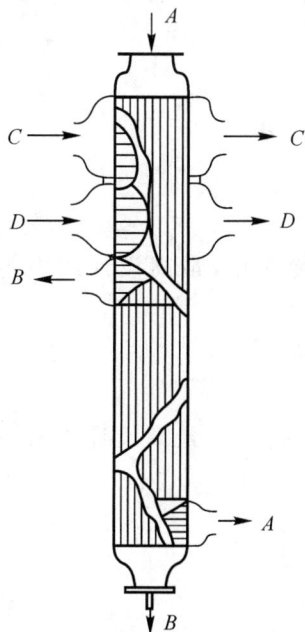

图 3 - 3 - 13 混流布置示意图

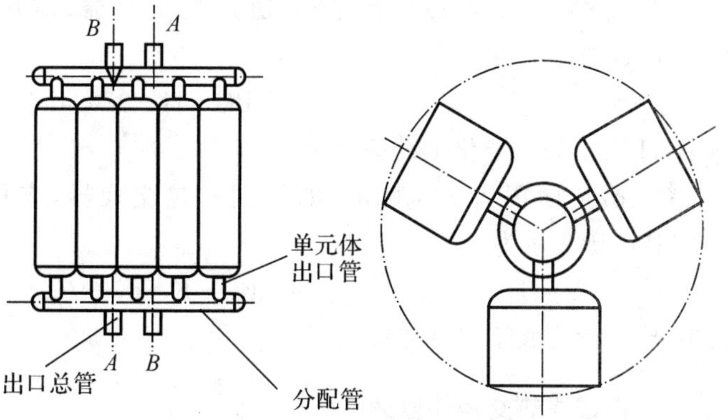

图 3 - 3 - 14 并联组装示意图

板翅式热交换器的传热强度高,主要是由于翅片表面的孔洞、缝隙、弯折等促使流动,破坏热阻大的层流底层,所以特别适合于气体等传热性能差的流体间传热。据资料介绍,空气强迫对流换热时换热系数可达 35 ～ 350 W/(m² · ℃),油强迫对流时可达 115 ～ 1 745 W/(m² · ℃),水沸腾时可达 1 745～35 000 W/(m² · ℃)。翅片为 0.2～0.3 mm 厚的铝合金材料,布置得很密,使得板翅式热交换器不仅结构很紧凑,而且轻巧牢固。单位体积的传热面积通常比管壳式热交换器大 5 倍以上,最大可达几十倍,其紧凑度一般为 1 500～2 500 m²/m³,最高可达 4 370 m²/m³。在耐压方面,国外的产品已可承受 10 MPa 以上的操作压力。板式热交换器还有一个突出优点是允许有 2～9 种流体同时换热。这种热交换器可在逆流、顺流、错流和错逆流等情况下,以及在－273℃～500℃的温度范围内使用,还可以通过单元之间串联、并联、串并联的组合来满足大型设备的换热需要。由于大多数选用在低温下具有良好机械性能的铝合金制造,故特别适用于空气分离和天然气分离,其使用压力范围也很大,而在重量上要比管壳式轻得多,约轻 15％～50％。

板翅式热交换器的主要不足之处是流道狭小,容易引起堵塞而增大压力降。由于不能拆卸,一旦结垢,清洗就很困难。由于热交换器的隔板和翅片都由很薄的铝板制成,若腐蚀造成内部串漏,则很难准确找到漏的地方,即使找到内漏位置也很难修补。所以,它适用于换热介质干净、对铝不腐蚀、不易结垢、不易沉积、不易堵塞的场合。目前,具有良好耐腐蚀性能的以改性增强的聚四氟乙烯为材料的非金属板翅式热交换器已成功地应用于化学工程等方面。此外,不锈钢板翅式热交换器也已得到应用,使工作压力、工作温度提高,并能改善抗蚀性能。

根据国标 NB/T 47006—2009(JB/T4757),铝制板翅式热交换器的形式表示法为

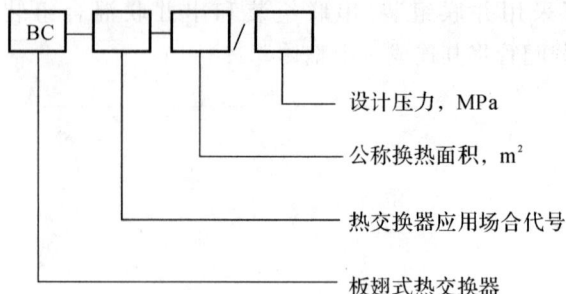

BC — □ — □ / □

设计压力,MPa

公称换热面积,m²

热交换器应用场合代号

板翅式热交换器

示例:

(1)换热面积为 850 m² 的板翅式热交换器,应用于乙烯冷箱中,最高设计压力为 4.6 MPa,则表示为

$$BC - H - 850/4.6$$

其中,H 表示为属于化工设备。

(2)换热面积为 8 000 m² 的板划式热交换器,应用于空分装置中,最高设计压力为 0.9 MPa,则表示为

$$BC - K - 8000/0.9$$

其中,K 表示为属于空分装置。

二、板翅式热交换器概述

(一)板翅式热交换器结构

1.单元体与整体结构

板翅式热交换器主要由翅片、隔板和封条组成,如图 3 - 3 - 15 所示。翅片、隔板和封条组成单元体,波形翅片置于两块平隔板之间,并由侧封条密封固定,一定数量的单元体进行不同组合,并用钎焊焊牢就组成常用的板束或芯体组装件。通常在板束顶部和底部各放置一层绝热的假翅片层,由较厚的翅片和隔板制成,无流体通过。板束上设置有导流片、封头和流体出入口接管,这样构成一个完整的板翅式热交换器(或单元体),如图 3 - 3 - 16 所示。

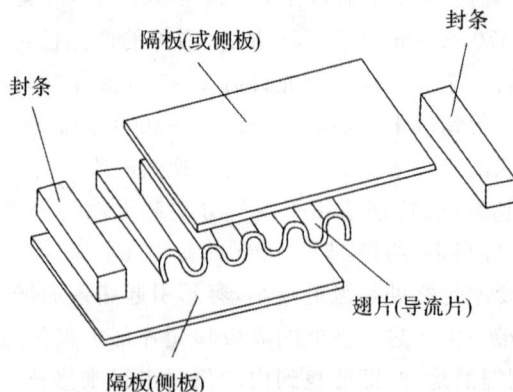

封条

隔板(或侧板)

封条

翅片(导流片)

隔板(侧板)

图 3 - 3 - 15　板翅式热交换器单元结构

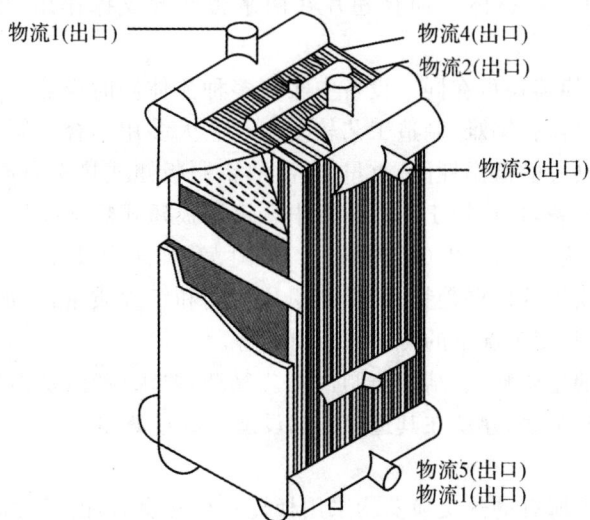

图 3-3-16 板翅式热交换器单元体结构

冷热流体分别流过间隔排列的冷流层和热流层而实现热量交换。一般翅片传热面积占总传热面积的 75%~85%,翅片与隔板间为钎焊,大部分热量由翅片经隔板传出,小部分热量直接经隔板传出。翅片的形式有很多种,常用的有平直翅片、锯齿翅片、多孔翅片、波纹翅片、百叶窗翅片等,见图 3-3-5。

2.主要零部件与材质

板翅式热交换器主要由翅片、封条、平隔板、导流片和封头等零部件组成。

(1)翅片。翅片主要起传热的作用,同时还在两层平隔板间起支撑作用,使薄板单元件结构有较高的强度和承压能力。其材质主要根据处理介质的腐蚀性能及操作条件来确定,一般采用不锈钢、铝合金。

(2)封条:起固定板片的作用,一般与翅片材质相同。

(3)平隔板:起夹紧翅片形成单元体结构的作用,结构轻巧、紧凑,单位体积的传热面积可达 1 500~5 900 m²/m³,温度可达 800℃,相当于管壳式热交换器的 10 倍以上,且在同样换热面积情况下的质量只有管壳式热交换器的 10%~65%。其适用范围也较广泛,可用于气-气、液-气以及液-液间的热交换,也可以用作冷凝器和蒸发器。对于采用铝合金制造的板翅式热交换器,由于铝合金的低温延性和抗拉性好,特别适用于低温和超低温场合,在现代化工业中,也广泛用于深冷净化工艺。

3.主要特点

板翅式热交换器的主要优点如下。

(1)效能高。因翅片对流体的扰动,使构成热阻的边界层不断更新,传热系数一般为管壳式热交换器的 3 倍;而且在小温差(1.5~2℃)下,热(冷)量回收效果好。用于气-气换热时效果最好。

(2)结构紧凑。因大部分热量是经翅片通过平板传递,设备单位体积的传热面积可达 1 500 m²/m³。

(3)质量轻。传热面积相同时,质量近于管壳式热交换器的 1/5。

(4)坚固。因板束为一整体件而且翅片在两平板间起支撑作用,故可承受较高的工作压力。

此外,板翅式热交换器还可在同一设备中实现多种流体同时换热。但板翅式热交换器通道狭小、易堵塞,清洗维修较困难,制造工艺较复杂。它大多用铝合金制造,也可用铜、不锈钢和钛等。由于铝具有良好的低温性能、重量又轻,故铝制板翅式热交换器特别适用于制氧、乙烯和氨液化等深低温设备,也可用于动力装置中。铝制板翅式热交换器一般用于设计压力小于 6.3 MPa,设计温度为−270～200℃的场合。中国、美国、英国和日本等都已生产板翅式热交换器。板翅式热交换器的发展趋势是:提高翅片精度和钎焊质量,增加品种和规格,加强对翅片性能、多股流和有相变工况下的传热机理研究等。

板翅式热交换器的主要缺点:结构与制造工艺复杂,要求较高,从而导致成本高;检修、拆装十分困难;流道小,易阻塞,建议在其进口处加设适当的过滤器。

4.工业应用

目前空分设备几乎所有的热交换器均采用板翅式热交换器,由于其紧凑、高效、轻巧、铝制结构等特点,在这些方面与其他类型热交换器相比处于绝对优势(但由于承压不高,且单元体体积较小,在高压或特大容量的空分设备热交换器选型中,会考虑其他形式热交换器)。在石油化工的乙烯装置、合成氨装置、天然气液化与分离等装置中,板翅式热交换器也担负着重要的角色。在石化行业中,板翅式热交换器俗称"冷箱",特别适合于制冷、低温、压力不高、介质无强烈腐蚀性的工艺场合。工业深冷、低温设备中的热交换器要求极高的传热效率和非常小的热力不可逆损失,其关键部位的传热温差只有 0.5～1.0 K,这对换热表面的传热效率要求极高。因此,在深低温的氢、氮、制冷液化设备中板翅式热交换器已占据很重要的位置。此外,汽车、航空工业是板翅式热交换器的发源领域,这方面的应用不言而喻。值得一提的是,目前在工程机械、通用机械、内燃机车等领域,板翅式热交换器也被广泛应用于各种油、水、气体的冷却器,前景良好。

(二)板翅式热交换器的制造与检验

1.基本制造工艺

板翅式热交换器的制造工艺主要有非焊接的黏结、有溶剂的盐浴钎焊、无溶剂的真空焊和气体保护钎焊等。盐浴钎焊的制造工艺流程如图 3−3−17 所示。

2.板翅式热交换器的检验

热交换器的试验方法和检验规则按《压力容器安全技术监察规程》和(JB/T 7261−1994)《铝制板翅式换热器技术条件》附录 A(补充件)的规定。热交换器的检查和试验除有关项目规定在使用现场进行外,一般应在制造厂内进行,每台热交换器须经制造厂技术检验部门检验合格,并附有产品合格证方可出厂。板翅式热交换器的试验、检验项目主要有以下几种。

(1)清洁度测试。用盐浴钎焊法制造的板束内应进行清洁度测试,采用硝酸银与氯化物化学反应生成不溶于水的氯化银沉淀来衡量板束内氯化物残留量的方法。具体检验方法根据(JB/T 7261−1994)《铝制板翅式换热器技术条件》附录 A(补充件)的规定进行,清洁度应符合其相关规定。

(2)压力试验。板翅式热交换器的压力试验除(JB/T 7261−1994)《铝制板翅式换热器技术条件》或设计图样中有特殊规定外,一般应按《压力容器安全技术监察规程》的规定。

板翅式热交换器的耐压试验包括液压和气压试验,对于不适合做液压试验的热交换器可用气压试验,但气压试验前对接焊缝须经 100％射线探伤检查,其余焊缝应采用焊透结构,并进行着色探伤检查;试压时应有必要的安全措施,以保证安全。

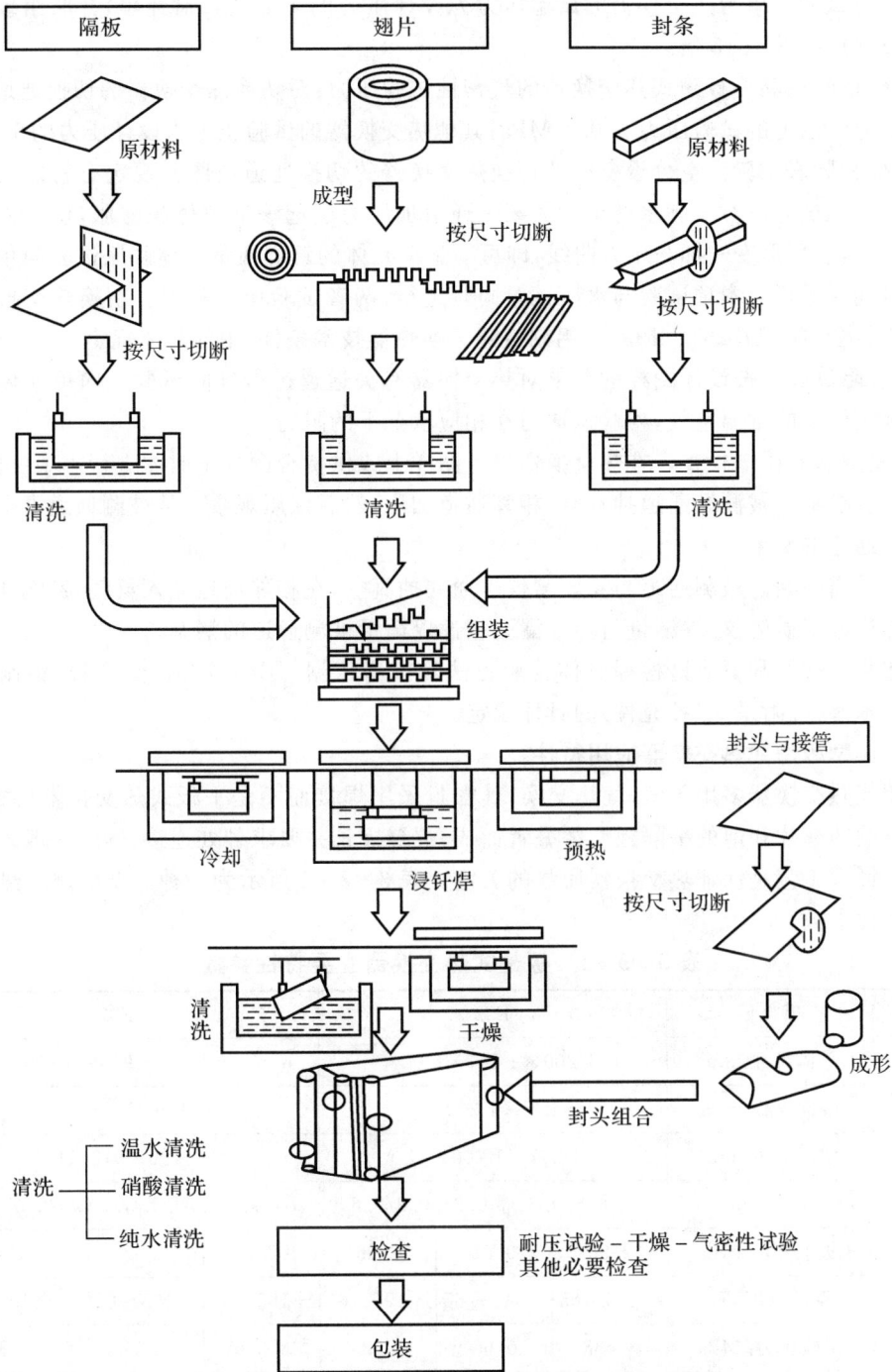

图 3 - 3 - 17　板翅式热交换器盐浴钎焊的制造工艺流程

1)液压试验。板翅式热交换器的液压试验一般应采用水为试验介质,水必须是洁净的。

试验压力:空分设备中的切换热交换器切换通道为 1.6 MPa;冷凝蒸发器的氮气通道为 1.2 MPa;其他通道均为设计压力的 1.5 倍。当设计压力小于 0.1 MPa 时可不作液压试验。

2)气压试验。单台热交换器的试验压力为设计压力的 1.25 倍;对经串、并联组装的热交换器为设计压力的 1.15 倍。

(3)气密性试验。板翅式热交换器的气密性试验压力:对切换热交换器的切换通道和冷凝蒸发器的氮气通道的试验压力为 0.7 MPa;其他热交换器的试验压力为设计压力的 1.1 倍。

(4)体积膨胀试验。空分设备中的切换热交换器的切换通道或图样规定有特定要求的通道应进行本项试验。对充满水的单元体某一通道加压力引起该通道体积膨胀,使进入通道内的水量增加,利用形变-时间-压力曲线,即可衡量单元体的钎焊质量。体膨胀试验与单元体水压试验可同时进行。本项试验与水压试验同时进行,两者试验压力相同。切换热交换器的体膨胀率应符合(JB/T 7261—1994)《铝制板翅式换热器技术条件》中的具体规定。

(5)气阻试验。按设计图样的要求对热交换器有关通道进行气阻试验。向单元体被测通道通入规定流量的常温空气,检验该通道在相应状况下的阻力。

(6)真空和氦质谱检查。在热交换器设计图样上或供货合同规定时才进行本项试验。

1)真空检漏。被测试通道抽真空,相邻通道加压,然后保压观察。从被测通道真空度变化来测定该通道的漏率。

2)氦质谱检漏。被测通道与氦质谱仪连通并抽真空,在相邻通道通入氦气,氦气如漏入被测通道即进入氦质谱仪,渗漏量与标准漏孔相比以衡量被测通道的漏率。

上述真空检漏和氦质谱检漏具体检验方法和漏率依据(JB/T 7261—1994)《铝制板翅式换热器技术条件》附录 A(补充件)的具体规定。

(三)典型板翅式热交换器应用特性

板翅式热交换器多用于气-气热交换,其密封采用焊接而不是平板式热交换器的橡胶垫。它由大量的薄翅片和薄的平隔板交替叠置而成,焊缝极长并要求各处连接良好,一般采用盐浴钎焊法。钎焊工艺是保证热交换器质量的关键。表 3-3-1 所示为一种典型板翅式热交换器的主要特性参数。

表 3-3-1 板翅式热交换器主要特性参数

分 类	项 目	E32			E33		
结构参数	总体尺寸/mm	1 200×1 247×6 000			1 200×913×3 900		
	端面盖板/mm	1 247×1 200×5			1 200×913×5		
	中间盖板/mm	1 247×1 200×11			1 200×913×1.1		
	翅片/mm	高 6.5/9.6、厚 0.25/0.3/0.6			高 6.5/9.5、厚 0.25/0.3/0.6		
设计参数	设计压力/MPa	2.95	0.52	2.66	2.7	0.52	2.66
	设计温度/℃	−195~65	−195~65	−195~65	−195~65	−195~65	−195~65
	试验压力/MPa	3.688	0.65	3.325	3.375	0.65	3.325
	探伤要求	局部			局部		
	设计质量/kg	8 165×(1±10%)			3 811×(1±10%)		
	设计规范	ASMWⅧDIV.1			ASMWⅧDIV.1		

板翅式热交换器为不可拆热交换器,以深冷净化系统设备为例,其典型物流如图3-3-18所示,设备置于封闭冷箱中。在冷箱中共有两台进出口板翅式热交换器,两台热交换器上下位置安装,中间由管道相连,每一台热交换器有两个集气管。热交换器的四周用铁板围住,两者之间的空间用保冷材料珍珠岩填充,冷箱中通入 N_2 以防爆。上部热交换器共134个隔室,下部热交换器共99个隔室,热交换器分别由端盖板、隔板、中间盖板、翅片组成,采用铅铁钎焊而成,在每一台热交换器内部分别设计有三个通道,通道介质为原料气、放空气、合成气。热交换器工艺参数与组分见表3-3-2。

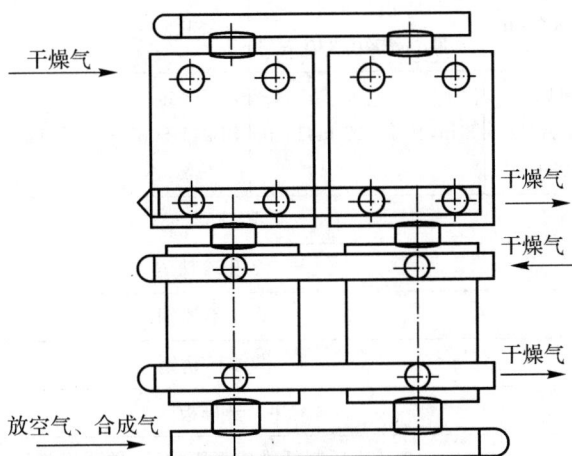

图3-3-18 板翅式热交换器多物流组成

表3-3-2 工艺参数与组分

项 目	E32			E33		
	通道1	通道2	通道3	通道1	通道2	通道3
操作压力/MPa	2.65	0.14	2.35	2.65	0.14	2.4
操作温度/℃	−129~4.4	−134~2.2	−134~2.2	−175~−132	−185	−182~−134
介质	干燥气	放空气	合成气	干燥气	放空气	合成气
容积/L	2 341	1 644	2 101	1 161	825	951
换热面积/m²	9 391			4 193		

设计要求有以下几点:

(1)满足正常生产流量,保证热交换器有良好的传热效率,且流体压力降不超过最大压力降。

(2)热交换器的设计、制造、检验应满足 ASME 标准,流体通道必须进行压力测试,保证冷热流体通道畅通。

(3)热交换器通用铝材,各装配部分材料标准见表3-3-3,原料气进口、接口、合成气出口、放空气出口为法兰连接,所有其他接管,包括集气管为焊接。

表 3 - 3 - 3　板翅式热交换器材料

部件名称	E32		E33	
	材料	尺寸/mm	材料	尺寸/mm
端盖板	SB209 3003 - 0	1 200×1 247×5	SB209 3003 - 0	1 200×913×5
封头	SB209 5083 - 0		SB209 5083 - 0	
中间盖板	SB209 3003 - 0	1 200×1 247×1.1	SB209 3003 - 0	
翅片	SB209 3003 - 0	高 6.5/9.6 厚 0.25/0.3/0.6	SB209 300 - 30	高 6.5/9.5 厚 0.25/0.3/0.6
管道	SB241 5083 - 0/A112 SB209 5083 - 0	8 in,10 in,12 in,14 in	SB241 5083 - 0/H112	10 in,12 in
钢壳体	RST52 - 3			
填充保冷材料	多孔珍珠岩			
支梁	304 不锈钢			
连接螺栓	304 不锈钢			
隔冷材料	云母板			
箱体密封垫片	3 mm 压制纤维或氯丁橡胶、硬质聚氨醇			

（4）热交换器最大解冻温度为 65℃，工艺流体每个隔室允许有 7 kPa 的压力降，集气管和翅片最大压力降不应超过整个压力降的 20%。整个压力降包括进集气管、进分布管、隔室、出分布管和出集气管的压力降。

（5）热交换器安装在冷箱内，集气管、隔室、盖板、分布管、通气道布置符合设计要求，隔室相互独立，不用钎焊。热交换器垂直安装，最低点装排污阀，所有接管通道通过盖板底部接管切向冲刷。

（6）所有法兰连接采用 ANSI B16.5 标准；零部件完整齐备，质量符合要求；仪表仪器和各种安全装置齐全、完整、灵敏、准确；基础完好，无倾斜、下沉和裂纹等现象；各连接螺栓、地脚螺栓紧固、整齐，无锈损，符合技术要求；管道、管件、阀门、管架等安装合理，牢固完整，标志分明，符合要求；技术资料齐全。

三、板翅式热交换器的维护与检修

（一）板翅式热交换器的维护

1. 日常维护

（1）操作人员严格执行操作规程，确保进出口温度、压力及流量控制在操作指标内，防止急剧变化，并认真填写记录。

（2）定期检查壳体、封头、管子和法兰连接处有无异响、腐蚀及泄漏；设备与管道及相邻构件之间有无摩擦或碰撞；内部有无跑冷现象，监测冷箱进出口压差。

（3）检查设备的安全附件是否齐全、灵活、可靠。有关管件、附件是否齐全完好，切换系统运行是否正常,发现缺陷及时消除;勤擦拭、勤打扫,保持设备及环境的整洁,做到无污垢、无垃圾、无泄漏。

(4)检查冷箱的保冷效果是否良好,外壁有无结冰、结霜或凝水等现象,冷箱内的氮封压力是否正常。检查冷箱顶部珠光砂下沉情况,如有下沉及时补充。

(5)维修人员每天应定时巡回检查,发现跑、冒、漏、滴及时处理;保证各种机、电仪设备状态良好,阀门开关灵活;检查各连接件的紧固螺栓是否齐全、可靠。

(6)从冷箱底部检查板束单元两侧强度层排气孔有无冷气逸出(或排气管外是否凝水或结霜),必要时分析各通道进出口气体或冷箱逸出气体以及对冷凝水捕集器排比液的成分进行查漏。

(7)检查热交换器阻力、端面温差、中抽温度、冷箱氮封压力等参数是否正常。检查设备、自动阀箱及工艺配管等有无泄漏,对运行中无法处理的异常情况做好详细记录,便于停车检修时安排处理。如泄漏部位位于冷箱内,且用珠光砂作为保冷材料时,须尽快安排处理。

(8)严格执行交接班制度,未排除的故障应及时上报,故障未排除不得盲目开车。

(9)维护时间:操作人员每2h检查一次;仪表人员每天检查一次(节假日除外);主要工艺指标每小时记录一次;设备员每月检查一次并做好记录。

2.定期检查

按照《化学工业设备动力管理规定》附件中设备完好四条规定的标准每月进行评级检查;按照《压力容器安全技术监测规程》的要求,每年至少进行一次外部检查,检查内容依据规程规定。

3.过滤器的清洗

不可拆板翅式热交换器结构复杂,流体通道狭小,不便清洗。所以前端常设置两台过滤器,一台运行,一台备用,压力降超过最大压力降,随时切换清洗,表3-3-4为某热交换器管线中典型过滤器规格特性。

表3-3-4　过滤器规格特性

项　目	过滤器参数	
工艺条件	流体组分	65%N$_2$+32%H$_2$+2%甲烷
	设计流量/(m^3·h^{-1})	5 670
	滤芯密集孔/μm	8
	过滤率(3~10 μm)	99.7%
	操作温度/℃	4.4
	操作压力/MPa	2.65
	密度/(kg/m^3)	12.8
	黏度/(mPa·s)	0.015
设计要求	最大干净滤芯压力降/(G)MPa	0.003 5
	最大用后滤芯压力降/(G)MPa	0.01
	最大过滤器进出口压力降/(G)MPa	0.35
	设计温度/℃	−12~270
	设计压力/(G)MPa	2.95
	试验压力(G)MPa	4.42
	壳体腐蚀余量/mm	3

4.开、停车及运行中的注意事项

(1)发生下列情况之一时,操作人员应采取紧急措施,尽快停止设备运行。

1)热交换器及外部铁箱结构严重变形。

2)热交换器及管道损坏引起火灾或无法紧急处理。

3)在开停车过程中系统发生不正常现象危及设备安全。

4)其他危及人身和设备安全的紧急情况。

(2)正常运行的冷箱,因故障停车后,一般都需要解冻处理,方法如下。

1)将冷箱隔离,工艺气走旁路。

2)向冷箱通入露点低于-50℃并经过加热的氮气或经过分子筛干燥后的工艺气,注意热气温度不能高于65℃,升温速度控制在15~20℃/h,不得超过30℃/h。

3)通过调整解冻线上各阀门,使冷箱更快且合理均匀地升温、吹扫。

4)分析各排放点的水分,油露点低于-60℃,油含量小于$2×10^{-6}$时,认为吹扫合格,封闭冷箱,以备开车。

5)如因粉尘堵塞,在升温后还应进行爆破吹扫未清除的粉尘,吹扫后设备立即复位,并用合格气体置换好,备用。

6)根据紧急停车的原因采取相应的处理措施。

5.常见故障与处理

常见故障与处理方法可参阅表3-3-5。

表3-3-5 常见故障与处理

序 号	故障现象	故障原因	处理方法
1	热交换器压差增大	工艺空气带水	调节工艺参数,严重时停车解冻;如由设备系统引起,应检查修复系统设备
		切换阀、均压阀、自动阀箱漏气	停车时消除泄漏部位
		板束堵塞	调整切换周期,加大反流氮气量
2	短期停车切换阀冻住	停车后通道内冷气下沉	外部用低压蒸汽加热
3	产品纯度低	板束单元有内漏	停车处理内漏通道;如为维持产品纯度低,也可通过带压开孔将来自泄漏通道的低纯度气引出
4	安全阀泄漏,不能维持正常生产	阀座、阀芯磨损,密封失灵	停车检修安全网,安全阀重新校验
5	热交换器温度、压力波动大,出口温度分布不均	热交换器内有水已结冰	停车解冻
		有油进入热交换器	控制好膨胀机油系统压差
		压力表、温度计失灵	更换压力表、温度计

(二)板翅式热交换器的检修

1.检修内容

(1)小修项目。

1)检查热端板束、封头、接管及其他开孔处的所有焊缝;检查板翅式热交换器管线有无损坏,视情况对切换通道热端上的封头、连通管、集气管间连接焊缝进行着色检查。

2)对设备进行定点测厚,特别是空气进集气管的切换阀后管段。

3)必要时在封头或接管上开小孔,用内窥镜检查板束端部的隔板、导流片、封头接管内部及积液槽的腐蚀、冲刷等情况。

4)检查设备基础下沉、倾斜及开裂等现象,视情况采取加固措施;检查、滑动支板、固定支板及挂架,检查活动支座、基础螺栓有无松动、锈蚀,支座导向垫是否完好,视情况进行预紧或更换。箱体刷漆防腐。

5)对设备所属切换阀、均压阀、自动箱、安全阀及仪表指示、控制系统等应按有关规程进行检查、修复和校验,必要时予以更换。

6)及时消除运行中存在的缺陷及漏点;随系统一起对自动阀箱及冷箱底部的切换阀、均压阀等进行气密查漏。

(2)大修项目。

1)包括小修项目。

2)对设备进行内外部检验。

3)检查冷箱内设备接管及工艺配管等有无弯曲、压瘪等缺陷,设备、管道相邻构件之间有无擦碰痕迹。

4)对运行中存在缺陷的板束单元进行处理,板束单元损坏严重难以修复时予以更换。

5)根据有关规范进行耐压试验和气密性试验。

2.检修与质量标准

(1)检修前准备。

1)根据检修类别,编写检修施工方案。检修之前,要进行广泛调查,做好技术交底工作,取得各方面的资料和记录并认真研究制定检修施工方案。检修前应准备好有关的检修资料,主要包括以下几项内容:了解热交换器一段时间内运行情况;对制造厂资料进行审查,安装资料和交工记录要齐备;检修用的各种图表、图样、记录表格要认真设计且应齐全;认真熟悉并掌握技术标准和相关的规范。

2)准备好检修必备的工器具、材料、施工机械等。各种备品备件要齐全、合格且安全可靠;各类防护用品齐全可靠。

3)处理设备系统。排尽积液槽中液体,系统泄压后,加热吹扫至常温;必要时应进行置换,工艺人员在停车以后对热交换器进行置换,从排放出口取样分析合格,办理设备交出证;进入冷箱内要经过可燃气体检测分析;各种照明电器均应是防爆的,电压为 12 V;36 V 以上各种电动工具要有合格的漏电保护措施;人员进入容器要办入罐证、登高作业证。

4)做好技术培训,办好检修施工作业许可证。参加检修人员必须了解设备结构及有关技术资料;对受压元件进行施焊的焊工,必须持有相应有效的焊工合格证;按有关规定进行焊接工艺评定,合格后制定出焊接工艺规范,检修中按此规范施焊;参加人员施工前应对使用机具、备品备件、材料的型号、规格、数量、质量等进行检查、核对,以确保符合技术要求;做好检修人员的安全教育,采用必要的检修安全措施,动火前要办理动火证。

5)制定焊接修理方案。凡属受压元件的施焊修理(焊补、堆焊、挖补、更换受压元件等),应另行编制施焊修理方案,经有关部门审查,企业主管技术负责人批准后实施。方案中除对施焊部位的打磨、切割、成形等提出要求外,还应对焊工、焊接材料、焊接工艺和热处理、质量标准等提出明确要求。

(2)拆卸与检查。

1)打开冷箱入孔,扒除、清理保冷材料。

2)用盲板隔断与其相连接的设备和管道,及有明显的隔离标记,并作详细记录。

3)开口的管口应及时进行封闭保护,以防潮气或异物进入。

4)试压、查漏并标出泄部位,必要时对各通道充压,检查设备内漏情况。

5)对设备进行外观检查;检查设备的基础、支座、支架、整块及螺栓;检查工艺配管变形情况;视情况进行无损检测。

(3)检修。

1)根据《在用压力容器检验规程》对设备进行内外部检验,对检验中发现的超标缺陷进行处理。缺陷打磨部位的剩余壁厚小于原设计计算厚度时,必须进行补焊处理。

2)根据内部检查情况和测厚结果,判定壁厚减薄情况,对于强度不足的封头、连通管、集气管应采取堆焊、挖补等补强措施,堆焊表面不得高出母材表面 2 mm,否则高出部分应磨去,严重时予以更换。

3)设备接管及工艺配管变形严重时应予以矫正,修复困难则更换管段。

4)经检查发现板束外漏时应进行修理,板束外漏可用局部补焊的方法处理。如果板式热交换器与管道发现外漏,要根有关规定进行补并进行气密性试验。

5)对运行内在的板束单元进行处理,板束的内漏一般是由隔板损坏或封头内的封条与隔板间的焊缝质量不好产生,当泄漏由隔板损坏引起时可将那层通道堵掉,当损坏的那层通道较靠近强度层时也可采用局部挖补堵解处理,对封头内的封条部位的泄漏可用局部补焊的方法处理,如堵掉那层通道是从相邻的切换通道泄漏过来,若结构允许则应在堵掉该通道前在这两个相邻道间的隔板底部打孔连通。

6)外部管道与设备连接前应进行处理,并用干燥、无油的洁净空气或氮气进行吹扫,确认合格后方可与设备连接,当用氮气吹扫时,应采取防窒息措施。

(4)质量标准。

1)氩弧焊焊接和焊缝探伤要求应符合(JB/T 7261—1994)《铝制板式换药器技术条件》、(JB/T4734—2002)《铝制焊接容器》、(JB/T9071—1999)《铝制空气分离设备氩弧焊工艺规程及焊接工艺评定的有关规定》及(GB50236—1998)《现场设备工业管通焊接工程施工及验收规范》等标准、规范中的有关规定。

2)钎焊缝的补焊长度不应超过该面封条总长度的1%,打磨后未补焊部位应圆滑过度,不得有槽成棱角,侧面斜度应不大于1/4。

3)设备表面机械损伤深度不超过壁厚的8%且不大于 2 mm,对切换通道上的表面损伤还须打磨至圆滑过渡。

4)处理内漏时,堵掉的每种流体通道层数不应超过该流体通道总层数的10%。当设备换热面积裕量较大时,可适当超过上述比例;如切换通道间泄漏层数较多,应尽量保证二切通道堵掉的通道层数相近。

5)内设备修复后,复位前应按(JB/T 7261－1994)《铝制板翅式换热器技术条件》及其附录 A 铝制板翅式换热器性能试验方法(补充件)的有关条款进行试验和验收。

6)设备安装中心距允差为±5 mm,垂直度允差为高度的 1‰,管口或法兰面应垂直于接管或单元体的主轴中心线,安装接管法兰应保证法兰面的水平或垂直(有特殊要求时应按图样规定),其偏差 ΔT 均不得超过法兰外径的 1‰(法兰外径小于 100 mm 时按 100 mm 计算),且不大于 3 mm,法兰螺栓通孔应与接管主轴线或铅垂线跨中布置。

7)脱脂后的表面清洁度应符合(JB/T6896－1993)《空气分离设备表面清洁度》的有关规定。

3.试验与验收

(1)试验前的准备。

1)试验前必须确认设备检修已全部结束,并经检查合格。

2)试验现场应划定安全防护区,要有明显的安全标志和可靠的安全防护措施。

3)试验用压力源装置应放在安全可靠、便于操纵的地点,试验介质应采用洁净、干燥、无油的空气或氮气。

4)不参与气压试验部分必须用盲板隔断。

5)试验单位的安全部门应进行观场监督。

(2)压力试验。

1)新设备安装前应进行耐压试验和气密性试验,如在制造厂已进行耐压试验并有合格证的可不再进行耐压试验,但须进行气密性试验;当发现设备有损伤或在现场作过局部改装时,仍应进行耐压试验;安装后再与系统一起进行气密性试验。

2)检修后的设备应作耐压试验及气密性试验。如果现场条件不允许进行耐压试验,经使用单位技术总负责人批准,允许以工作压力下的泄漏性试验代替。压力试验的试验压力和试验方法按有关规范规定。

(3)裸冷。

1)设备大修后应进行裸冷试验,并按设备技术文件的规定或裸冷方案进行。

2)裸冷试验时检查设备、配管、阀门等低温变形及补偿性能,根据结霜的情况判断有无泄漏,并将泄漏部位做上标记。在裸冷试验后化霜前,应将冷箱内所有法兰及阀门连接螺栓紧固一遍。裸冷试验后,如又进行补焊、密封面处理等,必要时应再进行裸冷试验。

(4)验收。

1)热交换器检修结束后作全面的检查验收。确认完成全部检修项目,检修质量达到要求,所有检修项目应有完整的检修记录,工程交工验收时,施工单位应根据检修内容提供完整的交工资料。

2)检修现场应清理干净,做到"工完、料尽、场地清"。

3)清扫整个设备系统,设备管道阀门均畅通无阻。设备所属各附件应安装齐全、完整无缺,仪表切换控制系统运行完好,切换阀动作灵活、可靠,合乎工艺要求。

4)负荷试车检验,各项指标应达到工艺要求。检验中应检查有无泄漏、异响,如未发现泄漏、介质互串,温度及压力在允许值内,则检验合格,连续运行 24 h 未见异常,即可交付生产。

任务实施

项目任务书和项目任务完成报告见表 3-3-6 和表 3-3-7。

表 3-3-6　项目任务书

任务名称	板翅式热交换器的维修		
小组成员			
指导教师		计划用时	
实施时间		实施地点	
任务内容与目标			
1.掌握板翅式热交换器的构造和工作原理。 2.掌握板翅式热交换器的制造与检验。 3.了解典型板翅式热交换器应用特性。 4.能够运行板翅式热交换器的维护与检修。			
考核项目	1.板翅式热交换器构造和工作原理。 2.翅式热交换器的制造与检验。 3.板翅式热交换器的维护与检修。		
备注			

表 3-3-7　项目任务完成报告

任务名称	板翅式热交换器的维修		
小组成员			
具体分工			
计划用时		实际用时	
备注			

1.根据图 3-3-3(a)所示,填写板翅式热交换器的基本构造,并阐述板翅式热交换器的工作原理。

2.简述翅式热交换器的制造与检验内容。

3.简述板翅式热交换器的维护与检修内容要求。

任务评价

项目任务综合评价见表 3-3-8。

表 3-3-8 项目任务综合评价表

任务名称： 测评时间： 年 月 日

考核明细		标准分	实训得分								
			小组成员								
			小组自评	小组互评	教师评价	小组自评	小组互评	教师评价	小组自评	小组互评	教师评价
团队60分	小组是否能在总体上把握学习目标与进度	10									
	小组成员是否分工明确	10									
	小组是否有合作意识	10									
	小组是否有创新想（做）法	10									
	小组是否如实填写任务完成报告	10									
	小组是否存在问题和具有解决问题的方案	10									
个人40分	个人是否服从团队安排	10									
	个人是否完成团队分配任务	10									
	个人是否能与团队成员及时沟通和交流	10									
	个人是否能够认真描述困难、错误和修改的地方	10									
合计		100									

思考练习

1. 板翅式热交换器的结构单元主要由_____、_____和_____组成。

2. _____是板翅式热交换器的最基本元件。冷热流体之间的热交换大部分通过_____，小部分直接通过_____来进行。

3. 翅片的形式很多，如_____翅片，_____翅片、_____翅片、_____翅片，_____翅片、_____翅片、_____翅片等。

任务四 翅片管热交换器的应用

任务描述

翅片管热交换器是一种带翅（亦称带肋）的管式热交换器，它可以有壳体也可以没有。翅片管热交换器在动力、化工、制冷等工业中有广泛的应

PPT

翅片管热交换器的应用

用。随着工业的发展,工业缺水以及工业用水的环境污染问题日益突出,空气冷却器的应用更引起人们的重视,在许多化工厂中有 90% 以上冷却负荷都由空冷器负担。与此同时,传热强化方面研究的进展,使得低肋螺纹管及微细肋管等在蒸发、冷凝方面的相变换热得到广泛应用。

任务资讯

一、构造和工作原理

翅片管热交换器可以仅由一根或若干根翅片管组成,如室内取暖用翅片管散热器,也可再配以外壳、风机等组成空冷器式的热交换器。

翅片管是翅片管热交换器中的主要换热元件,翅片管由基管和翅片组合而成,基管通常为圆管[见图 3-4-1(a)],也有扁平管[见图 3-4-1(b)]和椭圆管[见图 3-4-1(c)]。管内、外流体通过管壁及翅片进行热交换,由于翅片扩大了传热面积,使换热得以改善。翅片类型多种多样,翅片可以各自加在每根单管上[见图 3-4-1(a)],也可以同时与数根管子相连接[见图 3-4-1(b)(c)]。

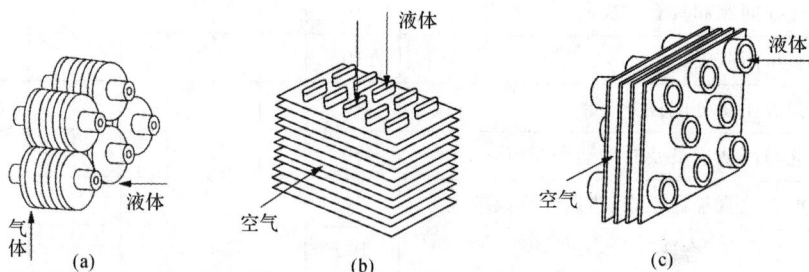

微课
翅片管热交换器

图 3-4-1 翅片管热交换器

(a)圆管; (b)扁平管; (c)椭圆管

空冷器是一种常见的翅片管热交换器,它以空气作为冷却介质。其组成部分包括管束、风机和构架等(见图 3-4-2)。

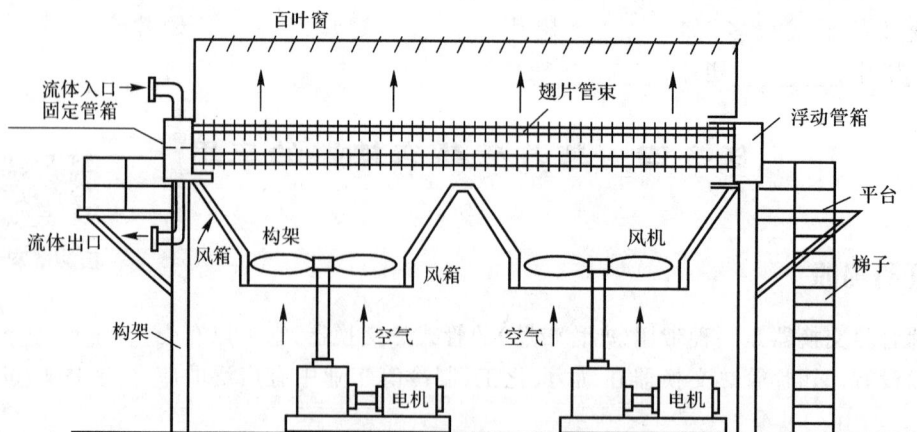

图 3-4-2 空气冷却器的基本结构

管束是空冷器中的主要部分,它由翅片管、管箱和框架组成,是一个独立的结构整体(见图3-4-3)。它的基本参数有管束形式(指水平式、斜顶式等),工作压力和温度,翅片管形式和规格,管箱形式、管束长度和宽度、管排数和管程数等。型号表示法为

形式×长度×宽度—管排数 换热面积 工作压力 翅片管形式 管程数 法兰形式

$$P9\times3—4\frac{3020}{129}16\ R\ \mathrm{II}\ a$$

即 P 代表水平式管束,长、宽各名义尺寸分别为 9 m 和 3 m,4 管排,翅片表面积和光管表面积分别为 3 020 m² 和 129 m²,压力等级为 16×10^5 Pa,R 代表绕片式翅片管,II 代表 2 管程,a 代表法兰密封面为平面型。

低翅管(低肋螺纹符或螺纹管)热交换器是翅片管热交换器的另一种形式,它们的翅高约为 2 mm,翅化比相当小,3~5,不适用于空气而适用于低沸点介质的冷凝或蒸发。其基本结构与管壳式热交换器相同,即具有管束、折流板、管板、壳体及管箱等部件。

微细肋管是在低翅管基础上发展和演变而成的用于强化冷凝或沸腾的传热管。在强化冷凝传热上有:强化管外冷凝的日本锯齿形翅片管(Thermoexcel-C 管),我国的 DAC 管及花瓣形翅片管,德国的 GEWA-TXY 管,强化管内冷凝的螺旋槽管和内螺旋翅片管,双面强化的(管内为螺旋槽,管外为锯齿形或花瓣形翅片)复合冷凝传热管等。在强化沸腾传热上有:德国的 T 管(GEWA-T 管),日本的 Thermoexcel-E 管,我国的 DAE 管,美国的 Turbo-B 管,多孔管等。

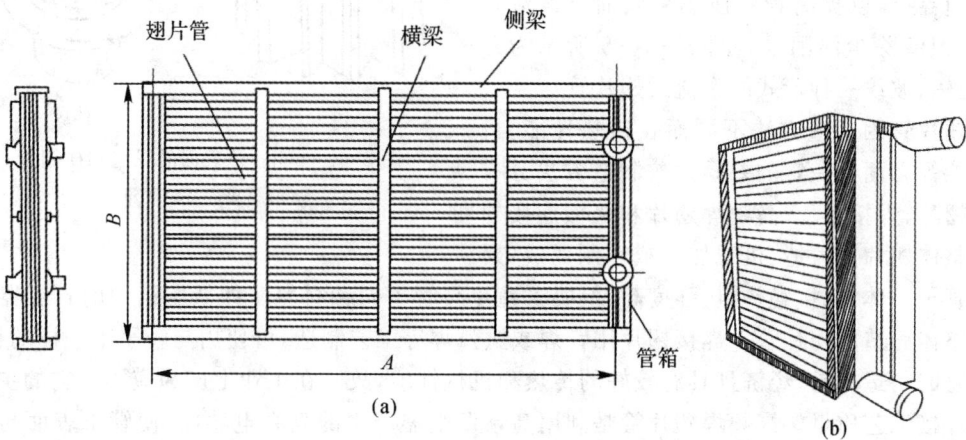

图 3-4-3 空冷器管束(中、低压)

(a)结构简图; (b)实物图

A—管束长; B—管束宽

翅片管热交换器由于在管表面上加热,不仅传热面积增加(比光管可增大 2~10 倍),而且可以促进流体的湍流,所以传热系数比光管可提高 1~2 倍,特别是当有翅侧的 α(换热系数)远低于另一侧时,收效尤其显著。由于传热能力的增强和单位体积的传热面加大,与光管比,翅片管热交换器在完成同一热负荷时用较少管数,壳体直径或高度也相应减小,结构紧凑并使金属消耗量减少。因为翅片的材料可与基管不同,材料的选择与利用就更为合理。采用了翅片管使介质与壁面的平均温差降低,减轻结垢,并且在翅片的胀缩作用下,已结的硬垢会自行

脱落。翅片管热交换器用作空冷器时,虽然比光管时流阻大、造价高,体积与水冷器比也要大得多,但由于节省了工业用水量,避免了工业用水排放所带来的环境污染,维护费用只有水冷系统的 20%～30%,故空冷器得到了广泛的应用。

二、翅片管的类型和选择

翅片管是翅片管热交换器中的最重要部件。对翅片管的基本要求是:有良好的传热性能、耐温性能、耐热冲击能力(如空冷器在启动、停机或介质热负荷不稳定时)及耐腐蚀能力,易于清理尘垢,压降较低等。

翅片按其在管子上的排列方式,可分纵向和横向(径向)翅片两大类(见图 3-4-4)。其他类型都是这两类的变形,例如大螺旋角翅片管接近纵向,而螺纹管则接近横向,可根据流体的流动方向及换热特点来选择。

是否需要加设翅片和应加在哪一侧以及翅片的形式和结构尺寸应根据管内、外两侧流体传热性能进行选择。通常宜将翅片设在 a 小的一侧;当两侧 a 接近时,则宜在管内、外两侧均加翅片,或外加翅片,内加麻花铁、螺旋体等扰动元件。翅片管上横向翅片的形状一般都为圆形或矩形,为了使气流流经翅片时产生扰流,破坏其边界层,以提高管外换热系数而有紊流式翅片,但清除尘埃困难。图 3-4-5 所示为开槽、轮辐、波纹三种形式的紊流式翅片管。

翅片管因制造方法不同而在传热性能、机械性能等方面有一定的差异。按制造方法分有整体翅片、焊接翅片、高频焊翅片和机械连接翅片。整体翅片由铸造、机械加工或轧制而成,翅

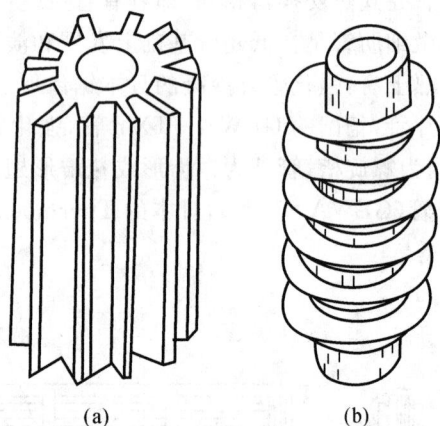

图 3-4-4 管外表面的纵翅和横翅管
(a)纵翅; (b)横翅

片与管子一体,无接触热阻,强度高,但要求翅片与管子同种材料。如低压锅炉的省煤器就是采用整体铸造的翅片管。焊接翅片用钎焊或氩弧焊等工艺制造,可使用与管子不一样的材料。由于它的制造简易、经济且具有较好的传热和机械性能,故已在工业上广为应用。它的主要问题是焊接工艺质量。高频焊翅片管是利用高频发生器产生的高频电感应,使管子表面与翅片接触处产生高温而部分熔化,再通过加压使翅片与管子连成一体而成。这是一种较新的连接方式,因其无焊剂、无焊料、制造简单、性能优良,被越来越多的用户认识和采用。机械连接翅片管有绕片式、镶片式、套片式及双金属轧片式等(见图 3-4-6)。

如图 3-4-7 所示比较了几种翅片管的传热性能。由图可见,绕片式传热性能较差,主要是接触热阻的存在,特别是在运行时,绕片式的翅片张力随温度的增加而迅速下降,使接触热阻也迅速增加。焊片式传热性能最好。套片式性能也比较好,因为翅片紧套于管表面上后再加以表面热镀锌。双金属轧片传热性能类似于镶片式,因为它是在套装后再轧出翅片。

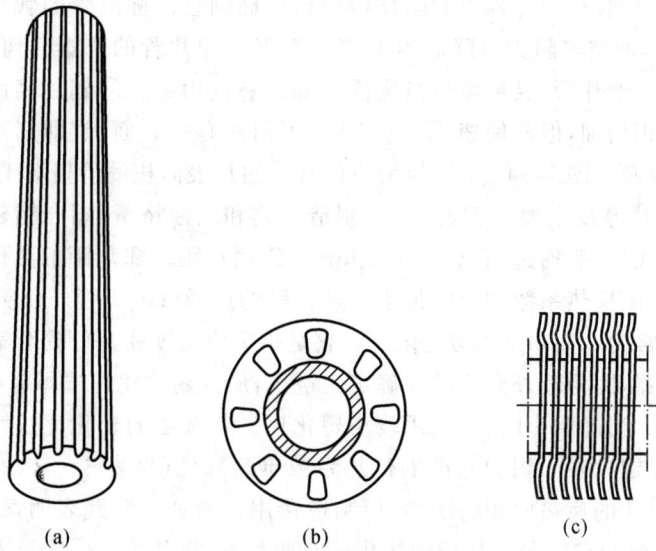

图 3-4-5 几种紊流式翅片管
(a)开槽型； (b)轮辐型； (c)波纹型

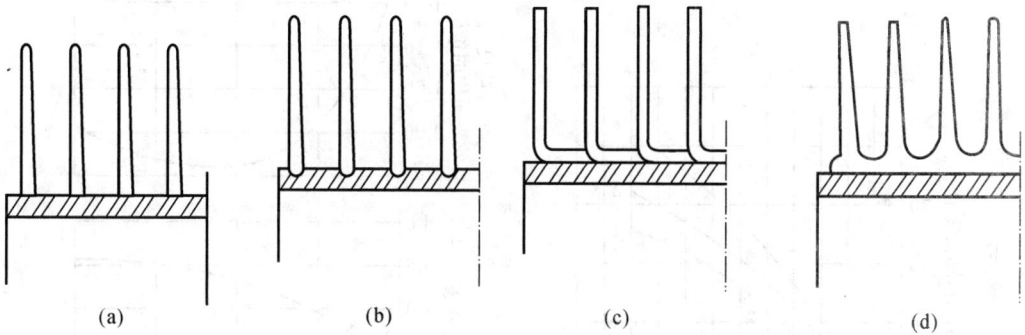

图 3-4-6 几种机械连接的翅片管
(a)绕片式； (b)镶片式； (c)套片式； (d)双金属轧片式

表 3-4-1 列出了用于空冷器中常用的 5 种翅片管的性能评定,其中以"1"为最佳,顺序而下,"5"最差。使用中以 L 型绕片式为最基本电式,只有在对各项性能要求都较高情况下才选用套片管,因为它的价格较高。

表 3-4-1 常用的 5 种翅片管的性能评定

翅片管形式	L 型绕片式	LL 绕片式	镶片式	双金属轧片式	套片式
传热性能	5	4	3	2	1
耐温性能	5	4	2	3	1
耐热冲击能力	5	4	2	3	1
耐大气腐蚀能力	4	3	5	1	2
清理尘垢的难易程度	5	4	3	2	1
制造费用	1	2	3	4	5

翅片管管子常为圆形,空冷器中为强化传热也用椭圆管。椭圆管的管外对流换热系数比光管可提高约 25%,而空气阻力可降低约 15%～25%。翅片管的基本几何尺寸包括:①基管外径和管壁厚。对于镶片管,其壁厚应自沟槽底部计算其内壁。②翅片高度和翅片厚度。增加翅高使翅片表面积增加,但却使翅片效率下降,因而使有效表面积(即翅片表面积乘以翅片效率)的增加渐趋缓慢。图 3-4-8 所示为单位有效翅片表面积的价格对于翅高的关系,供选用翅高时参考。翅片厚度主要考虑其强度、制造工艺和腐浊裕量,国产铝翅片(绕片式、镶片式)和钢翅片(套片式)一般均选用 0.5～1.2 mm。③翅片距。翅片距的数值会影响翅化面积的大小,但对管外对流换热系数的影响极小。翅片距的选择取决于管外介质,国产用于空冷器的翅片管的翅片距常为 2.3 mm。④翅化比。它是指单位长度翅片管翅化表面积与光管外表面之比。对于空冷器,因为管外介质已经确定为空气,所以翅化比的选择应根据管内介质对流换热系数大小而定。当此值小时,应选用较小翅化比。若选用的翅化比过大并不能有效地增强传热,反而会使以翅化表面积为基准的传热系数迅速降低(见表 3-4-2)。随着翅化比的增加,空冷器单位尺寸的换热面积将增加,但制造费用也增加。实践表明,翅化比的最佳值约为 17～28。我国生产的空冷器翅片管的翅化比有两种:高翅片为 23.4,低翅片为 17.1。低肋螺纹管的翅化比不属此例。⑤管长。国内空冷器翅片管长系列为 3 m,4.5 m,6 m,9 m 四种。国产翅片管的特性参数见表 3-4-3,供读者参考。

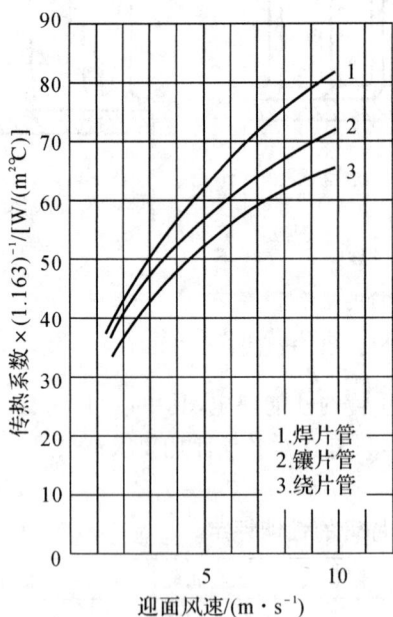

图 3-4-7　翅片管的传热性能比较

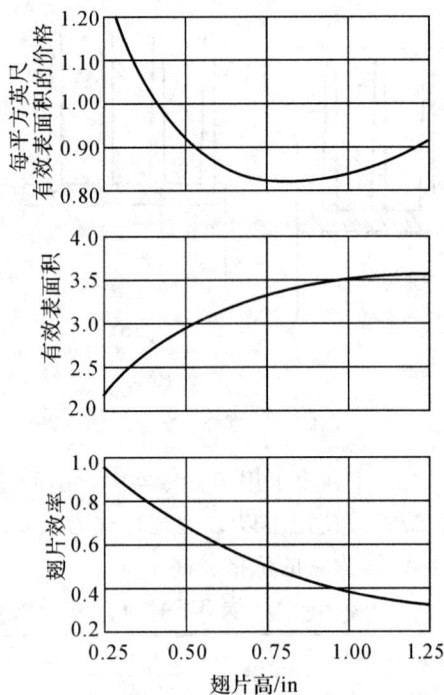

图 3-4-8　翅片高度的选择

表 3 - 4 - 2　三种翅化比的传热系数参考值

管内对流换热系数 α	翅化比		
	10	20	30
580 W/(m² · ℃)	28.4	19.0	14.2
5 800 W/(m² · ℃)	51.6	47.3	43.7

表 3 - 4 - 3　国产空冷器翅片管的特性参数

翅片类别	管材	管径/mm		翅片参数/mm					翅片管外径/mm
		内径	外径	翅片外径	翅片高	翅片厚	翅片距	翅片净距	
低翅片	钢管	20	25	50	12.5	0.5	2.3	1.8	2
高翅片	钢管	20	25	57	16.0	0.5	2.3	1.8	2.28
高翅片	铝管	19	25	57	16.0	0.5	2.3	1.8	2.28

翅片类别	外表面积/m²				翅片管总外表面积与光管外表面积的比	空气流通面积的比较	
	光管外表面积 F_0	翅片外表面积 F'_f	翅片根部外表面积 F'_b	翅片管总外表面积 $F'_f+F'_b$	$\dfrac{F_f+F_b}{F_0}$	空气流通净截面积 / 迎风面积	空气速度(管束中) / 空气速度(迎风中)
低翅片	0.078 5	1.279	0.061	1.34	17.1	0.44	2.27
高翅片	0.078 5	1.779	0.061	1.84	23.4	0.50	2.0
高翅片	0.078 5	1.779	0.061	1.84	23.4	0.50	2.0

　　为取得最佳传热性能,国产冷空气的翅片管管束常用等边三角形排列方式,如图 3 - 4 - 9 所示。

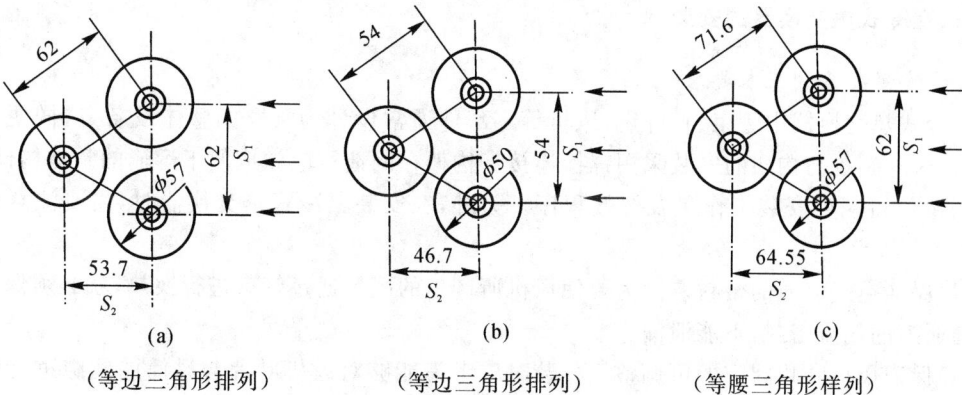

(a)（等边三角形排列）　　(b)（等边三角形排列）　　(c)（等腰三角形样列）

图 3 - 4 - 9　翅片管排列形式及其管距
(a)高翅片;　(b)低翅片;　(c)高翅片

翅片材料根据使用环境和制造工艺来确定,有碳钢、不锈钢、铝及铝合金、铜及铜合金等。所用基管材料有碳钢、铬钼钢、不锈钢、铝等。

在空调与制冷装置中广泛应用着多种形式的翅片管,为此建立了我国机械行业标准《空调与制冷用高效换热管》(JB/T 10503—2005)。该标准对高效管的型号编制方法提供了两种格式,今选取其中之一如下:

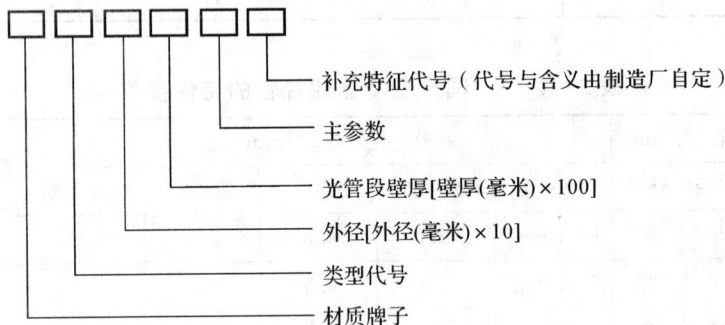

补充特征代号(代号与含义由制造厂自定)

主参数

光管段壁厚[壁厚(毫米)×100]

外径[外径(毫米)×10]

类型代号

材质牌子

型号示例:材质为 TP2、光管段外径 16 mm、光管段壁厚 1.0 mm,内螺纹头数为 75 的高效管,则可表示为

$$TP2IE16010075$$

上述表示中,主参数因不同形式的高效管而异,本例种内螺纹头数 75 属于内肋管管型。类型代号 IE 即代表为内肋管。各种代号分别表示为:

IE——内肋管;

HE——波形内肋管;

ND——普通直翅管;

TC——锯齿形翅片管;

TE——表面条孔管;

ST——螺形管;

FT——花形管。

三、空冷式热交换器的安装

1. 空冷器安装的基本要求

空冷式热交换器中管束、百叶窗、风机等零部件通常设计为独立的整体设备,这样便于整体装卸,这些装备与构架的安装采用螺栓连接。构架在制造厂应做成便于运输的整体构件,这样使用单位可减少安装工作量及焊接程序。另外,在安装空冷式热交换器时,需要注意以下几点。

(1)保证空气流通的密封。因为要使风机所产生的风量通过管束进行换热,就必须保证空气流通通道的气流密封,不能泄漏。

(2)保证风机叶片间隙的可调整。安装时应考虑能够对风机叶片与风筒的间隙进行调整的可能方法。

(3)保证风机运行中的振幅在允许限度内。在安装时,保证各连接处螺栓紧固。若必要,可安装振动安全开关,在振幅超过允许值时自动切断风机电源。安装前,应校验叶轮的平衡,

调整好风机叶轮与主轴的同轴度。

2.空冷器的安装

空冷器的安装主要包括机架、管束、风机等的安装。具体安装要求应参考产品说明书的有关步骤和要求,这里仅对其中重要的部分加以说明。

(1)构架的安装。

1)基础的设置。空冷器的构架基础一般有两种形式:钢筋混凝土结构基础和钢结构基础。

对于钢筋混凝土结构基础,要求一次浇灌的柱脚基础上平面比设计标高低40~60 mm。锚栓一次浇灌,锚栓螺纹露出部分长度要保证锚栓把紧后余10~20 mm。柱脚找平使用成对斜垫铁,每个柱脚用四组,每组不多于3块。柱脚底面水平度要求误差不大于±5 mm,如图3-4-10所示。

钢结构基础上焊接有基础装置板(焊有锚栓的底板),基础装置板与钢结构基础焊接,水平误差在±5 mm内,如图3-4-11所示。必要时可加调整垫片钢板,调整垫片钢板厚度不得大于6 mm。

图3-4-10 钢筋混凝土基础与柱脚连接

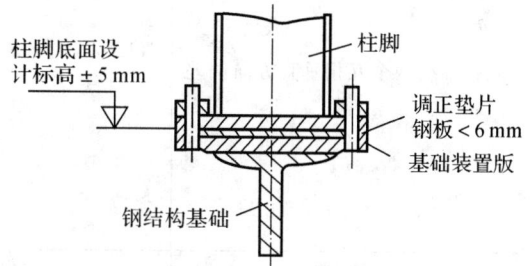

图3-4-11 钢结构基础与柱脚连接

钢筋混凝土结构基础和钢结构基础,其柱脚基础支座的允许偏差值应符合表3-4-4的规定。

表3-4-4 基础支座允许偏差值　　　　单位:mm

偏差项目	允许值	图　示
单跨宽度偏差	±5	
单跨长度偏差	±0.001L	
单跨对角线差	10	
任意三跨对角线差	20	
钢结构基础标高	−10	

2)构架的安装。构架的安装应采用扩大拼装方法进行,尽量在地面预先焊接或拼装好。机架安装应符(GB 50205—2001)《钢结构工程施工质量验收规范》的有关规定。构架安装的

允许偏差值见表 3-4-5 中规定。

表 3-4-5 构架安装允许偏差值　　　　　　　单位:mm

偏差项目	允许值	图　示
单跨宽度偏差	±5	
单跨长度偏差	±0.001L	
单跨对角线差	10	
任意三跨对角线差	20	
立柱轴线两个互相垂直方向偏差	(1.5/100)×h 不大于6	
斜顶构架的垂直偏差	6	
柱脚底平面偏差	±5	
横梁上平面高差	4	
支架上平面高差	4	

(2)管束的安装。管束的排列和配位应按照空冷器总装图及管束铭牌标记进行。

单跨机架上安装的管束,宽度方向不得超出单跨构架立柱轴线范围以外,管束与管束的侧梁之间的间隙为(6±3) mm。管束入口法兰中心线与安装基准线的偏差不得大于±3 mm,如图 3-4-12 所示。管束与管束之间,管束与构架之间的间隙大于 10 mm 时,应填充石棉绳或安装密封板以减少泄漏。

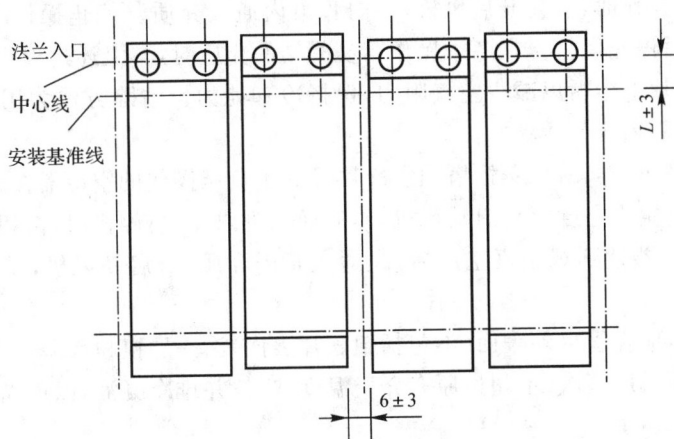

图 3-4-12 管束安装允许误差

(3)风机传动部分的安装。风机传动部分的安装可参照(GB 50231—2009)《机械设备安装工程施工及验收通用规范》的有关规定。

1)叶片安装角度。每台风机叶片的安装角度应按空冷器单元或组的设计总装图规定的角度,或按操作工况要求的角度安装。

2)叶片安装角度。叶片角度误差不得大于±0.5°,安装角度的测量部位在叶片的标线位置(叶片在出厂时,一般在叶片上涂有黄色或其他颜色作标记,如国产叶片在离叶轮中心 75%处测量)。

3)叶尖与风筒壁间隙。叶尖与风筒壁间隙应分布均匀。最大间隙不得大于叶轮直径的0.5%或 19 mm,选其小者。最小间隙不得小于 9 mm。

4)水平度。风机轮毂安装的水平度误差不得大于 2/1 000。

(4)空冷器调速装置的安装。空冷器调速系统分主机和控制部分,其安装要求主要有以下几种。

1)控制柜应安装在无爆炸危险、无振、干燥、无尘的室内,垂直安装。

2)环境温度不超过±40℃。

3)引入控制柜电源必须有明显的相位标志。

4)控制柜至现场电动机连接线及电动机的安装按电气安装规范及防爆规范实施。

5)安装调试完毕作整机试验,并记录相关数据。

四、空冷式热交换器的使用与维护

1.空冷器的使用

每台空冷器有其特定的设计条件,在使用中应按设计条件规定的参数(如热负荷、压力、温度、气象条件、风机转速、叶片角度、百叶窗开度等)运行,不能随意更动。如需更动操作条件或移作他用时,需要另行核算。以下对空冷器重要部件的使用、操作与维护要求进行说明。

（1）管束的使用与维护。

1）管内介质、温度、压力均应符合设计条件，严禁超压、超温操作。

2）管内升压、升温时，应缓慢逐级递升，以免因骤热冲击而损坏设备。

3）空冷器正常操作时，应先开启风机，再向管束内通入介质。停止操作时，应先停止向管束内通入介质，然后停止风机。在冬季操作容易凝结的介质时，与上述过程相反。

4）定期清除翅片上尘垢以减少空气阻力，保持冷却能力。清除方法为用高压水或压缩空气或热蒸汽加水冲刷。

5）汽轮机凝汽空冷器、减压蒸馏塔顶空冷器等处于负压操作的空冷器在开机时，应先开启抽气器，管内达到规定真空度时再启动风机，然后通入管内介质；停机时，按相反程序操作。冬季操作时，开启抽气器达到规定真空度后，先通入管内介质，再启动风机，以免管内冻结无法进行。

6）定期维护时，应在管束外表面（不包括铝翅片表面）涂一层银粉漆。

7）停车时，应用低压蒸汽（不超过原有介质温度）吹扫并排净凝液，以免冻结或腐蚀。

（2）风机的操作。

1）叶片角的调整。叶片角应根据工况按说明书中 $y-\Phi$ 中关系曲线确定，并核对 $N-\Phi$ 中曲线（V,Φ,N 分别为风速、叶片角、功率）。叶片角不得超过设计规定的最大叶片角（Φ_{max}），否则将烧毁电机。尤其在自动调角风机反向安装时，操作中尤应注意。

2）调速风机的转速应根据设计工况按设计说明书中 $V-n$（转速）关系曲线确定。不得超过设计规定的最大转速（n_{max}）。调速器操作一般分启动、运行操作程序两大步。调节方法一般都设有"调速投入""调速切除（恒速运行）""自动调速""手动调速"等选择开关。各种调速类型操作程序不完全相同，因此操作时必须满足：

①检查电源相位正确无误；②盘面信号灯、指示仪表、选择开关位置正确；③自控仪表、电机、风机均正常，具备开车条件；④严格按随机说明书及现场操作规程的操作程序执行。

3）自动调节（调角或调速）风机，可由自动仪表系统根据介质出口温度（或压力）控制。但对叶片角（由信号压力）或转速（由电压）的实际值应作定期检测。

4）开车前应检查，应满足：①风机及其周围设备（风箱、管束）是否紧固良好，有无异物。②认真检查叶片根部与轮毂是否连接紧固。紧固件若是胀环（或半圆挡环），则应检查该件是否全部位于环形槽内，紧固螺钉是否拧紧。③手动盘车（转动叶轮）检查，叶尖间隙是否足够，最大叶片角时是否与风筒安全网碰撞。

5）开车后应检查应满足：①有无过大振动或异响（允许振幅为 150 μm），否则应立即停车检查。②若为自动调节风机，应手动给定信号，检查风机是否可以在全调节行程内工作，即叶片角或转速可自最小值至最大值。自动调节风机，尚需检查其安装方式（正向或反向）是否符合设计规定。

（3）百叶窗的操作。

1）百叶窗的操作应根据空冷器的设计要求确定。作调节风量之用时，应根据工况控制其叶片开启度；若是自动调角式，则应由自动仪表系统控制。作为抵御特殊气象干扰（如暴雨）或热风再循环运行之用时，应控制其叶片于全开、全闭位置。

2）调节风量用的百叶窗的叶片开启度，可根据说明书 $V-\Phi$ 关系曲线确定（V,Φ 分别为风量、开启角）。

(4)喷淋系统的操作。

1)喷淋系统于环境气温超过空冷器干式运行的设计气温时启用。该气温在设计时确定，一般在 25～30℃ 之间。

2)喷淋水水质的要求见表 3-4-6 规定，并应定期检验。喷淋水并应经过滤。

表 3-4-6 水质要求

硬度	pH(25℃)	湿度	浊度	Cl⁻浓度	钙浓度	全铁浓度
<50 mg/L	6～7.5	<50℃	透明	<50 mg/L	50～100 mg/L	0.5 mg/L

3)喷水压力应符合设计要求，水压应稳定。

4)喷水应成雾状，不得有线状水柱；喷射锥度不应低于设计值。有不良现象产生时，应即检修或更换喷头。

5)采用脉冲喷水法喷淋时，其喷、停时间的调节应按设计规定值，或经调节试验。

2.空冷器的维护

(1)管束的维护。

1)检查管束各密封面，不得有泄漏现象。如有泄漏时，丝堵式管箱可将丝堵适当拧紧，仍无效果时，应停机更换垫圈或更换丝堵；盖板式管箱可将连接螺栓柱适当拧紧，如仍有泄漏，则停机更换垫片。高压管箱的螺栓拧紧时，应遵守相应的操作规程。凡需要更换垫片或螺栓紧固件时，应先停机并将油品放空，然后进行。

2)翅片管管端泄漏时，允许将管子重胀。重胀次数不得超过 2 次，并注意不得过胀。无法用胀接修复时应更换翅片管。作为临时措施，也允许用金属塞堵塞，堵管一般不得超过单管程管子总数的 10%。

3)如需到管束表面上做检查时，应在翅片管上垫上木板或橡胶板，以免损坏翅片。

4)铝翅片如被碰到时，应用专用工具(扁口钳)扶直。

5)检查管束热补偿装置工作是否正常。热位移导向螺柱、支架、挡块等是否浮动灵活。

6)检查空气流道密封片足否固定紧密。如有不适合处，应予以矫形修复。

7)定期维护时，应用蒸汽(温度不超过 100℃)及水冲刷管束内部，直到将污垢除净。并应检查腐蚀厚度，其值不应超过规定值(碳素钢为 3 mm)。检查后重新安装时，应更换丝堵垫片及法兰垫片。

(2)风机的维护。

1)所有润滑部位(减速器、轴承座)应按期注油。减速器按说明书规定，油面应在油位指示器指示范围内。轴承用钠基黄油润滑。

2)皮带传动机构的皮带应保持一定的张紧力。如有松弛，应拧紧调整螺栓。如松弛至无法张紧，或多根三角皮带张力相差过大，则应成组更换。

3)应定期清洗叶片表面，将污垢全部除净，并重新涂漆。

4)风机经定期维护后，应按照说明书规定重新装配完好。并应特别检查以下几点：

a.叶片若非互换件时，应按出厂编号安装，否则应重作静平衡检查；

b.叶片角应符合规定：4 个(或 6 个)叶片的叶片角应一致，允许误差为 -0.5°；

c.叶片间隙应符合规定；

d. 旋转方向应符合规定;

e. 叶轮旋转平面应与主轴垂直,允许叶尖的轴向跳动不大于 10 mm,否则应调整,调整部位为其锥形轴套上的调整螺钉;

f. 试车时应无超过规定的振动(于底座测量不超过 150 μm)及异响,轴承应无松动或过热。底座安装螺栓亦无松动。

5)自动调节风机定期维护时,经重新装配后尚应特别检查以下几方面:

a. 安装方式(正装、反装)应符合设计要求;

b. 作气密检查,应无泄漏;

c. 信号气压为 0.02 MPa 时,叶片开始转动,否则应调节定位器上的调节螺钉;

d. 信号气压为 0.02～0.1 MPa 时,叶片角为 φ_{min}～φ_{max}(φ_{max}～φ_{min});

e. 机械密封应无泄漏。

(3)空冷器调速装置的定期维护。

1)检查电动机,应无异响、无焦味,定子温度不超过允许规定。绕线式电动机碳刷火花正常,接地线完整。

2)控制柜盘而信号灯、仪表指示正常,对应量正确,并保持盘面整洁。

3)自控仪表、调节器输出量、速度指示与调速柜对应指示符合。

4)调速范围不得超过设计范围。

5)对可控硅类的调速柜应备有一定数量的快速熔断器等易损件备件。

定期维护时,应特别检查主轴承的磨损程度,并作定期更换;齿轮减速器应按使用说明书规定检修,其易损件(如垫圈)应及时更换,装配时应调整齿隙至规定值,轴承配合亦应适度。

(4)百叶窗的维护。

1)百叶窗应转动灵活,叶片在转动时应同步(同位),不得有松动或迟滞现象。

2)手动操作柄(杠杆或螺杆等减速机构)应动作灵活。

3)叶片与框架间隙:管箱端不超过 6 mm,侧隙不超过 3 mm,否则应重新调整。

4)对开式百叶窗相邻两片应互有滞后,不得互相干扰导致无法紧闭。

5)气动执行机构应作检查,保证叶片可作 0°～90°全行程转动。

(5)喷淋系统的维护。

1)经常检查水压与水质是否符合操作规定。

2)定期清洗过滤器。

3)定期清洗喷嘴。有雾化不良、喷水锥度过小、喷水出现水柱等现象的喷嘴应予以修理或更换。

(6)空冷器翅片的清洗。空冷器翅片管外表面长时间使用后聚集了灰垢,特别是湿式空冷器翅片表面容易生长绿藻。这些污垢、灰尘、绿藻等传热效率极低,只有碳钢的几十分之一。同时,它们还容易产生垢下腐蚀,加大腐蚀速率。因此,根据空冷器的结垢、腐蚀情况,在运行一定时间后及时进行化学除垢清洗,既可以提高换热效率,又能达到延长设备使用寿命的目的。翅片管清洗方法如下。

1)通常可直接用压力水(压力 5～40 MPa)冲洗翅片,主要清除表面积尘及附着不太牢固的腐蚀产物或其他污垢物,清洗时应注意防止翅片变形、倒伏。

2)如现场环境允许,可按规定配方在清洗槽中加入一定的化学药剂或专用清洗剂配成的清洗液,如加入 0.5%～1%洗衣粉或其他专用清洗剂配成清洗液。然后通过高压泵进行翅片的表面冲洗。清洗剂冲洗后应再用工业水冲洗除去残余的清洗剂。

对空冷器翅片管的清洗,如果采用干冰清洗新技术进行,可能会取得更理想的效果,也不会对环境造成任何污染,但费用估计会更高。

空冷器清洗效果的检查验收,可参照 HG/T 2387—2007《工业设备化学清洗质量标准》执行。

五、空冷式热交换器的检修

1.检修周期与检修内容

空冷器的检修周期应根据生产装置的特点、介质性质、腐蚀速度、运行周期等情况自行决定,或参考 SHS 04522—2004《空气冷却器维护检修规程》中的相关规定。一般小修周期为 6～12 月,大修为 1～2 年。

检修内容主要包括以下几点:

(1)清扫、检查管箱及管束。

(2)更换腐蚀严重的管箱丝堵、管箱法兰连接螺栓、法兰垫片等。

(3)检查修复风筒、百叶窗及喷水设施。

(4)处理泄漏的管子。

(5)校验安全附件。

(6)整体更换管束。

(7)对管束进行试压。

(8)检查、修理轴流风机。

2.检修质量标准

(1)管箱丝堵垫片应符合技术要求,其表面不得有贯穿纵向的沟纹及影响密封性能的缺陷。

(2)管箱、管内应清洁。

(3)胀管不宜在气温低于 0℃条件下进行。管子胀接后,其胀接处及过渡部分应圆滑。

(4)管束同一管程内,堵管一般不得超过单一管程管子总数 10%。

(5)如在管箱上进行扩孔等修理,应符合 GB 150—1998《钢制压力容器》有关规定。

(6)喷水设施应畅通无泄漏,风筒、百叶窗应严密,框架不得有缺损,其连接螺栓不松动,焊接牢固。

(7)安全附件应灵敏可靠。

(8)空冷整体更换时,吊装不得损坏翅片。

3.检修过程

(1)检修前的准备。

1)掌握设备运行情况,备齐必要的资料。

2)备齐检修工具、配件及材料。

3)切断风机电源,将空冷器内介质排净并吹扫置换干净,符合安全检修条件。

(2)设备基本检查。

1)检查管箱法兰,检查管箱上丝堵的泄漏及其垫片腐蚀情况。

2)检查管束的腐蚀及翅片损坏情况。

3)检查管箱、管内部腐蚀及结垢的情况。

4)检查风筒、百叶窗等腐蚀及是否严密,检查喷水设施是否畅通。

5)检查框架及其他构件的腐蚀和紧固件是否稳固。

(3)空冷器管束检修。

1)换垫。检查空冷器管箱丝堵热片泄漏情况,泄漏时可采用把紧丝堵或更换垫片消漏。垫片更换,应根据介质选用合适的垫片,一般选用08钢垫、紫铜垫或不锈钢垫。更换时,应清除垫片槽中的杂物和消除垫片槽缺陷。

2)清垢。空冷器经过使用后,会在干式空冷翅管表面积垢或在湿式空冷翅管表面生长绿藻,影响冷却效果,应清除干净。清垢可采用人工机械除垢、压力水除垢和化学除垢。当采用压力水除垢时,应防止翅片倒伏。

3)换热管堵漏。空冷器管束经过一段时间的运行后,由于腐蚀等原因造成穿漏,可以采用化学粘补、打卡注胶和堵管等修理方法处理。当换热管泄漏量小时,可在不停车的情况下将管外的翅片除去,然后再进行化学粘补包扎或打卡注胶堵漏;如果不能用上述方法消漏,则应停车将管束吹扫干净,拆开管箱上的丝堵,在换热管两端用角度 $3°\sim5°$ 的金属圆锥体堵塞,以达到消漏。

4)换管。当空冷器管束非均匀腐蚀或制造缺陷而泄漏时,可采用换管消漏。首先将要更换的管子拆下,清洗管箱管孔。更换新管时,将管子中间稍拉弯曲,即可从两端管板孔穿入,穿入后进行胀接或焊接。

5)消除其他缺陷。

(4)轴流风机检修。

1)消除气体通道泄漏点等缺陷。

2)检查并紧固各地脚螺栓。

3)检查机组对中及皮带张紧程度。

4)清扫积垢,特别是各叶片上的积垢一定要清除。

5)检查并紧固叶片组的背帽和各紧固螺栓,检查并调整叶片角度。

6)检查联轴器状况。

7)调校减速箱振动开关或振动、油温在线状态监测报警装置。

8)解体检查减速箱,检查修理齿轮轴及传动轴并找正,查看减速箱齿轮磨损情况。

9)检查各润滑部位的油位、油质情况,视情况加油、加脂或更换。

10)拆卸并检查叶片、轮毂;检查、调整叶顶与风筒的间隙;叶片称重并对整个叶轮作静平衡校验。

11)检查轴承及O形橡胶圈等易损件。

12)检查空冷器风机传动系统,调校半自调、自调风机的操作系统。

13)检查、修补机座和基础,检查或更换地脚螺栓,校验机体水平度。

14)对电机进行检查、修理与加油,并对风机机组进行必要的防腐处理。

(5)构架、壁板防腐。构架、壁板防腐可与设备停车检修同时进行。湿式空冷器的壁板容易产生腐蚀穿孔,设备检修应注意检查,当发现穿孔时,应及时更换构架壁板。

(6)喷淋系统检修。喷淋系统检修主要检查喷嘴是否堵塞,更换损坏部件;检查过滤器,更换损坏过滤网;清扫喷淋水内循环系统的回水罐或水池。

(7)压力试验与验收。

1)压力试验。在进行压力试验前,要保证检修记录齐全准确,施工单位确认质量合格且具备压力试验条件。空冷器在检修后要进行耐压试验(压力试验),试压值采用下列公式中较大值。

液压试压值: $$p_T = 1.25 p[\sigma]/[\sigma]'$$

气压试压值: $$p_T = 1.15 p[\sigma]/[\sigma]'$$

式中　p_T—— 耐压试验试压值,MPa;

　p—— 管程或壳程最高操作压力,MPa;

　$[\sigma]$—— 试验温度下材料的许用应力,(按 GB 150— 选取)MPa;

　$[\sigma]'$—— 操作温度下材料的许用应力,(按 GB 150— 选取)MPa。

试压时,应缓慢升压至规定压力值,保压 10 min,管箱、胀口(焊口)、法兰等无泄漏,设备无变形等异常现象为合格。

2)验收。空冷器经检修后应达到完好标准,试运行一周,满足生产要求。并提交下列技术资料。

a.材料材质、零部件合格证。

b.检修记录:焊缝质量检验(包括外观检验和无损探伤等)报告;试验报告。

任务实施

项目任务书和项目任务完成报告见表 3-4-7 和表 3-4-8。

表 3-4-7　项目任务书

任务名称	翅片管热交换器的应用		
小组成员			
指导教师		计划用时	
实施时间		实施地点	
任务内容与目标			
1.了解翅片管热交换器的构造和工作原理。 2.了解翅片管的类型和选择。 3.掌握空冷式热交换器的安装。 4.掌握空冷式热交换器的使用与维护。 5.掌握空冷式热交换器的检修。			
考核项目	1.空冷式热交换器的安装。 2.空冷式热交换器的使用与维护。 3.空冷式热交换器的检修。		
备注			

表 3 - 4 - 8 项目任务完成报告

任务名称	翅片管热交换器的应用		
小组成员			
具体分工			
计划用时		实际用时	
备注			

1.简述空冷器安装的基本要求。

2.简述空冷器的维护包括哪些。

3.简述空冷式热交换器的检修周期与检修内容。

任务评价

项目任务综合评价见表 3 - 4 - 9。

表 3 - 4 - 9 项目任务综合评价表

任务名称：　　　　　　　　　　　　　测评时间：　　年　　月　　日

考核明细		标准分	实训得分								
			小组成员								
			小组自评	小组互评	教师评价	小组自评	小组互评	教师评价	小组自评	小组互评	教师评价
团队60分	小组是否能在总体上把握学习目标与进度	10									
	小组成员是否分工明确	10									
	小组是否有合作意识	10									
	小组是否有创新想(做)法	10									
	小组是否如实填写任务完成报告	10									
	小组是否存在问题和具有解决问题的方案	10									

续 表

考核明细		标准分	实训得分								
			小组成员								
			小组自评	小组互评	教师评价	小组自评	小组互评	教师评价	小组自评	小组互评	教师评价
个人40分	个人是否服从团队安排	10									
	个人是否完成团队分配任务	10									
	个人是否能与团队成员及时沟通和交流	10									
	个人是否能够认真描述困难、错误和修改的地方	10									
合计		100									

?! 思考练习

1._____是翅片管热交换器中的主要换热元件,_____由_____和_____组合而成,通常为_____,也有_____和_____。

2._____是一种常见的翅片管热交换器,它以空气作为冷却介质。其组成部分包括_____、_____和_____等。

3.翅片管因制造方法不同而使其在_____、_____等方面有一定的差异。按制造方法分有_____、_____、_____和_____。

项目四　混合式热交换器的应用

　　混合式热交换器是依靠冷、热流体直接接触进行传热的,这种传热方式避免了传热间壁及其两侧污垢所形成的热阻,只要流体间的接触情况良好,就有较大的传热速率。故凡允许流体相互混合的场合,都可以采用混合式热交换器,例如气体的洗涤与冷却,循环水的冷却,汽-水之间的混合加热,蒸汽的冷凝,等等。混合式热交换器的优点是结构简单、消耗材料少、接触面大,并因直接接触而有可能使得热量的利用比较完全,因此它的应用日渐广泛,遍及化工和冶金企业、动力工程、空气调节工程以及其他许多生产部门。

　　按照用途的不同,混合式热交换器有以下几种不同的类型。

　　(1)冷水塔(或称冷却塔)。在这种设备中,用自然通风或机械通风的方法,利用空气将热水冷却降温,例如热力发电厂的循环水、合成氨生产中的冷却水,都是经过冷水塔降温之后循环使用以提高经济性。

　　(2)气体洗涤塔(或称洗涤塔)。工业上用这种设备来洗涤气体有各种目的,例如用液体吸收气体混合物中的某些组分、除净气体中的尘灰、进行气体的增湿或干燥等。但其最广泛的用途是冷却气体,而冷却所用的液体以水居多。由于以水冷却气体与上述用空气冷却循环水的传热机理基本相似,因而本项目只以冷水塔为例加以讨论。

　　(3)喷射式热交换器。在这种设备中,使压力较高的流体由喷管喷出,形成很高的速度,低压流体被引入混合室与射流直接接触进行传热,并一同进入扩散管,在扩散管的出口达到同一压力和温度后送给用户。

　　(4)混合式冷凝器。这种设备一般是用水与蒸汽直接接触的方法使蒸汽冷凝,最后得到的是水与冷凝液的混合物,可以根据需要,或循环使用,或就地排放。

🔍 项目目标

混合式热交换器的应用	素养目标	1. 提高学生动手操作能力
		2. 培养学生良好的职业素养和创新意识
		3. 学生学习热交换技术的兴趣
		4. 增强学生的自信心和成就感
	知识目标	1. 了解冷水塔的类型和构造
		2. 掌握冷水塔的工作原理
		3. 了解喷射式热交换器的一般问题
		4. 掌握汽-水喷射式热交换器的构造工作原理
		5. 掌握水-水喷射式热交换器的构造工作原理
		6. 了解混合式冷凝器的类型及工作原理
	技能目标	1. 掌握冷水塔的热力计算
		2. 掌握冷水塔的通风阻力计算
		3. 能进行汽-水喷射式热交换器特性方程式的计算
		4. 能进行水-水喷射式热交换器特性方程式的计算

任务一 冷水塔的应用

任务描述

冷水塔,在这种设备中,用自然通风或机械通风的方法,将生产中已经提高了温度的水进行冷却降温之后循环使用,以提高系统的经济效益。例如热力发电厂或核电站的循环水、合成氨生产中的冷却水等,经过冷水塔降温之后再循环使用,这种方法在实际工程中得到了广泛的使用。

PPT
冷水塔的应用

任务资讯

一、冷水塔的类型和构造

冷却过程是工业生产全过程的一部分,它的各项参数是根据全过程来确定的。随着工业的发展,对冷却水的需要也在增长。据有关资料统计,一个 100 000 kW 的热力发电厂,冷却水量需达 9 000 t/h 左右;一个年产 3 500 t 聚丙烯的化工设备,冷却水用量达 3 000 t/h 左右。一些大型化工企业的用水量甚至超过一些大城市的用水量。由此可见对冷却水进行循环利用的重要性。对缺水地区,这一点尤为重要。

微课
冷水塔的类
型和构造

冷却水循环利用的关键在于它的温度。例如热力发电厂汽轮机效率的提高,与循环水温的下降成正比。使用固体燃料发电厂的中压机组,温度每降低 1℃ 效率能提高 0.47%,高压机组能提高 0.35%,使用核燃料的电厂能提高约 0.7%。由此可见,精心设计冷水塔,保证良好的冷却效果有着重要意义。

冷水塔有很多类,根据循环水在塔内是否与空气直接接触,可分成干式和湿式。干式冷水塔是把循环水送到安装于冷却塔中的散热器内被空气冷却,这种塔多用于水源奇缺而不允许水分散失或循环水有特殊污染的情况。湿式冷水塔则让水与空气直接接触,把水中的热传给空气,在这种塔中,水因蒸发而造成损耗,蒸发又使循环的冷却水含盐度增加,为了稳定水质,必须排放掉一部分含盐度较高的水,补充一定的新水,因此湿式冷水塔要有补给水源。

图 4-1-1 所示为湿式冷水塔的各种类型,在开放式冷水塔中,利用风力和空气的自然对流作用使空气进入冷水塔,其冷却效果要受到风力及风向的影响,水的散失比其他形式的冷水塔大。在风筒式自然通风冷水塔中,利用较大高度的风筒,空气形成的自然对流使空气流过塔内与水接触进行传热,其特点是冷却效果比较稳定。在机械通风冷水塔中,空气以鼓风机送入[见图 4-1-1(c)]或以抽风机吸入[见图 4-1-1(d)],所以它具有冷却效果好和稳定可靠的特点,它的淋水密度(指单位时间内通过冷水塔的单位截面积的水量)可远高于自然通风冷水塔。

按照热质交换区段水和空气两者流动方向的不同,方向相反的为逆流塔,方向垂直交叉的为横流塔[见图 4-1-1(e)]。

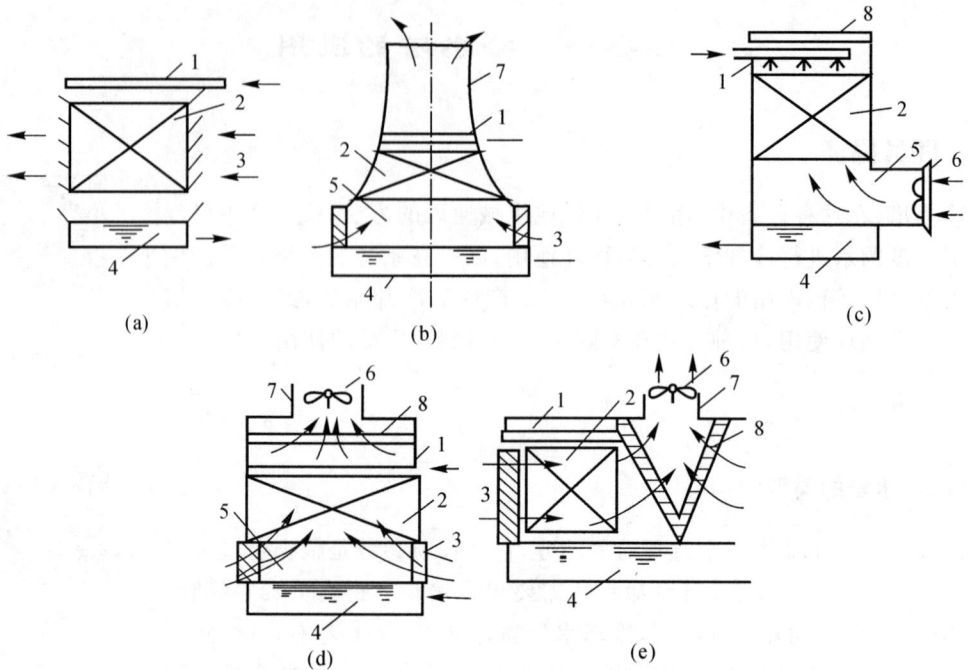

图 4-1-1 各种湿式冷水塔示意图

(a)开放式冷水塔； (b)风筒式冷水塔； (c)鼓风逆流式冷水塔

(d)抽风逆流式冷水塔； (e)抽风横流式冷水塔

1—配水系统； 2—淋水装置； 3—百叶窗； 4—集水池； 5—空气分配区；

6—风机； 7—风筒； 8—收水器

各种形式的冷水塔，一般包括以下几个主要部分。

(一)淋水装置

淋水装置又称填料，其作用在于将进塔的热水尽可能形成细小的水滴或水膜，以增加水和空气的接触面积，延长接触时间，增进水气之间的热质交换。在选用淋水装置的形式时，要求它能提供较大的接触面积并具有良好的亲水性能，制造简单而又经久耐用，安装检修方便，价格便宜等。淋水装置可根据水在其中所呈现的形状分为点滴式、薄膜式及点滴薄膜式三种。

1.点滴式

这种淋水装置通常用水平的或倾斜布置的三角形或矩形板条按一定间距排列而成，如图 4-1-2 所示，在这里，以水滴下落过程中水滴表面的散热以及在板条上溅散而成的许多小水滴表面的散热为主，约占散热量的 $60\%\sim75\%$，而沿板条形成的水膜的散热只占总散热量的 $25\%\sim30\%$。一般来说，减小板条之间的距离 S_1、S_2，可增大散热面积，但会增加空气阻力，减小溅散效果。通常取 S_1 为 $150\ mm$，S_2 为 $300\ mm$。风速的高低也对冷却效果产生影响，适当增加风速，使水滴降落速度减慢，增加接触时间，提高传热效果，增大填料散热能力；风速过大，使小水滴互相聚结的机会增大，反而降低传热效果，且增加电耗，还会使水滴带出，使水量损失增加。一般在点滴式机械通风冷水塔中可采用 $1.3\sim2\ m/s$，自然通风冷水塔中采用 $0.5\sim1.5\ m/s$。

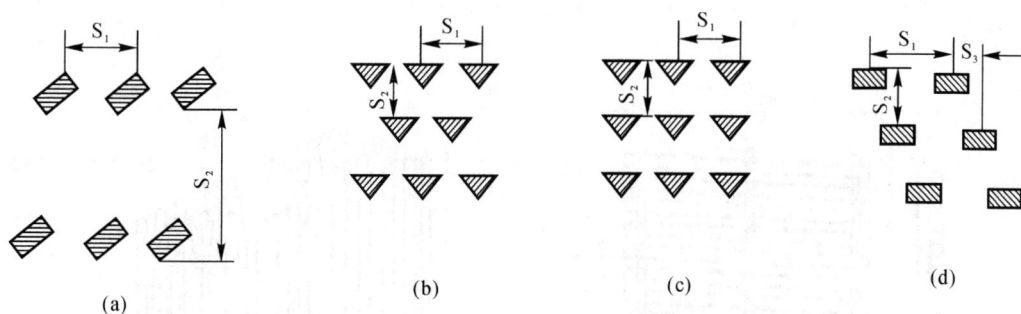

图 4-1-2　点滴式淋水装置板条布置方式
(a)倾斜式；　(b)棋盘式；　(c)方格式；　(d)阶梯式

2.薄膜式

这种淋水装置的特点是利用间隔很小的平膜板或凹凸形波板、网格形膜板所组成的多层空心体,使水沿着其表面形成缓慢的水流,而空气则经多层空心体间的空隙,形成水气之间的接触面。水在其中的散热主要依靠表面水膜、格网间隙中的水滴表面和溅散而成的水滴的散热等三个部分,而水膜表面的散热居于主要地位,约占 70%,图 4-1-3 所示为其中四种薄膜式淋水装置的结构。对于斜波交错填料,安装时可将斜波片正反叠置,水流在相邻两片的棱背接触点上均匀地向两边分散。其规格的表示方法为"波矩×波高×倾角-填料总高",以 mm 为单位。蜂窝淋水填料是用浸渍绝缘纸制成毛坯,在酚醛树脂溶液中浸胶烘干制成六角形管状蜂窝体,以多层连续放于支架上交错排列而成。它的孔眼大小以正六边形内切圆的直径 d 表示。其规格的表示方法为:d(直径),总高 H = 层数×每层高-层距,例如 $d20, H = 12 \times 100 - 0 = 1\,200$ mm。

3.点滴薄膜式

铅丝水泥网格板是点滴薄膜式淋水装置的一种(见图 4-1-4),它是以 $16^\#\sim18^\#$ 铅丝作筋制成的 50 mm×50 mm×50 mm 方格孔的网板,每层之间留有 50 mm 左右的间隙,层层装设而成的。热水以水滴形式淋洒下去,故称点滴薄膜式,其表示方法为:G 层数×网孔-层距,单位:mm。例如 G16×50-50。

(二)配水系统

配水系统的作用在于将热水均匀地分配到整个淋水面积上,从而使淋水装置发挥最大的冷却能力。常用的配水系统有槽式、管式和池式三种。

槽式配水系统通常由水槽、管嘴及溅水碟组成,热水从管嘴落到溅水碟上,溅成无数小水滴射向四周,以达到均匀布水的目的(见图 4-1-5)。

管式配水系统的配水部分由干管和支管组成,它可采用不同的布水结构,只要布水均匀即可。图 4-1-6 所示为一种旋转布水管系的平面图。

池式配水系统的配水池建于淋水装置正上方,池底均匀地开有 4~10 mm 孔口(或者装喷嘴、管嘴),池内水深一般不小于 100 mm,以保证洒水均匀。其结构示于图 4-1-7 中。

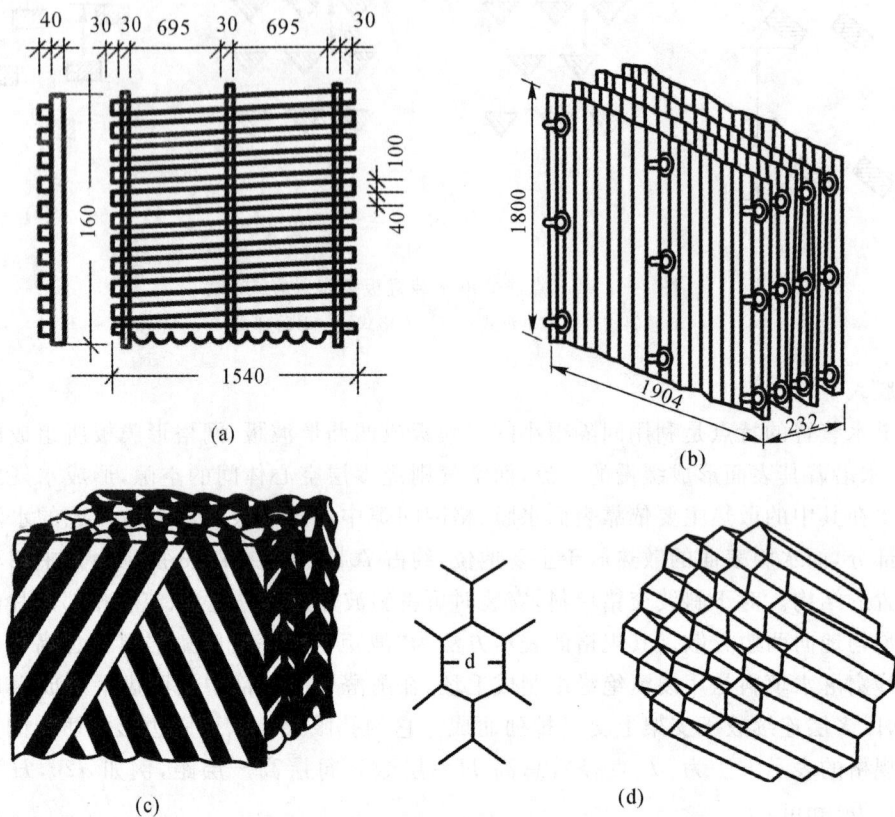

图 4-1-3　薄膜式淋水装置的四种结构

(a)小间距平板淋水填料；　(b)石棉水泥板淋水填料；　(c)斜坡交错填料；　(d)蜂窝淋水填料

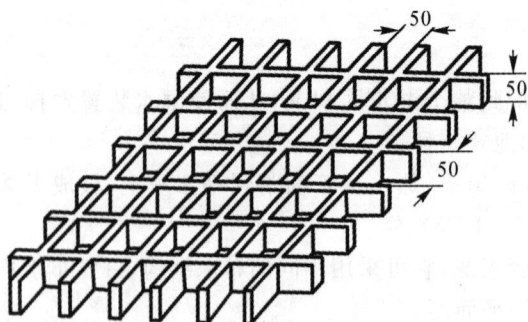

图 4-1-4　铝丝水泥网板淋水装置(单位:mm)

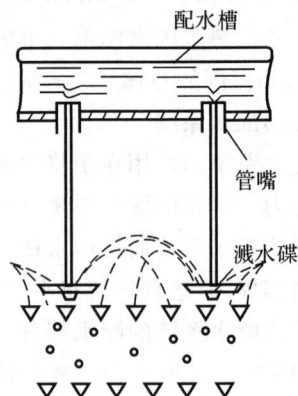

图 4-1-5　槽式配水系统

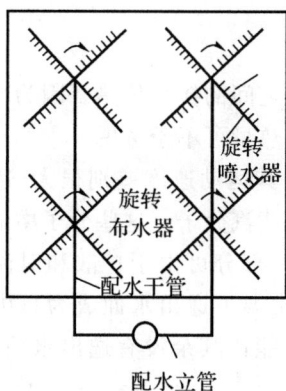

图 4-1-6　旋转布水的管式配水系统　　　图 4-1-7　池水配水系统

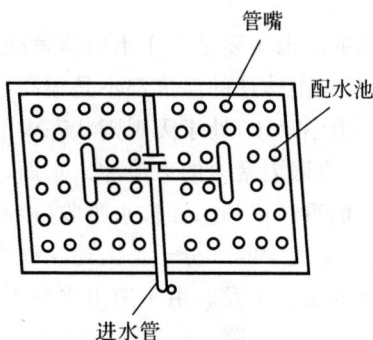

(三)通风筒

通风筒是冷水塔的外壳,气流的通道,其作用在于创造良好的空气动力条件,并将排出冷却塔的湿热空气送往高空,减少或避免湿热空气回流。自然通风冷水塔一般都很高。有的达150 m 以上,而机械通风冷水塔的高度一般在 10 m 左右,包括风机的进风口和上部的扩散筒,如图 4-1-8 所示。为了保证进、出风的平缓性和清除风筒口的涡流区,风筒的截面一般用圆锥形或抛物线形。

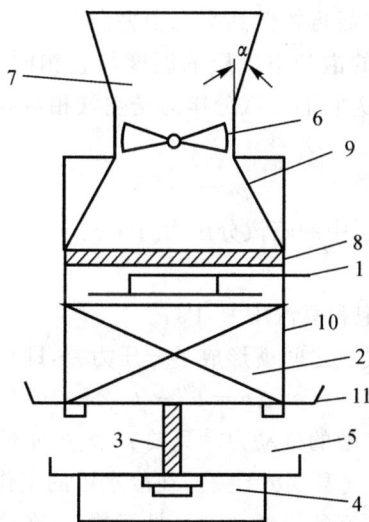

图 4-1-8　通风筒

1—布水器;　2—填料;　3—隔墙;　4—集水池;　5—进风口;　6—风机;
7—风筒;　8—收水器;　9—导风伞;　10—塔体;　11—导风板

在机械通风冷水塔中,若鼓风机装在塔的下部地区,操作比较方便,这时由于它送的是较冷的干空气,而不像装在塔顶的抽风机那样用于排除因受热而潮湿的空气,因此鼓风机的工作条件较好。但是,采用鼓风机时,从冷水塔排出的空气流速,仅有 1.5～2.0 m/s,由于这种塔的高度不大,只要空中有微风吹过,就有可能将塔顶排出的热而潮湿的空气吹向下部,以致被风机吸入,造成热空气的局部循环,恶化了冷却效果。

二、冷水塔的工作原理

冷水塔内水的降温主要是由于水的蒸发散热和气水之间的接触传热。因为冷水塔多为封闭形式,且水温与周围构件的温度都不是很高,故辐射传热量可不予考虑。

根据气体动力学理论,处于无规则状态中的水分子,其运动速度差别很大,速度大的分子动能也大,它们能克服内聚力的束缚冲出水面,成为自由蒸汽分子。这些分子中的一部分与空气分子碰撞后可能重新回到水面被水吸收(冷凝),而另一部分可由于扩散和对流的作用进入空气的主流,成为空气中的水分子。上述这种水分子在常温下逸出水面成为自由蒸汽分子的传质现象称为水的表面蒸发。由于逸出水分子的平均动能比其余没有逸出水面的分子大,因而蒸发的结果会使水温下降。

单位面积水面上的表面蒸发速度[kg/(m³·h)]与水温和蒸汽分子向空气中扩散的速度有关。水温之所以与蒸发速度有关是因为它标志着水分子的平均动能以及冲破内聚力的束缚而逸出水面的概率;而蒸汽分子向空气中扩散的速度之所以与蒸发速度有关是因为空气中水分子返回水面的速度与空气中的水分浓度成比例。当空气中的水分子浓度达到某个数值时,会出现水分子逸出水面的速度与空气中水分子返回水面的速度相等的情况,这时空气中水分子含量达到饱和,蒸发散热就将减弱甚至停止。故在一定温度下,蒸发速度取决于水分子由水面附近向空气深处的扩散速度。

于是,一般认为当未饱和空气与水接触时,在水与气的分界面上存在极薄的一层饱和空气层,水首先蒸发到饱和气层中,然后再扩散到空气中去。

设水面温度为 t,紧贴水面的饱和空气层的温度与它相同,但其饱和水蒸气的分压力为 p'',而远离水面空气流的温度为 θ,它的蒸汽分压力是空气相对湿度 φ 和空气温度 θ 时的饱和蒸汽压力 p''_θ 的乘积,即

$$p_\theta = \varphi p''_\theta$$

式中　　p_θ——温度为 θ 的空气层中的蒸汽分压力,Pa;

　　　　φ——空气的相对湿度;

　　　　p''_θ——空气温度 θ 时的饱和蒸汽压力,Pa。

于是在水面饱和气层和空气流之间就形成了分压力差,即

$$\Delta p = p'' - p_\theta$$

它是水分子向空气中蒸发扩散的推动力。只要 $p'' > p$,水的表面就会产生蒸发,而与水面温度 t 高于还是低于水面上的空气温度 θ 无关。在冷水塔的工作条件下,总是符合 $p'' > p$ 的,因此不论水温高于还是低于周围空气温度,Δp 总是正数,故在冷水塔中总能进行水的蒸发,蒸发所消耗的热量总是由水传给空气,其值可表示为

$$Q_\beta = \gamma \beta_p (p'' - p) F \tag{4.1}$$

式中　　p_β——由蒸发产生的传热量,kW;

　　　　γ——汽化潜热,kJ/kg;

　　　　β_p——以分压差表示的传质系数,kg/(m²·s·Pa);

　　　　F——水气接触面积,m²。

水和空气温度不等导致接触传热是引起水温变化的另一个原因,接触传热的推动力为两者的温差 $(t-\theta)$,接触传热的热流方向可从空气流向水,也可从水流向空气,这要看两者的温度

以何者为高,其值为

$$Q_\alpha = \alpha(t - \theta)F \tag{4.2}$$

式中　Q_α—— 水气间的接触传热量,kW;

　　　α—— 接触传热时的换热系数,kW/(m² · ℃)。

在冷水塔中,一般空气传热量很大,空气温度变化较小。当水温高于气温时,蒸发散热和接触传热都向同一方向(即由水向空气)传热,因而由水放出的总热量为

$$Q = Q_\beta + Q_\alpha$$

其结果是使水温下降。当水温下降到等于空气温度时,接触传热量 $Q_\alpha = 0$。则有

$$Q = Q_\beta$$

故蒸发散热仍在进行。而当水温继续下降到低于气温时,接触传热量 Q_α 的热流方向从空气流向水,与蒸发散热的方向相反,于是由水放出的总热量为

$$Q = Q_\beta - Q_\alpha$$

如果 $Q_\beta > Q_\alpha$,水温仍将下降。但是 Q_β 渐趋减小,而 Q_α 渐趋增加,于是当水温下降到某一程度时,由空气传向水的接触传热量等于由水传向空气的蒸发散热量,则有

$$Q = Q_\beta - Q_\alpha = 0$$

从此开始,总传热量等于零,水温也不再下降,这时的水温为水的冷却极限,对于水的冷却条件,此冷却极限与空气的湿球温度近似相等。因而湿球温度代表着在当地气温条件下,水可能冷却到的最低温度。水的出口温度越接近于球温度(τ)时,所需冷却设备越庞大,故在生产中要求冷却后的水温比 τ 高 3 ～ 5℃。

当然,在水温 $t = \tau$ 时,两种传热量之间的平衡具有动态平衡的特征,这是因为不论是水的蒸发或是水气间的接触传热都没有停止,只不过由接触传热传给水的热量全部都被消耗在水的蒸发上,这部分热量又由水蒸气重新带回到空气中。

从而可见,蒸发冷却过程中随着物质交换,水可以被冷却到比用以冷却它的空气的最初温度还要低的程度,这是蒸发冷却所特有的性质。

当水温被冷却到冷却极限 τ 时,Q_α 和 Q_β 之间的平衡关系可表示为

$$\alpha(\theta - \tau)F = \gamma\beta_P(p''_\tau - p_\tau)F$$

式中　τ—— 湿球温度,℃;

　　　p''_τ—— 温度为 τ 时的饱和水蒸气压力,Pa。

为了推导和计算的方便,式(4.1)中的分压力差也可用含湿量差代替,但其中的 β_P 应以含湿量差表示的传质系数 β_x 代替,故式(4.1)可写成

$$Q_\beta = \gamma\beta_x(x'' - x)F \tag{4.3}$$

而 Q_α 和 Q_β 间的平衡关系为

$$\alpha(\theta - \tau)F = \gamma\beta_x(x'' - x)F$$

式中　β_x—— 以含湿量差表示的传质系数,kg/(m² · s);

　　　x''_τ—— 与 τ 相应的饱和空气含湿量,kg/kg;

　　　x—— 空气的含湿量,kg/kg。

关于水在塔内的接触面积 F,在薄膜式中,它取决于填料的表面积。而在点滴式淋水装置中,则取决于流体的自由表面积。然而具体确定此值是十分困难的,对某种特定的淋水装置而言,一定量的淋水装置体积相应具有一定量的面积,称为淋水装置(填料)的比表面积,以

$\alpha(\mathrm{m}^2/\mathrm{m}^3)$ 表示。因此实际计算中就不用接触面积而改用淋水装置(或填料)体积以及与体积相应的传质系数 β_{xV} 和换热系数 α_V,于是

$$\beta_{x,V} = \beta_x a, \quad \alpha_V = \alpha a$$

而总传热量为

$$Q = \alpha_V (t - \theta)V + \gamma \beta_{xV}(x'' - x)V \tag{4.4}$$

三、冷水塔的热力计算

冷水塔的热力计算,逆流式与横流式有所不同。由于塔内热量、质量交换的复杂性,影响因素很多,很多研究者提出了多种计算方法。在逆流塔中,水和空气参数的变化仅在高度方向,而横流式冷却塔的淋水装置中,在垂直和水平两个方向都有变化,情况更为复杂。下面仅对逆流式冷水塔计算中的焓差法作一介绍。

(一)迈克尔焓差方程

1925 年,迈克尔(Merkel)首先引用了热焓的概念建立了冷水塔的热焓平衡方程式。利用迈克尔焓差方程和水、气的热平衡方程,可比较简便地求解水温 t 和热焓 i,因而至今仍是对冷水塔进行热力计算时所采用的主要方法,称为焓差法,其要点如下:

取逆流塔中某一微段 $\mathrm{d}Z$(见图 4-1-9),设该微段内的水、气分布均匀,进入该微段的总水量为 L,其水温为 $t + \mathrm{d}t$,经过该微段的热质交换,出水温度为 t,蒸发掉的水量为 $\mathrm{d}L$,进入该微段的空气量为 G,气温为 θ,含湿量为 x,焓为 i,与水进行热交换后 $\mathrm{d}Z$ 段的温度、含湿量及焓分别为 $\theta + \mathrm{d}\theta$、$x + \mathrm{d}x$、$i + \mathrm{d}i$。

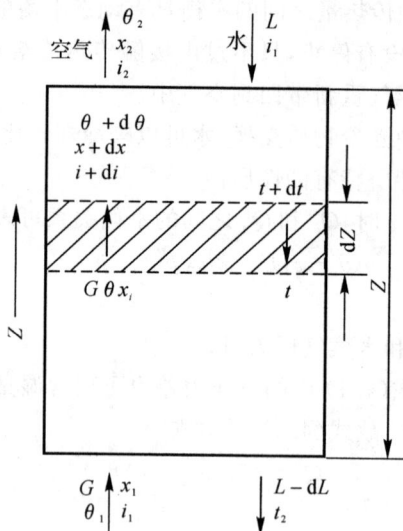

图 4-1-9　逆流式冷水塔中的冷却过程

在微段内接触传热量与蒸发散热量之和为

$$\mathrm{d}Q = \alpha(t - \theta)A\mathrm{d}Z + \gamma \beta_x (x'' - x)aA\mathrm{d}Z \tag{4.5}$$

或

$$\mathrm{d}Q = [(a/\beta_x t + rx'') - (a/\beta_x \theta + rx)]\beta_x aA\mathrm{d}Z$$

式中　　a——填料的比表面积,$\mathrm{m}^2/\mathrm{m}^3$;

A—— 塔的横截面积，m^2；

Z—— 塔内填料高度，m；

x''，x—— 与水温 t 相应的饱和空气含湿量以及与水相接触的空气的含湿量，kg/kg。

将路易斯（Lewis）关系式 $a/\beta x = C_x$（C_x 为湿空气比热）及含湿量为 x 的湿空气的焓 $i_x = C_x \theta r x$，水面饱和空气层（其温度等于水温 t）的焓 $i_x = C_x t r x''$，代入式（4.5），则得

$$dQ = \beta_x(i'' - i)aA\,dZ \qquad\qquad (4.6)$$

此即迈克尔焓差方程，它表明塔内任何部位水、气之间交换的总热量与该点水温下饱和空气焓 i'' 与空气焓 i 之差成正比。该方程可视为能量扩散方程，焓差正是这种扩散的推动力。但应指出，路易斯关系式只是在特定的绝热蒸发的条件下才是一个常数，因而迈克尔方程存在一定的近似性。

（二）水气热平衡方程

在没有热损失的情况下，水所放出的热量应当等于空气增加的热量。在微段 dZ 内水所放出的热为

$$dQ = Lc(t + dt) - (L - dL)ct = (L\,dt + t\,dL)c \qquad\qquad (4.7)$$

其中，c 为水的比热容。而空气在该微段吸收的热为

$$dQ = G\,di \qquad\qquad (4.8)$$

可得

$$G\,di = c(L\,dt + t\,dL) \qquad\qquad (4.9)$$

式中等号右边第一项为水温降低 dt 放出的热，第二项为由于蒸发了 dL 水量所带走的热，此项数值与第一项比相对较小，为简化计算，将其影响考虑到第一项中，将第一项乘以系数 $1/K$，可得

$$G\,di = \frac{1}{K}cL\,dt \qquad\qquad (4.10)$$

此即该微段的热平衡方程。

此处有必要对系数 K 做一些说明。

(1) 从上引出系数 K 的过程可知，它是一个与蒸发水量有关的系数，它应当小于 1。

(2) 将式（4.10）代入式（4.9），有 $G\,di = KG\,di + ct\,dL$，整理后成为

$$K = 1 - \frac{ct\,dL}{G\,di} \qquad\qquad (4.11)$$

其中，$ct\,dL$ 值（即蒸发散热量）只占总传热量的百分之几，因而 $K \approx 1$。

(3) 若用式（4.10）对全塔进行积分，则有

$$G(i_2 - i_1) = \frac{cL}{K}(t_1 - t_2)$$

或

$$K = \frac{cL(t_1 - t_2)}{G(i_2 - i_1)} \qquad\qquad (4.12)$$

又在淋水装置全程内，水气之间的平衡关系式为

$$cLt_1 - (L - \Delta L)ct_2 = G(i_2 - i_1)$$

或

$$\frac{cL(t_1 - t_2)}{G(i_2 - i_1)} = 1 - \frac{c\Delta L t_2}{G(i_2 - i_1)} \qquad\qquad (4.13)$$

将式（4.12）和式（4.13）比较后可知：

$$K = 1 - \frac{c\Delta L t_2}{G(i_2 - i_1)} \tag{4.14}$$

其中
$$G(i_2 - i_1) = Q_\alpha - Q_\beta, \quad \Delta L = Q_\beta / \gamma$$
可得

$$K = 1 - \frac{\dfrac{Q_\beta}{\gamma} c t_2}{Q_\alpha + Q_\beta} = 1 - \frac{c t_2}{r\left(1 + \dfrac{Q_\alpha}{Q_\beta}\right)} \tag{4.15}$$

在炎热的夏季,接触传热量 Q_α 甚小,得 $\dfrac{Q_\alpha}{Q_\beta} \approx 0$,则有

$$K = 1 - \frac{c t_2}{\gamma} \tag{4.16}$$

其中的汽化潜热 γ 应取淋水装置中与水平均温度相应的数值,但它在一般的水冷却条件下变化不大,故实际计算中可用 t_2 时的汽化潜热。从上式可见,K 是出口水温 t_2 的函数,此关系如图 $4-1-10$ 所示。

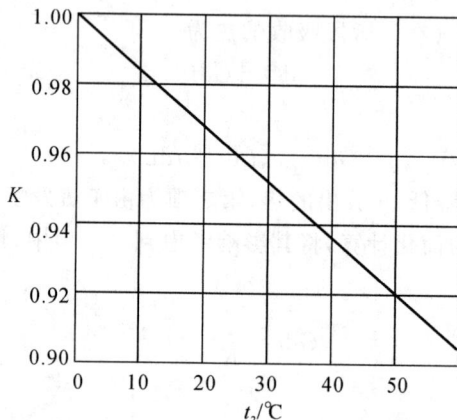

图 $4-1-10$　K 值与冷却水温 t_2 的关系

(三) 计算冷水塔的基本方程

综合迈克尔焓差方程(4.6)和热平衡方程(4.10),可得

$$\beta_x(i'' - i)\alpha A \, \mathrm{d}Z = \frac{1}{K} c L \, \mathrm{d}t \tag{4.17}$$

对此进行变量分离并进行积分,有

$$\frac{c}{K} \int_{t_2}^{t_1} \frac{\mathrm{d}t}{i'' - i} = \int_0^z \beta_x \frac{aA}{L} \mathrm{d}Z = \beta_x \frac{aAZ}{L} \tag{4.18}$$

式(4.18)是在迈克尔方程基础上以焓差为推动力进行冷却时,计算冷水塔的基本方程,若以 N 代表该式的左边部分,即

$$N = \frac{c}{K} \int_{t_2}^{t_1} \frac{\mathrm{d}t}{i'' - i} \tag{4.19}$$

称 N 为按温度积分的冷却数,简称"冷却数",它是一个无量纲数。

再以 N' 表示式(4.18)右边部分,即

$$N' = \beta_x \frac{aAZ}{L} \tag{4.20}$$

称 N' 为冷水塔特性数。冷却数表示水温从 t_1 降到 t_2 所需要的特征数数值,它代表着冷却任务的大小。在冷却数中的 $(i''-i)$ 是指水面饱和空气层的熵与外界空气的熵之差 Δi,此值越小,水的散热就越困难。所以它与外部空气参数有关,而与冷水塔的结构和形式无关。在气量和水量之比相同时,N 值越大,表示要求散发的热量越多,所需淋水装置的体积越大。特性数中的 β_x 反映了淋水装置的散热能力,因而特性数反映了淋水塔所具有的冷却能力,它与淋水装置的构造尺寸、散热性能及水和气流量有关。

冷水塔的设计计算问题,就是要求冷却任务与冷却能力相适应,因而在设计中应保证 $N = N'$,以保证冷却任务的完成。

(四) 冷却数的确定

冷却数实际上就是熵差的倒数求积分,上限为进水温度 t_1,下限为出水温度 t_2。但在冷却数定义式中,$(i''-i)$ 与水温 t 之间的关系极为复杂,一般只能近似求解,这里介绍各种近似解法中的辛普逊(Simpson)近似积分法。此法系将冷却数的积分式分项计算求得近似解。按辛普逊积分法的要求,将积分区间分成偶数个小段,设段数为 n,每个小段的水温变化值为 δ/n,从而可知各小段的水温。与每个水温相应的饱和熵 i'' 可在湿空气的熵湿图(附录 C)或湿空气表(见附录 B)上查到,与每个水温相应的空气的熵 i,也可由式(4.12)写成

$$i_2 = i_1 + \frac{CL}{KG}(t_1 - t_2) \tag{4.21}$$

的形式,把它计算出来。

于是,就可得到与每个水温相应的 $1/(i''-i)$ 值,并将它们绘成以 t 为横坐标,以 i 为纵坐标的点,然后以每三个点即 0,1,2;2,3,4;4,5,6;… 抛物线连接(见图 4-1-11),于是用辛普逊积分的结论,可得出图 4-1-11 中 $t_2 - 0 - 10 - t_1$ 所包围的面积为

$$\int_{t_2}^{t_1} \frac{\mathrm{d}t}{i''-i} \left(\frac{1}{\Delta i_0} + \frac{4}{\Delta i_1} + \frac{2}{\Delta i_2} + \frac{4}{\Delta i_3} + \frac{2}{\Delta i_4} + \frac{4}{\Delta i_5} + \cdots + \frac{2}{\Delta i_{n-2}} + \frac{4}{\Delta i_{n-1}} + \frac{1}{\Delta i_n} \right)$$

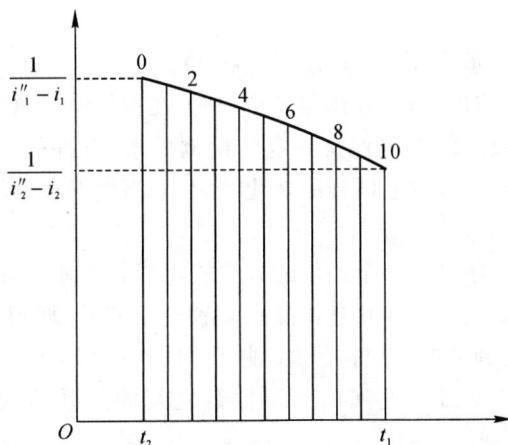

图 4-1-11　辛普逊积分法求冷却数

而冷却数为

$$N = \frac{c\delta t}{3nk}\left(\frac{1}{\Delta i_0} + \frac{4}{\Delta i_1} + \frac{2}{\Delta i_2} + \cdots + \frac{1}{\Delta i_n}\right) \tag{4.22}$$

由式(4.21)可知,后一个等分的 i_n 与前一个等分的 i_{n-1} 值的关系为

$$i_n - i_{n-1} = \frac{cL}{KG}\left(\frac{t_1 - t_2}{n}\right) \tag{4.23}$$

在计算时,应从水装置底层开始,先算出该层的 i 值,再逐步往上算出以上各段的 i 值。各段的 K 值也应根据相应段的水温按式(4.16)计算。

若对精度要求不高,且 $\delta t < 15℃$ 时,常用下列两段公式简化计算,即

$$N = \frac{c\delta t}{6K}\left(\frac{1}{i''_1 - i_1} + \frac{4}{i''_m - i_m} + \frac{1}{i''_2 - i_2}\right) \tag{4.24}$$

式中　i''_1, i''_2, i''_m —— 与水温 $t_2, t_1, t_m = \dfrac{t_1 + t_2}{2}$ 对应的饱和焓空气 $i_m = \dfrac{i_1 + i_2}{2}$,kJ/kg;

$\qquad\quad i_1, i_2$ —— 分别为空气进口、出口处的焓,kJ/kg;

$\qquad\quad \delta t$ —— 水在塔内的温降,℃。

(五) 特性数的确定

为使实际应用方便,常将式(4.20)定义的特性数改写成

$$N' = \beta_{xV}\frac{V}{L} \tag{4.25}$$

式中　β_{xV} —— 容积传质系数,$\beta_{xV} = \beta_x a$,kg/(m³ · s);

$\qquad\quad V$ —— 填料体积,m³。

可见特性数取决于容积传质系数、冷水塔的构造及淋水情况等因素。

(六) 换热系数与传质系数的计算

在计算冷水塔时要求确定换热系数和传质系数。假定热交换和质交换的共同过程是在两者之间的类比条件得到满足的情况下进行,由相似理论分析,换热系数和传质系数之间应保持一定的比例关系,此比例关系与路易斯关系式的结果一致,即

$$\frac{\alpha}{\beta_x} = c_x$$

在冷水塔计算中,c_x 一般采用 1.05 kJ/(kg · ℃)。

由此可得到一个重要结论,即当液体蒸发冷却时,在空气温度及含湿量的使用范围变化很小时,换热系数和传质系数之间必须保持一定的比例关系,条件的变化可使某一个增大或减小,从而导致其他一个也相应地发生同样的变化。因而,当缺乏直接的实验资料时就可根据上述比例关系予以近似估计。

可以说直到现在为止,还没有一个通用的方程式可以计算水在冷水塔中冷却时的换热系数和传质系数,因此更有意义的是针对具体淋水装置进行实验,取得资料。图 4-1-12 和图 4-1-13 示出了由试验得到的两种填料的 β_{xV} 曲线。图 4-1-14 所示则是已经把不同气、水比(空气量与水量之比,以 λ 表示)整理成与特性数之间的关系曲线,图中示出了两种填料的特性。

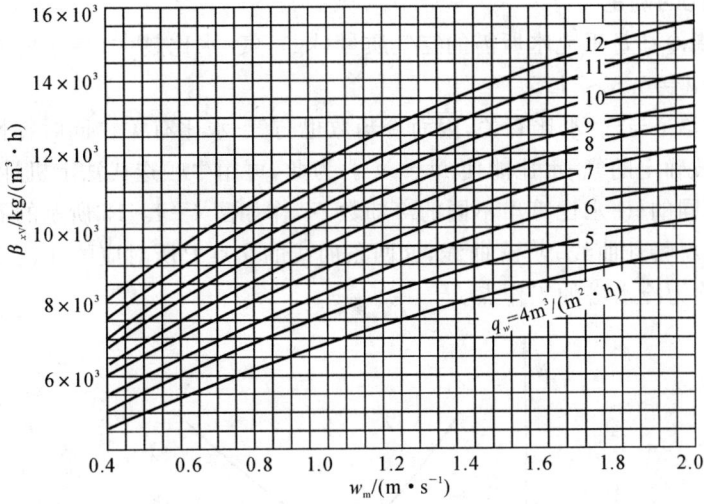

图 4-1-12 塑料斜波 $55 \times 12.5 \times 60° - 1\,000$ 型容积传质系数曲线

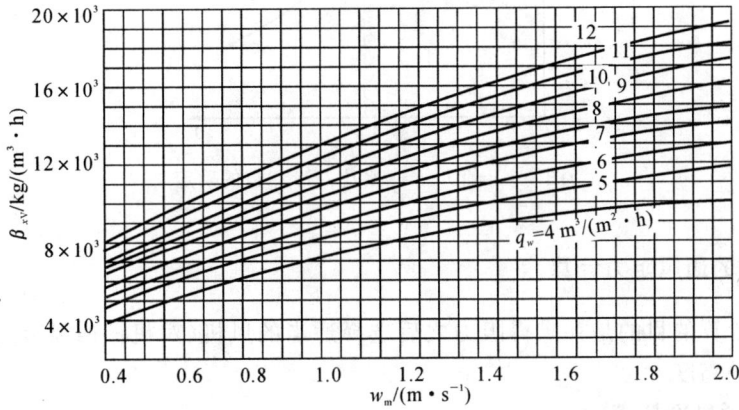

图 4-1-13 纸质蜂窝 d_{20}，$H = 10 \times 100 \times 1000$ 型容积传质系数曲线

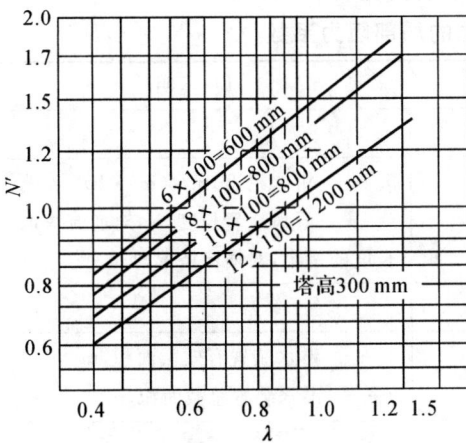

d20 蜂窝填料特性曲线

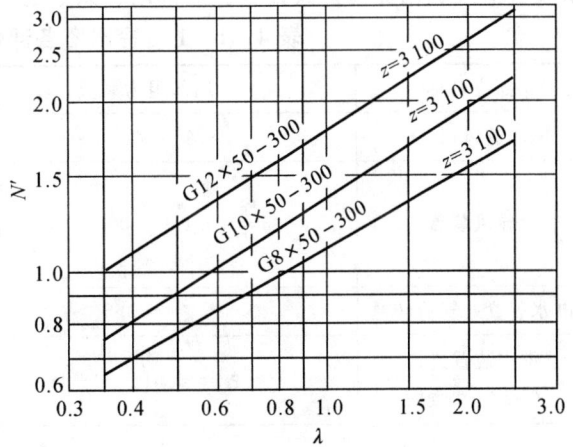

铅丝水泥格网板特性曲线

图 4-1-14 两种填料的特性曲线

(七) 气-水比的确定

气-水比是指冷却每千克水所需的空气质量(kg),气-水比越大,冷水塔的冷却能力越大,一般情况下可选 $\lambda = 0.8 \sim 1.5$。

由于空气的焓 i 与气-水比有关,因而冷却数也与气-水比有关。同时特性数也与气-水比有关,因此要求被确定的气-水比能使 $N = N'$。为此,可用牛顿迭代法上机计算或者在设计计算中假设几个不同的气-水比算出不同的冷却数 N,作如图 $4-1-15$ 所示的 $N-\lambda$ 曲线。再在同一图上作出填料特性曲线 $N'-\lambda$ 曲线,这两条曲线的交点 P 所对应的气、水比 λ_P 就是所求的气-水比。P 点称为冷水塔的工作点。

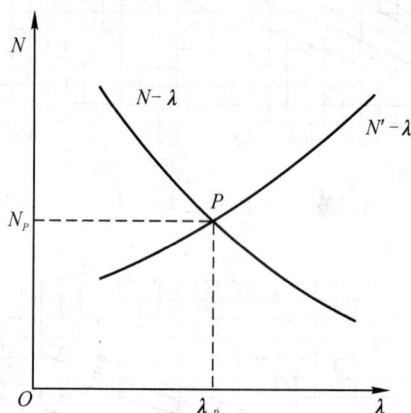

图 $4-1-15$　气、水比及冷却数的确定

四、冷水塔的通风阻力计算

通风阻力计算的目的是在求得阻力之后选择适当的风机(对机械通风冷却塔)或确定自然通风冷却塔的高度。

(一) 机械通风冷却塔

空气流动阻力包括由空气进口之后经过各个部位的局部阻力。各部位的阻力系数常采用试验数值或利用经验公式计算。局部阻力系数的计算公式见表 $4-1-1$。

表 $4-1-1$　冷水塔各部位的局部阻力系数

部位名称	局部阻力系数	说　明
进风口	$\xi_1 = 0.55$	
导风装置	$\xi_2 = (0.1 + 0.000\,025q_w)l$	q_w —— 淋水密度,$m^2/(m^2 \cdot h)$ l —— 导风装置长度,m,对逆流塔取其长度的一半,对横流塔取总长
淋水装置处气流转弯	$\xi_3 = 0.5$	
淋水装置进口气流突然收缩	$\xi_4 = 0.5\left(1 - \dfrac{f_0}{f_s}\right)$	f_0 —— 淋水装置有效截面积,m^2 f_s —— 淋水装置总截面积,m^2

续 表

部位名称	局部阻力系数	说　明
淋水装置	$\xi_5 = \xi_0(1 + K_s q_w)Z$	ξ_0——单位高度淋水装置阻力系数 K_s——系数,可查有关手册 Z——淋水装置高度,m
淋水装置进口 气流突然扩大	$\xi_6 = \left(1 - \dfrac{f_0}{f_s}\right)^2$	
配水装置	$\xi_7 = \left[0.5 + 1.3\left(1 - \dfrac{f_{ch}}{f_s}\right)^2\right] \cdot \left(\dfrac{f_s}{f_{ch}}\right)^2$	f_{ch}——配水装置中气流通过的有效截面积,m^2
收水器	$\xi_8 = \left[0.5 + 2\left(1 - \dfrac{f_g}{f_n}\right)^2\right] \cdot \left(\dfrac{f_g}{f_n}\right)^2$	f_g——收水器有效截面积,m^2 f_n——收水器的总面积,m^2
风机进风口 (渐缩管形)	ξ_9	
风机扩散口	ξ_{10}	
气流出口	$\xi_{11} = 1.0$	

塔的总阻力为各局部阻力之和,根据总阻力和空气的容积流量,即可选择风机。

(二) 自然通风冷水塔

自然通风冷水塔的阻力必须等于它的抽力,由此原则可确定空气流速和塔筒高度。

抽力的计算公式为

$$Z = H_0 g(\rho_1 - \rho_2) \qquad (4.26)$$

阻力计算公式为

$$\Delta p = \xi \frac{\rho_m w_m^2}{2} \qquad (4.27)$$

以上两式中:

ρ_1, ρ_2——分别为塔外的和填料上部的空气密度,kg/m^3;

H_0——通风筒的有效高度,m,$H_0 = h_1 + 0.5h$,见图 4-1-16;

h_g——淋水装置上的配水槽水面到塔顶高度,m;

h_l——淋水装置底到配水槽水面高度,m;

ρ_m——淋水装置中的平均空气密度,kg/m^3,$\rho_m = (\rho_1 + \rho_2)/2$;

w_m——淋水装置中的平均风速,m/s。

总阻力系数 ξ 等于各部位局部阻力系数之和,一般可用下式计算:

$$\xi = \frac{2.5}{\left(\dfrac{4H'}{D}\right)^2} + 0.32D + \left(\frac{F_{淋}}{F}\right) + \xi_\beta \qquad (4.28)$$

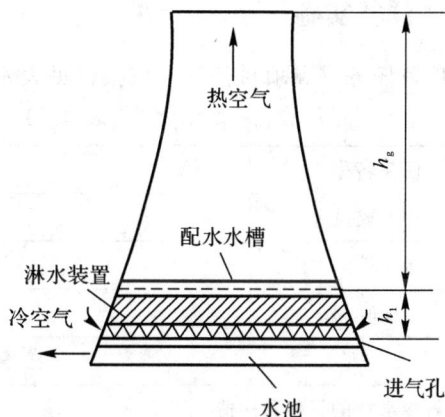

图 4-1-16　自然通风冷却塔计算

式中　　H'——进风口高度，m；

D——进风口处塔的直径，m；

$F_淋$——淋水装置横截面积，m^2；

F——塔的出风口横截面积，m^2；

ξ_β——淋水装置及其进、出口的阻力系数。

若已知塔形，可根据 $\Delta p = Z$ 用式(4.26)和式(4.27)确定风速 w_m(单位：m/s)。

$$w_m = \sqrt{2H_0 g(\rho_1 - \rho_2)/\xi \rho_m}\qquad(4.29)$$

或已知风速亦可求出冷水塔有效高度 H_0。

关于出塔空气的状态，除了可以从式(4.21)求出 i_2 之外，还要求得 θ_2 或 φ_2。而出塔空气的相对湿度 φ_2，在气-水比小于或等于理论气-水比 $\lambda_理$ 的情况下，它应当等于1。这里的理论气、水比指的是出塔空气的含湿量恰好达到饱和($\varphi = 1$)时的气-水比。由式(4.12)可得

$$\lambda_理 = \frac{c\Delta t}{K(i_2 - i_1)}\qquad(4.30)$$

根据实测，$\lambda = 0.6 \sim 1.4$ 的范围内，出塔空气的相对湿度 $\varphi_2 = 1.0$。由此则可根据 i_2 及 $\varphi_2 = 1.0$ 从焓湿图上查得 θ_2，并从附录 B 中查取与 θ_2 相对应的饱和蒸汽压力 $p''_汽$，再由下式算出塔空气的密度 ρ_2，即

$$\rho_2 = \rho_汽 + \rho_干 = \frac{p'_汽}{461.5(273 + \theta_2)} + \frac{10\,325 - p''_汽}{287 \times (273 + \theta_2)}\qquad(4.31)$$

📖 任务实施

项目任务书和项目任务完成报告见表 4-1-2 和表 4-1-3。

表 4-1-2　项目任务书

任务名称	冷水塔的应用		
小组成员			
指导教师		计划用时	
实施时间		实施地点	
任务内容与目标			
1.了解冷水塔的类型和构造。 2.掌握冷水塔的工作原理。 3.掌握冷水塔的热力计算。 4.掌握冷水塔的通风阻力计算。			
考核项目	1.冷水塔的工作原理。 2.冷水塔的热力计算。 3.冷水塔的通风阻力计算。		
备注			

表 4 - 1 - 3　项目任务完成报告

任务名称	冷水塔的应用	
小组成员		
具体分工		
计划用时	实际用时	
备注		

1.简述冷水塔的工作原理。

2.综合迈克尔焓差方程和热平衡方程计算冷水塔的基本方程。（书写方程推导过程）

3.冷水塔各部位局部阻力系数之和总阻力系数的计算方法是什么？（书写方程推导过程）

任务评价

项目任务综合评价见表 4 - 1 - 4。

表 4 - 1 - 4　项目任务综合评价表

任务名称：　　　　　　　　　　　　　　测评时间：　　年　　月　　日

考核明细		标准分	实训得分								
			小组成员								
			小组自评	小组互评	教师评价	小组自评	小组互评	教师评价	小组自评	小组互评	教师评价
团队60分	小组是否能在总体上把握学习目标与进度	10									
	小组成员是否分工明确	10									
	小组是否有合作意识	10									
	小组是否有创新想（做）法	10									
	小组是否如实填写任务完成报告	10									
	小组是否存在问题和具有解决问题的方案	10									
个人40分	个人是否服从团队安排	10									
	个人是否完成团队分配任务	10									
	个人是否能与团队成员及时沟通和交流	10									
	个人是否能够认真描述困难、错误和修改的地方	10									
合计		100									

?! 思考练习

1. 冷水塔有很多种类,根据循环水在塔内是否与空气直接接触,可分成_____、_____。

2. 各种形式的冷水塔,一般包括主要部分_____、_____、_____。

任务二 喷射式热交换器的应用

📖 任务描述

喷射式热交换器,在这种设备中,使压力较高的流体由喷管喷出,形成很高的速度,低压流体被引入混合室与射流直接接触进行传热,并一同进入扩散管,在扩散管的出口达到同一压力和温度后送给用户。混合式冷凝器,这种设备一般是用水与蒸汽直接接触的方法使蒸汽冷凝。

📚 任务资讯

一、喷射式热交换器的一般问题

喷射式热交换器是一种以热交换为目的的喷射器,它和其他喷射器一样,是使压力和温度不同的两种流体相互混合,并在混合过程中进行能量交换的一种设备。

按照被混合的流体的不同,喷射式热交换器中可以是汽-水之间的热交换,水-水之间的热交换,汽-汽之间的热交换,等等。图 4-2-1 所示为喷射式热交换器的原理图,它的主要部件有工作喷管、引入室、混合室和扩散管。

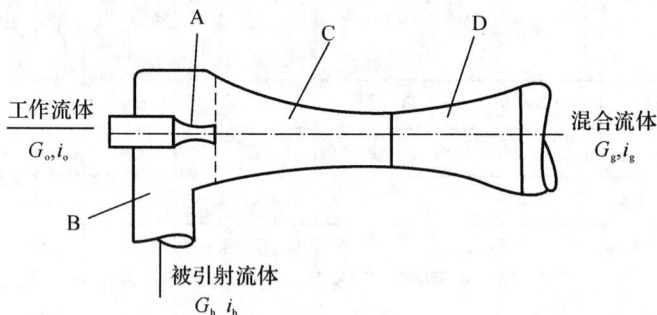

图 4-2-1 喷射式热交换器原理图
A—工作喷管; B—引入室; C—混合室; D—扩散管

压力较高的流体称工作流体。工作流体通过喷管的膨胀,使其势能转变为动能,以很高的速度从喷管喷出,并将压力较低的流体(称被引射流体)卷吸到引入室内。工作流体把一部分动能传给被引射流体,在沿喷射器流动过程中,工作流体与被引射流体混合后的混合流体的速度渐趋均衡,动能相反的转变为势能,然后送给用户。喷射式热交换器和其他各种喷射器一样,其中所发生的过程可用以下三个定律描述。

（一）质量守恒定律

$$G_g = G_o + G_h \tag{4.32}$$

或

$$G_g - (1+u)G_o$$

式中　　G_o——工作流体的质量流量，kg/s；

　　　　G_h——被引射流体的质量流量，kg/s；

　　　　G_g——混合流体的质量流量，kg/s；

　　　　u——喷射系数，$u = G_h/G_o$。

（二）能量守恒定律

$$i_o + ui_h = (1+u)i_g \tag{4.33}$$

式中　　i_o——喷射器前工作流体的焓，kJ/kg；

　　　　i_h——喷射器前被引射流体的焓，kJ/kg；

　　　　i_g——喷射器后混合流体的焓，kJ/kg。

（三）动量定理

动量的增量等于冲量，对于不同形状的混合室，动量定理可分别写成不同的形式，它们的表达式将在后面分别描述。

根据工作流体与被引射流体相互作用的性质和条件，在喷射器里要产生一系列只属于一定类型喷射器所特有的附加过程，于是针对某一特定形式的喷射式热交换器，在计算时应作具体的考虑。从这一点出发，可将喷射式热交换器分成以下几部分。

（1）工作流体和被引射流体在混合前处于不同相态，在混合过程中一种流体的相态发生改变，如汽-水喷射式热交换器及水-汽喷射加热器。

（2）工作流体和被引射流体的相态相同，如水-水喷射式热交换器和汽-汽喷射式热交换器。

喷射式热交换器的优点是在提高被引射流体的压力的过程中不直接消耗机械能，结构简单，与各种系统连接方便，因而在工程上有着广泛的应用。例如水-水喷射式热交换器可将高温水与部分低温水混合，得到一定温度的混合水，供室内采暖。汽-汽喷射式热交换器用来提高低压废气的压力，使工业废气得到回收，在凝结水回收系统中可借助于它使二次蒸汽得以利用，此外，汽-水喷射式热交换器和水-汽喷射式热交换器都可作为一种紧凑的冷凝器来使用，尤其是水-汽喷射热交换器，用在制糖、乳品加工等工业企业中，不仅可使蒸发装置的二次蒸汽冷凝，还可借助它造成真空并排除少量的不凝性气体。

二、汽-水喷射式交换器

（一）构造与工作原理

汽-水喷射式热交换器的喷管多做成渐缩渐扩喷管，混合室为圆筒形，如图 4-2-2 所示。压力 p_o 的工作蒸汽，从位于混合室前某一距离的喷管中绝热膨胀后，以很高的流速 w_p 喷射出来，卷吸周围的被引射水。当蒸汽和水的温差足够大的时候，可认为蒸汽在进入混合室之前完全被凝结在被引射水中，同时使被引射水温从 t_h 提高到 t_g。在混合室入口处，水的速度场很不均匀，经过混合室使混合水的流速得到均衡，达到 w_3，并使压力从混合室入口压力 p_2 升到混合室出口压力 p_3 再经过扩散管，混合水压力升高到 p_g 流出。

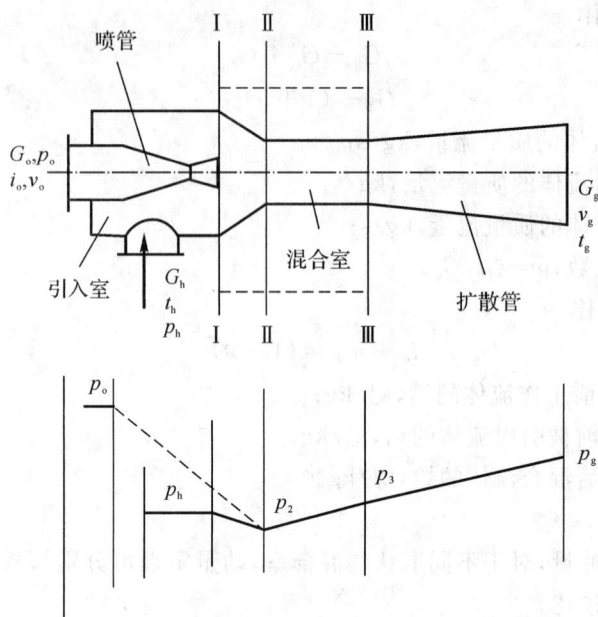

图 4-2-2　汽-水喷射式热交换器工作原理

（二）特性方程式

对于图 4-2-2 中用虚线围起来的那部分来说，质量守恒方程式与能量守恒方程式与式（4.32）和式（4.33）相同，但对汽-水喷射器，能量守恒方程式（4.33）还可写成：

$$i_o + uct_h = (1+u)ct_g \tag{4.34}$$

式中　c—— 水的比热容，kJ/(kg·℃)；

t_h—— 在喷射器前被引射水的温度，℃；

t_g—— 在喷射器后混合水的温度，℃。

动量方程式可写成以下形式：

$$\varphi_2(G_o w_p + G_h w_h) - (G_o + G_h)w_3 = p_3 f_3 + \int_{f_3}^{f_p+f_h} p\,\mathrm{d}f - (p_p f_p + p_h f_h) \tag{4.35}$$

式中　w_p—— 工作蒸汽在喷管出口处的流速 $w_p = \varphi_1(w_p)a$，m/s；

$(w_p)_a$—— 绝热流动的蒸汽速度，m/s；

w_h—— 喷管出口截面上，被引射水流过环形截面处的流速，m/s；

w_3—— 混合室出口截面上混合水的流速，m/s；

f_p—— 喷管出口截面积，m²；

f_h—— 被引射水流通过喷管出口截面处的环形截面积，m²；

f_3—— 圆筒形混合室的截面积，m²；

p_p—— 喷管出口工作蒸汽的绝对压力，Pa；

p_h—— 被引射水在引入室的绝对压力，Pa；

p_3—— 混合室出口处混合室的绝对压力，Pa；

φ,φ_2—— 考虑到流体在喷管和混合室中流动时存在摩擦而引起的能量损失，称速度系数。

为简化特性方程式的推导,可作以下假定:

(1) 由于 f_h 相对很大,可认为 $w_h \approx 0$;

(2) 喷管出口压力 p_p 等于引入室中水的压力 p_h;

(3) Ⅰ—Ⅰ 截面的截面积 $(f_p + f_h)$ 比圆筒形混合室截面积 (f_3) 大很多,因此被引射水的压力从 p_h 降到 p_2 是在靠近混合室的进口处达到的。

故可认为,Ⅰ—Ⅰ 截面和 Ⅱ—Ⅱ 截面之间作用于混合室入口段的圆锥形壁面上的冲量积分为

$$\int_{f_3}^{f_p + f_h} p \mathrm{d}f = p_h(f_p + f_h - f_3)$$

将上述假设代入式(4.35),并考虑 $u = G_h/G_o$,可得

$$\varphi_2 G_o w_p - (1+u)G_o w_3 = f_3(p_3 - p_h) \tag{4.36}$$

又,水在混合室出口处的流速为

$$w_3 = (1+u)G_o v_g/f_3 \tag{4.37}$$

混合室出口处混合水的绝对压力为

$$p_3 = p_g - \varphi_3^2 \frac{\varphi_3^2}{2 v_g} \tag{4.38}$$

式中　v_g——混合水的比容,$\mathrm{m^3/kg}$;

p_g——扩散管出口混合水的绝对压力,Pa;

φ_3——扩散管的速度系数。

喷管出口处的蒸汽流速为

$$w_p = \varphi_1 \sqrt{2(i_o - i_p) \times 10^3} \tag{4.39}$$

式中　i_p——蒸汽在喷管出口处的焓,$\mathrm{kJ/kg}$。

由热力学可知,蒸汽通过缩扩喷管的最大流量为

$$G_o = f_1 \sqrt{2 \frac{k}{k+1} \left(\frac{2}{k+1}\right)^{\frac{2}{k-1}} \frac{p_o}{v_o}} \tag{4.40}$$

式中　f_o——喷管喉部的截面积,$\mathrm{m^2}$;

K——绝热指数;

p_o——蒸汽进入喷管前的绝对压力,Pa;

v_o——蒸汽进入喷管前的比容,$\mathrm{m^3/kg}$。

将式(4.37)~(4.40)代入式(4.36),经过整理之后可得到汽-水喷射式热交换器的特性方程式为

$$p_g - p_h = \varphi_1 \varphi_2 \frac{f_1}{f_3} \sqrt{4A \times 10^3 \times \frac{p_o}{v_o}(i_o - i_p)} - (2 - \varphi_3^2)A v_g (1+u)^2 \left(\frac{p_o}{v_o}\right) \left(\frac{f_1}{f_3}\right)^2 \tag{4.41}$$

式中　A——常数,$A = \dfrac{k}{k+1} \left(\dfrac{2}{K+1}\right)^{2/k+1}$,对于饱和蒸汽,$k = 1.135$,则 $A = 0.202$。

$p_g - p_h$——Δp_g,为蒸汽-水喷射式热交换器产生的压力差即扬程,Pa。

根据经验数值,推荐 $\varphi_1 = 0.95$,$\varphi_2 = 0.975$,$\varphi_3 = 0.9$。又若用于采暖供热系统中,可以认为 $v_g = v_h = 0.001~\mathrm{m^3/kg}$,在这种情况下,上式成为

$$\Delta p_g = 26.33 \frac{f_1}{f_3} \sqrt{\frac{p_o}{v_o}(i_o - i_p)} - 0.238 \times 10^{-3} \left(\frac{f_1}{f_3}\right)^2 \left(\frac{p_o}{v_o}\right)(1+u)^2 \tag{4.42}$$

当然,若不是用在采暖供热系统,则不能作这样的简化,特性方程仍为式(4.41)。

(三) 极限工作状态及其计算

在汽-水喷射式热交换器中,喷射系数过小或过大都不能保证喷射器的正常工作。具体地说,在喷射系数过小时,水温可提高到混合室压力相应的饱和温度,这样就会由于没有足够的水来凝结进入的蒸汽而使喷射器的工作遭到破坏,这个状态决定了最小喷射系统 $u_{\min}$。在喷射系数过大时,被引射水的流量过多,混合室中的水温要降低;同时混合室中水的流速增大,而水的压力要降低。当被引射水的流量增加到一定值时,混合室入口截面上的压力 p_2 要降到被加热水温 t_g 相对应的饱和压力 p_b,而引起混合室中水的沸腾,这个状态决定了最大喷射系数 $u_{\max}$。只有 p_2 大于 t_g 所对应的饱和蒸汽压力 p_b 时,混合室中的液体才会流动,随后在混合室中将压力提高到 p_3,并在扩散管中将水的压力提高到 p_2。因此在设计一个喷射器时,应该检验其喷射系数是否在 $u_{\min} \sim u_{\max}$ 的范围之内。至于 $u_{\min}$ 与 $u_{\max}$ 的大小可用下述方法来确定。

混合水温 t_g 可由能量守恒方程(4.34)得到,有

$$t_g = \frac{i_0/c + ut_h}{1+u} \tag{4.43}$$

据此可用饱和蒸汽表确定与它相对应的饱和蒸汽压 p_b。

圆柱形混合室始端水压 p_2 取决于被引射水由于工作蒸汽和被引射水之间的动量交换而获得的速度。假使认为工作蒸汽凝结后,形成以很高速度流动且其所占截面积很小的工作液体流束,以及这股流束和被引射水的动量交换是在圆柱形混合室中进行,那么就可忽略在压力 p_h 下被引射水所具有的平均速度。在这样的情况下,混合室始端水的压力可用伯努利方程来确定,即

$$p_2 = p_h - \frac{w_2^2}{2\varphi_4^2 v_h} = p_h - \frac{w}{1.7v} \tag{4.44}$$

式中 φ_4 —— 混合室入口段的速度系数,一般 $\varphi_4 = 0.925$;

$\quad\quad v_h$ —— 被引射水的比容,m^3/kg。

混合室入口处水的流速 w_2 值为

$$w_2 = \frac{G_o + G_h}{f_3} v_h = \frac{G_o v_h}{f_3}(1+u) \tag{4.45}$$

将式(4.45)代入式(4.44)可得

$$p_2 = p_h - \frac{G_o^2 v_h}{1.7 f_3^2}(1+u)^2 \tag{4.46}$$

通过喷管的流量 G_o 也可写成

$$G_o = f_1 \sqrt{k\left(\frac{2}{k+1}\right)^{\frac{k+1}{k-1}} \frac{p_o}{v_o}} \tag{4.47}$$

于是

$$p_2 = p_h - \frac{f_1^2 k \left(\frac{2}{k+1}\right)^{\frac{k+1}{k-1}} \frac{p_o}{v_o} v_h}{1.7 f_3^2}(1+u)^2 \tag{4.48}$$

以 $k = 1.135, v_h = 0.001 \ m^3/kg$ 代入时,则有

$$p_2 = p_h - 0.237 \times 10^{-3} \frac{p_o}{v_o} \left(\frac{f_1}{f_3}\right)^2 (1+u)^2 \qquad (4.49)$$

根据式(4.43)和式(4.49),可以求出不同喷射系数时的 t_3 和 p_2,以及与 t_g 相应的饱和压力 p_h。将 $p_2 = f(u)$ 绘于同一图上时,它们的交点即表示 u_{max} 和 u_{min},具体解法可见例 4-1。

(四) 喷射器几何尺寸的计算

喷管临界直径 d_1 可由下式计算:

$$d_1 = 2.88 \sqrt{\frac{G_o v_1}{\sqrt{i_o - i_1}}} \qquad (4.50)$$

式中　v_1——蒸汽在喷管中处于临界压力时的比容,m^3/kg;

　　　i_1——蒸汽在临界压力时的焓,kJ/kg。

喷管的出口面积为

$$f_p = \frac{G_0 v_p}{3\,600 w_p} \times 10^6 \qquad (4.51)$$

喷管出口直径为

$$d_p = 2.88 \sqrt{\frac{G_o v_p}{\sqrt{i_o - i_p}}} \qquad (4.52)$$

式中　v_p——蒸汽在喷管出口压力 p_p 时的比容,m^3/kg。

喷管渐扩部分的长度为

$$L_k = \frac{d_p - d_1}{2\tan\dfrac{\theta}{2}} \qquad (4.53)$$

其中,θ 为扩散角,一般为 $6° \sim 8°$。

关于圆筒形混合室的直径 d_3,可由求出的截面比 $\left(\dfrac{f_1}{f_3}\right)$ 加以确定,集中 f_1 为喷管的临界截面积,该值为

$$f_1 = \frac{G_o \dot{v}_1}{3\,600 \omega_1} \times 10^6 \qquad (4.54)$$

圆筒形混合室之长 L_h,一般取 $L_h = (6 \sim 10)d_3$。

扩散管的扩角 θ,一般也取 $6° \sim 8°$,其出口直径 d_4 一般与供水干管相同。

【例 4-1】　在一蒸汽喷射取暖系统中,要求汽水喷射热交换器的设计参数如下:热负荷 $Q = 502.8 \times 10^4$ kJ/h;供水温度(即喷射器出口温度)$t_g = 95℃$;回水温度(即被引射水的温度)$t_h = 70℃$;系统和管路压降(即喷射器扬程)$\Delta p_g = 78.48$ kPa;引水室的绝对压力 $p_h = 1.96 \times 10^5$ Pa。

试确定喷射器主要几何尺寸,并绘出它的特性曲线和确定极限工况。

(1)蒸汽喷射器的设计参数。

试取进喷射器的饱和蒸汽参数为:绝对压力 $p_o = 4.91 \times 10^5$ Pa,焓 $i_o = 2\,749$ kJ/kg,比容 $v_o = 0.38$ m^3/kg。

喷射器出口的混合水量为

$$G_g = \frac{Q}{c(t_g - t_h)} = \frac{502.8 \times 10^4}{4.19 \times 10^3 \times (95 - 70)} = 48 \text{ t/h}$$

由蒸汽喷射热水采暖系统的热平衡,可求出喷射系数,有

$$u = \frac{i_o - ct_o}{c(t_g - t_h)} - 1 = \frac{2\,749 - 4.19 \times 70}{4.19 \times (95 - 70)} - 1 = 23.4$$

工作蒸汽量为

$$G_o = \frac{G_g}{1 + u} = \frac{48\,000}{1 + 23.4} = 1\,967 \text{ kg/h}$$

被引射的水量为

$$G_h = G_g - G_o = 48\,000 - 1\,967 = 46\,033 \text{ kg/h}$$

喷管出口蒸汽状态参数:$p_p = p_h = 1.96 \times 10^5$ Pa,由此查水蒸气焓熵图得

$$i_p = 2\,589 \text{ kJ/kg}, \quad v_p = 0.85 \text{ m}^3/\text{kg}$$

故

$$i_o - i_p = 2\,749 - 2\,589 = 160 \text{ kJ/kg}$$

喷管中的临界参数为

$$p_1 = \beta_c p_o = 0.577 \times 4.91 \times 10^5 = 2.83 \times 10^5 \text{ Pa}$$

$$i_1 = 2\,652 \text{ kJ/kg}; \quad v_1 = 0.62 \text{ m}^3/\text{kg}$$

蒸汽自喷管进口绝热膨胀至临界状态时的焓降为

$$i_o - i_1 = 2\,749 - 2\,652 = 97 \text{ kJ/kg}$$

按以上所得的喷管中的状态参数做成的示意图如图 4-2-3 所示。

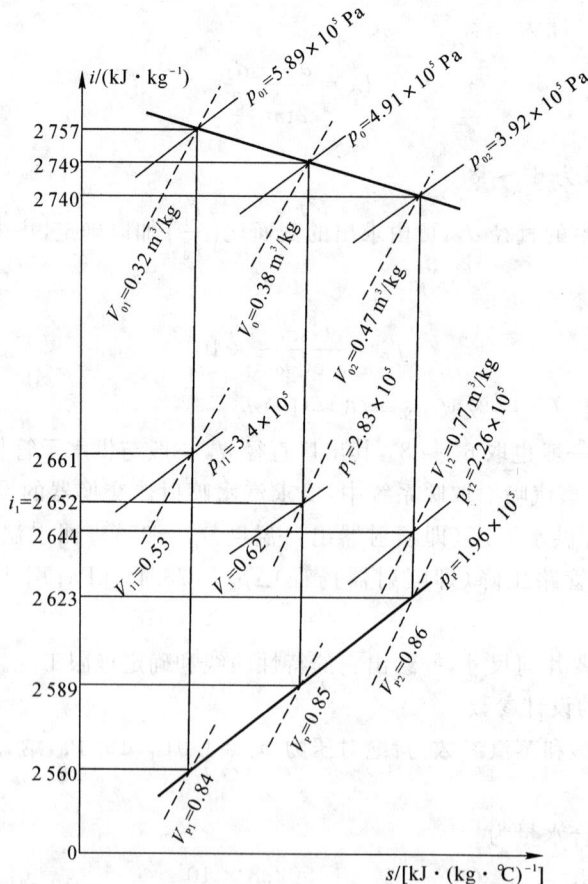

图 4-2-3 【例 4-1】的水蒸气的焓熵图

（2）求蒸汽喷射器的截面比（f_1/f_3）。

将有关参数代入特性方程式（4.42），并加以整理后得

$$1\ 689.62\left(\frac{f_1}{f_3}\right)^2 - 3\ 785.82\frac{f_1}{f_3} + 784.8 = 0$$

求得两根，即截面比：

$$\left(\frac{f_1}{f_3}\right)_1 = 2.01, \quad \left(\frac{f_1}{f_3}\right)_2 = 0.23$$

其中第一个根本是不合理的，故取$\left(\frac{f_1}{f_3}\right) = 0.23$。

（3）计算喷射器的主要尺寸。

由式（4.50）计算喷管的临界直径，有

$$d_1 = 2.8\sqrt{\frac{G_o v_1}{\sqrt{i_o - i_1}}} = 2.88\sqrt{\frac{2\ 051 \times 0.62}{\sqrt{2\ 749 - 2\ 652}}} = 32.7\ \text{mm}$$

由式（4.52）计算喷管出口直径，有

$$d_p = 2.8\sqrt{\frac{G_o v_p}{\sqrt{i_o - i_p}}} = 2.88\sqrt{\frac{2\ 051 \times 0.85}{\sqrt{160}}} = 33.8\ \text{mm}$$

取扩散角$\theta = 8°$，则由式（4.53）计算喷管扩散段长度，有

$$L_k = \frac{d_p - d_1}{2\tan\dfrac{\theta}{2}} = \frac{33.8 - 32.7}{2\tan 4°} = 7.9\ \text{mm}$$

由于$\dfrac{f_1}{f_3} = \left(\dfrac{d_1}{d_3}\right)^2$，于是圆筒形混合室直径 $d_3 = \dfrac{d_1}{\sqrt{0.23}} = \dfrac{32.7}{\sqrt{0.23}} = 68.1\ \text{mm}$ 混合室长度取

$L_h = 8d_3 = 8 \times 68.1 = 545\ \text{mm}$。

（4）蒸汽喷射器特性曲线的绘制。

当室外气温变化时，必须调整工作蒸汽的压力p_o和进汽量G_o，以适应负荷的变化，因而应针对不同负荷绘制特性曲线。

1）当室外气温低于设计气温时，供热负荷将要增加，若供热负荷增加为 $Q_1 = 1.15Q$，将蒸汽绝对压力提高到，$p_{o1} = 5.89 \times 10^5\ \text{Pa}$，从蒸汽表查得

$$i_{o1} = 2\ 757\ \text{kJ/kg}; \quad v_{11} = 0.32\ \text{m}^3/\text{kg}$$

喷管喉部参数：

$$p_{11} = 0.577 \times 5.89 \times 105 = 3.4 \times 10^5\ \text{Pa}$$

$$i_{11} = 2\ 661\ \text{kJ/kg}; \quad v_{11} = 0.53\ \text{m}^3/\text{kg}$$

喷管出口参数：

$$p_{p1} = 1.06 \times 10^5\ \text{Pa}, \quad i_{p1} = 2\ 560\ \text{kJ/kg}$$

喷汽量为

$$G_{11} = \frac{d_1^2\sqrt{i_{o1} - i_{11}}}{2.88^2 v_{11}} = \frac{32.7 \times \sqrt{2\ 757 - 2\ 661}}{2.88^2 \times 0.53} = 2\ 383\ \text{kg/h}$$

将上述有关参数代入喷射器特性方程（4.42），即可得到 $p_{o1} = 5.89 \times 10^5\ \text{Pa}$ 时的特性方程：

$$\Delta p_g = 26.33 \frac{f_1}{f_3} \sqrt{(i_{o1}-i_{p1})\frac{p_{o1}}{v_{p1}}} - 0.238 \times 10^{-3} \left(\frac{f_1}{f_3}\right)^2 \left(\frac{p_{o1}}{v_{o1}}\right)(1+u)^2 =$$

$$26.33 \times 0.23 \times \sqrt{197 \times \frac{5.89 \times 10^5}{0.32}} -$$

$$0.238 \times 10^{-3} \times 0.23^2 \times \frac{5.89 \times 10^5}{0.32} \times (1+u)^2 =$$

$$11.53 \times 10^- - 23.2(1+u)^2 \ \text{Pa} \tag{a}$$

2) 在设计工况下的特性方程,根据第(2)项的计算,应为

$$\Delta p_g = 26.33 \times 0.23 \sqrt{\frac{4.91 \times 10^5}{0.38} \times 160} - 0.238 \times 10^{-3} \times 0.23^2 \times$$

$$\frac{4.91 \times 10^5}{0.38} \times (1+u)^2 = 8.71 \times 10^4 - 16.3(1+u)^2 \ \text{Pa} \tag{b}$$

3) 当室外气温高于设计气温时,供热负荷将减小,假设供热负荷降低到 $Q_2 = 0.8Q$,此时将工作蒸汽的绝对压力降低到 $p_{o2} = 3.92 \times 10^5$ Pa,从蒸汽表查得

$$i_{o2} = 2\ 740 \ \text{kJ/kg}; \quad v_{o2} = 0.47 \ \text{m}^3/\text{kg}$$

喷管喉部参数:

$$P_{12} = 0.577 \ \text{Pa}; \quad p_{o2} = 2.26 \times 10^5 \ \text{Pa}$$

$$i_{o2} = 2\ 644 \ \text{kJ/kg}; \quad v_{12} = 0.77 \ \text{m}^3/\text{kg}$$

喷管出口参数:

$$p_{p2} = 1.96 \times 10^5 \ \text{Pa}; \quad i_{p2} = 623 \ \text{kJ/kg}$$

喷汽量为

$$G_{o2} = \frac{d_1^2 \sqrt{i_{o1}-i_{o2}}}{2.88^2} = \frac{32.7^2 \times \sqrt{2\ 740 - 2\ 644}}{2.88^2 \times 0.77} = 1\ 640 \ \text{kg/j}$$

将有关参数代入特性方程式(4.42),并经整理后得

$$\Delta p_g = 5.98 \times 10^4 - 10.5(1+u)^2 \tag{c}$$

以不同的 u 值代入式(a)~式(c)。可得到三种不同进汽压力下的 Δp_g 值,计算结果列于表 4-2-1。

表 4-2-1　不同进汽压力时的 Δp_g, v_g 与 u 的关系

u	$p_{o1} = 5.89 \times 10^5$ Pa $G_{o1} = 2\ 383$ kg/h		$p_o = 4.91 \times 10^5$ Pa $G_o = 2\ 051$ kg/h		$p_{o2} = 3.92 \times 10^5$ Pa $G_{o2} = 1\ 640$ kg/h	
	$v_g/(\text{m}^3 \cdot \text{h}^{-1})$	$\Delta p_g/\text{Pa}$	$v_g/(\text{m}^3 \cdot \text{h}^{-1})$	$\Delta p_g/\text{Pa}$	$v_g/(\text{m}^3 \cdot \text{h}^{-1})$	$\Delta p_g/\text{Pa}$
10	26.21	1.12×10^5	22.56	0.85×10^5	18.04	0.59×10^5
20	50.04	1.05×10^5	43.07	0.80×10^5	34.44	0.55×10^5
30	73.87	0.93×10^5	63.58	0.71×10^5	50.84	0.50×10^5
40	97.70	0.76×10^5	84.09	0.60×10^5	67.24	0.42×10^5
50	121.53	0.55×10^5	104.60	0.45×10^5	83.64	0.33×10^5

以扬程 Δp_g 为纵坐标,以 u 为横坐标,则可构成 $\Delta p_g = f(u)$ 曲线,如图 4-2-4 所示。

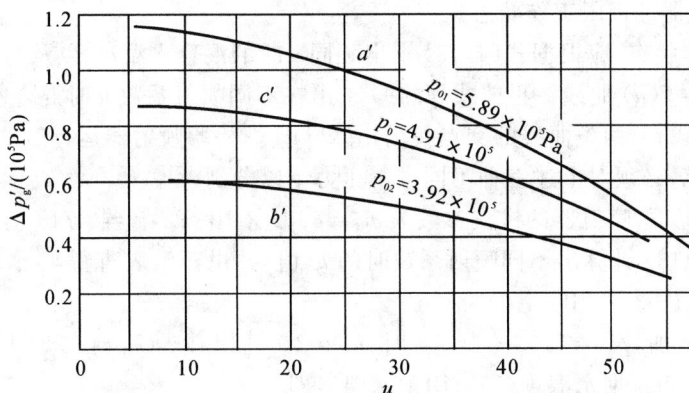

图 4-2-4　蒸汽喷射器的 $\Delta p_{\mathrm{g}} = f(u)$ 曲线

（5）喷射器的喷射系数。

不同进汽压力下在不同的 u 值时喷射器出口处水的容积流量（即热水供暖系统循环水量）V_{g}，按下式计算，有

$$V_{\mathrm{g}} = 0.001(1 + u)G_{\mathrm{o}}$$

计算结果也列于表 4-2-1 内。根据表中数据，绘出 $\Delta p_{\mathrm{g}} = f(V_{\mathrm{g}})$ 曲线，如图 4-2-5。该图中还绘出了网路阻力特性曲线 $\Delta p_{\mathrm{g}} = SV_{\mathrm{g}}^2$。根据本例所给数据 $V_{\mathrm{g}} = 48$ m³/h，$\Delta p_{\mathrm{g}} = 0.784 \times 10^5$ Pa，故 S 值为

$$S = \frac{\Delta p_{\mathrm{g}}}{V_{\mathrm{g}}^2} = 0.784\,8 \times 10^5 / 48^2 = 34.1 \text{ Pa} \cdot \text{h}^2/\text{m}^6$$

故 $\Delta p_{\mathrm{g}} = 34.1 V_{\mathrm{g}}^2$。喷射器在不同汽压力下运行时，它所产生的扬程（即压差）Δp_{g} 应与网路阻力相一致。因此图 4-2-5 上 a,b,c 三个交点的纵坐标分别表示所产生的扬程。其值分别为 1.03×10^5 Pa，0.54×10^5 Pa，0.785×10^5 Pa。再在图 4-2-4 上，查出与此三个值相对应的交点 a',b',c' 三点，据此可分别得到运行时的喷射系数 u，结果为

当 $p_{\mathrm{o1}} = 5.89 \times 10^5$ Pa 时，$u = 23$；

当 $p_{\mathrm{o2}} = 3.92 \times 10^5$ Pa 时，$u = 22$；

当 $p_{\mathrm{o}} = 4.91 \times 10^5$ Pa 时，$u = 22.4$。

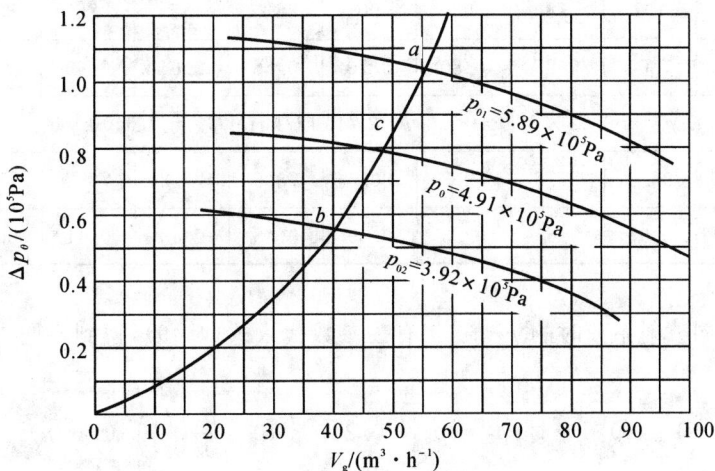

图 4-2-5　蒸汽喷射器的 $\Delta P_{\mathrm{g}} = f(v_{\mathrm{g}})$ 曲线

(6)蒸汽喷射器的极限工作状态。

为求极限工作状态,应根据式(4.43)求出不同 u 时的混合水温 t_g,以及与 t_g 相对应的饱和压力 p_b,绘出 $p_b=f(u)$ 曲线。再按式(4.49)求出在不同喷射系数 u 时混合室入口压力 p_2 并绘出 $p_b=f(u)$ 曲线,从两条曲线的交点找出 u_{min} 与 u_{max},检验喷射器运行时的 u 值是否在它们的范围之内。为此,必须对上述三种不同进汽压力予以分别考虑。

1)在设计工况下,喷射器的进汽参数为 $p_o=4.91\times10^5$ Pa,$i_o=2\,749$ kJ/kg,被引射水温 $t_h=70℃$,用式(4.43)计算出不同喷射系数时的 t_g 值,并由蒸汽表查得与 t_g 相应的饱和压力 p_b,其结果列于表 4-2-2 中。

2)在热负荷增加,$p_{o1}=5.89\times10^5$ Pa 时,$i_{o1}=2\,757$ kJ/kg,$G_{o1}=2\,383$ kg/h,此时可由热平衡关系求出供水系统回水温度(即被引射水温),即

$$Q_1=G_{o1}(i_{o1}-ct_{h1})$$

将 i_{o1} 及 t_{h1} 的值代入式(4.43)求出 t_{g1},并查出与 t_{g1} 相应的饱和压力 t_{b1}。其结果也列在表 4-2-2 中。

3)在热负荷减小,$p_{o2}=3.92\times10^5$ Pa 时,$i_{o2}=2\,740$ kJ/kg,$G_{o2}=1\,640$ kg/h 时。此时供热系统回水温度仍由热平衡求得

$$t_{h2}=\frac{2\,740}{4.19}=\frac{0.8\times502.8\times10^4}{4.19\times2\,383}=69℃$$

所得之 t_{g2} 及 p_{b2} 见表 4-2-2。

根据表 4-2-2 上所列的三组数据,分别绘出 $p_b=f(u)$ 曲线,见图 4-2-6 ~ 图 4-2-8 中下面一条曲线。

表 4-2-2   不同 u 值时的 t_g 与 p_b 值

u	10	20	30	40	50	60	70	80	90	100
$p_o=4.91\times10^5$ Pa; $i_o=2\,749$ kJ/kg; $t_h=70℃$										
$t_g/℃$	123.3	97.9	88.9	84.3	81.5	79.6	78.3	77.2	76.4	75.8
$p_b/10^5$ Pa	2.22	0.95	0.68	0.57	0.51	0.47	0.45	0.43	0.41	0.39
$p_{o1}=5.89\times10^5$ Pa; $i_{o1}=2\,757$ kJ/kg $G_{o1}=2\,383$ kJ/h										
$t_{g1}/℃$	132	107	98	93	90	88.5	87	86	88.4	85
$p_{b1}/10^5$ Pa	3.0	1.04	0.95	0.80	0.70	0.68	0.64	0.60	0.59	0.57
$p_{o2}=3.92\times10^5$ Pa; $i_{o2}=2\,740$ kJ/kg; $G_{o2}=1\,640$ kJ/h										
$t_{g2}/℃$	122.2	96.8	87.8	83.3	80.5	78.6	77.2	76.2	75.4	74.8
$p_{b2}/10^5$ Pa	2.14	0.91	0.65	0.55	0.49	0.45	0.43	0.41	0.39	0.38

为求出在不同喷射系数时的 p_2 值,将有关参数代入式(4.49),得到不同进汽压力时计算公式如下:

1)当 $p_o=4.91\times10^5$ Pa 时,$p_2=p_h-0.237\times10^{-3}\dfrac{p_o}{v_o}\left(\dfrac{f_1}{f_3}\right)^2(1+u)^2=1.96\times10^5-$

$$0.237 \times 10^{-3} \times \frac{4.91 \times 10^5}{0.38} \times 0.23 \times (1+u)^2 = 1.96 \times 10^5 - 16.2(1+u)^2 \text{ Pa};$$

2）当 $p_{o1} = 5.89 \times 10^5$ Pa 时，$p_2 = 1.96 \times 10^5 - 23.1(1+u)^2$ Pa；

3）当 $p_{o2} = 3.92 \times 10^5$ Pa 时，$p_2 = 1.96 \times 10^5 - 10.5(1+u)^2$ Pa。

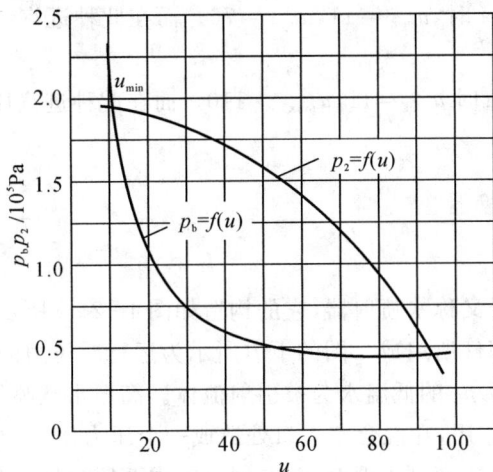

图 4-2-6　$p_b - u$ 与 $p_2 - u$ 曲线（$p_o = 4.91 \times 10^5$ Pa）

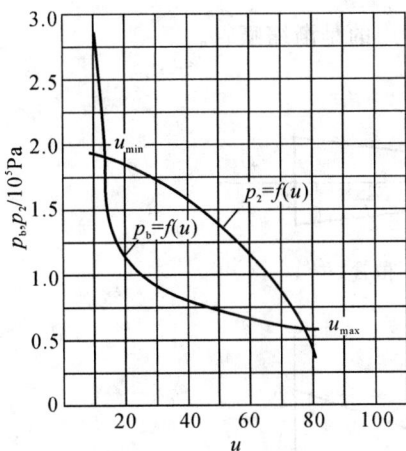

图 4-2-7　$p_b - u$ 与 $p_2 - u$ 曲线
（$p_o = 5.89 \times 10^5$ Pa）

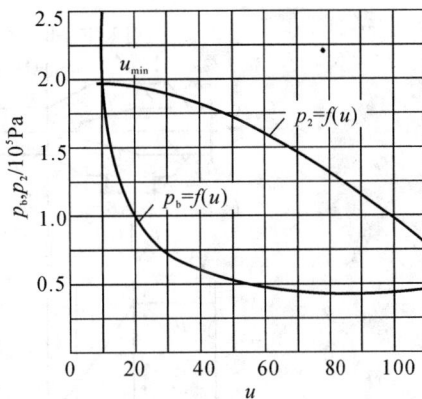

图 4-2-8　$p_b - u$ 与 $p_2 - u$ 曲线
（$p_o = 3.92 \times 10^5$ Pa）

以不同的 u 代入，所得不同情况下的 p_2 值见表 4-2-3。

表 4-2-3　不同 u 值时的 p_2 值（$\times 10^5$ Pa）

u	10	20	30	40	50	60	70	80	90	100
$p_{o1} = 5.89 \times 10^5$ Pa	1.93	1.36	1.74	1.57	1.36	1.10	0.80	0.44	0.047	
$p_o = 4.91 \times 10^5$ Pa	1.94	1.89	1.80	1.68	1.54	1.36	1.14	0.90	0.62	0.31
$p_{o2} = 3.92 \times 10^5$ Pa	1.95	1.91	1.86	1.78	1.69	1.57	1.43	1.27	1.09	0.88

将表中所列的 p_2 值,绘成 $P_2 = f(u)$ 的关系曲线,分别见图 4-2-6～图 4-2-8 中上面一条曲线所示。

从图可见,在 $p_0 = 4.91 \times 10^5$ Pa 时,$u_{min} = 12$,$u_{max} = 95$。而在此种进汽压力下运行时的 $u = 22.4$,喷射器可以正常工作。

在 $p_{o1} = 5.89 \times 10^5$ Pa 时,$u_{min} = 11$,$u_{max} = 76$。而在此种进汽压力下运行时的 $u = 23$,故喷射器也可正常工作。

在 $p_{o2} = 3.92 \times 10^5$ Pa 时 $u_{min} = 11$,$u_{max} > 110$。而在此种进汽压力下运行时的 $u = 22$,故喷射器仍可正常工作。

三、水-水喷射式热交换器

(一) 构造与工作原理

水-水喷射式热交换器又称水喷射器,它的构造如图 4-2-9 所示,也是由喷管、引水室、混合室、扩散管等几个主要部件所组成。图的下方所示为运行时压力的变化情况。压力为 p_o 的高温水为工作流体,压力为 p_h 的低温水为被引射流体。高温水从喷管中喷射出来时具有很高的速度 w_p,由于它的卷吸作用,在混合室入口处造成一个压力比 p_h 还低、其值为 p_2 的低压区,使被引射的低温水以 w_2 的速度进入混合室,在混合室中两股流体互相混合且使其流速和温度逐渐趋向相等,混合流以 w_3 的流速进入扩散管,在扩散管中混合流的流速逐渐降为 w_g,压力逐渐升高到 p_g 后流出喷射器。

水喷射器在喷管内的流体属于亚音速流动,故一般用的是渐缩喷管。

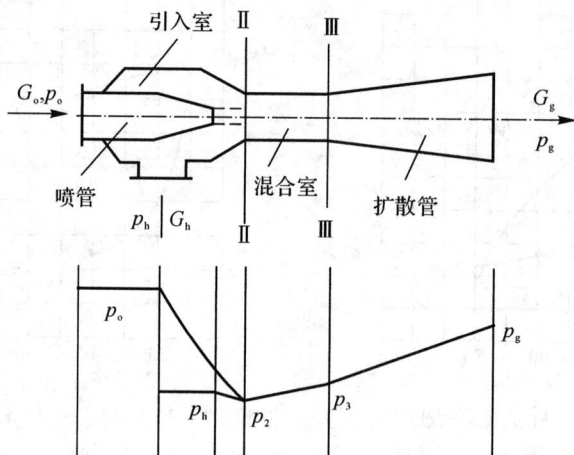

图 4-2-9 水-水喷射式热交换器工作原理

(二) 特性方程式

水喷射器的质量守恒方程式与能量守恒方程式仍与式(4.32)及式(4.33)相同,而其能量守恒方程式(4.33)还可写成:

$$t_o + ut_h = (1 + u)t_g \tag{4.55}$$

它的动量方程式,对圆筒形混合室而言,可由截面 Ⅱ—Ⅱ、Ⅲ—Ⅲ 得到

$$\varphi_2 / (G_o w_p + G_h w_2) - (G_o + G_h)w_3 = (p_3 - p_2)f_3 \tag{4.56}$$

式中　w_p —— 混合室入口截面上工作流体的流速,m/s;

w_2—— 混合室入口截面被引射流体的流速，m/s；

w_3—— 混合室出口截面混合流体的流速，m/s；

p_2—— 混合室入口截面流体的压力，Pa

p_3—— 混合室出口截面流体的压力，Pa

f_3—— 圆筒形混合室的截面积，m^2；

φ_2—— 混合室的速度系数。

为简化特性方程的推导，可以认为工作流体与被引射流体在进混合室前不相混合，因而工作流体在混合室入口处所占面积与喷管出口面积 f_p 相等，见图 4-2-9。这一假定对于 $f_3/f_p \geqslant 4$ 时具有足够的准确性。因而被引射流体在混合室入口截面上所占面积

$$f_2 = f_3 - f_p$$

通过喷管的工作流体流量应为

$$G_o = \varphi_1 f_p \sqrt{\frac{2(p_o - p_h)}{v_p}} \tag{4.57}$$

式中　φ_1—— 喷管的速度系数；

p_o—— 工作流体进喷管的压力，Pa；

p_h—— 被引射流体在引入室的压力，Pa；

v_p—— 工作流体的比容，m^3/kg。

由于引入室中被引射水的流速 w_h 和混合室流体流出扩散管的流速 w_g 都相对较低，可忽略不计。那么根据动量守恒原理，被引射流体在混合室入口截面处的压力 p_2 与混合流体在混合室出口截面处的压力 p_3 可表示为

$$p_2 = p_h - \frac{\left(\dfrac{w_2}{\varphi_4}\right)^2}{2v_h} \tag{4.58}$$

$$p_3 = p_g - \frac{(\varphi_3 w_3)^2}{2v_g} \tag{4.59}$$

式中　p_g—— 扩散管出口处混合水的压力，Pa；

φ_3—— 扩散管速度系数；

φ_4—— 混合室入口段的速度系数；

v_h—— 被引射流体的比容，m^3/kg。

在水喷射器中，工作流体与被引射流体都是非常性流体，因而各截面处的水流速可用连续性方程式计算，即

$$\omega_p = \frac{G_o v_p}{f_p} = \varphi_1 \sqrt{2 v_p (p_o - p_h)} \tag{4.60}$$

$$\omega_2 = \frac{u G_o v_o}{f_2} = \varphi_1 u f_p \frac{v_h}{f_2} \sqrt{\frac{2(p_o - p_h)}{v_p}} \tag{4.61}$$

$$\omega_3 = (1+u) \frac{G v_g}{f_2} = (1+u) \varphi_1 f_p \frac{v_g}{f_3} \sqrt{\frac{2(p_o - p_h)}{v_p}} \tag{4.62}$$

式中　v_g—— 混合流体的比容，m^3/kg。

将以上各式所示关系代入式（4.56）并经整理后可得到水喷射器的特性方程式：

$$\frac{\Delta p_{\mathrm{g}}}{\Delta p_{p}}=\frac{p_{\mathrm{g}}-p_{\mathrm{h}}}{p_{\mathrm{o}}-p_{\mathrm{h}}}=\varphi_{1}^{2}\frac{f_{p}}{f_{3}}\left[2\varphi_{2}+\left(2\varphi_{2}-\frac{f_{3}}{\varphi_{4}^{2}f_{2}}\right)\frac{f_{p}}{f_{2}}\frac{v_{\mathrm{h}}}{v_{p}}u^{2}-(2-\varphi_{3}^{2})\frac{f_{p}}{f_{3}}\frac{v_{\mathrm{g}}}{v_{p}}(1+u)^{2}\right]$$

$$(4.63)$$

式中　　$\Delta p_{\mathrm{g}}=p_{\mathrm{g}}-p_{\mathrm{h}}$——水喷射器的扬程，Pa；

　　　　$\Delta p_{p}=p_{\mathrm{o}}-p_{\mathrm{h}}$——工作流体在喷管内的压降，Pa；

　　　　$\Delta p_{\mathrm{g}}/\Delta p_{p}$——喷射器形成的相对压降。

式(4.63)标明：当给定 u 值时，喷射器的扬程与工作流体的可用压降成正比。

在 $v_{\mathrm{g}}=v_{p}=v_{\mathrm{k}}$ 的条件下，取 $\varphi_{1}=0.95,\varphi_{2}=0.975,\varphi_{3}=0.9,\varphi_{4}=0.925$ 时，特性方程简化为

$$\frac{\Delta p_{\mathrm{g}}}{\Delta p_{\mathrm{h}}}=\frac{f_{p}}{f_{3}}\left[1.76\left(1.76-1.05\frac{f_{3}}{f_{2}}\right)\frac{f_{p}}{f_{2}}u^{2}-1.07\frac{f_{p}}{f_{3}}(1+u)^{2}\right]$$

$$(4.64)$$

若将式中各截面比作如下变化：

$$\frac{f_{3}}{f_{2}}=\frac{f_{3}}{f_{3}-f_{p}}=\frac{f_{3}/f_{p}}{\frac{f_{3}}{f_{p}}-1},\quad\frac{f_{p}}{f_{2}}=\frac{f_{p}}{f_{3}-f_{p}}=\frac{1}{\frac{f_{3}}{f_{p}}-1}$$

则式(4.64)变为

$$\frac{\Delta p_{\mathrm{g}}}{\Delta p_{p}}=\frac{1.76}{\frac{f_{3}}{f_{p}}}+1.76\frac{u^{2}}{\frac{f_{3}}{f_{p}}\left(\frac{f_{3}}{f_{p}}-1\right)}-1.05\frac{u^{2}}{\left(\frac{f_{3}}{f_{p}}-1\right)^{2}}-1.07\left[\frac{1+u}{\frac{f_{3}}{f_{p}}}\right]^{2}$$

$$(4.65)$$

由此可见，水喷射器的特性 $\dfrac{\Delta p_{\mathrm{g}}}{\Delta p_{p}}=f\left(u,\dfrac{f_{3}}{f_{p}}\right)$，而不决定于它的绝对尺寸。如果绝对尺寸不同，单截面比 (f_{3}/f_{p}) 相同，就具有相同的特性，$\dfrac{\Delta p_{\mathrm{g}}}{\Delta p_{p}}=f(u)$。因而，$(f_{3}/f_{p})$ 是水喷射器的几何相似参数，这样就可使水喷射器的试验研究工作得到简化。

（三）最佳截面比与可达到的参数

在设计水喷射器时，要求选择最佳截面比，以保证在工作流体压降 (Δp_{p}) 和喷射系数 (u) 给定的情况下，使它具有最大的扬程 (Δp_{g})。

因为 $\dfrac{\Delta p_{\mathrm{g}}}{\Delta p_{\mathrm{g}}}=f\left(u,\dfrac{f_{3}}{f_{p}}\right)$，所以最佳截面比可根据特性方程式(4.65)求偏微分的方法求得，即

$$\frac{\partial(\Delta p_{\mathrm{g}}/\Delta p_{p})}{\partial(f_{3}/f_{p})}=0$$

当喷射系数 u 一定时，$(\Delta p_{\mathrm{g}}/\Delta p_{p})$ 是 (f_{3}/f_{p}) 的一元函数，可以计算出最佳截面比 $(f_{3}/f_{p})_{\mathrm{zj}}$ 以及可产生的最大相对压降 $(\Delta p_{\mathrm{g}}/\Delta p_{p})_{\mathrm{max}}$，表 4-2-4 中摘录了用电子计算机所得的部分数据。

表 4-2-4　$(\Delta p_{\mathrm{g}}/\Delta p_{p})_{\mathrm{max}},(f_{3}/f_{p})_{\mathrm{zj}}$ 与 u 之间的关系

u	0.2	0.4	0.6	0.8	1.0	1.2	1.4	1.6	1.8	2.0	2.2
$(\Delta p_{\mathrm{g}}/\Delta p_{p})_{\mathrm{max}}$	0.486 93	0.367 25	0.293 01	0.241 90	0.204 57	0.176 13	0.153 78	0.135 80	0.121 07	0.108 74	0.098 34
$(f_{3}/f_{p})_{\mathrm{zj}}$	1.9	2.6	3.2	3.8	4.5	5.2	5.9	6.7	7.5	8.3	9.2
u	2.4	2.6	2.8	3.0	3.2	3.4	3.6	3.8	4.0	4.2	4.4
$(\Delta p_{\mathrm{g}}/\Delta p_{p})_{\mathrm{max}}$	0.089 46	0.081 81	0.075 14	0.069 31	0.064 15	0.059 58	0.055 50	0.051 84	0.048 55	0.045 57	0.041 86
$(f_{3}/f_{p})_{\mathrm{zj}}$	10.1	11.0	11.9	12.9	14.0	15.0	16.1	17.2	18.4	19.6	20.8

(四) 几何尺寸的计算

喷管出口截面积由下式计算,即

$$f_p = \frac{G_o}{\varphi_1} \sqrt{\frac{v_p}{2\Delta p_p}} \qquad (4.66)$$

喷管出口截面与圆筒形混合室入口截面之间的最佳距离 L_c 为

$$L_c = (1.0 \sim 1.5)d_3 \qquad 4.67)$$

式中 d_3——圆筒形混合室的直径,可根据 $(f_3/f_p)_{zj}$ 及 f_p 求得 f_3 之后求出。

圆筒形混合室的长度 L_h,建议取 $=L_h(6 \sim 10)d_3$;

扩散管的扩散角,一般取 $\theta = 6° \sim 8°$。

【例 4-2】 已知水喷射器热水供热系统的室外热水管网供水温度(即喷射器的工作温度)$t_o = 130℃$,回水温度(即被引射水温)$t_h = 70℃$,混合流体温度(即向用户供水温度)$t_g = 95℃$。供水系统的压力损失 $\Delta p_g = 9\,810$ Pa,用户热负荷 $Q = 8.4 \times 10^5$ kJ/h。试确定安装在用户入口处的水喷射器的主要尺寸,并计算在设计工况下,工作流体所需要的压降 Δp_p,绘出喷射器的特性曲线。

用式(4.55)确定喷射系数,有

$$u = \frac{t_o - t_g}{t_g - t_h} = \frac{130 - 95}{95 - 70} = 14$$

当 $u = 1.4$ 时,由表 4-2-4,可查得最大相对压降 $(\Delta p_g/\Delta p_p)_{max} = 0.153\,78$,最佳截面积 $(f_3/f_p)_{zj} = 5.9$。于是,工作流体在喷管内的压降为

$$\Delta p_p = \Delta p_g/0.153\,78 = 9\,810/0.153\,78 = 63\,792 \text{ Pa}$$

由热负荷计算工作流体的流量 G_{o2},有

$$G_{o2} = \frac{Q}{3\,600(t_o - t_h)} = \frac{8.4 \times 10^5}{3\,600 \times 4.19 \times (130 - 70)} = 0.928 \text{ kg/s}$$

由式(4.66)计算喷管出口截面积,有

$$f_p = \left(\frac{G_o}{\varphi_1}\right)\sqrt{\frac{v_p}{2\Delta p_p}} = \frac{0.928}{0.95}\sqrt{\frac{0.001}{2 \times 63\,795}} = 8.65 \times 10^{-5} \text{ m}^2$$

由于 $f_p = \frac{\pi}{4}d_p^2$,故喷管出口直径 $d_p = \sqrt{\frac{\pi}{4}f_p} = 1.13\sqrt{8.65 \times 10^{-5}} = 0.010\,5$ m。

圆筒形混合室尺寸:

截面积

$$f_3 = \left(\frac{f_3}{f_p}\right)_{zj} \cdot f_p = 5.9 \times 8.65 \times 10^{-5} = 5.1 \times 10^{-4} \text{ m}^2$$

直径

$$d_3 = 1.13\sqrt{f_3} = 1.13\sqrt{51 \times 10^{-5}} = 0.025\,5 \text{ m}$$

长度

$$L_h = 8d_3 = 8 \times 0.025\,5 = 0.204 \text{ m}$$

喷管出口截面与混合室入口截面间的距离为

$$L_c = 1.2d_3 = 1.2 \times 0.025\,5 = 0.030\,6 \text{ m}$$

扩散管的尺寸:取其出口处的混合水速度 $w_g = 1$ m/s,扩散角 $\theta = 8°$ 则

出口截面积

$$f_\mathrm{g} = \frac{(1+u)G_\mathrm{o}v_\mathrm{g}}{w_\mathrm{g}} = \frac{(1+1.4) \times 0.928 \times 0.001}{1.0} = 2.23 \times 10^{-3} \ \mathrm{m}^2$$

出口直径

$$d_\mathrm{g} = 1.13\sqrt{f_\mathrm{g}} = 1.13\sqrt{2.23 \times 10^{-3}} = 0.053\ 4 \ \mathrm{m}^2$$

长度

$$L_\mathrm{k} = \frac{d_\mathrm{g} - d_3}{2\tan\dfrac{\theta}{2}} = \frac{0.053\ 4 - 0.025\ 5}{2\tan 4^\circ} = 0.199 \ \mathrm{mm}$$

喷射器各截面比：

$$f_3/f_p = \frac{51 \times 10^{-5}}{8.65 \times 10^{-5}} = 5.9; \qquad \frac{f_p}{f_3} = \frac{1}{5.9} = 0.169$$

$$\frac{f_p}{f_2} = \frac{f_p}{f_3 - f_p} = \frac{8.65 \times 10^{-5}}{(51 - 8.62) \times 10^{-5}} = 0.204$$

$$\frac{f_3}{f_2} = \frac{51 \times 10^{-6}}{(51 - 8.65) \times 10^{-5}} = 1.204$$

将上述各数值代入特性方程式(4.64)，得

$$\frac{\Delta p_\mathrm{g}}{\Delta p_p} = \frac{f_p}{f_3}\left[1.76 + \left(1.76 - 1.05\frac{f_3}{f_2}\right)\frac{f_p}{f_2}u^2 - 1.07\frac{f_p}{f_3}(1+u)^2\right] =$$

$$0.169[1.76 + (1.76 - 1.05 \times 1.204) \times 0.204u^2 - 1.07 \times 0.169(1+u)^2] =$$

$$0.297 + 0.017u^2 - 0.0306(1+u)^2$$

以不同的喷射系数代入之后，可求出不同的$(\Delta p_\mathrm{g}/\Delta p_p)$，其结果列于表 4 - 2 - 5 及图 4 - 2 - 10 上。图中的 a 点为设计工况。

表 4 - 2 - 5　不同喷射系数时的$(\Delta p_\mathrm{g}/\Delta p_p)$

u	1	1.25	1.5	1.75	2.0	2.5
$\Delta p_\mathrm{g}/\Delta p_p$	0.191 6	0.168 7	0.144 0	0.117 6	0.089 6	0.028 4

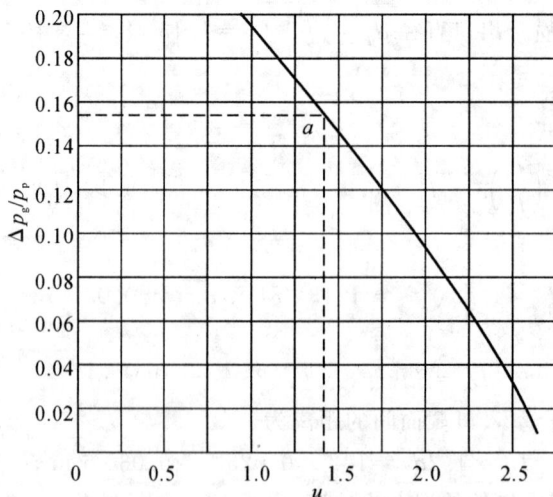

图 4 - 2 - 10　水射器特性曲线

与【例4-1】一样,对水喷射器也可绘出工作流体在不同压力下 $\Delta p_g = f(V_g)$ 的特性曲线,根据这些特性曲线的管网阻力特性曲线的交点,即可确定水喷射器在不同 Δp_g 时的工作点。

四、混合式冷凝器

混合式冷凝器的作用在于使蒸汽与冷却水直接接触过程中放出潜热而被冷凝,这种冷凝方式只适用于冷凝液没有回收价值或者对冷凝液纯净度要求不高的场合,例如单效或多效蒸发装置二次蒸汽的冷凝。

混合式冷凝器的类型较多,现在广泛使用的类型有如图4-2-11所示的几种。其中图4-2-11(a)是液柱式冷凝器,在其内部安装多块圆缺形多孔淋水板,水从板的小孔以柱状淋洒而下,以增大冷却水和蒸汽的接触面积。图4-2-11(b)是液膜式冷凝器,在其内部有盘环间隔排列的瓢水板,冷却水从板上流下时形成液膜,蒸汽与液膜接触时产生冷凝。图4-2-11(c)是填充式冷凝器,采用拉西环等作为填料,填充于塔体之内,冷却水沿填料表面同下流,故填料表面即为水和蒸汽的接触场所,使蒸汽冷凝。以上图4-2-11(a)～图4-2-11(c)三种形式的共同特点是汽水为逆流方向,蒸汽都是由下而上流动,两相接触时间长,热的交换充分,水的出口温度高,可节约用水,且不凝气温度低,体积小,可节省抽气设备动力。图4-2-11(d)为喷射式冷凝器,其工作原理基于文丘里管,故冷却水在入口必须具备一定压力,以使喷管喷出之水呈雾状,并将蒸汽吸入器内进行混合冷凝,同时夹带不凝性气体从下部流出。所以它具有不需抽出不凝性气体的优点,但单位蒸汽冷凝量所用的冷却水量较大。

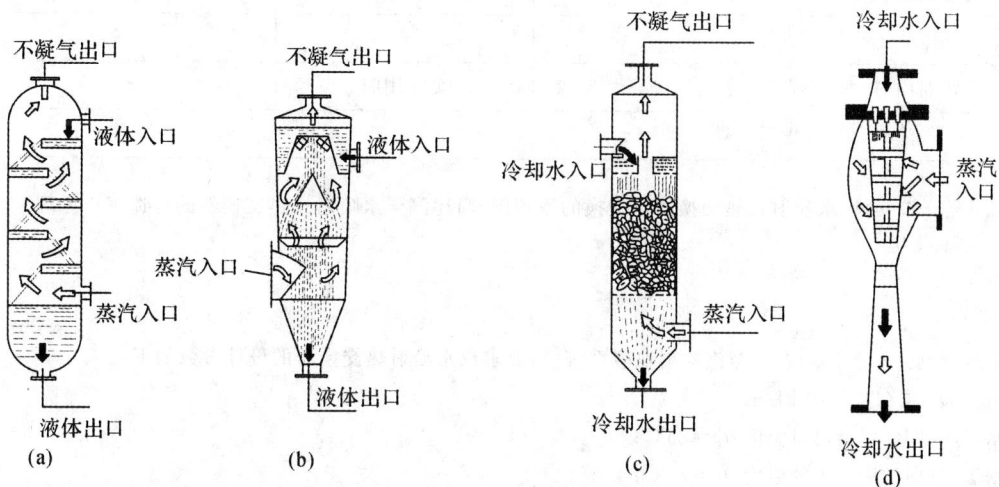

图4-2-11　混合式冷凝器的类型

(a)液柱式;　(b)液膜式;　(c)填充式;　(d)喷射式

由于类型不同。传热计算和结构计算也各不相同。

📓 任务实施

项目任务书和项目任务完成报告见表 4-2-6 和表 4-2-7。

表 4-2-6 项目任务书

任务名称	喷射式热交换器的应用		
小组成员			
指导教师		计划用时	
实施时间		实施地点	
任务内容与目标			
1.了解喷射式热交换器的一般问题。 2.掌握汽-水喷射式热交换器的构造工作原理及几何尺寸计算。 3.掌握水-水喷射式热交换器的构造工作原理及几何尺寸计算。 4.了解混合式冷凝器的类型及工作原理。			
考核项目	1.汽-水喷射式热交换器的构造工作原理及几何尺寸计算。 2.水-水喷射式热交换器的构造工作原理及几何尺寸计算。		
备注			

表 4-2-7 项目任务完成报告

任务名称	喷射式热交换器的应用		
小组成员			
具体分工			
计划用时		实际用时	
备注			

1.图 4-2-2 是汽-水喷射式热交换器热交换的原理图,简述汽-水喷射式热交换器的构造工作原理。

2.(参考【例 4-1】计算)在一蒸汽喷射取暖系统中,要求汽水喷射热交换器的设计参数如下:

热负荷 $Q = 4.028 \times 10^6$ kJ/h;

供水温度(即喷射器出口温度)$t_g = 85℃$;

回水温度(即被引射水的温度)$t_h = 60℃$;

系统和管路压降(即喷射器扬程)$\Delta p_g = 80$ kPa;

引水室的绝对压力 $p_h = 2 \times 10^5$ Pa。

试确定喷射器主要几何尺寸,并绘出它的特性曲线和确定极限工况。

续 表

3.图4-2-9是水-水喷射式热交换器热交换的原理图,简述水-水喷射式热交换器的构造工作原理。

4.(参照【例4-2】计算)已知水喷射器热水供热系统的室外热水管网供水温度(即喷射器的工作温度)t_o=100℃,回水温度(即被引射水温)t_h=60℃,混合流体温度(即向用户供水温度)t_g=90℃。供水系统的压力损失 Δp_g=9 900 Pa,用户热负荷 Q=8×10⁵ kJ/h。试确定安装在用户入口处的水喷射器的主要尺寸,并计算在设计工况下,工作流体所需要的压降 Δp_p,绘出喷射器的特性曲线。

任务评价

项目任务综合评价见表4-2-8。

表4-2-8 项目任务综合评价表

任务名称: 测评时间: 年 月 日

考核明细		标准分	实训得分								
			小组成员								
			小组自评	小组互评	教师评价	小组自评	小组互评	教师评价	小组自评	小组互评	教师评价
团队60分	小组是否能在总体上把握学习目标与进度	10									
	小组成员是否分工明确	10									
	小组是否有合作意识	10									
	小组是否有创新想(做)法	10									
	小组是否如实填写任务完成报告	10									
	小组是否存在问题和具有解决问题的方案	10									
个人40分	个人是否服从团队安排	10									
	个人是否完成团队分配任务	10									
	个人是否能与团队成员及时沟通和交流	10									
	个人是否能够认真描述困难、错误和修改的地方	10									
合计		100									

思考练习

1.喷射式热交换器是一种以 _____ 为目的的喷射器,它和其他喷射器一样,是使 _____、_____ 不同的两种流体相互混合,并在混合过程中进行能量交换的一种设备。

2.按照被混合的流体的不同,喷射式热交换器中可以是 _____ 的热交换,_____ 之间的热交换,_____ 之间的热交换,等等。

3.喷射式热交换器的主要部件有:_____、_____、_____ 和 _____。

项目五　蓄热式热交换器的应用

在蓄热式热交换器中,冷、热流体交替地流过同一固体传热面及其所形成的通道,依靠构成传热面的物体的比热容作用(吸热或放热),实现冷、热流体之间的热交换。与间壁式热交换器相比,虽都需要有固体传热面,但间壁式中,热量是在同一时刻通过固体壁由一侧的热流体传递给另一侧的冷流体。若与直接接触式热交换器相比,则差别更为明显,因为在蓄热式中不是通过冷、热流体的直接混合来换热的。

蓄热式热交换器常用于流量大的气-气热交换场合,如动力、硅酸盐、石油化工等工业中的余热利用和废热回收等方面。

🔍 项目目标

蓄热式热交换器的应用

素养目标
1. 提高学生动手操作能力
2. 培养学生的创新意识
3. 激发学生学习热交换器的兴趣
4. 增强学生的自信心和成就感

知识目标
1. 掌握回转型蓄热式热交换器的结构与工作原理
2. 掌握阀门切换型蓄热式热交换器的结构与工作原理
3. 熟悉蓄热式热交换器与间壁式热交换器的优缺点

技能目标　能进行蓄热式热交换器与间壁式热交换器的比较

任务一　蓄热式热交换器结构和工作原理

📖 任务描述

蓄热式热交换器在工业热领域的应用具有广阔的前景,越来越受到热工业界的广泛重视。然而这一新兴技术,在应用上还有许多理论和技术方面的问题,本项目的学习就是让各位读者在理论方面认识到蓄热式热交换器的结构与工作原理,为以后的应用或者研究打好基础。

PPT
蓄热式热交换器结
构和工作原理的认识

任务资讯

一、回转型蓄热式热交换器

回转型蓄热式热交换器主要由圆筒形蓄热体(常称转子)及风罩两部分组成。它又分为转子回转型和外壳回转型。转子就是一个蓄热体。图 5-1-1 所示为一种转子回转型的蓄热式热交换器。在转子回转型中,转子转动,而风罩不动。转子回转时,按照一定的周期不断交替地通过冷、热流体通道。设转子某部分在某一时刻通过了热流体通道,转子上的蓄热体就吸收并积蓄了热能。到下一时刻,转子该部分到达冷流体通道,就把所储蓄的热能释放给冷流体。对于外壳回转型(见图 5-1-2),转子不动,而外壳(亦即风罩)在转动,同样达到了热交换的目的。在大型的动力锅炉中使用这种回转式空气预热器以代替管式空气预热器,金属用量约为管式的 1/3,所以日益受到重视。

在图 5-1-1 所示的转子回转型空气预热器中,转子的中心轴支承在上、下轴承上,转子周界上装有环形长齿条,马达带动主动齿轮并通过齿条使转子以每分钟 3/4~5/4 转的转速绕中心轴转动。圆形转子从上到下被 12 块径向隔板隔成互不通气的 12 个大扇形格,每个 30° 的大扇形格又被许多块横向和径向短隔板规则地分为许多小格仓,小格仓中放满预先叠扎好的蓄热板。蓄热板由厚为 0.5~1.25 mm 钢板压成的波纹板和定位板两种组件相间排列而成(见图 5-1-2)。定位板除起传热面作用外,还起到使波纹板相对位置固定的作用。工作时烟气从上方通过烟道和一半的转子截面(180°)从下方流出,空气从另一侧下方进入,经风道和 1/3 的转子截面从上方流出。转子每转一圈,蓄热板吸、放热各一次,使烟气和冷空气之间实现热交换。由于烟气容积流量比空气大,故烟气的通流截面要比空气大。在烟气和空气的通流截面之间设置了占转子断面两个 30° 的过渡区(也称密封区)。其中无气流流过,起隔离烟气和空气的作用,使两者互不渗混(见图 5-1-1)。转子回转型空气预热器又可按其旋转轴的方位分为垂直轴回转型和水平轴回转型两种,图 5-1-1 所示为垂直轴回转型。

蓄热板的形状[见图 5-1-2(a)(b),同类板型但结构尺寸不同的两种]应不使气体在其上作层流流动,同时能防止它在烟气中发生腐蚀和堵塞。气体在其中平均流速为 8~16 m/s,流动阻力控制在 250~1 000 Pa/m。蓄热板组合件中的波形板和定位板上斜波纹与气流方向约成 30°夹角,而两者波纹方向相反(见图 5-1-1 中蓄热板板型),以加强扰动,提高传热效果。因蓄热板布置紧密,容易堵灰,故在传热面的上下部设有蒸汽吹灰装置。当空气预热器发生二次燃烧(焦炭复燃)事故时,吹灰装置可兼作灭火设施使用。

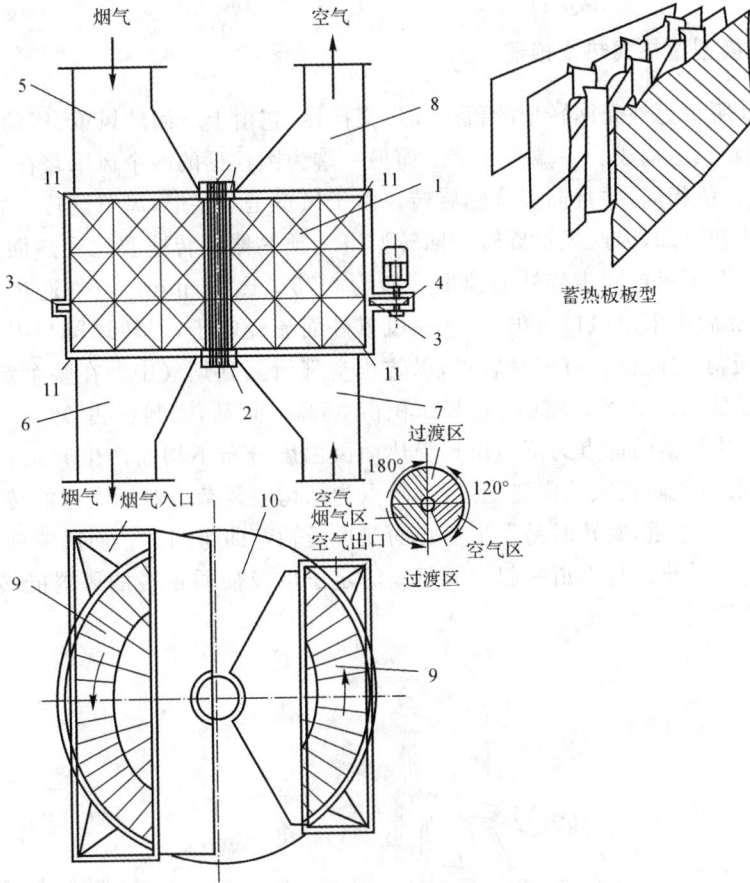

图 5-1-1　转子回装型空气预热器

1—转子；2—转子的中心轴；3—环行长齿条；4—主动齿轮；5—烟气入口；
6—烟气出口；7—空气入口；8—空气出口；9—径向隔板；10—过渡区；11—密封装置

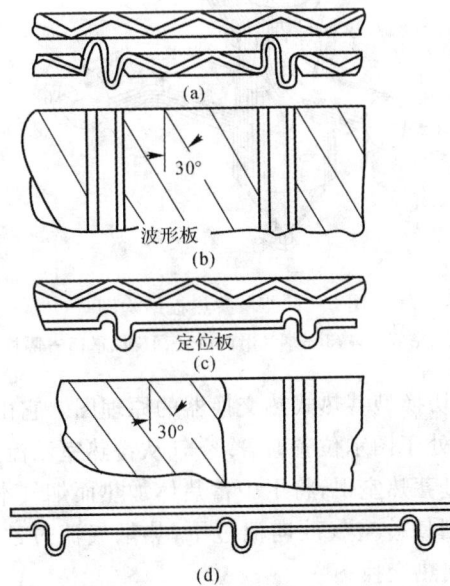

图 5-1-2　风罩旋转的回转型空气预热器

二、阀门切换型蓄热式热交换器

图 5-1-3 所示为外壳回转型的蓄热式热交换器,它由上下回转风罩、传动装置、蓄热体、密封装置、烟道和风道构成。一端为 8 字形而另一端为圆柱形的两个风罩盖在定子的上、下两端面上,其安装方位相同,并且同步绕轴旋转。由于风罩是 8 字形,风罩旋转一周的过程中,蓄热体两次被加热和冷却,因此风罩旋转的回转型空气预热器的转速要比受热面旋转的回转型空气预热器低。上下风罩同步旋转的速度一般为 0.75~1.4 r/min。空气通过上风罩进入定子,被蓄热体加热后由下出风口流出,烟气在风罩外面流经定子,回转风罩与固定风道之间设有环形密封,与定子之间也设有密封装置,以防止空气泄漏到烟气中。在整个定子截面上,烟气流通截面积占 50%~60%,空气流通截面积占 35%~45%,密封区占 5%~10%。风罩旋转的回转型空气热预器的优点为不易出现受热面因温度分布不均而产生蘑菇状变形,且可使用重量大、强度低但能防腐蚀的陶瓷受热面,缺点为结构块复杂。对于大型的转子回转型空气预热器,因转子十分笨重,旋转时易发生受热面变形及轴弯曲等问题。而风罩旋转的回转型空气预热器采用了使受热面与烟道一起构成坚固的定子以及使质量轻的风罩能转动的结构,能避免这类问题的发生。

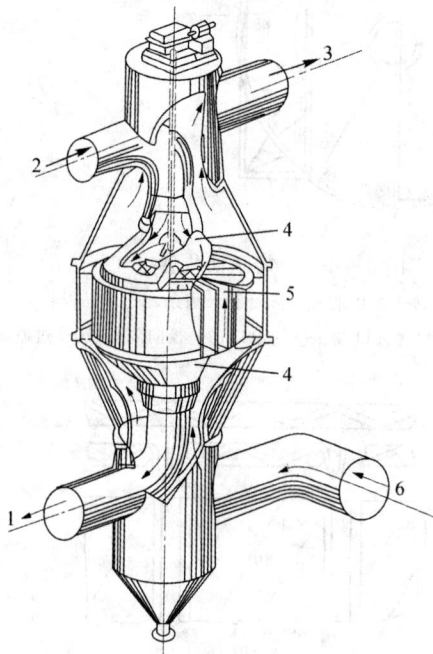

图 5-1-3 蓄热板结构图
1—空气出口;2—空气入口;3—烟气出口;4—回旋风罩;5—隔板;6—烟气入口

图 5-1-4 所示为阀门切换型蓄热式热交换器的原理图。它由两个相同的充满蓄热体的蓄热室所构成。当双通阀门处于图示位置时,冷空气从蓄热室乙流过,蓄热体释放热量使冷空气受热,热烟气则在同时流过蓄热室甲,将甲中蓄热体加热而烟气本身被冷却。在一定时间间隔后,将双通阀门转动 90°,则使冷空气改向流过甲,热烟气流过乙。如此定期地不断切换双通阀就可实现冷、热气体之间热交换。

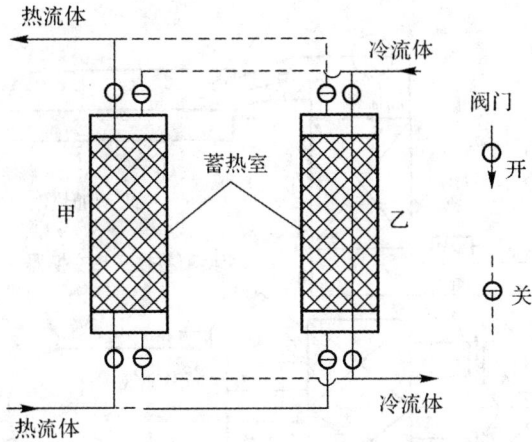

图 5-1-4　阀门切换型蓄热式热交换器工作原理图

　　蓄热室中的蓄热体大多由耐火砖砌成的"格子砖"构成(见图 5-1-5)。为了连续运行，此类热交换器都具有两个蓄热室(见图 5-1-4)。这种阀门切换型常用于玻璃窑炉，冶金工业中高炉的热风炉。图 5-1-6 所示为一玻璃窑炉中使用的阀门切换型蓄热式热交换器。从玻璃加热池上排出的高温烟气进入蓄热式格子体时温度约为 1 100～1 300℃，通过蓄热室后温度约为 400～600℃，进入蓄热室的空气温度约 100～120℃，排出时达到约 900～1 100℃，然后进入加热池内供燃油用。

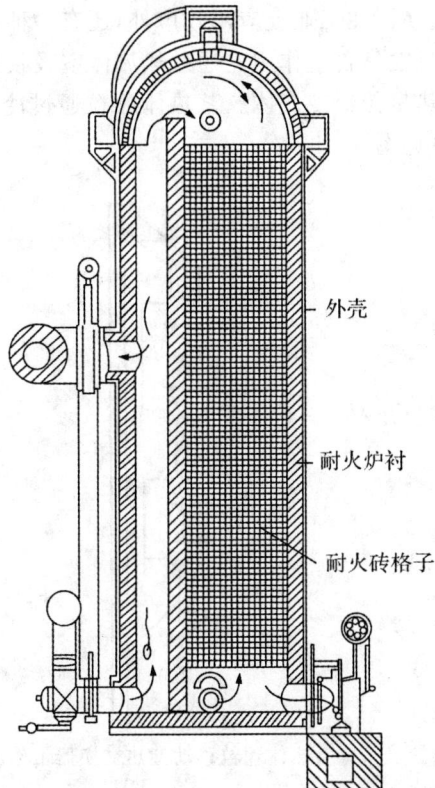

图 5-1-5　蓄热室结构简图

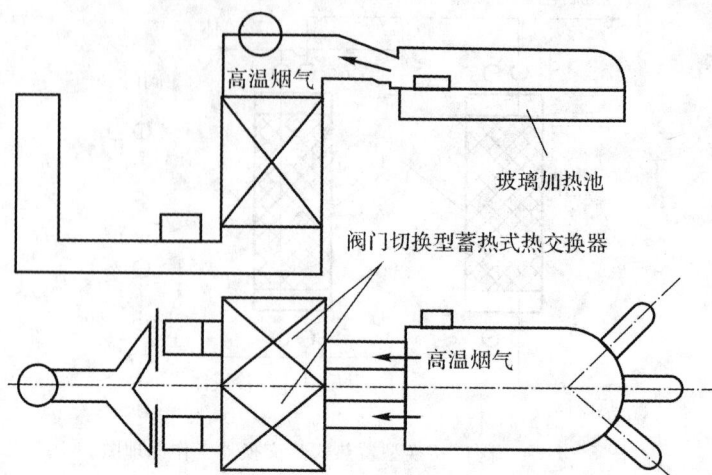

图 5-1-6 阀门切换型热交换器用于玻璃窑炉示意图

　　阀门切换型蓄热式热交换器还用于空分装置的蓄冷器,常用卵石或铝波纹片作蓄热体。在应用于太阳能空气集热系统时,在蓄热室中蓄热体也常常是卵石而不是格子砖。传统的蓄热室采用格子砖作为蓄热体,传热效率低,蓄热室体积庞大,换向周期长,新型蓄热室采用陶瓷小球或蜂窝体作为蓄热体,比面积高达 200~1 000 m^2/m^3。蓄热体的发展趋势是采用陶瓷蜂窝体,其高温段为高纯铝质材料,中部采用莫来石材料,低温段材质为堇青石。

　　除以上两种蓄热式热交换器在工业上应用较广外,还有一种蓄热体颗粒移动型热交换器。在这种热交换器中,蓄热体颗粒靠自重作用先通过热流体室吸收热量,继而流过冷流体室放出热量,以此实现了把热流体热量传给冷流体。蓄热体颗粒通过冷流体室后又被送回热流体室上部,开始下一个工作周期(见图 5-1-7)。

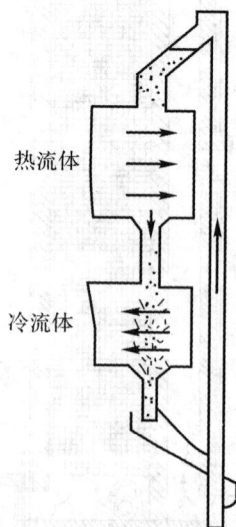

图 5-1-7 蓄热体颗粒移动型热交换器工作原理

任务实施

项目任务书和项目任务完成报告见表 5-1-1 和表 5-1-2。

表 5-1-1 项目任务书

任务名称	蓄热式热交换器结构和工作原理的认识	
小组成员		
指导教师	计划用时	
实施时间	实施地点	
任务内容与目标		
1.掌握回转型蓄热式热交换器的结构与工作原理。 2.掌握阀门切换型蓄热式热交换器的结构与工作原理。		
考核项目	1.回转型蓄热式热交换器的结构与工作原理。 2.阀门切换型蓄热式热交换器的结构与工作原理。	
备注		

表 5-1-2 项目任务完成报告

任务名称	蓄热式热交换器结构和工作原理的认识	
小组成员		
具体分工		
计划用时	实际用时	
备注		

1.图 5-1-1 为转子回转型空气预热器,请写出图中标号结构与工作原理。

1——   2——
3——   4——
5——   6——
7——   8——
9——   10——
11——

2.图 5-1-3 是风罩旋转的回转型空气预热器,请写出图中标号结构。

1——   2——
3——   4——
5——   6——

3.请简述阀门切换型蓄热式热交换器的工作原理。

任务评价

项目任务综合评价见表5-1-3。

表5-1-3 项目任务综合评价表

任务名称：　　　　　　　　　　　　　　　　　　　测评时间：　年　月　日

考核明细		标准分	实训得分								
			小组成员								
			小组自评	小组互评	教师评价	小组自评	小组互评	教师评价	小组自评	小组互评	教师评价
团队60分	小组是否能在总体上把握学习目标与进度	10									
	小组成员是否分工明确	10									
	小组是否有合作意识	10									
	小组是否有创新想(做)法	10									
	小组是否如实填写任务完成报告	10									
	小组是否存在问题和具有解决问题的方案	10									
个人40分	个人是否服从团队安排	10									
	个人是否完成团队分配任务	10									
	个人是否能与团队成员及时沟通和交流	10									
	个人是否能够认真描述困难、错误和修改的地方	10									
合计		100									

思考练习

1.回转型蓄热式热交换器主要由＿＿＿＿和＿＿＿＿两部分组成。它又分为＿＿＿＿和＿＿＿＿。

2.蓄热体的发展趋势是采用＿＿＿＿，其高温段为＿＿＿＿材料,中部采用材料,低温段材质为＿＿＿＿。

任务二　蓄热式热交换器与间壁式热交换器的比较

任务描述

　　热交换器是化工、石油、动力、食品及许多工业部门的通用设备,在生产中占有重要地位,应用也非常广泛。热交换器种类很多,根据冷、热流体热量交换的原理和方式分成蓄热式热交换器和间壁式热交换器,这两种应

PPT
蓄热式热交换器与间壁式热交换器的比较

用也是最多的,本项目通过比较具体介绍了这两种热交换器的优缺点。

🗂 任务资讯

蓄热式热交换器中的热交换是依靠蓄热物质的热容量及冷、热流体通道周期性地交替,使得蓄热式热交换器中传热面及流体温度的变化具有一定的特点。特点之一是,蓄热材料的壁面温度在整个工作周期中不断地变化,而且在加热期间的变化情况与冷却期间的变化情况也不相同。与此同时,除了在蓄热式热交换器的冷、热气体进口处之外,冷、热气体的温度还随时间而变化。为了说明这种变化特点,在蓄热式热交换器高度方向上截取某一截面[见图5-2-1(a)中 $A-A$ 截面],在整个周期内,该处蓄热材料及气体的温度按图5-2-1(b)所示情况变化,在加热期内,热气体不断地把热量传给蓄热材料,随着时间的增加,沿热交换器高度各处蓄热材料的温度不断升高($A-A$ 处,t_{w1})。热气体的进口温度是不变的,这就使得进口截面处热气体和蓄热材料之间温差愈来愈小,因而进口截面处热气体的温度下降愈来愈小,$A-A$ 截面处热气体的温度 t_1 也随之上升。在冷却期内,冷气体不断冷却蓄热材料,使得沿热交换器高度各处蓄热材料温度随着时间增加而降低($A-A$ 处,t_{w2})。冷气体进口温度也是不变的,使得进口处蓄热材料与冷气体间温差愈来愈小,因而进口截面上冷气体温升愈来愈小,$A-A$ 处冷气体的温度 t_2 随之下降。正由于这种变化,加热和冷却期内蓄热材料温度常常不沿同一条曲线变化,至于间壁式热交换器,在稳定工况下,各处传热面及流体温度均是稳定不变的。特点之二是,蓄热材料和流体温度变化具有周期性,即每经过一个周期这些温度变化又重复一次。

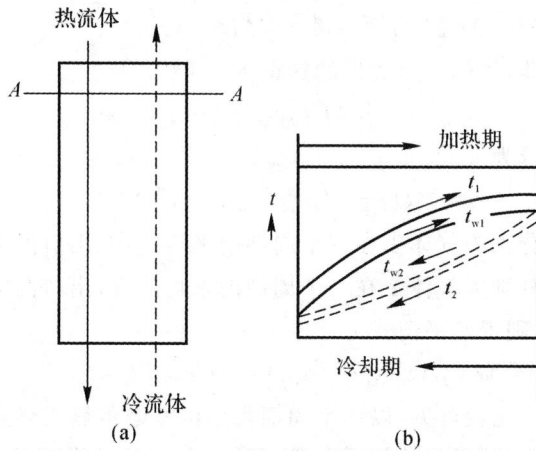

图5-2-1　蓄热式热交换器中气流及蓄热材料的温度变化

由于周期性的特点,我们可以一个周期为单位,来考虑蓄热式热交换器中的热平衡及传热,进而可采用类似于稳定工况下的间壁式热交换器所用的简单公式,方便地计算蓄热式热交换器。

以图5-2-2所示逆流时的间壁式热交换器和蓄热式热交换器为例。假设气体1的温度高于气体2的温度,若以蓄热式热交换器一个循环的时间为单位,对间壁式与蓄热式都是从气体温度的变化来计算热量。在间壁式热交换器中,气体1所放出的热量为

$$Q_1 = M_1 c_{p1}(t'_1 - t''_1)$$

气体 2 所吸收的热量为

$$Q_2 = M_2 c_{p2}(t_1'' - t_2')$$

式中　　M_1, M_2——相应于所流过的气体 1、2 的质量流量；

　　　　c_{p1}, c_{p2}——分别为气体 1、2 的比热容；

　　　　t'_1, t''_1——分别为气体 1 的进、出口温度；

　　　　t'_2, t''_2——分别为气体 2 的进、出口温度。

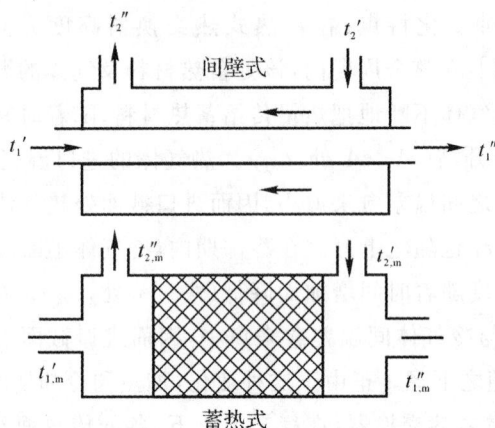

图 5-2-2　在逆流下的间壁式和蓄热式热交换器

如忽略热损失,间壁式中换热气体 1,2 间热平衡式为

$$M_1 c_{p1}(t'_1 - t''_1) = M_2 c_{p2}(t'_2 - t''_2) \tag{5.1}$$

对于蓄热式热交换器,气体 1 所放出的热量为

$$Q_1 = M_1 c_{p1}(t'_{1,m} - t''_2)$$

气体 2 所吸收的热量为

$$Q_2 = M_2 c_{p2}(t'_{2,m} - t''_2)$$

式中　　$t'_{1,m}, t''_{1,m}$——分别为气体 1 在一个周期内平均的进、出口温度；

　　　　$t'_{2,m}, t''_{2,m}$——分别为气体 2 在一个周期内平均的进、出口温度。

如忽略对外热损失,则得热平衡式为

$$M_1 c_{p1}(t'_{1,m} - t''_{1,m}) = M_2 c_{p2} t''_{2,m}, t'_{2,m} \tag{5.2}$$

将式(5.1)与式(5.2)比较可见,以一个周期为单位考虑蓄热式热交换器的传热量时,采用了周期中的气体平均温度,所以它的热平衡式在形式上与间壁式相类似。再以一个周期为单位,分别对蓄热式及间壁式热交换器进行传热计算。今以蓄热体及进、出口流体在加热期及冷却期的平均温度作为间壁式热交换器的壁及流体的进出口温度,即可按照蓄热式热交换器的工况作出假想的间壁式热交换器传热工况,如图 5-2-3 所示。

设热交换器的传热面积为 F,循环周期为 τ_0(其中,加热时间为 τ_1,冷却时间为 τ_2),参考图 5-2-3,可以得出蓄热式中的传热量为

$$Q = KF(t_{1,m} - t_{2,m}) \tag{5.3}$$

式中　　$t_{1,m}, t_{2,m}$——分别为热、冷流体的平均温度,℃;

K—— 相应于 $t_{1,m}$，$t_{2,m}$ 下蓄热式热交换器中的传热系数，$W/(m^2 \cdot ℃)$。

传热量 Q 也可由热气体 1 与蓄热体间对流换热量来表示，即

$$Q = \alpha_1 F \int_0^{\tau_1} (t_1 - t_{w1}) d\tau = \alpha_1 F (t_{1,m} - t_{w1,m}) \tau_1 \tag{5.4}$$

式中　α_1—— 加热周期热气体的对流换热系数，$W/(m^2 \cdot ℃)$。

$t_{w1,m}$—— 加热周期受热壁面在受热过程中的平均壁温，$℃$。

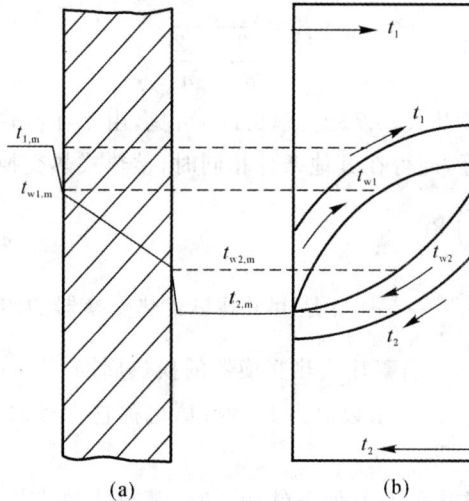

图 5-2-3　蓄热式热交换器中以及假想的间壁式热交换器中的传热过程
(a) 假想的间壁式换热过程；(b) 蓄热式换热过程

或可由冷气体 2 与蓄热体间对流换热量来表示，即

$$Q = \alpha_2 F \int_0^{\tau_2} (t_{w2} - t_2) d\tau = \alpha_2 F (t_{w2,m} - t_{2,m}) \tau_2 \tag{5.5}$$

式中　α_2—— 冷却周期冷气体的对流换热系数，$W/(m^2 \cdot ℃)$。

$t_{w2,m}$—— 冷却周期冷却壁面在冷却过程中的平均壁温，$℃$。

综合以上三式可得蓄热式热交换器的传热系数计算式为

$$K = \cfrac{1}{\cfrac{1}{\alpha_1 \left(\cfrac{\tau_1}{\tau_0}\right)} + \cfrac{1}{\alpha_2 \left(\cfrac{\tau_2}{\tau_0}\right)}} \left[1 - \frac{t_{w_1,m} - t_{w_2,m}}{t_{1,m} - t_{2,m}} \right] \tag{5.6}$$

如 $\tau_1 = \tau_2$，则

$$K = \cfrac{1}{\cfrac{2}{\alpha_1} + \cfrac{2}{\alpha_2}} \left[1 - \frac{t_{w_1,m} - t_{w_2,m}}{t_{1,m} - t_{2,m}} \right] \tag{5.7}$$

再设有一间壁式热交换器，其传热面积也为 F，但对于冷气体及热气体各占一半，热气体的平均温度为在 $t_{1,m}$，冷气体的平均温度为 $t_{2,m}$，则在时间 τ_0 内该间壁式热交换器的传热量可表示为

$$Q = KF(t_{1,m} - t_{2,m}) \tau_0 \tag{5.8}$$

而热气体的放热量为

$$Q = a_1 \frac{F}{2}(t_{1,m} - t_{w1,m})\tau_0 \qquad (5.9)$$

冷气体的吸热量为

$$Q = \alpha_2 \frac{F}{2}(t_{w2,m} - t_{2,m})\tau_0 \qquad (5.10)$$

如忽略间壁式热交换器的壁面热阻,即 $t_{w1,m} = t_{w2,m}$,可得

$$K = \frac{1}{\dfrac{2}{\alpha_1} + \dfrac{2}{a_2}} \qquad (5.11)$$

比较式(5.3)与式(5.8)及式(5.7)与式(5.11)可见,由于在蓄热式热交换器中加热与冷却过程的平均传热壁温不相等,使得在其他条件相同时,蓄热式热交换器的传热量仅为间壁式热交换器的 $\left(1 - \dfrac{t_{w1,m} - t_{w2,m}}{t_{1,m} - t_{2,m}}\right)$ 倍。

式(5.6)中系数 $\left(1 - \dfrac{t_{w1,m} - t_{w2,m}}{t_{1,m} - t_{2,m}}\right)$ 是由于蓄热式热交换器的传热表面温度不稳定而产生的,因为由图5-2-1(b)可见,当蓄热式热交换器的换热周期 $\tau_0 \to 0$ 时,曲线 t_{w1} 与 t_{w2} 将变成同一直线,因而 $t_{w1,m} = t_{w2,m}$,这一系数值为1。所以,也称它为考虑非稳定换热影响的系数,以符号 c_n 代表。

当 $\tau_0 \to 0$ 时,$c_n = 1$,这表明在其他条件相同时,蓄热式热交换器达到所能传递的最大热量。其数值与同样条件下间壁式热交换器所能传递的热量相同。但是实际上 $\tau_0 > 0$,$(t_{w1,m} - t_{w2,m}) > 0$,使 $c_n < 1$,这表明蓄热式热交换器的传热量总是小于在相同条件下间壁式热交换器所能传递的热量。所以,从单位传热表面积的传热量方面,看不出采用蓄热式热交换器的优点。

与间壁式热交换器相比,蓄热式热交换器主要在结构方面有以下三个优点。

(1)紧凑性很高。如,采用20~50目的金属网板作蓄热体时,每立方米容积可能容纳的传热面积为2 296~6 560 m²。而在间壁式热交换器中,即使紧凑性最高的板翅式热交换器一般只有2 000 m²/m³左右。

(2)单位传热面积的价格要比间壁式便宜得多,而且易于采用耐腐蚀、耐高温的材料(如陶瓷)作传热面。

(3)有一定的自洁作用。因为传热面周期性地受到参与换热的气体的方向相反的流动,与间壁式相比就不易存在永久性的流动停滞区,并且传热面上积灰较易自动去除。

蓄热式与间壁式相比的主要缺点有以下两点。

(1)因为同一蓄热体交替地作为冷、热气体的通道和受热面,因而在回转型蓄热式热交换器中,势必导致一通道中的气体带入另一通道。两气体通道间的密封不严,将会造成冷、热气体之间某种程度的混合。在阀门切换型蓄热式热交换器中,也将由于阀门的切换而使冷、热气体之间有不同程度的混合。

(2)对于回转型蓄热式热交换器来说,密封问题比较困难,因而会造成较大的漏风,特别是在高温和低温气体之间压差很大时。例如,在回转型空气预热器中,空气向烟气中的泄漏量约占流过的空气量的5%~10%。

任务实施

项目任务书和项目任务完成报告见表 5 - 2 - 1 和表 5 - 2 - 2。

表 5 - 2 - 1　项目任务书

任务名称	蓄热式热交换器与间壁式热交换器的比较		
小组成员			
指导教师		计划用时	
实施时间		实施地点	
任务内容与目标			
了解蓄热式热交换器与间壁式热交换器的比较			
考核项目	蓄热式热交换器与间壁式热交换器的比较		
备注			

表 5 - 2 - 2　项目任务完成报告

任务名称	蓄热式热交换器与间壁式热交换器的比较	
小组成员		
具体分工		
计划用时		实际用时
备注		
与间壁式热交换器相比,蓄热式热交换器在结构方面有什么优点？有什么缺点？		

任务评价

项目任务综合评价见表 5 - 2 - 3。

表 5 - 2 - 3 项目任务综合评价表

任务名称：   测评时间：   年   月   日

考核明细		标准分	实训得分								
			小组成员								
			小组自评	小组互评	教师评价	小组自评	小组互评	教师评价	小组自评	小组互评	教师评价
团队60分	小组是否能在总体上把握学习目标与进度	10									
	小组成员是否分工明确	10									
	小组是否有合作意识	10									
	小组是否有创新想（做）法	10									
	小组是否如实填写任务完成报告	10									
	小组是否存在问题和具有解决问题的方案	10									
个人40分	个人是否服从团队安排	10									
	个人是否完成团队分配任务	10									
	个人是否能与团队成员及时沟通和交流	10									
	个人是否能够认真描述困难、错误和修改的地方	10									
合计		100									

思考练习

1. 由于蓄热式热交换器中的热交换是依靠_____的热容及_____、周期性的交替，使得蓄热式热交换中_____及_____的变化具有一定特点。

2. 蓄热式热交换器中传热面及流体温度的变化具有什么特点？

项目六 热交换器的污垢处理、防腐防漏及安全运行

由于热交换器是在不同温度物料之间进行热量交换的重要设备,因此是在各行业尤其是在化石行业使用最广泛的设备。然而有许多热交换器在投入使用数月后就发生泄漏现象,既影响了装置的正常运行、造成了环境污染,又带来了安全隐患、降低了经济效益等。检修发现,加强热交换器的污垢处理、防腐防漏及安全运行,可以降低泄漏率,保证设备使用寿命。

🔍 项目目标

素养目标
1. 提高学生动手操作能力
2. 培养学生良好的职业素养和创新意识
3. 激发学生学习热交换技术的兴趣
4. 增强学生的自信心和成就感
5. 培养学生的团队协作能力

知识目标
1. 了解污垢的形成与影响
2. 掌握抑垢防垢的措施与技术
3. 了解热交换器的密封
4. 掌握热交换器腐蚀类型与机理
5. 掌握热交换器的腐蚀防护
6. 了解一些热交换器事故的案例

技能目标
1. 能够分析热交换器事故的原因
2. 能够对热交换器运行的档案资料进行管理
3. 能够对污垢进行消除与清洗
4. 能够对热交换器的材料进行选择

（左侧纵向标题：热交换器的污垢处理、防腐防漏及安全运行）

任务一 热交换器的防垢与除垢

📖 任务描述

本任务主要是学习热交换器的防垢与除垢,从污垢的形成、影响与监测、抑垢防垢的措施与技术,最后到污垢的清除与清洗等方面来完成本任

PPT
热交换器的防垢与除垢

务的学习。

任务资讯

一、污垢的形成、影响与监测

(一)污垢的形成与影响

所谓污垢是指在与流体周围接触的固体表面上逐渐积聚起来的一层固态或软泥状物质，它通常以混合物的形态存在。固体表面从洁净状态到被污垢覆盖的过程，就是污垢的积聚过程，人们常称之为结垢或污染。结垢是一种极为普遍的现象，它存在于自然界、日常生活和各种工业生产过程，特别是各种传热过程中。目前，对热交换器的污垢，一个比较严格的定义是：换热面上妨碍传热和增加流体流过换热面时阻力的沉积物。这一定义突出了换热装置污垢的两个基本属性：①对传热的阻碍；②增加了换热流体的流动阻力。为了防止和尽量减小污垢对换热设备的上述不利影响，人们不得不采取一系列的防垢、抑垢和除垢措施，诸如定期清洗、进行致垢流体的处理等，这些对策虽然在相当程度上减轻了污垢的上述危害，但却加大了换热设备的投资，增加了必要的清洗设备，加大了设备的维护费用，缩短了设备的正常运行周期，加之频繁地起、停会在一定程度上影响设备的寿命。

污垢现象广泛存在于各种传热过程中，大多数热交换器会遇到污垢问题。有资料显示，90%以上的热交换器都存在不同程度的污垢问题。污垢的形成是一个复杂的过程，简单地说，污垢的产生包括两个过程：第一个过程是污垢沉积的过程，即污垢颗粒从主流液体向表面输送并逐渐成长的过程；第二个过程是沉淀物质形成粒状、粒子或片状后，由于流动剪应力或温差应力的作用从表面脱除的过程。上述两个过程竞争的结果就产生了各种形态的结垢。

污垢对热交换器及其系统的影响主要有以下几点。

(1)污垢是热的不良导体，污垢沉积在设备表面影响了传热效果，降低了生产效率。从设计角度，热交换器总传热系数 K 值随污垢热阻的增加而减少，清洁条件下的 K 值越高，则污垢热阻的影响就会越大。这样导致热交换器设计时必须额外增加传热面积，以补偿污垢热阻的影响。

(2)污垢聚集在设备的表面，使局部腐蚀加剧，容易产生点腐蚀造成穿孔。

(3)污垢在换热管内沉积使管内流体的流通截面积变小，增大了流动阻力，导致泵或风机的功率消耗增大，也会使自动清洗设备的动力消耗增大，造成设备运行总能量消耗增加。

(4)由于污垢而引起的停车清洗，降低了设备连续运转的周期，影响生产效益，甚至会降低产品质量。

(二)污垢的监测

1. 厚度监测法

污垢厚度的测量可以用一种特定的仪器。这种仪器是基于污垢沉积层与金属的导电性差异而制成的，其工作原理如图 6-1-1 所示。它主要由一个装有可移动钢针的测微计和一个带电流表的电回路组成，回路的一端接于换热面金属上，当钢针未和污垢层接触时，电路是断开的，电流表指示为零。而当钢针与污垢表面接触，电路闭合，电流表出现一个读数，钢针继续下移，穿过污垢层与换热面接触时，因金属的电阻远较污垢层的小而电流表的读数猛然增大，这两个电流读数的差值就反映了污垢层的厚度，其具体数值应针对同种污垢事先进行标定。

如果污垢沉积层的电阻极大,几近于绝缘物,则钢针与污垢表面的接触,可通过目测用图像放大装置来观测。

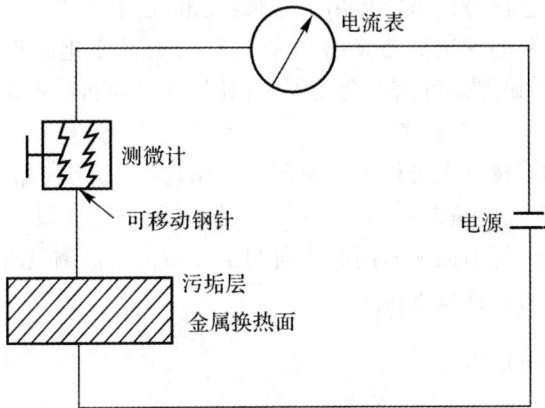

图 6-1-1　污垢厚度测量仪的工作原理

2.压降监测法

压降可以作为污垢的监测手段。压降的测量通常是针对圆形、矩形或环形截面的通道进行的。图 6-1-2 所示为一种推荐的测量装置。该装置通常包括一段水平安装的直管,管子上装有两个压力旁通支管,供测量该段管子上的压力降。该装置与被监测的冷却水系统平行安装。在两个压力旁通支管间则跨接一个差压计以测量其压力降。

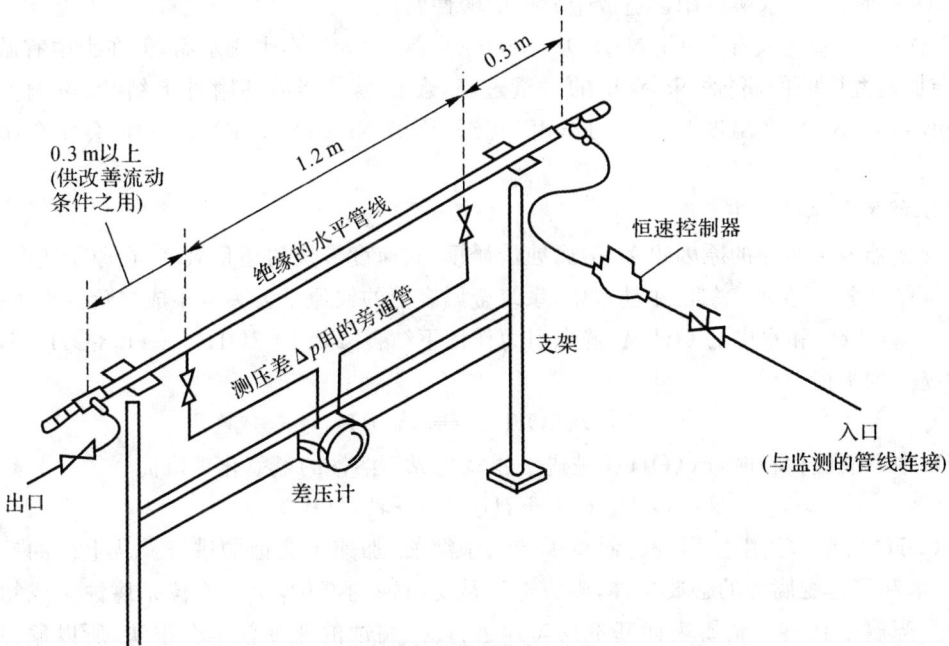

图 6-1-2　用于污垢检测的压力降测量装置

3.温差监测法

污垢的温差表示法是生产现场常用的一种污脏程度的表示方法,它是通过热交换器工艺介质和冷却水进出口温度差的变化来反映污垢沉积量的变化。例如:①在另一侧介质的温度均匀不变、污脏流体的流速和入口速度恒定条件下,污脏流体温升的变化(即出口温度的变化)就反映了污的沉积状况;②保持污脏流体出、入口温度和流量恒定,则另一侧介质的温升也反映了污垢沉积的增长,温差监测法简便直观,可以连线观察其变化面积累数据,是一种被广泛采用的现场监测手段。其缺点是可信度会受到其他因素的影响,在不采用校正的情况下,只能作为描述换热面污垢积累的一个参考值。

为了防范和检测污垢,技术人员做了大量研究工作,找到很多污垢监测的使用技术和方法(除以上所述方法外,还有液晶瞬态法、脉冲反射法、钙离子浓度法以及采用光学技术、放射性技术、光纤传感技术等进行污垢监测),同时也研制了多种污垢监测设备和试验系统装置,具体方法和设备可参阅有关资料,这里不再赘述。

二、抑垢防垢的措施与技术

(一)水中杂质对热交换器的危害

1. 以离子成分子状态溶解于水中的余质危害

(1)钙盐类:在水中的主要构成有 $Ca(HCO_3)_2$,$CaCl_2$,$CaSO_4$,$CaSiO_4$ 等。钙盐是造成热交换器结垢的主要成分。其中,$CaSO_4$ 是一种质硬、结晶细密的水垢,结构松散,附着力小,是一种比较松软的泥渣,从水中分离出来的具有流动性,即使附着在受热面上也容易清除。

(2)镁盐:在水中的主要构成有 $Mg(HCO_3)$,$MgCl_2$,$MgSO_4$ 等。镁溶解在水中后,在受热分解后生成 $Mg(OH)_2$ 沉淀,$Mg(OH)_2$ 也是泥渣式水垢。溶解在水中的 $MgCl_2$,$MgSO_4$,在水 pH<7 时,由于水解作用会造成金属壁的酸性腐蚀。

(3)钠盐:主要构成有 $NaCl$,Na_2SO_4,$NaHCO_3$ 等。$NaCl$ 不生成水垢,但在水中有游离氧存在,会加速金属壁的腐蚀;Na_2SO_4 的含量过高,会在蒸发器后的附件上结盐,影响安全运行;水中的 $NaHCO_3$ 在温度和压力的作用下会分解出 Na_2CO_3,$NaOH$,CO_2,会使金属晶粒受损。

2. 溶解氧气体的危害

热交换器发生腐蚀的原因很多,但腐蚀最严重的、速度最快的还是氧气,在原子次序表上,铁的电位在氢之上,在不含氧的中性水中,系统金属表面的铁原子失去电子成二价的离子($Fe-2e \longrightarrow Fe^{2+}$),$Fe^{2+}$ 和水中的 OH^- 在静电引力作用下结合[$Fe^{2+}+2OH^- \longrightarrow Fe(OH)_2$],并在水中建立下列平衡:

$$Fe^{2+}+2OH^- \Longleftrightarrow Fe(OH)_2$$

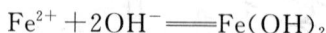

当水中有氧气存在时,$Fe(OH)_2$ 被进一步氧化成不溶性的氢氧化铁沉淀:

$$4Fe(OH)_2+O_2+2H_2O \longrightarrow 4Fe(OH)_3 \downarrow$$

$Fe(OH)_3$ 沉淀,使阳极周围的铁离子转入水溶液,加速了腐蚀的进行。从上面的反应可以看出,水和氧是受腐蚀的必要条件,阳极部位是受腐蚀的部位,阴极部位是腐蚀生成物堆集的部位。当腐蚀在整个金属表面基本均匀地进行时,腐蚀的速度就不会很快,所以危害性不大,这种腐蚀称为全面腐蚀。当腐蚀集中于金属表面的某些部位时,则称为局部腐蚀,局部腐蚀的速度很快、容易锈穿。坑蚀在热交换器中是常见的局部腐蚀,所以危害性很大。

3. 以胶体状态存在的杂质对热交换器的危害

(1)铁化合物:主要成分是 Fe_2O_3,它会生成铁垢,当水中含有铁化合物较多时,水常呈黄色。

（2）微生物：由于空调冷却循环水的水温、溶解氧、营养物等为微生物提供了有利于繁殖的条件，微生物将大量滋生繁殖，微生物来源于土壤和空气中，冷却循环水的温度较高时，经过冷却塔曝气，含氧量增加，在水中往往投加磷酸盐等药制，正好是微生物的养料，冷却塔又大都设于露天，日光照射利于藻类生长，微生物的繁殖不但阻塞板片通道，有时还会塞管路，还会使金属腐蚀。

（3）污泥：冷却循环水中的污泥，来源于空气中的尘土及补充水中的悬浮物，空气和水在对流交换过程中，大量空气在塔内接受循环水喷淋，使尘土进入水中，逐渐沉积在流速较低的热交换器中。

（4）黏垢：主要是微生物的分物与水中泥沙、腐蚀产物、菌藻残骸黏结而成，它们常常附着在热交换器壁面上，产生各种有机酸，这种酸也会引起腐蚀。

因此，热交换器流体水质要求非常重要，在运行管理中，应加强重视，配备一些必要的防垢、防腐设备，延长设备的使用寿命。

（二）热交换器常用防垢措施

1. 热交换器防垢前期注意事项

（1）投运前的检查。换热设备在加工、运输和安装过程中都可能受到污染和损伤，如果将这种换热设备投入运行，就可能出现严重的污垢问题。因此，必须对要投运的换热设备进行检查，其目的是要确定这台热交换器的质量是否满足要求。

检查的内容主要是：结构材料是否符合抑制腐蚀污垢要求；是否按要求进行了表面处理或喷涂，以减少污的生成；热交换器的尺寸是否与图纸一致，以确认有足够的换热面积和适当的流速；热交换器的进出口管路是否与图纸一致，流体的流动方向与设计是否相同；是否装有排气孔和排水口，以便使设备启停操作方便，并能进行投运前的水压试验和化学清洗；设计时所采用的温度控制系统应使污垢最少，否则应改变温度分布以避免出现严重的污垢，燃烧系统中的各种设备（如燃烧器）是否与说明书上一致，如果出现较大的差异，则可能导致意想不到的污垢。

对管式热交换器，要特别检查：①管子尺寸是否正确；②隔板尺寸是否正确；③管子节距是否正确；④密封是否符合要求。

对板式热交换器，要特别检查：①填料是否满足要求；②通过热交换器的流动顺序是否与设计的一致。

（2）压力试验。在热交换器投运前，通常要在验收现场，以系统的方法进行全面的水压试验，否则可能加剧污垢，从抑制污垢的角度，建议按照如下步骤进行试验。

1）从热交换器及相关设备中除去残余物，例如留在热交换器端部的焊条、凸出的焊渣、橡胶手套等，这些残余物可能会改变流动成其他因素而加速结垢过程。

2）试验用水要洁净，不然会使热交换器投运前产生腐蚀或沉积。

3）在试验后，热交换器应进行充分排水，然后用加有缓蚀剂、杀菌剂的溶液充满，以防止腐蚀和污染。在这一阶段数值必须控制在适当范围。

4）如果清洗后热交换器处于备用状态，则缓蚀剂的浓度和数值要维持在适当的水平，以防止腐蚀。还要进行周期性的检查。

5)在投运或启动前应将缓蚀溶液完全排除。

6)如设备处于长期备用状态,则应以适当的周期重复步骤1)~5)。

(3)换热流体的安排。一旦热交换器的形式选定了,就要考虑如何安排换热流体,通常是将腐蚀性或污染性强的流体布置在管侧,但如遇到高压流体或易聚合流体,则不管它的污垢特性如何,都将它们放在管侧,这样做的原因是,在管侧采用贵重的优质材料要比壳侧便宜,且易于机械清洗。如果换热管是直的且端头是可拆装的,那么不用将管束从壳体中拿出就可以进行机械清洗,平置热交换器比立置热交换器易于清洗。在采用化学清洗时,平置、立置、管侧、壳侧的差别不大。

2.加药软化处理

加药软化处理是常用的防垢抑垢措施,这种方法简单高效,经济性好,实用性强,通常根据加药的方法不同,有校正剂处理和防垢剂处理两种方法。

(1)校正剂方法。水中的永久硬度物与校正剂反应,生成泥渣,从而避免永硬物声场硫盐水垢。所以,加入水中的校正剂能起到校正水中永硬物的作用。常用的校正剂主要有$NaOH,Na_2CO_3,NaHCO_3$等。

(2)防垢剂方法。防垢剂在水中解离后,游离出的CO_3^{2-},PO_4^{3-}等能和水中硬度的盐类起反应生成泥渣而不结垢,在循环水系统中经常保持适量的CO_3^{2-},PO_4^{3-},即使在水质发生变化(水硬度含量增加)时,仍可起到防止生成水垢的作用,常用的防垢剂是由校正剂和磷酸三钠、栲胶等物质组成的混合药剂。

目前,市售防垢剂也很多,比如YZ型防腐防垢剂、TGS-901型阻垢除氧剂等,通过长期实践,证明能够有效起到防垢作用。

3.磁化防垢处理

磁化防垢处理原理是利用水分子具有的极性,即水分子是共价化合。水的单个分子有极性和氢键的作用,聚合成双分子缔合体$(H_2O)_2$或多分子缔合体$(H_2O)_n$。当水流通过高强度的磁场之后,水中的多分子缔合体和离子磁场受到外界磁场的作用,原来单散的多离子组成的缔合体被拆散为单个的或短键的缔合体,它们以一定的速度垂直切割外界磁场的磁力线面产生感应电流。因此,每个离子按与外界磁场同方向建立新的磁场,相邻的带极性的离子成分子,就有序地相互压缩和吸引,从而导致结晶条件的改变,形成的结晶物很松弛,抗压、抗拉能力差,并且很脆,其黏结力和附着力也很弱,它们不易附着在受热面上形成水垢。

根据上述原理,制造成各种形式的磁化器,最典型的是永磁磁化器和强磁除垢器。

(1)永磁式磁化器。上海世进环保设备技术有限公司就是根据以上原理研制成永磁水处理器。经上海市压力容器检验所和济南军区锅炉检验所检测以及用户单位多年使用反映,在锅炉及换热设备上使用永磁式磁化器均达到理想的防垢、除垢的效果,与钠离子交换和加药软化处理相比,无须食盐再生,无废液排放,不污染环境,无运行费用,是较理想的绿色环保产品,该产品具有不同规格以满足各种需要,其管道具体连接方法如图6-1-3所示。

20世纪80年代从美国引进了永磁式磁化器,商品名称为强磁防垢器。它与国内永磁式化器主要区别在于永磁式磁化器是内磁式,必须要装在管道的某一段中间,水从磁化器内部流过,而引进的强磁除垢器是外磁式,只安装在金属管道外部,不需停产即可安装拆卸,不需清洗,没有水中逸出气体停滞和氧气铁屑在磁化器内堵塞等问题,不需设过滤器。这种强磁防垢器用于热交换器的热、冷进水侧管段上较为理想。防垢器的构如图6-1-4所示。

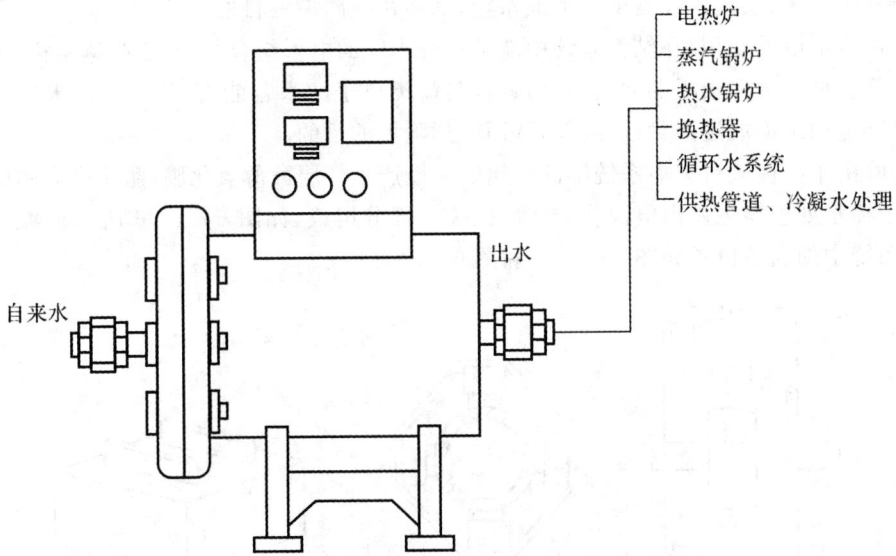

图 6-1-3 GS型永磁水处理器接管示意图

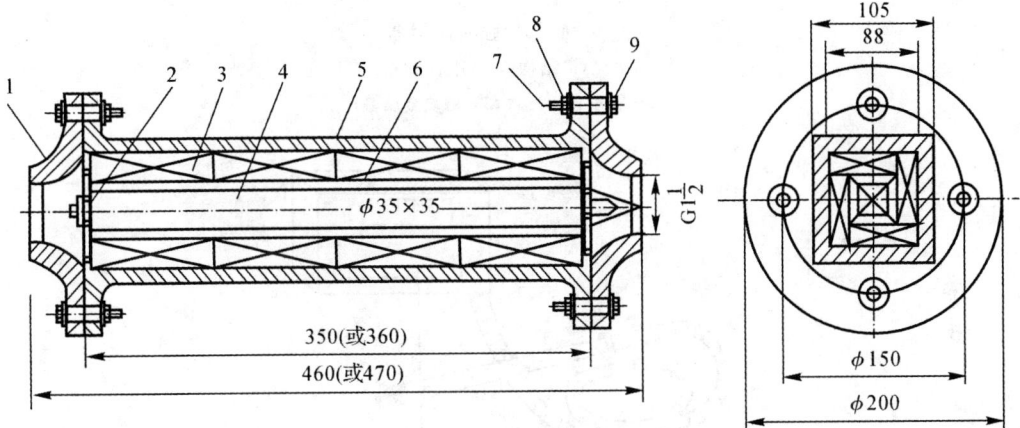

图 6-1-4 方形永磁式磁化器结构

1—外接法兰(20钢);2—开口销;3—锶铁氧体永久磁铁;

4—铁芯;5—外壳;6—导水间隙;7—螺栓;8—螺母;9—橡胶绝缘套

(2)强磁防垢器。强磁防垢器有若干磁块,相邻两块同性排列的磁块之间都夹有导磁极板的一部分。由于磁场能量集中于两个导磁板上,故磁场强度可以提高达 10 000 Gs(1 GS＝0.1 mT)。磁块由金属带保持良好接触,使用时按管道直径安装上不同数量的磁块,安装时,管道外部与磁块导磁板接触的金属表面必须先打光,将铁锈污物除净,否则将会减弱效果。图6-1-5所示为一种典型的强磁防垢器的结构和外观。

4.离子棒防垢水处理

离子棒具有防垢除垢的双重功能,其原理如下。

(1)离子棒通过 8 500 V 高压静电场的直接作用,改变水分子中的电子结构,水偶极子将水中阴阳离子包围,并按正负顺序呈链状整齐排列,使之不能自由运动,水中所含阳离子不致趋向器壁,阻止钙、镁离子在器壁上形成水垢,从而达到防垢的目的。

(2)由于静电的作用,在结垢系统中能破坏分子间的电子结合力,改变晶体结构,促使硬垢疏松,并且会增大水偶极子的偶极矩,增强其与盐类离子的水合能力,从而提高水垢的溶解速率,使已产生的水垢能逐渐剥蚀、脱落,从而达到除垢的目的。

另外,由于活性氧对无垢系统中的金属表面能产生一层微薄氧化膜,防止金属的腐蚀。

离子棒水处理器主要由电源箱、导管、探头三部分组成,如图 6-1-6 所示。离子棒在热交换器系统中的安装位置如图 6-1-7 和图 6-1-8 所示。

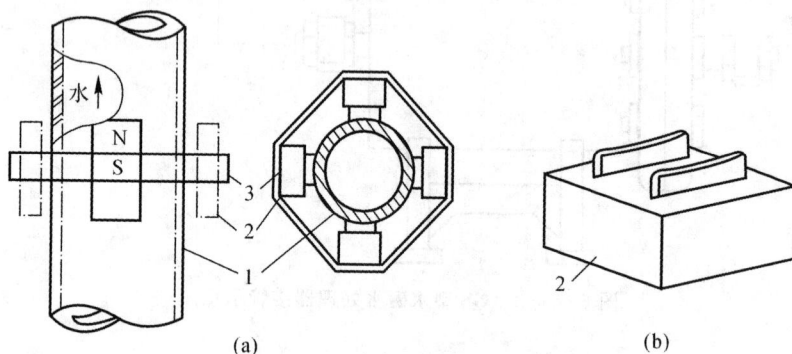

(a) (b)

图 6-1-5 强磁防垢器

(a)结构;(b)外形

1—管壁;2—磁块;3—磁块金属箍

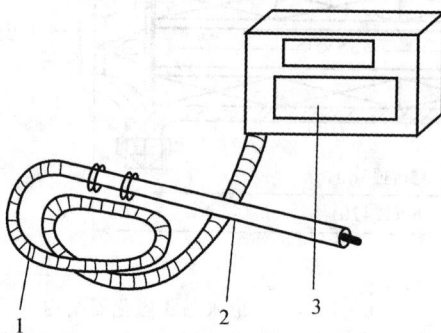

图 6-1-6 离子棒子处理器

1—导管;2—探头;3—电源箱

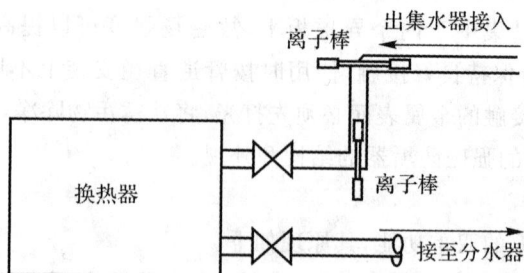

图 6-1-7 离子棒安装位置(1)

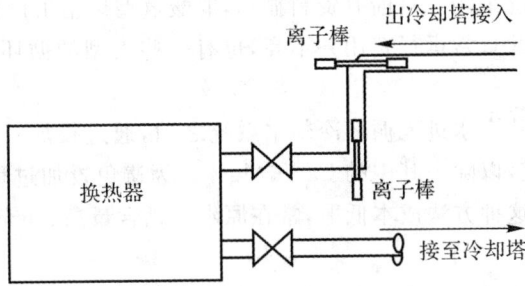

图 6-1-8 离子棒安装位置(2)

离子棒防垢水处理是一种新兴、先进的水处理设备。它是 1987 年美国的专利产品,国内公司引进了该产品。在热水循环系统、中央空调系统、循环冷却水系统中应用,均取得满意的防垢效果,是很有发展前途的新型水处理设备,尤其在热交换器上应用,效果将更为显著。

5. 钠离子交换软化处理

钠离子交换处理的原理是将水中 Ca^{2+} 及 Mg^{2+} 的盐类,利用置换原理,将其用 Na^{2+} 置换,这样水中 Ca^{2+} 及 Mg^{2+} 就没有或很少,达到水质软化目的,从而防垢。关于钠离子交换软化处理技术和装置,可参考相关资料。

(三)冷却水污垢的抑制

冷却水系统作为化工、冶金、电力、炼油、纺织、化纤等各种工业生产过程不可缺少的组成部分,其用水也占整个工业用水量的 90% 左右,而且系统中普遍存在着污垢问题,尤其是目前广为采用的敞开式循环冷却水系统。由于冷却水在系统中不断循环使用,水的升温、蒸发,各种无机离子和有机物质的浓缩,冷却塔和冷水池在室外受到阳光照射、风吹雨淋、灰尘杂物的进入和细菌藻类的滋生、繁殖,以及设备结构和材料等多种因素的综合作用,污垢问题更为严重,因而必须采取积极有效的污垢抑制策略,以保证设备和生产过程的降耗、节水。

冷却水系统污垢的组分较为复杂,通常包括工业上的一般水垢、淤泥类物质、腐蚀产物等。对于具体的换热设备,污垢的种类和积聚程度多不相同,并且单一污垢极少,而多是以多种形成机制共存的混合污垢。如果冷却水被工艺过程中化学制品污染,还可能出现化学反应污垢。

在应对这些污垢的不断实践中,已开发了多种抑垢方法,例如:以投放杀生剂、缓蚀剂、阻垢剂为主的经典的化学法,采用声、光、电、磁技术为主的环境友好的物理法,以及采用射线、酶、噬菌体等手段的新方法。

1. 化学方法抑制冷却水污垢

化学法主要用于抑制水垢、生物污垢和腐蚀污垢等在大型冷却水系统中应用广泛。以下分别说明化学法抑制冷却水产生水垢、生物污垢、腐蚀污垢及颗粒污垢的常用方法。

(1)抑制水垢的方法。水垢,又称为硬垢,通常是由溶解于冷却水中的盐在循环水条件变化时析出形成的析晶结垢,有时也伴有少量的颗粒污垢或化学反应污垢、腐蚀结垢等混合物。循环水系统中最容易形成的水垢是碳酸钙污垢,因此,水垢的抑制主要是防止碳酸钙盐垢的大量形成。其成熟的方法主要如下。

1)离子交换法。利用离子交换树脂(不溶于水的酸或碱)特性,将 Ca^{2+},Mg^{2+} 等阳离子从水中置换出来并结合在树脂上,以实现去除水中 Ca^{2+},Mg^{2+} 的目的。这种方法通常要求被处理水中的悬浮物不能太多,以免污染树脂而很快失效。离子交换法成本通常较高,一般只在补水量小的循环冷却水系统采用。目前有资料显示，弱酸氢型树脂虽价格较贵，但使用寿命相当长，且再生剂用量低，因此日常运行费用并不高，也有一些大型的循环水系统的补充水软化长期使用此法。

2)石灰软化法。在补充水进入循环冷却水系统之前，通过投加石灰使水中的碳酸氢钙在澄清池中提前反应、沉淀，以除去其中的 Ca^{2+}，Mg^{2+}。为避免投加过程中的粉尘污染，可将生石灰制成熟石灰使用。这种方法成本低廉，常在原水中钙含量高、补充水量又大的冷却水系统中采用。

3)酸化法。水垢化学组分在冷却水中的溶解度通常随 pH 值的降低而增加，因此可以通过降低 pH 值来抑制水垢的生成，酸化法通过加入酸，将循环水中的碳酸盐钙转变为酸式盐或溶解度大的非碳酸盐钙，使水中的碳酸盐钙降至致垢值以下，避免生成碳酸钙水垢。

酸化处理通常使用的是硫酸。若冷却水中硫酸盐的浓度较高时，则使用硫酸可能会积硫酸盐垢，在这种情况下也可以采用盐酸。

4)碳化法。碳化法在火电行业中也称炉烟处理法，它是通过向循环冷却水系统中冲注含大量二氧化碳的烟气，使其中的钙盐以溶解度相对较高的重碳酸盐存在，从而避免碳酸钙垢的形成，这种方法一般只适用于有二氧化碳废气的小型冷却水系统。

5)阻垢剂法。在循环水中投加阻垢剂，可破坏碳酸钙等硬垢的结晶增长，而且能在一定程度上控制腐蚀产物黏膜和污泥等，甚至可使已附着的污垢剥离。

(2)抑制生物污垢的方法。循环冷却水系统是一个特殊的生态环境，很多种类的微生物都适宜于在这一环境中快速生长和繁衍，因此循环冷却水系统中的生物污垢十分普通，其危害也较水垢、腐蚀垢更胜一筹。因此，在选择生物污垢控制方法之前，检查、了解形成污垢的微生物种类、性质和特点等是十分重要的，也是必需的。

对于生物污垢的检查应是全面的，既要检查换热面，观察藻类的生长状况，也要检查水中微生物的活性，测定微生物数量和一些有关的化学指标(COD，BOD 数值，氨、余氢等浓度)。如果不存在微生物污垢问题，则冷却水中微生物有机体的浓度较低，对于开式循环系统，细菌的浓度不会超过 10^5 个细胞/mL，真菌浓度不会超过 1 000 个细胞/mL，当吞硫酸盐细菌的浓度大于 100 个细胞/mL 时，就意味着将来可能会出现严重的腐蚀；当形成残渣细菌大于 5×10^5 个细胞/mL 时在热交换器中可能出现沉积层。

控制冷却水系统中的生物污垢，最基本的途径就是消灭与之有关的微生物，然而冷却水系统中的微生物来源于补充水和空气，无穷无尽，循环水又为其提供了良好的生存环境，因此微生物的控制十分不易，必须从净化水质、恶化和消除其生存条件到采取杀生措施全方位考虑，多种方法共同运用方可奏效。

各种控制方法中，以使用杀生剂的化学法最为通用和有效。通常所用的化学杀生剂，按其杀生机制可分为氧化性杀生剂和非氧化性杀生剂两类。氧化性杀生剂一般是较强的氧化剂，能氧化微生物体内起新陈代谢作用的酶而杀灭微生物；非氧化性杀生剂是以毒剂作用于微生物的特殊部位。循环冷却水系统常用的氧化性杀生剂见表 6-1-1。

(3)抑制腐蚀污垢的方法。冷却水系统中过水的金属表面都会受到不同程度的腐蚀，这常常是电化学作用的结果。在腐蚀表面沉积的往往都是难溶物质。抑制腐蚀污垢常采用以下方法。

1)采用缓蚀剂。缓蚀剂是一种用于腐蚀介质中抑制金属腐蚀的添加剂、其使用虽然不可能完全消除金属的腐蚀,但一般几毫克到数十毫克的剂量即可将腐蚀速度控制在所允许的范围内,因而成为目前循环冷却水中应用最广泛的方法。缓蚀剂种类很多,但可供冷却水系统采用的并不是很多。

表 6-1-1 氧化性杀生剂

杀生剂	特　点	使用及说明
氧	①杀菌力强、价格低廉、来源方便 ②是一种强氧化剂,会不同程度地氧化(破坏)某些阻垢和缓蚀剂 ③冷却水中含氯、硫化氢、二氧化硫等物质时,消耗量增大 ④氯气有毒、具有腐蚀性,所用加氯设备、管道需采取防腐措施,防止发生漏氯事故	①一来说,余氯控制在 0.5~1 mg/L(单独使用)或 0.2~0.5 mg/L(联合使用);冷却水 pH 控制在 6.5~7.5 ②一般不用间接加入方式
次氯酸盐	①杀生作用与氯相似,杀生效果随 pH 值降低而增强 ②高浓度时亦具有较好的黏膜剥离效果 ③价格低廉、来源方便、运输和使用较安全,但储存期不宜长,以防分解失效	循环冷却水中采用时,通常使用量为 100 mg/L(15%次氯酸盐水溶液),并将水的 pH 控制在 6.0 以下
二氧化氯	①杀菌能力强于氯,适用的范围广,且能杀死芽孢、孢子和病毒,并进一步分解菌体残骸 ②杀生持续时间长 ③杀生能力不受水中氯污染的干扰	因性质不稳定,并有爆炸性,宜现场制备使用
溴及溴化物	①杀生速度及衰减速度均比氯快,无排放污染问题 ②在碱性、含氨或氨基化合物中,杀菌效果均好于氯 ③对金属的腐蚀性比氯小 ④价格较昂贵	①使用需现场发生 ②pH 在 7.5 左右时杀菌效果最好
臭氧	①杀生效果好、灭杀速度快,无污染问题 ②具有较好的缓蚀、阻垢能力 ③控制不当,会破坏冷却塔的木材 ④不稳定、需现场制备,且其成本较高	残余臭氧的浓度应保持在 0.5 mg/L 左右
氯化异氰尿酸	①杀菌效果好,且能够稳定氯气,起到杀菌增效的作用 ②无毒害 ③储存稳定性好、使用方便。溶解性好	虽价格较高,但在中小型冷却水系统、空调水处理系统、游泳池水处理应用中,均取得较好效果

在选用缓蚀剂时,应考虑和注意要与冷却水中存在的各种物质(例如 Ca^{2+},Mg^{2+},SO_4^{2-},HCO_3^- 等)以及加入其中的阻垢剂、分散剂和杀生剂具有相容性,具有协同作用则更佳。其飞溅、泄漏、排放或经处理后的排放符合环保要求。与其他缓蚀方案相比,在经济上是合算的或

是可以接受的,不会造成换热热阻增加。

2)适当提高系统运行的 pH 值。当冷却水的 pH 值升高后,补充水中所含的碳酸氢盐和碳酸盐能够在碳钢表面上形成保护膜,减小其腐蚀速度。当 pH 值提高到 8.0 以上时,循环水中含有的饱和溶解氧也能使碳钢表面生成一层钝化膜($\gamma - Fe_2O_3$),使碳钢得到保护。

在敞开式循环冷却水系统中,冷却水 pH 值在冷却塔内的瞬气过程中会自然提高,一般达 8.0~9.5。利用这一现象可以减少阻垢剂的用量,但随着冷却水的提高,其结垢倾向也大大加强了,因而需要相应地增加阻垢剂用量,而且缓蚀剂也要选择可用于碱性冷却水处理的复合级蚀剂。因此,对于结垢倾向严重的冷却水一般不采用这种方法。

3)涂覆防腐涂料。通过在碳钢的传热表面上涂覆涂料,形成一层连续的牢固附着的薄膜,可使金属与冷却水隔绝而免受腐蚀。这种方法虽然施工较为困难,但也具有诸多优点。例如,它既适用于淡水,又适用于海水的冷却水系统;对环境基本上无污染;不影响传热(虽然涂层增加了传热热阻,但涂料光滑疏水,不易滞留沉积物并能提高冷却水在换热管表面的流速,总体上还可能提高传热效果)。目前国内某些工厂已在使用并取得了良好效果。

4)阴极保护法。依据电化学原理,在水中作为阴极的金属不会发生腐蚀,因此通过对用水设备外加电流或与较低电位的锌、镁、铝合金等金属相连接,将设备变成腐蚀电池中的一个大阴极,从而使换热设备得到保护。这种方法在循环冷却水系统中应用时,在大多数情况下只对局部用水设备进行保护。

5)采用耐蚀材料。目前,可用于热交换器制造的耐蚀材料还比较多,如不锈钢、铜合金、铝合金、钛合金等金属材料,石墨、搪瓷、氟塑料、聚丙烯等非金属材料。而热交换器材质的选择,多根据工艺介质的腐蚀性能来决定。在解决工艺介质耐腐蚀的同时,也解决了水侧的耐蚀问题。一般来说,电力系统的凝汽器多采用钢或铜合金,化工系统多采用奥氏体不锈钢,用海水冷却时,钛和钛合金较为理想。总体上说,使用耐蚀材料来控制腐蚀污垢,其运行时的技术管理比较简单,但热交换器的初始投资较大。

除使用杀生剂以外,采用杀生涂料和进行化学清洗也是控制生物污垢较为有效的方法。

采用改性水玻璃、氧化亚铜、氧化锌和填料等制成的无机防藻涂料涂刷在冷却塔和水池的内壁上,不但可以控制冷却水系统中冷却塔、水池内壁抽风筒、收水塔等处藻类的生长,还可以抑制冷却水中抑氧菌的生长。在保护金属热交换器的冷却水一侧所用的防腐涂料中,人们也常常加入一些诸如偏硼酸钡、氧化亚铜、氧化锌等杀生剂,以控制微生物生长,保护涂料免受破坏。

另外,对于一些被微生物严重污染的冷却水系统来说,化学清洗也是一种十分有效的措施。通过清洗,不仅可以把冷却水系统中微生物生长所需的养料、庇护所以及微生物本身从冷却水系统中的金属设备表面上除去并排出冷却水系统,还可使清洗后剩下来的微生物直接暴露在外,从而为杀生剂直接到达微生物表面并为杀死它们创造有利的条件。

(4)抑制颗粒污垢的方法。颗粒污垢通常是由冷却水中的悬浮物沉积形成的。冷却水中的悬浮物可能是由补给水带入的,也可能是经冷却塔或喷水池混入的,或由系统污染造成的。

控制这类污垢,一般可以通过采用添加剂来实现。这类添加剂主要有分散剂和絮凝剂两大类。前者能使颗粒带电相互排斥,从而在通过系统时能够维持其微小粒径悬浮状态而不发生沉淀;后者可以使冷却水中的胶体微粒聚集形成较大颗粒,使之从冷却水中沉淀下来或被过滤出去。

2. 物理方法抑制冷却水污垢

(1)冷却水预处理。冷却水系统所用的补充水多取自江河、湖泊或地下,其中含有大显微生物、悬浮物和有机物等成分。为降低总的水处理成本和费用,减轻化学处理的负担,常常在补充水进入系统前,进行混凝、澄清和过滤等预处理。这些预处理措施是卓有成效的。据调查,经过混凝、澄清(沉淀)约可除去补充水中 80% 以上的微生物,异养菌数可降至 1 000 个/mL 以下,原水中的有机物(化学耗氧量,COD)也可被除去 50% 左右,原水浊度通常可达到 20 mg/L 左右,再经过滤器进一步处理,可使其浊度降至所要求的 5 mg/L 以下。

(2)恶化生物污垢产生的条件。藻类的生长和繁殖需要阳光,在水池上面加盖,给冷却塔的进风口加装百叶窗,避免阳光直接照射,对藻类的抑制效果就很明显。改善冷却塔周边环境,防止微生物源、污染源和泥沙通过空气进入循环系统,都可有效减轻冷却水系统的生物污垢程度。

(3)机械抑垢。机械抑垢往往也可有效地控制冷却水中的污垢形成。冷却水系统的机械抑垢方法目前主要是利用插入物、粗糙表面、异型表面等强化换热的措施破坏流体层流的底层流动,从而抑制污垢的生长。

(4)冷却水的电磁处理。应用电场、磁场进行冷却水处理,成本低、无污染,往往可集阻垢、缓蚀、杀菌、灭藻等多项功能于一身。这种方法主要采用磁处理技术、静电处理技术、电子水处理技术、高频电子处理技术、脉冲电场技术等,目前电磁水处理技术和设备已在中小型水系统中获得了十分广泛的应用,基本占据着主导地位。具体方法和设备可查阅有关资料,在此不赘述。

(5)冷却水的超声波处理。超声波技术已经广泛应用于清洗污垢行业。目前在阻垢、除垢方面,超声波技术得到一定利用。例如我国技术人员研制的超声波水处理器,可以成功清除锅炉内 5~12 mm 厚水垢。近些年的研究证明,超声波处理具有一定的阻垢效果。目前的应用还有待进一步研究和应用。

三、污垢的清除与清洗

有资料显示,由于各种热交换器结垢而造成的经济损失,在工业国家可高达国民生产总值的 0.3%。因此,除了在热交换器设计、选型、控制污垢等方面采取抑垢措施外,还应定期进行污垢的清洗和清除。

(一)热交换器的合理清洗周期

污垢随运行时间而不断增长,使热交换器的传热能力逐渐下降,这就要求对热交换器进行周期性地清洗,而确定最佳的清洗周期就非常重要。若清洗周期过长,必然使运行操作费用增大;而清洗过于频繁,也会不够经济。

最佳清洗周期可以用两种方式表达:

(1)以总生产率最大作为目标函数求得最佳清洗周期,成为最大产量清洗周期;

(2)以单位质量产品的费用最小作为目标函数求得最佳清洗周期,成为最小成本周期。

现在介绍一种最小成本周期的方法。

Epstein 在假定清洗时间 θ_k 为常数,且与最大产量周期无关的基础上,建立了一套求解蒸发器最大产量周期和最小成本周期的方法。Epstein 认为在许多实际生产应用中,清洗时间 θ_k 是累计产量 P 的弱线性函数,即:$\theta_k = \theta_{cc} + a_1 P$。式中,$\theta_{cc}$ 是清洗时间中的固定部分,比如至少包含清洗并拆装热交换器的时间；$a_1P = \theta_{cv}$是清洗时间中的可变部分，与两次清洗期间的累计产量成正比。

图6-1-9和图6-1-10所示为以$P - (\theta + \theta_{cv})$曲线的方法，直接使用实验数据求每个周期总清洗时间的方法。

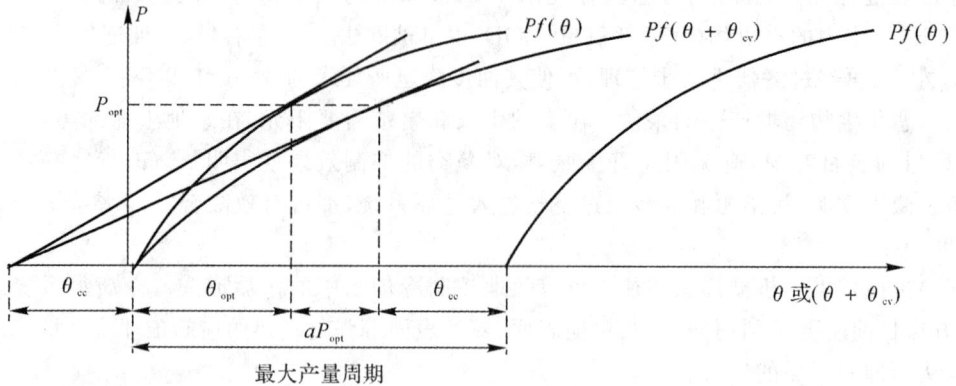

图6-1-9　最大产量周期

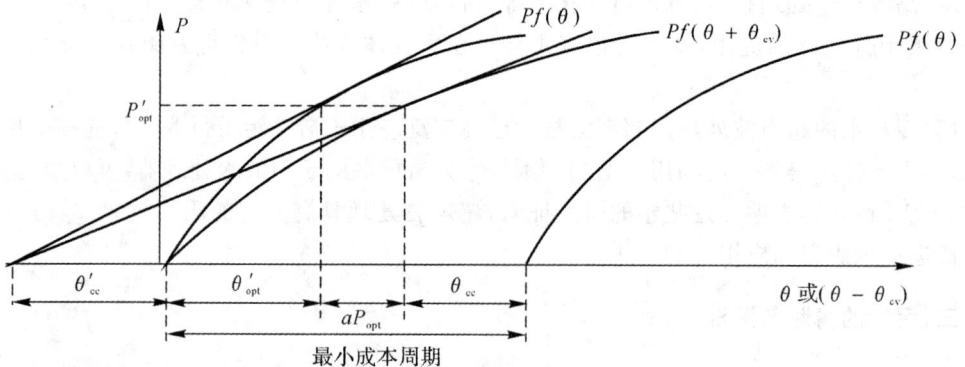

图6-1-10　最小产量周期

(二)机械清洗技术

机械清洗是各种工业中常用的清除热交换器污垢的方法。用这种方法可以除去化学清洗方法不能除去的炭化污垢和硬质垢层，而钢材损耗微小。但采用机械清洗时，常常必须将设备解体，因此清洗时间往往较长，费用也较高。当然，设备解体也有有利的一面，就是在解体清洗的同时，可以检查、修补或替换损坏了的换热面。

机械清洗的方法可以分为两类：一类是强力清洗法，比如喷水清洗、喷砂清洗、刮刀或钻头除垢等；另一类是软机械清洗，如钢丝刷清洗和胶球清洗等。

1. 喷水清洗

喷水清洗也称为高压水射流清洗技术，是用高压水喷射或机械冲击的除垢方法。该技术是采用清水作为工作介质，利用专门清洗设备和工具，产生高压力强力水射流，依靠水射流的强大冲击力直接破碎、剥离、冲除设备上的结垢。采用这种方法时，水压一般为$20 \sim 50$ MPa。适用于喷水清洗的污垢种类见表6-1-2。这种方法可用于热交换器、化学反应器、冷凝器、锅炉再沸器、吸收器等。管子可以用大喷嘴从外面清洗,管板也可用同样的喷嘴清洗。外面带有翅片的管子也可以冲洗,但不适于铝制翅片,喷射的水应尽可能地平行于翅片。为了加强压力水的清洗能力,可在水中加入化学药品或细砂等。但在清水中加入其他物质时,可能会使翅片镀锌受到严重的损伤,故要综合考虑。此外,还应注意清洗操作对操作者有反冲击力,在任何情况下都不可将清洗装置指向人员。图6-1-11所示为人工手持刚性喷杆进行清洗作业的示意图。

表 6-1-2 适于喷水清洗的污垢种类

污染物	典型热交换器	清洗方式
空气中的污染物,如灰尘、细砂等	铝制空气冷却器	喷水(2～4 bar)
软沉积物,如泥、硫松的锈层、生物层	管壳式热交换器 膜式冷却器	喷水清洗(40～150 bar)
蜡、油脂	凝汽器等	蒸汽(30 bar)
重有机物,聚合物和焦油	蒸汽器	喷水(300～400 bar)
热交换器的外部沉积物,如油漆、锈	所有形式	喷湿砂

注:①1 bar=100 kPa。

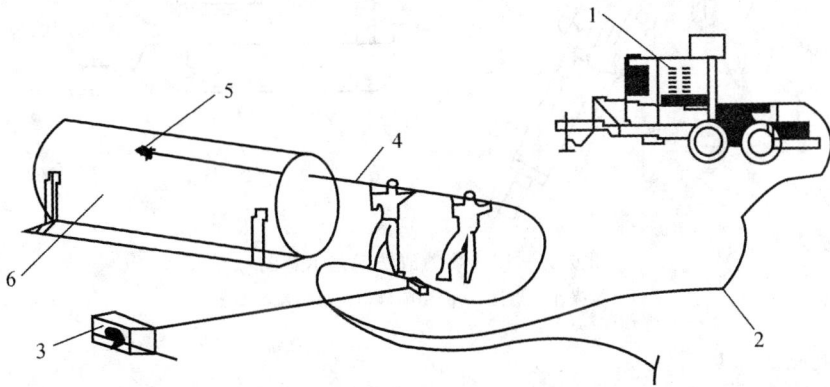

图 6-1-11 人工手持刚性喷杆进行清洗作业
1—高压泵机组;2—高压水软管;3—脚踏阀;4—喷杆;5—多孔喷头;6—热交换器

与化学清洗相比,喷水清洗方法有其独特特点:作业时间较短,清洗速度快,效果好,除垢能力强,成本低(约为化学清洗的1/3);同时,喷水清洗不易引起热交换器的表面腐蚀,清洗后的废水处理比较简单,不容易造成环境污染。在管壳式热交换器中喷水清洗可用于堵塞管道的清堵;喷水清洗还能大大降低清洗时产生有毒气体的可能性。

喷水清洗应用举例:

(1)高压喷水清除热交换器钛管内壁的硫酸钙和碳酸钙污垢。若采用一般物理除垢方法,在清除污垢的同时,很容易对管壁造成机械损伤,且除垢不彻底,操作也不方便。采用高压喷水射流除垢,利用高压水的冲击力击打垢层,极易实现垢层与管壁的剥离,效果良好。

(2)高压喷水清洗丙烯酸酯热交换器。丙烯酸酯生产中需使用多台热交换器,原料丙烯酸和产品丙烯酸酯都具有良好的附着力和防水性,很容易产生挂壁现象,挂壁物质不断累积,就会堵塞换热管,严重影响换热效率。这类挂壁物质形成的污垢采用化学方法很难有效清除,而采用高压水进行射流清洗,可针对不同的挂壁污垢采用不同的喷枪喷嘴,同时以其他机械手段加以辅助,清洗清除效果良好。

2. 喷汽清洗

这种清洗器在设计和运行上与喷水清洗器类似。用这种设备将蒸汽喷入热交换器的管侧和壳侧,靠冲击力和热量除去污垢。它特别适用于那些需要热量而使之松动的污垢,这种污垢单靠压力是不能清除掉的。这种清洗方法在工业上应用较为广泛。

3. 喷砂(丸)清洗

喷砂清洗也叫喷丸清洗,是将经筛分的石英砂料(一般颗粒直径在 3~5 mm)用压缩空气(300~350 kPa)通过喷枪产生强大的线速度,冲刷换热管内壁,清除掉污垢。砂粒最好是硬度高、形状复杂、粒径均匀的。近年来,壳侧也有用管束喷砂清洗的。喷砂清洗法除垢力强,可以除去牢固坚硬的污垢(如硅污垢)及金属氧化垢等。图 6-1-12 所示为喷枪结构及喷砂清洗法清洗冷凝器示意图。

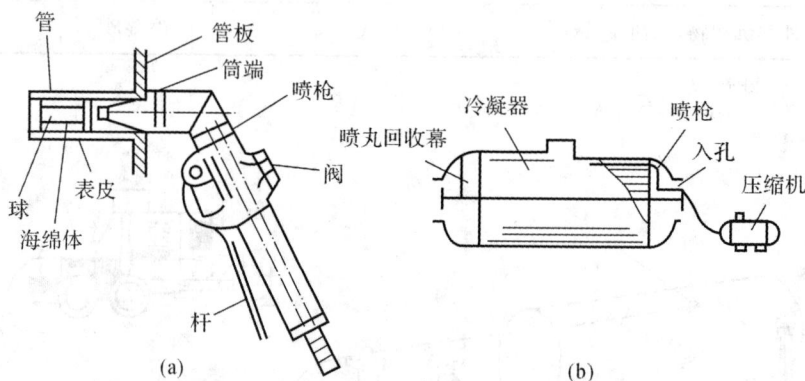

图 6-1-12　喷砂清洗工艺示意图

(a)喷枪操作示意图;(b)用喷砂清洗法清洗冷凝器

4. 刮刀或钻头除垢

这种清洗机械只适用于除去管子或圆筒里面的污垢。在挠性旋转轴的顶端安装除垢的刮刀或钻头,靠压缩空气或电力(也有使用水力或蒸汽的)使刮刀或钻头旋转。一般将驱动机构设在外边,通过挠性旋转轴将动力传给刀具,因此即使是弯管也能在里面灵活转动。

刀具的种类很多,可根据用途进行选择。主要有粗加工用钻头、半精加工用刀具、精加工用电刷。由于旋转产生离心力,将刀具或电刷压向外侧,与管子内表面接触,管内壁受力并不大,几乎不会损伤管子内壁。

美国环球热交换公司所生产的碳化钨钻头、刷子和钻-刷组合装置,可以除去管子中的各种硬性、软性、脆性及磨蚀性堵塞物质。它们不会损伤由低碳钢、不锈钢、钛合金、铜或黄铜等制成的管壁。

5. 冷凝器管子清洗塞

根据有关文献,有一种清洗塞子特别适合于冷凝器管子或相似设备。操作时,使用不同流体压力(如高压水)推动在管内的清洗塞子。该塞子的结构为装有多个刮刀圆盘,圆盘之间有间距,浇注在同一芯体上。圆盘径向有狭长的开口槽,开口从芯体延伸到圆周的外侧,形成四个挠性片,容易偏转或弯曲。当清洗塞受流体压力推动进入管子时,可使圆周的刮刀起到刮削作用。圆盘的直径应大于管子内径。操作时,狭长的开口槽受挤压变窄,使扇片倾斜彼此接触。如果在管径小的情况下,因扇片富有挠性彼此搭叠而迅速闭合,狭长开口成为推动流体及其他物料的开口通道。轴向通道通过芯体也具备这种作用。每个清洗塞子如果用 7 个或更多的盘子,将对清洗发挥更好的作用。清洗塞子整体用高密度聚乙烯制成,其结构和剖面图如图6-1-13 和图 6-1-14 所示。

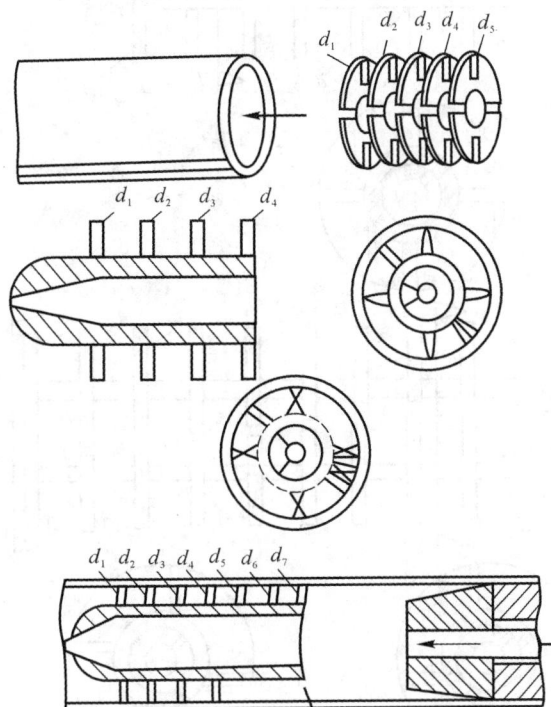

图 6-1-13　清洗塞子的结构图

6. PIG 清管技术

PIG 清管技术是一项由防腐专业移植于管道防护、维修的技术,始于 20 世纪 60 年代。原主要用于管道内表面除锈、脱水、干燥及涂层,是预防管道结垢的有力措施,后扩展为管道除垢。在我国,目前仅是将其作为一种专门的管道清洗技术,用以恢复管线本身所具有的流通截面。

清管装置主要由 PIG、发射器、接收器、压力测量仪表以及跟踪仪及阀门等组成。清洗时,PIG 经发射器导入管道,在压力介质推动下沿管线前行。在运行过程中,略大于待洗管道直径的 PIG 本体或其附件不断与管壁的污垢接触、挤压、摩擦、切割、刮削,从而除掉管壁附着的污垢。同时,PIG 尾部的推动介质经过 PIG 圆周与管壁之间的环隙到达 PIG 头部而形成小流量高速度的环隙射流,冲开已除下的堆积在 PIG 前端的污垢,并起到冷却、润滑作用。

PIG 清管技术的 PIG 本体,一般采用不同的高分子弹性材料混炼而成,并用异种高分子弹性材料包覆外层或在表面安装钢刷、铁钉等突起物来清除不同污垢。

还有一种具有更高通透性的专利技术——碎冰清管技术,这种 PIG 由碎冰和加有防冻剂的水组成,使用时自动控制冰水空隙组分大小,使其能够像固体清洗塞一样在管中流动。实验表明,这种 PIG 能够通过急转的弯头、孔板、封头,甚至平板热交换器,而不会发生阻塞(即使阻塞,也因冰在正常温度下将会融化而不会太久)。

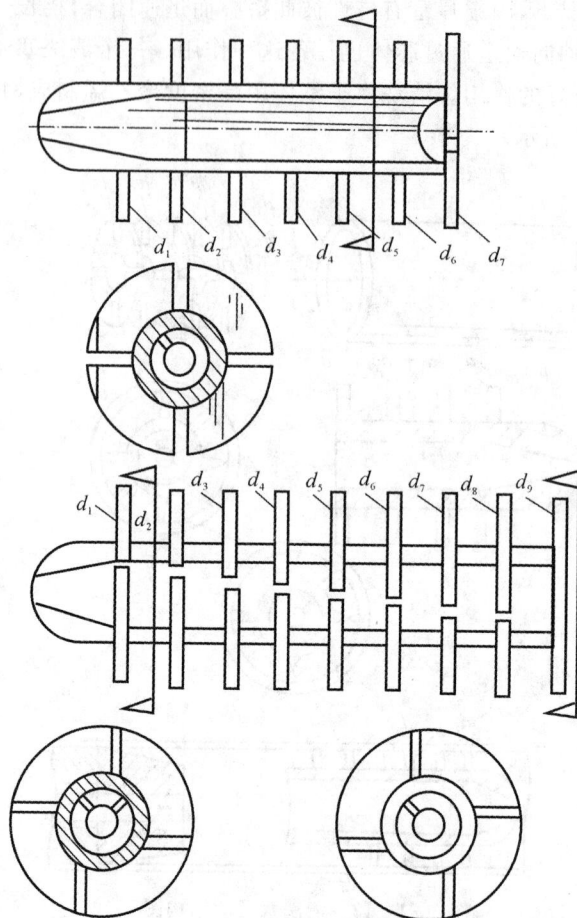

图 6-1-14 清洗塞子的剖面图

7. 干冰清洗技术

干冰清洗又称冷喷,是以压缩空气作为动力载体,以干冰颗粒为被加速的粒子,通过专用的喷射清洗机喷射到被清洗物体表面,利用高速运动的固体干冰颗粒的动量变化、升华、溶化等,使被清洗物体表面的污垢、残留杂质等迅速冷冻,从而凝结、脆化,以固态形式被剥离,达到清除污垢的目的。

干冰清洗技术适用于灰尘、油污、积炭、结焦和表面残留物等多种污垢,无水分及清洗剂残留,不产生环境污染。目前,国外在航空、电力、食品加工以及电子等行业得到广泛应用。

8. 空气爆破清洗

空气爆破清洗技术是利用气动弹的特殊气室结构,将压缩空气所储存的能量瞬间释放出来,形成冲击波,使周围介质松动、破碎,从而实现清洗除垢和清淤的目的。它对于清洗管道、储罐、沟槽、水渠等有非常显著的效果,不仅能在运行过程中高质量地完成清洗工作,并且不污染环境、节省电力和自然资源。

9.气脉冲清洗技术

气脉冲清洗技术是以压缩空气为动力源,以水为清洗介质,由空压机送出的高压气流,通过脉冲振荡发生器,与水一起形成脉冲和高速水气流。脉冲随水气流向下继续传播,使管内形成高速水气湍流,伴随管道内硬性杂质,使管道内壁产生冲刷和喷砂效应,促使附着在管壁上的软垢脱离,并随着水气流从末端排污口排出。

气脉冲清洗技术具有节能无污染、清洗效果显著、清洗费用低、不破坏管网、适应性强等特点。如能与化学清洗和高压射流清洗技术相结合,应用前景将会更加广阔。但在应用这种技术之前,应弄清所清洗设备的固有自振频率,以避免与脉冲频率重合而发生共振破坏。

10.超声波清洗

超声波清洗主要是基于超声空化效应作用,一般多采用频率的低频超声波,是功率超声中应用最为广泛的一种,主要应用于机械、电子、光学、医药和纺织工业,目前尚未见在换热设备污垢清洗方面的应用。

超声波清洗特别适用于表面形状复杂、常规清洗方法难以奏效的物件,如对精密工件上的空穴、狭缝、凹槽等的清洗,清洗速度快、质量高。但对于质地较软、吸声较大的布料、橡胶等材料以及动度大的污物清洗效果就差一点。

(三)化学清洗技术

1.化学清洗的机制及影响因素

化学清洗的清洗机制包括以下几个过程:①清洗剂进入待清除的污垢层;②清洗剂湿润并渗进整个污垢层,并与其中的一些组分发生化学反应;③扩散作用使反应生成物在清洗剂中耗散。

尽管人们懂得用于研究清洗的实验设备(不论是实验室的,还是半工业装置)的流体力学和传递过程,但这还不能帮助人们完全掌握湿润、渗入现象和污垢组分与清洗产物之间的化学反应规律,特别是当这些过程同时进行时,就更为复杂。正因为如此,至今还没有可行的实验方法来验证这种机制。大量研究表明,在若干个影响清洗动力的因素中起主要作用的有清洗剂浓度、清洗温度和化学反应,这三个因素实际上表明了清除污垢所要求的三种主要能量形式。此外,机械作用(流量、流速和湍流)对清洗过程也有一定的影响。

(1)清洗剂特性与浓度的影响。通常认为清洗剂对所有污垢的清洗效果并不一样。因此,就应按污垢的性质和种类,根据已有原则来决定清洗剂(混合物)的组分。Jennings 的结论——在清洗初期污垢的清除速率与苏打浓度成正比,只适应于浓度 0.6% 的情况。在此前,一些研究者已证明清除速率随清洗剂浓度的增加而增加,到某一值后,保持不变或减少。Schlussler 证实了这种规律,并指出弱碱性清洗剂与强碱性清洗剂相比,前者的平均清洗速率随浓度的增加较为缓慢。强碱性清洗剂的最佳浓度大约为 1%,而弱碱性清洗剂的最佳浓度可能超过 3%。

(2)温度的影响。清洗剂浓度与清洗温度有个最佳组合,但就目前对清洗理论的认识而言还做不到准确的理论预测,只能由实验来确定。

2.化学清洗的特点

化学清洗的优点主要有以下几点:

(1)化学清洗常可不必拆开设备,这对塔类设备、管壳式换热设备特别重要。

(2)化学清洗能清洗到机械清洗所清洗不到的地方。

(3)化学清洗均匀一致,微小的间隙均能洗到,不会借助剩下沉积的颗粒而形成新垢。

(4)化学清洗可以避免金属表面的损伤,如形成尖角,而这种尖角能促发腐蚀,并在其附近形成污垢。

(5)由于进行了防锈和钝化处理,清洗后可以防止生锈。

(6)化学清洗的钢材腐蚀量,几乎可以忽略不计。

(7)化学清洗可以在现场完成,劳动强度比机械清洗小。

化学清洗有以下缺点:

(1)不适用于管程、壳程全被污垢堵塞的换热设备。

(2)难以除去污垢。

(3)清洗时如果处理不当或缓蚀剂使用不当,会导致设备发生腐蚀现象。

(4)因使用了各种药剂,需对清洗废液加以处理,直接排放会污染环境。

3. 化学清洗的方法

化学清洗是一类传统而又不断发展的清洗技术,已形成许多清洗方法。

按清洗方式分类如下:

(1)循环法。在清洗液储槽和被清洗设备之间接上循环泵和管道以形成闭合回路,通过泵强制清洗液循环来实现清洗,是最为普遍使用的一种方法。

(2)浸渍法。将清洗液充满设备,静置一定时间或辅之以搅拌等措施。常用于小型设备,以及热交换管路被垢物堵死和无法利用循环法清洗的设备。

(3)喷淋法。一般常用于大型容器的内、外壁软垢的清洗。

(4)浪涌法。将清洗液充满清洗设备,每隔一定时间把清洗液从底部卸出一部分,再将卸出的液体装回设备内,以达到搅拌清洗的目的。

按使用的清洗剂不同,可分为酸清洗、碱清洗、杀生剂清洗、表面活性剂清洗等,其中以酸清洗和碱清洗应用最为普遍。

(1)酸清洗。简称为"酸洗",它可有效清除那些由碳酸盐组成的硬垢和金属氧化物组成的腐蚀产物,但对于硅酸盐垢、无水硫酸钙垢等的作用较为有限,对于油脂、悬浮物、有机物等生成的颗粒垢与生物垢为主的混合污垢则作用更小。

可用于酸洗的无机酸和有机酸很多,如盐酸、硝酸、硫酸、氢氟酸、磷酸、柠檬酸、氨基磺酸和乙二胺四乙酸等。在热交换器的清洗中主要采用盐酸、硝酸。

1)盐酸。盐酸是一种强酸,是最常用的酸洗剂。酸洗时盐酸与水垢或金属腐蚀产物生成金属的氯化物。绝大多数的金属氯化物在水中的溶解度较大,甚至很大,因此采用盐酸清洗碳酸钙之类的硬质结垢和氧化铁之类的腐蚀产物,效果非常理想。除了硅酸盐水垢外,盐酸对各种水垢均有较高的溶解速度和溶解能力。且盐酸酸洗操作简便而安全,对设备基本无损伤,清洗成本不高。但值得注意的是,氯离子对不锈钢容易产生点蚀和缝隙腐蚀,故不推荐盐酸去清洗不锈钢设备。

盐酸酸洗时的浓度配比需要根据待清洗热交换器中垢层厚度决定,一般情况下采用

5%～15%盐酸溶液。为减轻酸洗时对设备可能产生的腐蚀等损伤,通常须向盐酸溶液中加入高效的盐酸酸洗缓蚀剂,可参考有关资料。

2)硝酸。硝酸具有与水垢反应后形成硝酸盐,在水中极易溶解,具有除垢效率高、操作简单的特点。硝酸酸洗常适用于盐酸不能应用的场合,能清洗碳钢、铸铁、紫铜、黄铜、铝、不锈钢、碳钢-不锈钢以及碳钢-铜等多种金属设备的水垢、铁垢等。硝酸对金属具有强烈的腐蚀作用,因此采用硝酸进行酸洗时,需要在酸洗液中加入缓蚀剂进行保护。

考虑多数酸对金属设备存在腐蚀,因此酸洗时一定要投加缓蚀剂,以减轻酸对被清洗设备金属基体的腐蚀。盐酸清洗可选用多种缓蚀剂,硝酸酸洗缓蚀剂可选用 Lan-5 或 Lan-826,其中 Lan-5 是硝酸清洗中的最佳缓蚀剂。另外,酸洗要遵循一定的清洗程序,才能得到满意的清洗效果。图6-1-15给出了以酸洗为主的单台冷却设备的大致清洗流程。

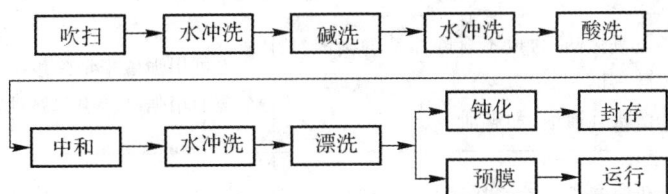

图6-1-15　酸洗为主的清洗过程

(2)碱清洗:简称为"碱洗",是以碱或强碱弱酸盐的水溶液为清洗剂去疏松、乳化和分散金属设备内的沉积物。其清洗成本低、废料容易处理、不产生环境污染问题,广泛应用于清除油脂垢,也用于清除无机盐金属氧化物、有机涂层和蛋白质垢等。

在工业清洗中常用的碱性清洗剂有氢氧化钠、碳酸钠、硅酸钠、磷酸钠等。它们可以单独使用,也可以和其他清洗剂交替混合使用。与盐酸相比,碱洗对金属的腐蚀损伤小,但当系统中有铝、镀锌钢件或锡等两性金属时,则需特别慎重,因为这些两性金属既能溶于酸中,也能溶于碱中。

4.化学清洗的一般程序

化学清洗是一项十分复杂的任务,它涉及设备本身(清洗对象)及与设备相连接的清洗装置和物料(如清洗剂)所构成的整个系统。要想进行有效、经济和安全的清洗,必须全面考虑,严格按照一定的清洗程序实施。一般说来,一个完整的清洗过程应大致包括以下基本程序。

(1)了解、勘察和检查被清洗设备的形式和相关尺寸,掌握设备的材质及应清洗的地方。

(2)进行污垢调查,在有代表性的结垢处取样进行成分分析,将污垢用各种药剂进行处理试验,求出溶解度,确定药剂的品种、剂量及清洗时间。

(3)结合实际设备情况,确定清洗配方和相应的缓蚀剂,确定清洗液的浓度和用量。表6-1-3列出了清洗不同污垢的一些常用药剂,清洗药剂与设备结构材料的相容性见表6-1-4。

(4)确定清洗地点,妥善安排清洗用水源、加热清洗液用热源以及污水的处理和排放。

(5)进行清洗工艺研究,以生产许可、设备需要等为原则,选择清洗时机;本着安全可靠、降低对生产的影响、降低劳动强度等原则制定清洗方案。

(6)清洗费用的预算、落实及清洗所需药品的采购或生产。

(7)做好安全防范和人员协调等各项工作,实施清洗方案。

(8)针对所使用的清洗剂,处理清洗废液,最后进行清洗效果的验收。

在清洗冷却器、冷凝器、热交换器等换热设备时,为保证清洗效果,必须保证其结垢不能太厚,尤其对管侧的清洗应特别注意。应确信沉积在冷却器、冷凝器和热交换器的污垢可以溶解,并用循环洗涤剂可以清除。

表 6-1-3　污垢与化学清洗药剂的选择

污染物	化学清洗药剂	说　明
氧化铁	防腐蚀氢氟酸、盐酸、柠檬酸、氨基碘酸、乙二胺四醋酸	防腐蚀氢氟酸是最有效的,但如果沉积物中钙的含量超过 1%(W/V)则不能使用。
钙镁垢	防腐蚀盐酸,乙二胺四醋酸	与氧化镁类似
油和轻油脂	①氢氧化钠,含或不含除垢剂的碳酸钠或硫酸三钠 ②溶水乳浊液,如煤油、水	也可用强磁来请除生物污垢,对有色金属系统如用强碱会引起腐蚀,则可用此法
重有机沉积物焦油聚合物	氯化溶剂或芳香溶剂加上射流清洗	三氯乙烯和全氯乙烯是不可燃的
焦炭、碳	高锰酸钾的碱溶液或焦蒸汽、空气流	除焦蒸汽,空气用于锅炉水冷壁管,控制燃烧可以减少焦炭的生成

表 6-1-4　设备材质与清洗药剂的相容性

设备材质	相容的除垢剂
碳钢	防腐蚀矿物酸或防腐有机酸、有机酸、有机溶液、强碱或整合剂
奥氏体钢	防腐蚀氢氯酸、硝酸、硫酸、磷酸、有机酸、螯合剂和无氢有机溶剂(液)
铜、镍及其合金	防腐蚀硫酸或有机酸、有机溶剂
铝	弱酸(如柠檬酸、氨基磷酸)、有机溶剂
铸铁	防腐蚀矿物酸或有机酸、有机洗剂
混凝土	盐酸盐有腐蚀性,硫酸或有机酸也有轻微的腐蚀性

热交换器化学清洗的标准系统组成如图 6-1-16 所示。热交换器的壳侧可与标准系统相连,清洗溶液系统应能与被清洗的设备用活动弯头(或活动弯管)连接,也可采用和喷管连接以适应热交换器进出口的要求,此时盲板法兰应置于喷口与进出口阀门之间。设备上其他切开口应封闭。热交换器的壳侧和管程均可以用洗涤液进行处理,其方法为采用循环泵从储罐中抽出洗涤液,流经壳侧或管程,然后返回储罐中。

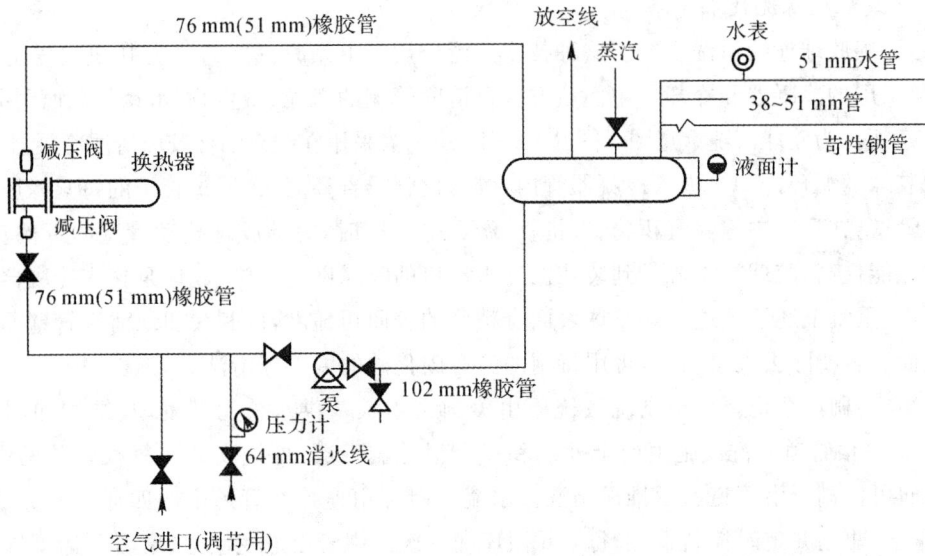

图 6-1-16　热交换器标准清洗系统组成

5. 化学清洗的适应性

适用于化学清洗的污垢种类和不适于化学清洗的污垢种类分别见表 6-1-5。

表 6-1-5　化学清洗的适应性

适于化学清洗的污垢		不适于化学清洗的污垢	
有机物	无机物	有机物	无机物
油	锈	生物	碳酸镁
油脂	氧化铁锈层	聚合物	铜、氧化铜
脂肪	硫酸钙	油漆	氧化铝
脂	碳酸钙	树脂	氧化镁
焦油	氢氧化镁	惰性塑料(如聚乙烯)	玻璃
泥沙	磷酸钙	硫化橡胶	陶瓷
植物	二氧化硅	橡胶浆	硬炭

(四)污垢的在线清洗技术

在线清洗是指换热设备在运行过程中的清洗,在线清洗有如下特点:①减少机械或化学清洗的停工时间;②节省停工清洗的劳力和费用;③延长运转周期,节约维修费用;④防止运行过程中压降增加,提高了传热效率,降低了能耗。在线清洗技术有两种方法:在线机械清洗和在线化学清洗。

1. 在线机械清洗技术

(1)海绵胶球连续清洗系统。这种技术广泛应用于电站凝汽器的清洗中,近年来也用于炼油厂、化工厂的冷凝器和冷却器中。该方法可清除管侧的微粒、微生物、水锈、腐蚀污垢等。图6-1-17 所示为胶球清洗示意图。图6-1-18 所示为采用在线海绵橡胶球清洗冷凝器示意图。

橡胶球随循环冷却水进入冷凝器管内,胶球比管子直径略大,通过管子的每只橡胶球轻微地压迫管壁,在运动中擦除沉积物、有机物、淤泥等。同时,海绵胶球扰动管壁附近的流水层,使传热性能提高,胶球被水流带到装在循环水出口的收球网内,又被胶球泵打入冷凝器循环水进水管内,重复上述清洗过程。胶球表面有精确的表面粗糙度,以利缓和地清洗管壁而不腐蚀管子表面。若要除去大量结垢,可用特制的涂有碳化硅的摩擦球清洗。

(2)自动刷洗系统。自动刷洗系统原由美国密尔沃基供水公司开发,其结构如图6-1-19 所示。每根管道刷洗设施由两个外线和一个尼龙刷组成,外线安装在每根管的两端,改变水流方向可使刷子沿管道前后推进刷洗。水流换向可用连接在管道上的四通阀来完成,该间由压缩空气驱动并定时控制,一般每8 h 循环洗一次。刷子由尼龙鬃毛、聚丙烯刷锥和钛支承棒制成。

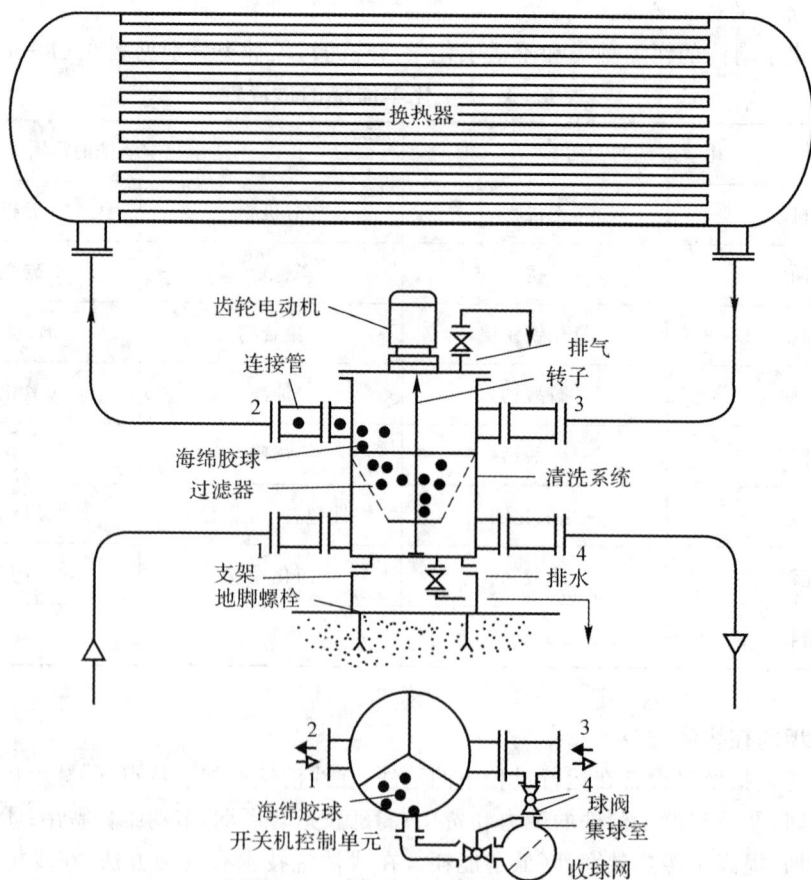

图6-1-17 胶球清洗示意图

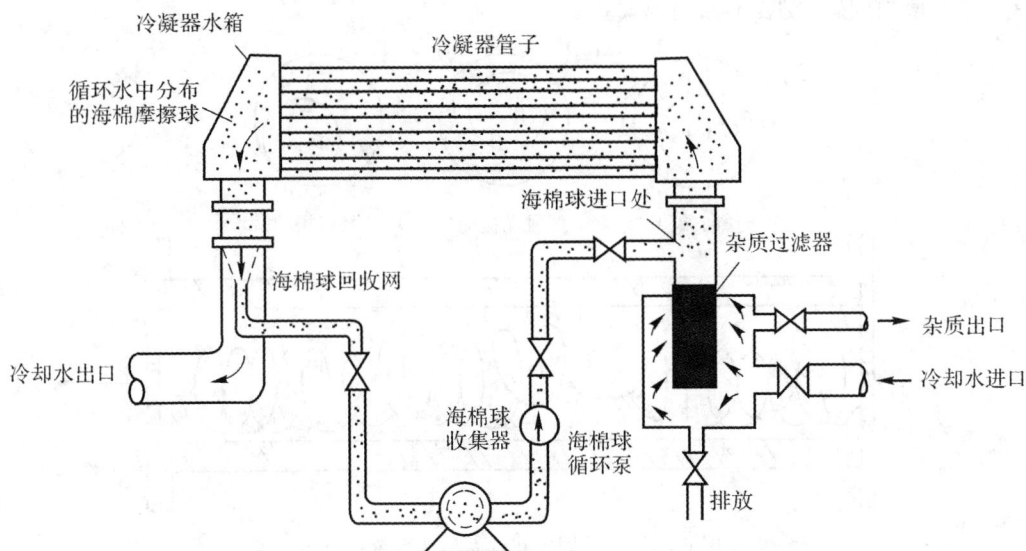

图 6-1-18　采用在线海绵橡胶球清洗冷凝器示意图

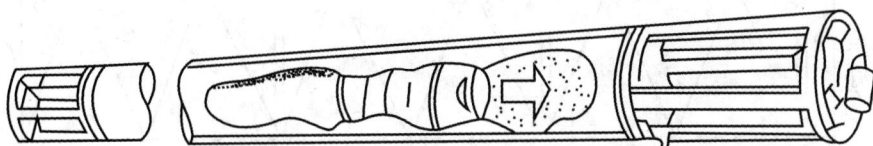

图 6-1-19　自动毛刷清洗设备

(3)弹簧插入物在线清洗。弹簧在流体作用下可发生弹性振动(径向、轴向和环向),从而不断擦洗和碰击管壁,能够有效地清除管内壁上的污垢,被广泛地用作管内污垢在线清洗元件。例如,法国埃尔夫·阿奎坦公司曾开发了名为 Spirely 的热交换器螺旋形弹簧在线清洗法。该法在热交换器管内装设螺旋形弹簧,弹簧在同壁面连续接触产生机械撞击,使壁面污垢剥落。

弹簧用于管壁污垢的清洗,其性能取决于与流速等操作条件及所用材质相关的几何参数的选取,一般流速较高时,宜选用较粗线径的弹簧,以免产生永久性变形和损坏;流速较低时,宜采用较细线径的弹簧,使其易于产生弹性振动。针对不同应用及工况条件,近年来多种不同结构形式的弹簧插入技术得到开发。弹簧插入物在线清洗主要分为三种结构:固定式弹簧在线清洗、旋转式弹簧在线清洗和分段式弹簧在线清洗。

1)固定式弹簧在线清洗。固定式弹簧在线清洗技术在国内首先由长岭炼油化工厂设备研究所研发成功,其基本结构如图 6-1-20 所示。该清洗系统主要是将弹簧的两端绕紧在细杆上,并固定于热交换器管板上,结构简单,安装方便,适用于管内为过渡流动或湍流流动的工况。为保证其具有较高的除垢效率,一般要求流速不低于 0.5 m/s(最好在 0.7~1.5 m/s)。

2)旋转式弹簧在线清洗。旋转式弹簧在线清洗技术基本结构如图 6-1-21 所示。在该系统中,弹簧两端采用活动方法支承。在流体的作用下,弹簧除产生径向和轴向振动外,还会产生整体的连续转动,对传热面上的污垢产生较好的擦洗作用。这种结构的特点是在较高的流速下,弹簧因能整体转动可擦洗传热面而具有较高的除垢效率,缺点是弹簧两端的支承较复杂,并存在磨损问题,安装不如固定式弹簧容易。

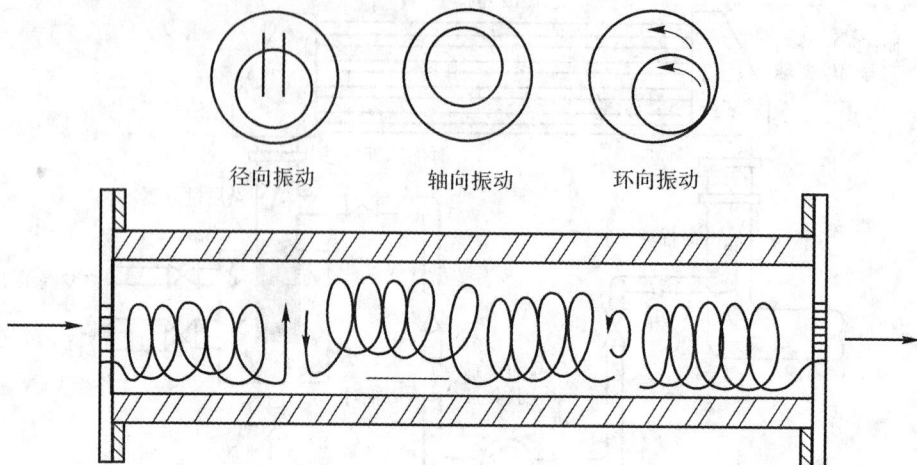

图 6-1-20　固定式弹簧清洗系统示意图

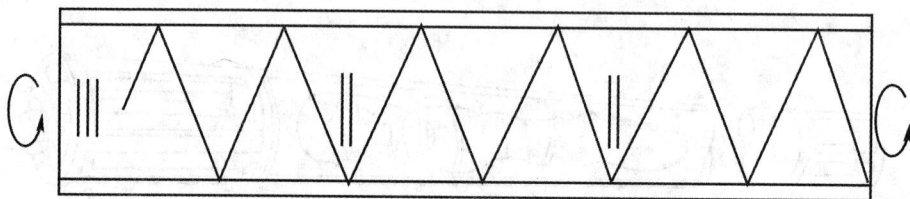

图 6-1-21　旋转式弹簧清洗系统示意图

3)分段式弹簧在线清洗(螺旋形弹簧清洗系统)。分段式弹簧在线清洗技术(也为螺旋形弹簧清洗系统)最早由法国 EIF 公司于 20 世纪 80 年代末期开发成功,其基本结构如图 6-1-22 所示。

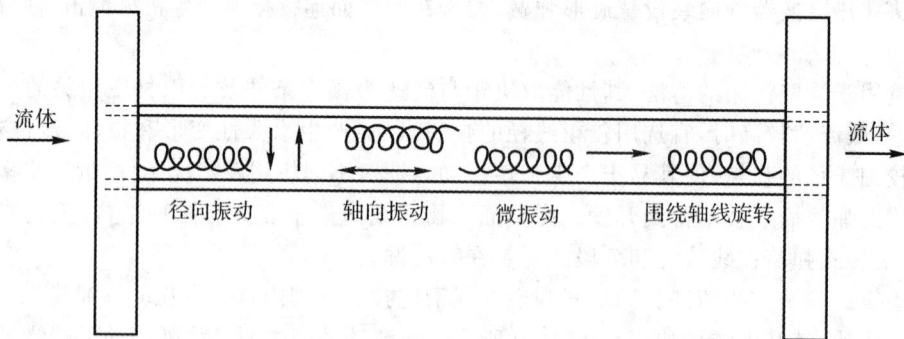

图 6-1-22　分段式弹簧在线清洗系统示意图

不同于上述介绍,该技术在结构上采用了多段弹簧,其中端两段弹簧采用与固定式清洗系统相同的安装方式,管中间的若干段弹簧则不加固定并在彼此间留有空隙。在流体的作用下,弹簧除易产生显著的径、轴向振动外,各小段弹簧本身也较易发生转动(固定于端部的两段弹簧除外)及沿轴向的穿梭式运动。这样,在较低的流速下就能达到较好的清洗效果,而且也便于控制管程压降。

据资料介绍,该系统适用于流速为 0.3~1 m/s 的工况,若选用较粗线径的弹簧,也能用于更高流速的工况,除垢效率一般可达 80% 左右。该技术已在法国许多炼油企业使用,如瓦朗西斯安炼油厂常压蒸馏装置原油预热系统,在使用该方法 8 个月后平均每月节油 62.5 t。

(4)螺旋线型除垢强化器。杨善让等开发了螺旋线型除垢强化器,该技术已获得国家专利。螺旋线型除垢强化器是放在换热管内与换热管长度差不多的带有拉筋的螺旋线,如图 6-1-23 所示。它的外径稍小于管的内径。当除垢强化器在机械驱动下做往复运动时,位移大于螺旋线的节距,就可清除换热管内的污垢。除垢强化器的传热特性、阻力特性及最优结构可参见有关文献。

图 6-1-23 除垢强化器的结构

(5)塑料纽带自动清洗。塑料纽带自动清洗技术是在换热管流体的入口端安装、固定一根清洗纽带(其长度基本与换热管等长),在工质流体的作用下纽带产生自转。纽带本身的柔性和旋转作用使得其不断刮扫和撞击管内壁,从而起到抑垢、除垢和强化传热的作用。其结构如图 6-1-24 所示。在径向上,纽带与管内壁之间有较大的间隙,可以自由旋转,在轴向采用管口轴承和钩头轴将其定位。换热管的进液端装有轴向固定架,轴向固定架的中部有一个或多个进液孔,以便使管程流体顺畅流入换热管内,进液孔的总面积需大于或等于换热管的横截面积。轴向固定架的头部有一个与换热管同一中心线的轴孔,轴孔内装有一个销轴,销轴的尾部与纽带连接。运行时管程流体通过轴向固定架中部的进液孔流入换热管内,纽带在管内液体带动下自动旋转擦刮管内壁表面,达到连续、自动地清洗管内污垢的目的。塑料纽带在线自动清洗技术成本相对低廉,但需管内介质具有较高流速(一般要求 0.7 m/s 以上)。

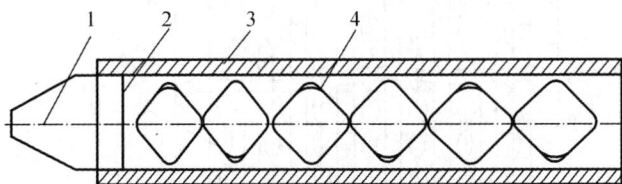

图 6-1-24 塑料纽带除垢示意图
1—钩头轴;2—管口轴承;3—换热管;4—纽带

装置中轴向固定架由工程塑料制成。销轴的直径小于轴孔直径,可以在轴孔内自由转动,但轴向位置固定。图 6-1-25 装置中的轴是带帽状的销钉,尾部与纽带连接;图 6-1-26 装置中的轴是耐腐蚀的金属丝,直接由金属丝弯折形成钩头,钩住纽带。

这种旋转组带除垢技术对于各种管壳式热交换器都适用。图 6-1-27 为工业上常用的立式水冷器纽带自动除垢系统的示意图。图 6-1-28 为旋转纽带自动清洗式蒸发器结构示意图。

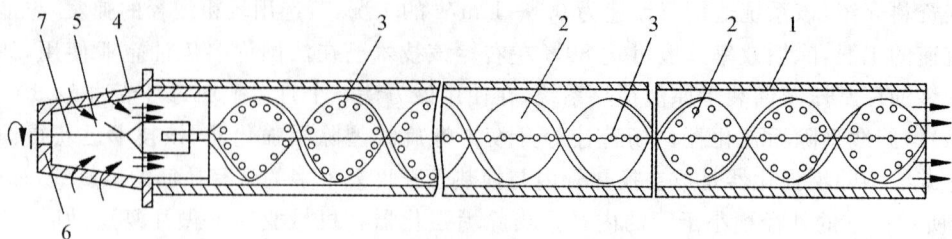

图 6-1-25　轴（带帽状的销钉）与纽带的连接

1—换热管;2—纽带;3—纽带孔;4—固定架;5—进液室;6—销轴孔;7—销轴

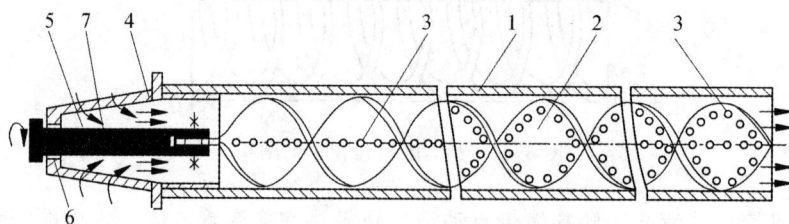

图 6-1-26　轴（金属丝）与纽带的连接

1—换热管;2—纽带;3—纽带孔;4—固定架;5—进液室;6—孔;7—金属丝

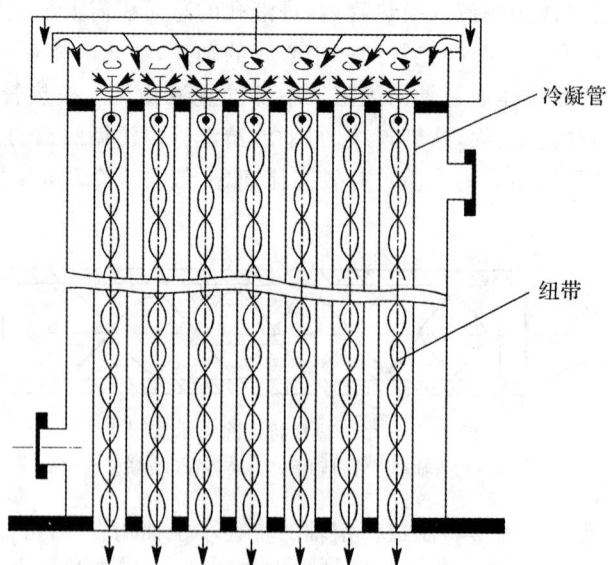

图 6-1-27　立式水冷器纽带自动除垢系统示意图

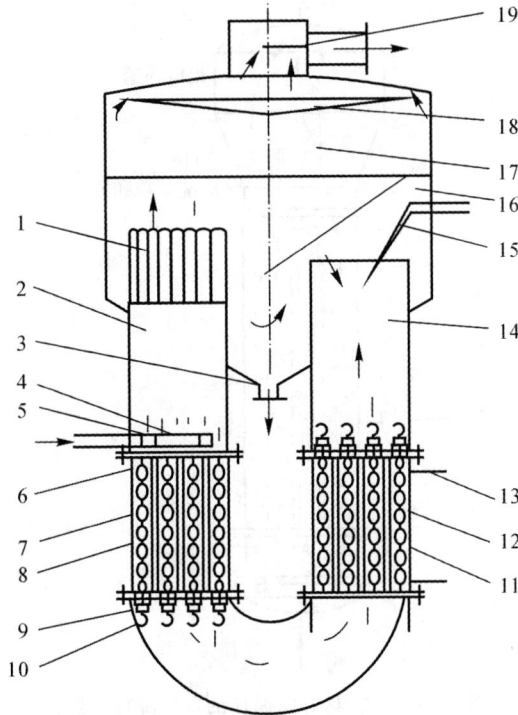

图 6-1-28　旋转纽带自动清洗式蒸发器

1—碎泡板组;2—沸腾室;3—出料口;4—喷气孔;5—助推器;6—加热蒸汽出口;

7—加热室;8—纽带;9—管口轴承;10—转轴;11—加热管;12—加热室;

13—加热蒸汽进口;14—回流管;15—进料管;16—隔板;17—蒸发室;18—除沫器;19—二次蒸汽出口

(6)颗粒摩擦清洗系统。让一定数量的摩擦颗粒(如砂粒、玻璃或金属球)通过热交换器管,靠这些颗粒的作用将热交换器管内污垢清除掉,这种方法可以用于冷却水系统,也可用于其他产生污染的液体系统。

使用这种技术时,流体的速度要高于 3 m/s 才有效。热交换器的端部流速常常低于管内流速,采用这种技术时,应确保在热交换器的端部没有颗粒沉积。同时要采用有效的方法将颗粒从流体中过滤出来,不然会使其下游设备产生问题。此技术的不足之处是可能会导致管壁金属的磨损。

这种技术的一个变形是颗粒流态化技术的应用。自清洗热交换器就是基于此技术,在立式管壳式热交换器的壳侧加入具有清洗功能的颗粒,并使之流态化,由于颗粒的不断上下运动对换热管壁产生适当的刮擦作用,从而防止和除掉管壁上形成的沉积物。这种热交换器是 20世纪 70 年代为海水淡化而开发。经过不断的更新换代,现已被广泛应用,成为对付液侧污垢最有效的方法之一。图 6-1-29 和图 6-1-30 分别所示为具有内、外循环的自清洗热交换器。

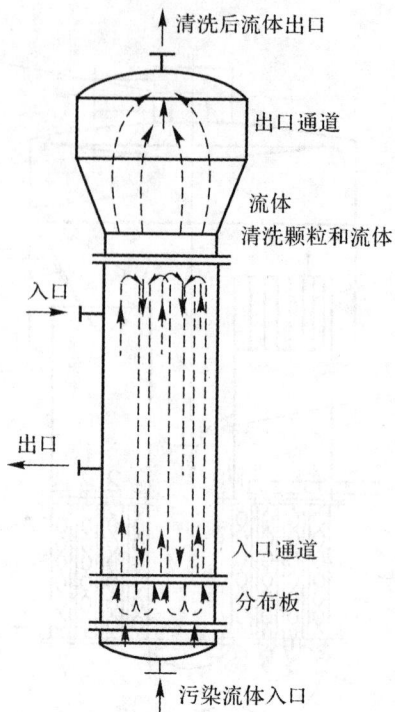

图 6-1-29　具有内循环的自清洗热交换器

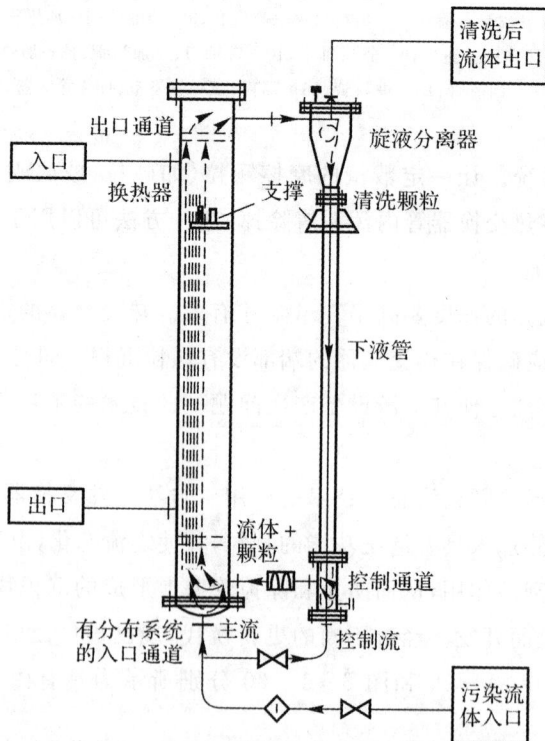

图 6-1-30　具有外循环的自清洗热交换器

2. 在线化学清洗技术

在线化学清洗是近几十年在化学清洗的基础上发展起来的,其所用药物类型、反应机理和剂量等都与化学清洗相同。在线化学清洗与化学清洗的最大不同是换热装置不用停止运行。

(1)水侧在线清洗。水侧在线清洗的一般操作程序如下。

1)将循环清洗设备与热交换器按照图 6-1-31 连接起来。

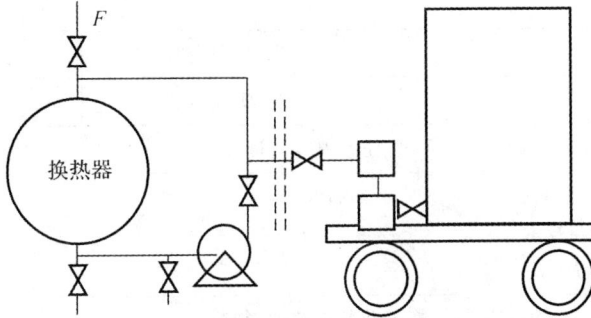

图 6-1-31　循环清洗设备与热交换器的连接

2)将循环设备通水、检漏。水循环应从底部开始,这样可使盐酸和水垢作用时产生的二氧化碳气体排出,而不扰动清洗液。

3)加入药物后,开始加热,使其达到 60℃。

4)药液循环 4 h,每半小时滴一定浓度的酸液和一定百分数的 Fe^{3+} 液体各一次,直到酸液浓度不变时,再循环 1 h。

5)将清洗液中和,排至下水道,或用其他方法处理。

6)热交换器进行冲洗,直到冲洗水流的接热器 pH 值和进口的一样为止。

7)再加 1% 的碳酸钠溶液或 1% 的亚硝酸盐及其他钝化剂,循环约半小时。

8)排出碳酸钠溶液。

热交换器经过上述 8 个步骤即可投入运行。

(2)工艺物料侧的在线清洗。此处以烃类进料或原油预热器在线清洗步骤为例说明其基本程序:

1)如需要维持热交换器的出口温度时,可截断产品料流;

2)关闭工艺侧支线的进出口阀;

3)一小时后关闭原油侧进出口阀;

4)原油经冷却器排出,再装入冷柴油;

5)当热交换器冷却到接近室温,排出柴油,再从底部补充洗涤溶液;

6)打开顶部阀数图,以减轻管侧热膨胀,原油侧支线仍敞开;

7)打开工艺侧进口阀,关闭支线以提高洗液温度;

8)在浸渍后,打开底部门,经冷却器排酸;

9)在原取代洗液时,打开原出入口,再关闭支线阀门。

任务实施

项目任务书和项目任务完成报告见表 6－1－6 和表 6－1－7。

表 6－1－6　项目任务书

任务名称	热交换器的防垢与除垢		
小组成员			
指导教师		计划用时	
实施时间		实施地点	
任务内容与目标			
1. 了解污垢形成、影响与监测。 2. 掌握抑垢防垢的措施与技术。 3. 掌握污垢的清除与清洗。			
考核项目	1. 污垢对热交换器及其系统的影响。 2. 热交换器常用防垢措施。 3. 污垢的清除与清洗。		
备注			

表 6－1－7　项目任务完成报告

任务名称	热交换器的防垢与除垢		
小组成员			
具体分工			
计划用时		实际用时	
备注			

1. 请简述污垢对热交换器及其系统的主要影响有哪些。

2. 简述常用的一些热交换器防垢措施。

3. 简述污垢的清除与清洗过程。

任务评价

项目任务综合评价见表6-1-8。

表6-1-8　项目任务综合评价表

任务名称：　　　　　　　　　　　　　　　　　　　　　测评时间：　　年　　月　　日

考核明细	标准分	实训得分								
		小组成员								
		小组自评	小组互评	教师评价	小组自评	小组互评	教师评价	小组自评	小组互评	教师评价
团队60分　小组是否能在总体上把握学习目标与进度	10									
小组成员是否分工明确	10									
小组是否有合作意识	10									
小组是否有创新想(做)法	10									
小组是否如实填写任务完成报告	10									
小组是否存在问题和具有解决问题的方案	10									
个人40分　个人是否服从团队安排	10									
个人是否完成团队分配任务	10									
个人是否能与团队成员及时沟通和交流	10									
个人是否能够认真描述困难、错误和修改的地方	10									
合计	100									

思考练习

1. 热交换器的污垢的定义：_____。

2. 换热装置污垢的两个基本属性：_____、_____。

3. 污垢的监测方法：_____、_____、_____、_____。

4. 抑制水垢的方法：_____、_____、_____、_____。

任务二　热交换器的防腐与防漏

任务描述

　　热交换器是将热流体的部分热量传递给冷流体的设备。热交换器在化工、石油、动力、食品及其他许多工业生产中占有重要地位,其在化工生产中热交换器可作为加热器、冷却器、冷凝器、蒸发器和再沸器等,应用广

PPT
热交换器的防腐与防漏

泛。但热交换器的腐蚀和泄漏造成了很大的经济损失,所以加强对热交换器的防腐与防漏是至关重要的工作之一。

任务资讯

一、热交换器的材料选用

在工程实际中,结构材料的选择取决于所设计的设备及其使用要求,材料的选择包括全面了解材料的可用性、来源、供货时间、产品形状和尺寸。简单来说,作为热交换器构件的材料应涉及以下因素:

(1)材料与工艺流体的相容性;

(2)材料与其他构件材料的相容性;

(3)利用标准方法(如机加工、轧制、锻造、成型)和金属连接方法(如焊接、铜焊和软铅焊)来制造和加工的难易性;

(4)承受操作温度和压力的强度和能力;

(5)成本及经济可行。

热交换器选材应考虑的材料性能指标主要有强度、疲劳强度、脆性断裂、韧性、高温蠕变、耐热性、热腐蚀、耐蚀性、氢腐蚀、加工性。

(一)钢材

热交换器的选材应根据设计温度、设计压力、介质特性和操作特点以及材料制造工艺等特点来确定,同时应兼顾经济性的要求。由于热交换器属于压力容器,因此其选材应根据 GB 150 — 1998《钢制压力容器》的有关规定。

热交换器常用碳素钢板,低合金钢板、高合金钢板来制造,这些钢材的选择应根据 GB 150 — 1998《钢制压力容器》中"钢板许用应力"及使用温度限制来选用。选用不锈钢复合钢板应符合 GB 150 — 1998《钢制压力容器》中的相应规定。

(1)高温下使用的低合金钢,C - Mo 合金钢、铬-钼合金钢和镁-钼-(镍)合金钢被认为是高温下使用的钢,当主要考虑高温强度(蠕变强度)时,通常提高钢成分中钢的含量,但是当高温耐蚀性是最重要的时候要增加铬的含量。石油冶炼设备在受氢腐蚀的场合,向钢中添加钢和铬以抵抗氢腐蚀。

(2)高温下使用的不锈钢。碳钢习惯上用于温度不超过大约 400℃,低合金钢用于温度不超过 600～650℃,当超过以上温度的时候,由于蠕变而造成它们失去稳定性。在 600～750℃温度范围内,优先考虑选用奥氏体不锈钢。高温下选用不锈钢时,除了考虑蠕变强度,还应考虑高温腐蚀、氧化、鳞皮、碳化以及二次相的析出。

(二)其他金属材料

目前,有色金属材料也常被用来作为热交换器的选材,例如,GB 151 — 1999《管壳式换热器》加入了有色金属,取消了"钢制"。采用有色金属制造热交换器时,其冶炼方法、热处理状态、许用应力、无损检测标准、检测项目等应符合相应的国家标准或行业标准,或参照 GB 151 — 1999《管壳式换热器》中的相关规定。

1. 铝及铝合金

铝及铝合金在低温下,具有良好的塑性和韧性;有良好的成型及焊接性能;设计参数要求:

$p \leqslant 8$ MPa，$-269℃ \leqslant t \leqslant 200℃$。铝与空气中的氧迅速生成 Al_2O_3 薄膜，故在空气和许多化工介质中有着良好的耐蚀性，使用及限制条件如下：

(1)铝镁合金在潮湿大气、海水、硝酸溶液和碱性溶液中，有良好的耐蚀性，但镁含量应不大于 3%，使用温度不大于 65℃；

(2)铝硅合金，能很好地耐海水腐蚀，但其冷塑性差，故用于铸锻件多；

(3)工业纯铝常用在 $t < 80℃$ 硝酸、醋酸中；

(4)工业纯铝的焊缝在高温浓硝酸中，铝合金在海水、中性盐溶液中都有可能产生晶间腐蚀；

(5)工业纯铝在活性离子(尤其是氯离子)中会产生点蚀；

(6)铝及铝合金在湿 H_2S、含 H_2 硫化物、海水中会产生应力腐蚀。

2. 铜及铜合金

铜及铜合金具有良好的导热性能及低温性能；具有良好的成型性能，但焊接性能稍差；设计参数要求：

纯铜：$t \leqslant 150℃$，150～200℃ 许用应力衰减快。

铜合金：$t \leqslant 200℃$，一般的铜合金在 200～250℃ 的许用应力衰减快，但铁白铜的性能稳定，可用到 250℃；但新编制的铜容器标准列出了更高温度下的许用应力值，必要时也可以选用。标准方面目前有 GB/T 8890—1998《热交换器用铜合金无缝管》，是由沈阳、上海铜加工厂编制的，但缺少常用的纯铜管。

铜及铜合金的耐蚀性能如下：

(1)铜在没有氧化剂的水及氧化性酸中是稳定的，当有氧化剂时，铜会加速腐蚀；

(2)铜中含氧时，会形成 Cu_2O，降低了耐蚀性与工艺性，在含有 H_2 或 CO 等还原性的气氛中加热，H_2 或 CO 会渗入铜中，并与氧反应，产生微裂纹，称之为"氢病"；

(3)纯铜在大气中会形成 $CuCO_3$ 和 $Cu(OH)_2$ 保护层，具有一定的稳定性，因而在大气、淡水、冷凝水中有着优良的耐蚀性，但在氨、铵盐、氯化物、碳酸盐、硝酸、浓硫酸等介质中不耐蚀；

(4)黄铜耐蚀性并不好，在潮湿的含有氨或二氧化硫的大气中，易产生腐蚀开裂，一般作为抗锈材料；

(5)锡青铜在大气中形成致密的 SnO_2 薄膜，在大气、淡水、海水、蒸汽、稀硫酸、有机酸及碱性水溶液中，耐蚀性良好，但在氨水、盐酸中不耐腐蚀；

(6)铝青铜的表面会形成致密且稳定的 Al_2O_3 薄膜，在海水、氯化物溶液和一些酸中耐蚀性很好；

(7)白铜在海水、有机酸和各种盐溶液中有着较高的耐蚀性，用作海水冷却的换热管经常采用含 10% 或 30% 的 Ni 白铜。

3. 钛和钛合金

钛和钛合金密度小($4\ 510$ kg/m³)，强度高(相当于 20R)；有良好的低温性能，可用到 $-269℃$；表面光滑，黏附力小，且表面具有不湿润性，特别适用于冷凝；钛-钢不能焊，且铁离子对钛污染后会使耐蚀性能下降；设计参数：$p \leqslant 35$ MPa，$t \leqslant 300℃$。

钛和钛合金价格高，综合指数价格比约为不锈钢的 6～8 倍(密度小，$\varphi 25$ 管可用到 $\delta = 1$ mm 或 1.5 mm 壁厚)，若延长寿命 1 倍以上，则钛和钛合金管是最佳耐腐蚀用管，但一次性的投资大。

钛是具有强钝化倾向的金属,在空气或氧化性和中性水溶液中迅速生成一层稳定的氧化性保护膜,因而具有优异的耐蚀性能,其耐蚀性能如下。

(1)钛在氧化性、中性介质中具有优异的耐蚀性能,如各种温度、浓度的硝酸和醋酸的耐蚀性极好,但在发烟硝酸和含酸酐的浓硫酸中,必须含有足够的水,使钛保持完全钝化,才不会出现爆炸和严重的均匀腐蚀或点腐蚀。

(2)钛在含氯离子中性介质中具有优良的耐蚀性,但在干氯气中会剧烈反应而着火所以钛在氯气中含水要超过 0.3% 才能维持钝化。

(3)钛在海水中,有优异的耐蚀性和耐冲蚀性(可允许海水的流速 $v \geqslant 20 \text{ m/s}$)。

(4)钛耐大多数无机盐溶液腐蚀。

(5)Ti-0.2Pd、Ti-0.3Mo-0.8Ni 在硫酸和盐酸中比工业纯钛耐蚀性能好;Ti-0.2Pd 在 3% 的氯化钠溶液中,可用到 $250℃$ 不产生缝隙腐蚀。Ti-0.3Mo-0.8Mi 在中性盐水中,可用到 $260℃$ 不产生缝隙腐蚀和点蚀。在 $pH＝2$ 的酸性溶液中可用到 $170℃$。Ti-32Mo 可用于沸腾的 20% 盐酸和 40% 的硫酸中。

(6)钛不耐氢氟酸、氟硅酸腐蚀,不宜用于 $130℃$ 以上的浓碱溶液。

(7)钛在含盐酸的甲醇、乙醇及熔融氯化钠中会产生应力腐蚀。

相关标准:GB 6325—1995《换热器及冷凝器用钛及钛合金管》、GB/T 3621《钛及钛合金板材》等。

(三)材料-介质的耐蚀性搭配

材料和介质良好的搭配可以获得良好的耐蚀性。以下的搭配可以在最低的成本下获得最大的耐蚀性:①碳钢-浓 H_2SO_4;②不锈钢-HNO_3;③Al-大气(无污染);④Cu-Ni-海水或盐水;⑤Ni 及 Ni 合金-碱性苏打水;⑥钛-热的强氧化性溶液;⑦钽-大部分化学物质。

二、热交换器腐蚀类型与机理

热交换器的腐蚀主要存在于两方面:全面腐蚀和局部腐蚀。从腐蚀形态上看,腐蚀分布在整个金属表面上(包括较均匀的和不均匀的),成为全面腐蚀;腐蚀仅局限于金属某一部位上,成为局部腐蚀。热交换器作为化工装置中的重要设备,腐蚀问题一直非常突出特别在加工高含硫原油期间,采用碳钢制造的热交换器耐腐蚀性能较差,全面腐蚀和局部腐蚀的问题同样严重。

(一)腐蚀类型与机理

1. 电偶腐蚀

异种金属相接触,又都处于同一或相连的电解质溶液中。由于不同金属之间存在实际(腐蚀)电位差而使电位较低(较负)的金属加速腐蚀,这种腐蚀称为电偶腐蚀。例如普通碳钢(或高强度钢)与铜相接触(铆接或用螺栓连接在一起),一同处于电解质水溶液中产生的腐蚀就是这种类型的腐蚀。电偶腐蚀的影响因素如下。

(1)介质的影响。在某一种介质中合金铁电偶序(腐蚀电位)是有一定的排列顺序的,当介质或介质浓度、温度、电导率等介质条件改变后,各合金铁电位值将不同,甚至各合金的电位相对顺序(电偶序)也会变动,造成极性颠倒的现象。

(2)极化的影响。电偶腐蚀取决于异种金属的实际电位,而实际电位却受极化的影响。例如介质是循环水封闭体系,溶氧较少且容易耗尽的情况下,则会由于强烈的阴极极化——氧扩散控制,而不致产生严重的电偶腐蚀。

(3)面积比的影响。这是指阴、阳极面积比例对电偶腐蚀的影响。如果阴极面积对阳极面积的比值愈大(即大阴极小阳极组成的电偶),阳极腐蚀电流密度愈大,腐蚀愈严重。在腐蚀电偶的阳极区有涂层时也会出现大阴极小阳极的情况。

2. 孔蚀

金属表面上局限在小孔或斑点这样小的面积上的腐蚀,叫作孔蚀。孔蚀与缝隙腐蚀有许多共同点,甚至可以把孔蚀看作是基于自身的蚀孔而形成的一种缝隙腐蚀。缝隙腐蚀的一些特征,如大阴极小阳极面积比、缝隙内的自催化酸化过程等,都是同样适用于孔蚀的。

(1)孔蚀影响因素。

1)Cl^-浓度:随溶液中 Cl^-浓度升高,孔蚀电位下降,使孔蚀容易产生并加速。

2)氧化性阴离子:一些氧化性阴离子具有抑制孔蚀的作用。

3)氧化性阳离子:溶液中如存在 $FeCl_3$、$CuCl_2$ 或 $HgCl_2$ 等,由于高价阳离子还原为较低价阳离子反应的氧化还原电位较高,所以能加速孔蚀。因此,实践中常用 $FeCl_3$ 作为不锈钢孔蚀试验的试剂。

4)pH 值:在碱性溶液中,随 pH 值升高,由于 OH^- 的钝化能力而使孔蚀电位显著升高,使孔蚀不易发生。

5)温度:溶液温度升高能严重降低孔蚀电位,使孔蚀容易发生并加速成长。

6)溶液运动:溶液的停滞状态可使阳极区保持强酸性溶液,不易同阴极区的整体溶液混合,所以有利于孔蚀的发展;反之,溶液运动(对流)可减轻 Cl^- 的局部浓缩,抑制孔蚀发展。

(2)碳钢的孔蚀。

碳钢表面上不完整的氧化皮,或暴露在表面上的硫化物夹渣,都会使碳钢在含氧的水产生孔蚀。硫化物相对碳钢基本为阴极,孔蚀自硫化物钢交界面处起源,向钢基一侧发展。腐蚀产物呈半球形壳膜盖在蚀孔口上,阻止溶液中的溶解氧向孔底扩散。构成闭塞电池腐蚀。腐蚀机理与前文所述相似。蚀孔内生成含有 H_2S 的浓缩的酸溶液($FeCl_2 + HCl + H_2S$),孔外大片表面为阴极,进行着溶液的还原作用。

(3)不锈钢孔蚀机理。不锈钢以及其他依赖钝化而耐蚀的金属,在含有特定阴离子(氯离子、溴离子、次氯酸盐离子或硫代硫酸盐离子)的溶液中,只要腐蚀电位(或阳极极化时外加的电位)超过孔蚀电位,就能产生孔蚀。孔蚀的过程包括蚀孔的形成和扩大阶段。

3. 缝隙腐蚀

金属表面上由于存在异物或结构上的原因而形成缝隙,使缝内溶液中与腐蚀有关的物质迁移困难所引起的缝隙内金属的腐蚀,总称为缝隙腐蚀。

(1)碳钢缝隙腐蚀机理。腐蚀刚开始时,碳钢整个表面都同含氧溶液接触,因此,无论是在缝内金属表面上还是在缝隙外自由暴露的金属表面上,都进行过以氧化还原作为阴极反应的腐蚀过程。然而缝隙内溶液中的溶氧只能靠扩散进入,补充十分困难,随着腐蚀过程的进行,溶氧很快就耗尽,从而中止了缝隙内氧化还原的阴极反应,阻止了缝隙内的微电池反应,这样就使缝隙内金属表面(阳极区)同缝隙外自由暴露表面(阴极区)之间组成宏观电池。伴随缝隙外大面积表面上的氧化还原阴极反应的顺利进行,缝隙内金属发生强烈的阳极溶解。金属溶解,生成大量的金属阳离子,使溶液中正电荷过剩,吸引缝隙外溶液中的 Cl^- 借电泳作用大量迁移进缝隙内,以保持电荷平衡。这就会造成 Cl^- 在缝隙内的富集(比整体溶液中 Cl^- 含量高

3～10 倍)。缝隙内由于金属离子的浓度和 Cl^- 的富集而生成金属氯化物。随着金属氯化物的水解,产生没有保护性的 $Fe(OH)_2$ 膜及 H^+,使溶液中的 pH 值下降到 3 左右,而使缝隙内溶液酸化。这种酸性和高浓度 Cl^- 加速了金属的阳极溶解。而这反过来又造成更多的 Cl^- 电泳进来。如此循环往复,形成一个自催化过程。Cl^- 使缝隙腐蚀过程随时间的推移而加速进行下去。

(2)不锈钢缝隙腐蚀机理。

1)钝态的还原性破坏(活化型缝隙腐蚀)。在不锈钢表面上由于各种原因而形成的缝隙内,溶液组成的物质迁移十分困难。例如溶液中的溶解氧只能通过扩散才能进入,而且扩散缓慢。缝隙内的不锈钢表面,为了维持其钝态溶解电流,会很快消耗缝内溶液中的溶氧而得不到补充。当缝隙内溶液中的溶氧量降到零时,缝隙内的不锈钢表面钝化膜就开始进行还原性溶解。这种溶解使腐蚀产物金属盐逐渐浓缩。浓缩的金属盐通过水解使缝隙内的溶液 pH 值急速降低。当 pH 值降低到此钢在浓缩液中的去钝化 pH 值时,缝隙内不锈钢表面的钝化膜就发生全面的还原性破坏,构成了由缝隙内金属表面(活性区)、电解质溶液、缝外金属表面(钝态区)组成的宏观电池。还原性缝隙腐蚀的产生取决于去钝化 pH 值。

2)钝态的氧化性破坏(孔蚀型缝隙腐蚀)。缝隙腐蚀是由孔蚀起源的。在这种腐蚀过程中,缝隙内溶液中金属盐的浓缩使不锈钢的孔蚀电位降低,使缝隙内金属表面钝化膜发生氧化性破坏(被击穿),产生由孔蚀引起的缝隙腐蚀,称为孔蚀型缝隙腐蚀。孔蚀型缝隙腐蚀的发生取决于缝隙内溶液的临界 Cl^- 浓度。

(3)影响因素。

1)Cl^- 浓度:一般是 Cl^- 浓度越高,发生缝隙腐蚀的可能性就越大。

2)其他卤素离子:Br^- 也能引起缝隙腐蚀,但其作用小于 Cl^-,I^- 又次之。

3)溶解氧:溶氧量小于 $0.5×10^{-6}$ 才不引起缝隙腐蚀。

4)温度:一般温度越高,缝隙腐蚀发生的可能性和腐蚀速率就越高。

4. 晶间腐蚀

沿着金属的晶界区发展的腐蚀,称为晶间腐蚀。这种局部腐蚀常在不锈钢、镍合金和铝铜合金上发生,主要是在焊接接头或经一定温度、时间加热的构件上发生。晶间腐蚀可使金属材料在其表面几乎看不出任何变化的情况下失去强度,造成结构或设备的严重破坏。

晶间腐蚀,就其电化学本质而言,可以认为是在腐蚀电位下合金晶界区与晶粒本体之间存在不等速溶解所致。只要在一定腐蚀介质中合金晶界区物质的溶解速率远大于晶粒本体的溶解速率,就会形成晶间腐蚀。产生晶界区与晶粒本体的不等速溶解的主要原因是晶界区某种物质同晶粒本体之间在电化学性质(比如极化行为)上存在显著差异造成的。其次,还要在适当的介质条件下(从而决定出适当的腐蚀电位),才能显示出这种差异,产生晶间腐蚀。晶界区与晶粒本体之间的电化学行为之所以有很大的不同,主要是由于合金受热时产生组织变化。此外,晶界区存在杂质或产生应力,在适当介质条件下也会使其电化学行为同晶粒本体显著不同。对应于这两个方面,可将现代晶间腐蚀理论归纳为以下两种。

(1)贫化理论。这是一个总称,对于不锈钢来说,是贫铬理论;对于镍铬钼合金,是贫钼理论;对于铝铜合金,是贫铜理论。

(2)晶界区杂质理论。试验确定,不锈钢在强氧化性介质中(此时钢的腐蚀电位处于钝化过钝化过渡电位区)也能产生晶间腐蚀。这种情况下,晶间腐蚀是在固溶状态的奥氏体不锈钢上发生,而敏化状态的(即含有晶界贫铬区的)奥氏体不锈钢反而不产生晶间腐蚀。这显然不能用贫铬理论来解释。对于这种类型的晶间腐蚀,有人认为是晶界上偏析的杂质(例如磷在 100×10^{-6} 以上,硅在 $1\,000 \times 10^{-6} \sim 2\,000 \times 10^{-6}$ 之间)发生选择性溶解造成的,而敏化加热时析出碳化物有可能使磷不富集(例如由于生成磷的碳化物或碳偏析时控制磷的扩散),或减轻硅的富集。

上述两种晶间腐蚀机理各自适用于一定的合金组织状态,特别是一定的介质条件,不是相互排斥,而是相辅相成的。但应指出:最常见的晶间腐蚀是在弱氧化性(或氧化性)介质中发生的,因而绝大多数的晶间腐蚀现象都可用贫化理论来说明,特别是对于不锈钢。因为像不锈钢这样依赖钝化而耐蚀的材料主要是被使用在氧化性或弱氧化性介质中的,而在还原性或强氧化性介质中,绝大多数不锈钢全面腐蚀严重,不能应用。

5. 应力腐蚀

应力腐蚀破裂(Strees Corrosion Crack)是金属材料在静拉伸应力和腐蚀介质共同作用下导致破裂的现象。狭义的应力腐蚀定义为:处于拉应力状态下的合金,在特定的腐蚀介质中,由于产生局限于合金内某种显微路径的阳极溶解(即腐蚀)而导致破裂的现象。广义的应力腐蚀破裂包括氢脆。但通常把氢脆和应力腐蚀破裂分开看待。

应力腐蚀的影响因素如下:

(1)敏感的金属材料。应力腐蚀破裂只在对应力腐蚀敏感的合金上发生,纯金属极少产生应力腐蚀破裂。合金的化学成分、金相组织、热处理等对合金应力腐蚀破裂有很大影响。

(2)拉应力状态。合金处于拉应力状态,包括残余应力、组织应力、热应力、焊接应力或工作应力在内。一般认为必须是在拉应力作用下才可能引起应力腐蚀破裂。

(3)特定的介质环境。对一定的合金来说,只在特定的介质环境中才发生应力腐蚀破裂,其中起主要作用的是阳离子和铬离子。也就是说,应力腐蚀破裂发生在一定的金属介质组合中。一般情况下,当应力较低,环境腐蚀性较弱时,容易产生晶间破裂;当应力较高,环境腐蚀性较强时,容易产生穿晶破裂。

(4)时间因素。通常情况下,应力腐蚀破裂是在实际使用两三个月到一年期间发生破裂,但也有经过数年时间才发生破裂的。例如,碳钢在碱中应力腐蚀破裂速度达 10^{-5} mm/s,在硝酸中可达 10^{-2} mm/s。

总的来说,应力腐蚀破裂的机理,依金属材料环境介质组合而定,也受应力大小的因素影响,目前还没有一个统一的机理可以说明各种应力腐蚀破裂的情况。

6. 氢损伤

氢损伤是指金属材料由于含有氢或与氢相互作用而导致力学性能变坏的现象,包括氢脆和氢腐蚀。氢脆是指由于金属中存在氢,或氢与金属生成氢化物所造成的金属脆化现象。

(1)氢脆影响因素。

1)材料因素。氢脆容易发生在高强度材料和钛、钽等金属上。在低强度钢上常发生所谓氢鼓泡现象,本质上也属于氢脆问题。而钢的氢脆与钢的化学成分和组织密切相关,比如未回火的马氏体组织最容易发生氢脆,钢中夹杂(尤其硫化物)容易诱发氢脆,纯铁不发生氢脆。

2)应力因素。拉应力容易引起氢脆,一般认为压应力不引起氢脆。应力大小有个临界点,高于临界点应力的值越高,氢脆的敏感性就越大。

3)环境因素。环境中有氢原子,或经过电极反应有氢原子析出的情况,均可能引起敏感材料的氢脆。最易发生氢脆的温度范围是在 $20\sim40℃$。

(2)氢脆机理。关于氢脆的机理,说法很多,其破裂过程可分为三个阶段。

1)裂纹的形成。首先由力学化学反应生成腐蚀沟——缺口。滑移时,由于晶界和夹杂物的存在造成错位塞积,因此在缺口的前沿塑变区内继续发生一些细微的裂纹或显微空穴。当钢的屈服极限低时,这些空穴的间隔较大,造成韧性断裂;当钢的屈服极限较高时,空穴间隔较小,造成脆性断裂。

2)裂纹的缓慢成长。随着应力集中和滑移,氢进入空穴中,促进空穴长大。当空穴长到临界尺寸时,就引起脆性破坏。

3)迅速地发展形成脆性断裂。

7. 冲刷腐蚀

冲刷腐蚀是指溶液与材料以较高速度做相对运动时,冲刷和腐蚀共同引起的材料表面损伤现象。这种损伤要比冲刷或腐蚀单独存在造成的损伤大得多。这是腐蚀和冲刷相互促进的缘故。广义的冲刷腐蚀包括湍流、空蚀、摩振腐蚀等。

冲刷腐蚀主要是由较高的流速引起的,而当溶液中还有研磨作用的固体颗粒(如不溶性盐类、砂粒和泥浆)时就更容易产生这种破坏。破坏的作用是:不断从金属表面去除保护膜(包括厚的、可见的腐蚀产物膜和薄的不可见的钝化膜),从而使除掉膜处产生局部腐蚀。不仅如此,高流速也能快速地运来阴极反应物(例如溶氧),从而减小阴极极化,加速腐蚀。

冲刷腐蚀破坏时,其特征是形成光滑的、没有腐蚀产物的槽沟或回流凹陷,其槽沟或回流的走向正好表明溶液同金属之间的运动方向。

金属重新生长成保护膜的能力大小对于决定材料抵抗这种破坏的能力是非常重要的。例如像钛、钽这些能够迅速钝化的金属就比铜、黄铜、铅和某些不锈钢更耐冲刷腐蚀。

金属具有高硬度是耐冲刷腐蚀的一个重要因素。但是,在加入合金元素提高合金硬度的同时,也常常改善了耐蚀性。所以往往分不清耐冲刷腐蚀性能的改善是提高了硬度的结果,还是改善了耐蚀性的结果。

(1)湍流腐蚀。在冲刷腐蚀中,特别把主要由于金属制品几何形状突然变化而使较高流速溶液冲击金属表面产生湍流造成的金属破坏叫作湍流腐蚀,又叫作冲击腐蚀。

(2)空蚀。它是冲刷腐蚀的另一个特例。这是金属与介质之间做高速相对运动时,例如高速海轮的螺旋桨或高速水轮机叶片是常遭受的一种严重破坏,结果使金属表面呈蜂窝状,因为,两者的相对运动速度增大时,叶片表面的压力局部下降,当液体压力降到常温下水的蒸气压以下时就发生"沸腾"而产生气泡。此气泡沿叶面流动,在压力恢复的地方发生瞬时破灭。气泡破灭时产生的冲击压力极大,使材料遭受损伤,即空蚀。空蚀破坏点的下面产生了加工硬化层,空蚀点附近可产生裂纹。在空蚀破坏的性质方面,机械冲击作用比电化学作用大。

防止冲刷腐蚀的措施如下:

(1)使用适当的金属材料是防止冲刷腐蚀的重要手段,例如加有铁的铝黄铜耐湍流腐蚀较好。

(2)减小溶液的流速并从管系几何学方面保证流动是层状的,不产生湍流,可以减轻冲刷腐蚀。例如,管子的直径应尽可能地大、并与前后的截面尺寸尽可能一致、弯头的曲率半径要大些,入口和出口应是光流线型。

(3)用过滤和沉淀的方法除去介质溶液中的固体颗粒。

8. 硫化物腐蚀

在炼油工业中,原油都含有一定量的硫化物,它们是硫醇、硫醚、多硫化物、环状硫化物、元素硫、硫化氢等。含硫量低于 0.5% 的原油为低硫原油,含硫量在 0.5%～1% 之间的原油为含硫原油,含硫量大于 1% 的原油为高硫原油。

(1)硫化物的高温化学腐蚀。

1)高温硫腐蚀。炼油生产装置中,如常减压蒸馏、催化裂化、延迟焦化等装置在 240℃ 以上高温部位存在硫化物的高温化学腐蚀。生产过程中,单质硫(S)、硫化氢(H_2S)、硫醇(R－SH)等活性硫可以直接与金属反应。

在 200℃ 以上,H_2S、硫醇可以直接与铁反应,在 360～390℃ 之间 H_2S 的腐蚀率最大;在 350～400℃ 之间,单质硫可直接与铁反应;在这样的温度下,H_2S 可发生分解,产生的活性硫和铁的作用极强烈。在生产过程中,硫醚、二硫醚、环硫醚、多硫化物等非活性硫虽不能与铁直接反应,但受热后发生分解,生成的活性硫则按上述规律和铁发生反应。例如,硫醇在高温下由于分子引力而被吸附于有催化活性的碳钢表面上,使硫醇基 R－SH 断裂变成自由基,生成的自由基会进一步与尚未分解的硫醇作用生成硫化氢。二硫醚的高温分解有两种方式,可以生成元素硫,也可以生成硫化氢。

2)高温硫化氢与氢腐蚀。气体脱硫、催化重整、加氢裂化,加氢精制等加工过程都将出现 H_2S－H_2 的腐蚀问题。它以 250～550℃ 之间表现最为突出。

高温 H_2S－H_2 腐蚀是高温下 H_2S 和 H_2 联合作用的结果,它对金属的腐蚀作用比单的 H_2S 或 H_2 强烈。这是由于在这些装置中,硫腐蚀的过程中都生成初生态氢,氢以浸入型的质子状态渗入生成的硫化铁膜中,使金属表面膜孔隙增加,膜孔疏松多孔,失去保护作用。膜层反复生成,反复剥离,使金属腐蚀比单纯硫化氢环境更为严重。

3)硫化氢-环烷酸腐蚀。环烷酸(酸值小于 0.5 mg KOH/g 为低酸值原油,大于 0.5 mg KOH/g 为高酸值原油)与高温硫腐蚀往往同时存在于炼油装置中的一些部位(230～420℃)。当原油的酸值大于 0.5 mg KOH/g 时腐蚀将变得剧烈起来。在高温下环烷酸和硫化物都能直接与钢铁起化学反应,硫化氢腐蚀反应的产物在钢铁表面形成的膜,可减轻钢铁的属蚀,但环烷酸对表面的硫化铁腐蚀产物能起化学清洗作用。钢铁表面无膜形成,新鲜光滑的表面不断受到流速较高的环烷酸和 H_2S 冲蚀,持续地以高速度腐蚀表面。

(2)硫化氢的电化学腐蚀。

1)H_2S－H_2O 腐蚀。加氢脱硫装置的反应器下游,接近常温的设备中,在有水分存在下出现这种腐蚀系统。例如在这种情况下的液化石油气球罐的焊缝常常发生硫化物应力腐蚀破裂。

2)H_2S－HCl－H_2O 腐蚀。蒸馏装置的初馏塔顶、常压塔顶、减压塔顶以及与它们相连的管道、容器及换热设备等受到 H_2S－HCl－H_2O 的电化学腐蚀作用。

HCl 在有冷凝水或有 H_2S 的情况下出现腐蚀,这说明 HCl 是造成塔顶系统腐蚀问题的主要原因,也说明了冷凝水氯离子增多使腐蚀显著加重。

但是,腐蚀最剧烈的部位是形成"露点"的温度区域。由于冷凝水的量极少,溶解在其中的 HCl 浓度很高直到接近饱和,pH 值变得极低。随着冷凝过程的不断进行,H_2S 的溶解度迅速增加,提供了更多的 H^+,因而又促进了氢去极化腐蚀反应,这样既破坏了具有保护作用的硫化铁膜,又加速了腐蚀进程。因此,碳钢壁因局部冷凝腐蚀、冲刷等原因,破坏了表面局部的

FeS 膜,形成大阴极小阳极的电化学腐蚀。

3)$H_2S - HCN - H_2O$ 腐蚀。在裂解温度下不仅复杂的硫化物分解成 H_2S,就是元素硫也能与烃类反应生成 H_2S,所以在炼油装置的催化裂化系统中催化富气、解吸气以及催化干气中的 H_2S 浓度很高。原油中除了有硫化物外,还存在有氰化物 HCN,HCN 对 FeS 膜起强烈的清洗作用,从而进一步加速了金属的腐蚀。

4)$H_2S - CO_2 - H_2O$ 腐蚀。液态烃和干气脱硫装置处于这种环境。在吸收和乙醇胺溶液再生工艺过程中的塔热交换器及管道等,用碳钢和低合金钢制造时,焊缝部位如果热处理不充分,将产生硫化物应力腐蚀破坏。

5)低温 $NH_3 - H_2S - H_2O$ 腐蚀。在重油加氢脱硫反应器出口和污水汽提塔塔顶等所能见到的高浓度 $NH_3 - H_2S - H_2O$ 条件下,特别在冷凝部位附近,碳钢的腐蚀速度有时达到 1.0 mm/a 以上。这种腐蚀是由于流速过大造成的冲蚀作用,使锈膜不能附着于表面而引起的。加氢裂化装置也有类似的情况。

6)$H_2S_xO_6$ 腐蚀。炼油设备高温部位使用不锈钢时不会发生腐蚀事故,但是在停工期间会发生硫化物应力腐蚀破坏,是因为高温时生成的硫化铁在停车打开设备时与潮湿空气接触,生成连多硫酸而引起的破裂。首先,亚硫酸引起晶间腐蚀,然后在应力集中和连多硫酸的共同作用下出现裂纹。晶间应力腐蚀裂纹多起源于焊接的热影响区。

(二)热交换器腐蚀部位

以管壳式热交换器为例,热交换器的腐蚀主要发生在管子、管子与管板的焊接处、管箱和壳体。腐蚀的类型有间隙腐蚀、应力腐蚀、冲刷腐蚀、点蚀、电化学腐蚀等。管子的腐蚀有全面腐蚀和部分腐蚀两种。全面腐蚀往往是由于设计时材料选择不当,或者是工艺条件不能满足设计条件的要求,或者是长期使用由于冲刷和电化学腐蚀引起换热管全面壁厚减薄,这样可以通过检修时测量数据,根据腐蚀率来推可以安全使用的年限,也可以通过对工艺参数的调整,采用一些缓蚀措施来延长使用寿命。当管子部分腐蚀时,如点蚀、应力腐蚀等则无法预测。离管子入口处 50 cm 左右的长度是最易发生腐蚀的部位,其次还有管子内存在的机械加工的凸凹处以及 U 形管的外弯处都易发生腐蚀。在 U 形管热交换器的管束中心部位的管子由于曲率半径过小,外道常常是应力腐蚀易发生部位,大多数此类热交换器在中心部位用堵头堵管。

1. 管子的腐蚀

管子的腐蚀有全面腐蚀与局部腐蚀两种,全面腐蚀减薄时,寿命可以预测。离管子入口端 40~50 mm 处的管端腐蚀最经常发生腐蚀,这与入口介质的涡流磨损与腐蚀共存有关,管子内侧有遗物堆积或黏着也易产生点腐蚀。

2. 管子与管板焊接或胀接处的腐蚀

腐蚀裂纹主要分布在管子边缘、胀管区以及这两者之间的缝隙区三个位置,以合成氨工艺的空压机二段冷却器为例,管板边缘区管子裂纹占管子总数的 70%,合成氨脱碳系统的溶液再沸器曾因在胀管区内出现了大量的贯穿性裂纹而进行了整台设备更新。

图 6-2-1 和图 6-2-2 所示分别为管壳式热交换器易发生腐蚀的部位。

3. 壳体的腐蚀

当壳体材质与折流板材质的电解电位不同,折流板材质的电位高于壳体,且壳介质为电解质时,壳体内侧因此受电化学腐蚀,尤其当电解质是含离子化合物的水时腐蚀更剧烈。这种腐蚀易发生在卧式热交换器的下部。防止此类腐蚀的方法:

（1）壳程为电解质时,应避免选用不同电解电位材质的折流板;

（2）在已制成的热交换器中有折流板对壳体的电化学腐蚀,做到定期检查,折流板部分的壳体要重点检查;

（3）对已造成的壳体减薄,检修时对减薄部分堆焊;

（4）壳体外侧进行补强;

（5）对必须采用高电位折流板的情况,壳体内侧应作贴衬处理。

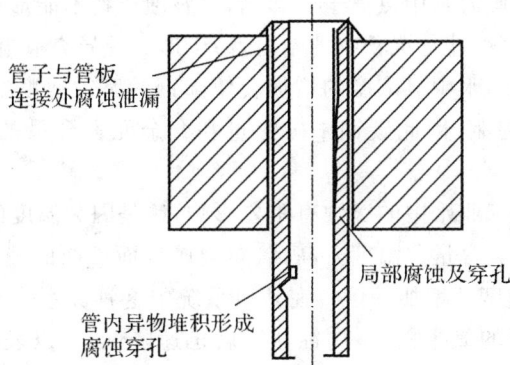

图 6-2-1　热交换器管子容易发生腐蚀的部位(a)

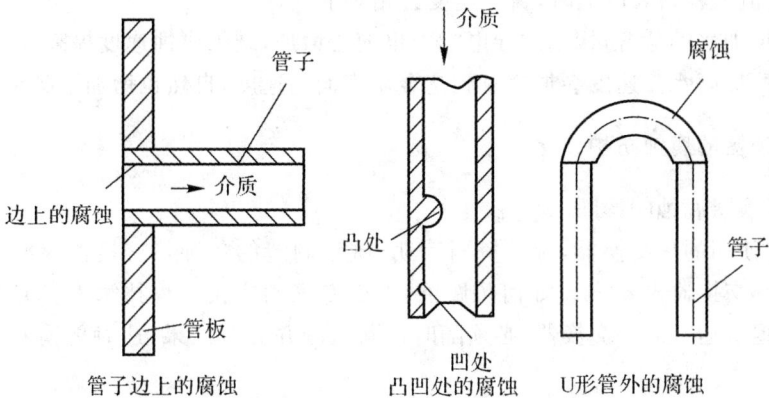

图 6-2-2　热交换器管子容易发生腐蚀的部位(b)

　　壳体及其附件完全是焊接结构,因此焊缝及热影响区易发生腐蚀裂纹,特别是壳体流体介质是蚀性介质时,由于焊接和热处理质量不好,更容易发生泄漏,当壳体内流体的温度和浓度较高时,腐蚀性骤增,往往会在焊缝及热影响区内形成化学腐蚀和应力腐蚀。要防止此类腐蚀,往往采用两种方法:一是降低溶液浓度和温度并在其中加缓蚀剂;二是减少焊接部位,选用爆炸复合内衬不锈钢(304 L,316 L)。防止热交换器腐蚀最根本的方法是采用耐介质腐蚀的金属和非金属材料,从控制介质的参数入手,添加缓蚀剂,或增加活性炭过滤器,除去其中存在强腐蚀性的杂质。

（三）冷却介质对金属腐蚀的影响

　　由于金属水系统在化工生产中普遍存在,并且对生产的长周期安全运行有直接影响,因此本任务着重介绍工业冷却水(淡水)系统的腐蚀与防护方法。

1. 金属在工业水中的腐蚀形态

无论是淡水还是海水,都含有各种离子和溶解的氧气,其中氯离子和氧的浓度变化,对金属的腐蚀形态起着重要作用。另外,金属结构的复杂程度也会影响腐蚀形态。其腐蚀形态主要有孔蚀、缝隙腐蚀、电偶腐蚀、冲刷腐蚀和应力腐蚀破裂等几种形式。

2. 工业水对碳钢的腐蚀

溶解氧:通常工业水的 pH 值为 6～9,溶解在水中的饱和氧正是腐蚀去极剂,由于水中离子的影响,特别是强电解质海水中氯离子的影响,使腐蚀产物不能形成保护膜。碳钢表面的不均匀疏松腐蚀产物和不溶性盐等沉积物的附着,易于形成差异充氧电池,造成阳极区孔蚀。在碳钢不发生钝化的条件下,水中氧浓度的增加会使碳钢的腐蚀速度线性增加。由于这一腐蚀过程是受氧的扩散过程控制,因此碳钢中碳含量和合金元素含量的稍微变化并不影响腐蚀速度。

温度:温度对碳钢在工业水中的腐蚀有重要影响,这是因为温度的改变不仅改变了反应的活化能,也影响了水中的氧含量。温度升高,氧向金属表面扩散的速度加快了,在给定氧浓度下,温度升高 30℃ 腐蚀速度就增加一倍。在开口系统中这种关系一直保持到 80℃,再升高温度,则由于到达金属表面的氧量极微,腐蚀速度就迅速降低,所以表面在高温时的腐蚀轻微。在封闭系统中,由于氧不能逸出,腐蚀速度随温度升高而增加,直到氧全部耗尽为止。

pH 值:由于工业水中含有各种盐类,它们有些在阴极区内会沉积并抑制阴极过程,因此工业水的 pH 值上升到 8 以上时,腐蚀速度会相对下降。

盐浓度:增加水的盐含量,水的导电能力也随之增加,结果腐蚀速度提高。

水流速度:提高水流速度会加快氧到达金属表面的速度,自然也增加了碳钢的腐蚀速度。

三、热交换器的腐蚀防护

(一)热交换器腐蚀的诊断

化工装置使用的热交换器,统计资料表明,碳钢制造的各种热交换器因腐蚀而损坏的占 80%,不锈钢热交换器占 83%。如何防腐蚀,不少专家和广大工程技术人员开发了许多防腐蚀的新方法,但对运行的热交换器,必须随时诊断监测并分析结果,适时更换和检修是至关重要的。

1. 极值分析法诊断热交换器腐蚀

日本技术人员在工程上采用通过极值分析法来诊断热交换器的腐蚀状态,此法主要针对热交换器腐蚀程度的监测,建立相应的数学模型,根据腐蚀率的增加决定热交换器的更换。其程序如下。

(1)取样。在使用同一循环水系统的所有换热设备中,选取 3～6 根换热管,对两程以上的管子取 1～3 根。

(2)测量。将样管取下进行切割每 10 cm 为一段,小心地除去污垢,用千分表测量壁厚,逐一进行记录。

(3)极值分析。根据测量的管子壁厚,可计算出腐蚀厚度并进行顺序排列,通过变量根据公式计算出递归时间,通常用下式表示,有

$$T = 1/(1 - \emptyset)$$

式中　　T —— 递归时间,h;

$\varnothing$—— 腐蚀存在概率，$\varnothing = e^{-EP}$；

P—— 测定的最大腐蚀深度，mm；

然后，把所测各管段腐蚀深度 P 与相应的递归时间 $T_{(x)}$ 绘制极值腐蚀概率图，如图 6-2-3 所示。将各点连成线，如果呈直线的话，可推断热交换器总体的最大腐蚀深度。如果最大深度超过了管子的壁厚，则管子将被腐蚀穿孔。则穿孔管数为

$$n = T_M / T_O$$

式中　T_M—— 推断最大腐蚀深度的递归时间，h；

T_O—— 热交换器原厚度的递归时间，h，$T_O = TBSV \times SN$，SN 为样品管数。

通过实际热交换器的腐蚀测定数据推断最大腐蚀深度的方法，是将标绘在极值概率坐标图上的诸点连线，或延长线与对应热交换器总体递归时间 $T_{(x)}$ 的交点，所对应的点腐蚀深度就是所求出的热交换器总体推断的最大腐蚀深度，如图 6-2-3 所示。

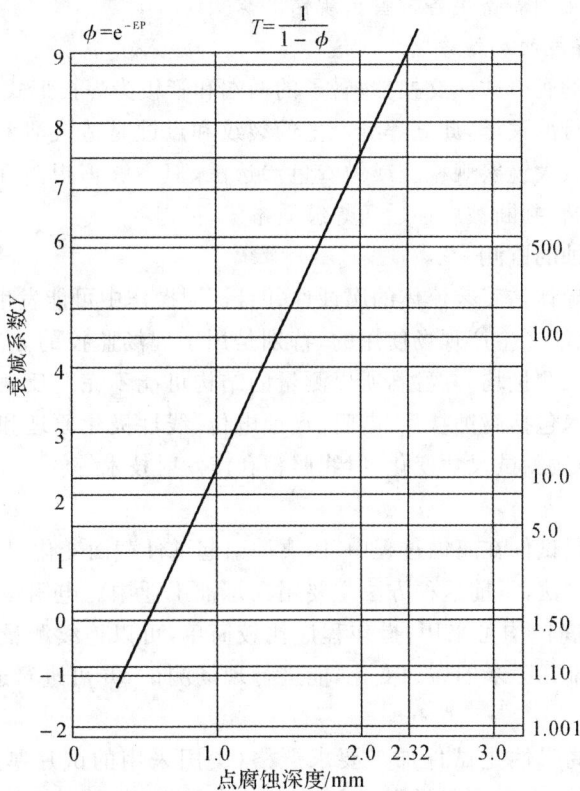

图 6-2-3　极值分析法

在连续化生产的大型化工装置中，抽取在线热交换器的样管有一定困难，甚至是不允许的，但可以制作小型模拟热交换器，建立起同样的数学模型，用同样的方法，推断出在线使用的热交换器总体最大腐蚀深度。

采用极值分析法应注意以下几个问题：

（1）采用极值分析法主要是评价腐蚀最深者，深度越深，腐蚀存在的概率越小，所以用最小二乘法可评价腐蚀深度最小者。

如果极值的点连线不是直线，说明样管点腐蚀深度概率与最初建立的不同，连成直线并求

出对应的腐蚀深度,参考价值不大。但从使用设备的安全可靠性考虑,还应做大修项目处理的依据。

(2)由于换热温度分布不均匀,特别对多程热交换器来说,如果以热交换器总体进行极值分析,诸点往往连不成直线。遇到这种情况,可以分层处理。按每个通路分别进行推断,诸点即可成为直线,推断出最大腐蚀深度在该通路中就大有价值了。

(3)管子的更换如下。根据诊断结果,如果有穿孔管应立即更换或堵管,并立项检修但必须使检修周期和极值分析结合起来。

2. 涡流探伤腐蚀诊断

目前使用较为先进可靠的探测换热管缺陷和腐蚀情况的方法为涡流探伤法。这种方法是将涡流探头插入管内,利用传感器的阻抗变化原理使探头在管内移动时遇到腐蚀缺陷反射出的波形传到微机屏幕上,根据波形和标准波形对比,计算并判断出管子的腐蚀缺陷,同时可测出管子的厚度。在应用中需备足各种管子规格的探头。

3. 管子-管板角焊缝的腐蚀诊断

化工装置中使用的管壳式热交换器,管子的两端和管板为焊接形式,此处焊缝质量是保证热交换器长期安全运行的关键,此处焊缝产生的裂纹和点蚀是造成泄漏的主要原因。以往常规的检验方法是利用放大镜宏观检查或做着色渗透法,但不够理想。目前多利用角焊缝超声波自动检测仪进行诊断,判断被腐蚀后角焊缝质量。

(二)热交换器腐蚀的监测

腐蚀监测用来指导评估工艺流体的腐蚀性并且探测操作中可能发生的变化。测量金属腐蚀的方法很多,但是只能在生产现场使用的,特别是用于现场监控的方法,却为数不多。这些方法当中多数只能用来测量均匀腐蚀,所以测量的结构可能不完全反映实际的腐蚀情况。各种各样的在线监测技术包括腐蚀挂片、电阻、点蚀电位、线性极化原理和塔菲尔图、氢测探针、电流测量、用在线超声波测试尺寸变化、射线照相和声发射技术等。

1. 电阻法

电阻法是利用金属试件在腐蚀过程中,因腐蚀引起试件截面变化,从而导致电阻增加的原理来测量金属腐蚀的方法,目前这种方法主要用在炼油工业中。电阻法的优点是不受腐蚀环境的影响,气相、液相腐蚀均可采用;操作程序比较简单,可以连续测量和记录腐蚀速度的变化,灵敏度较高,能测出几微米的腐蚀变化,能进行现场测试,并可进行遥测,是可用于现场监控的方法之一。

电阻法的缺点和局限性是试件加工要求严格(美国采用的试片厚度一般为 0.025～2.0 mm),一般来说试件愈细愈薄则灵敏度越高;不能测定局部腐蚀(如孔蚀)的特征;当腐蚀速度随时间改变时,由于电阻变化的滞后现象,短试件测得的结果可靠性就较差;由于灵敏度较高,所以影响测量结果的因素就比较多,如果腐蚀产物是导电体,则会导致错误的结果;对腐蚀速度低的系统,测量时间要求较长。

电阻探针是根据电阻法的原理制成的测量仪器,可以分为探针和测定仪两大部分。探针上安装的试件有片状、丝状和薄壁小口径管状等几种。在用于密闭系统时探针可以制成塞子型、法兰型或可伸缩型。探针目前存在的主要问题是不能测量高温下的腐蚀情况,这主要是因为涂料密封容易损坏的缘故。所使用的测定仪,在国外有直读式电阻腐蚀速度仪,在国内多半使用电桥改装而成的仪器。

2. 化学法

(1)溶液分析法。这种方法是通过测定腐蚀介质中被腐蚀金属的离子浓度变化来估计腐蚀速度。所以只要选择适当的分析方法即可,常用的有容量法、比色法和极谱分析等化学分析方法。这种方法的不足之处是测量费时,而且当腐蚀产物是不溶性的,或腐蚀速度随时间变化时,它不适用。

(2)离子选择电极法。这种方法是溶液分析法的一种发展。离子选择电极是一种以电位方法来测量溶液中某一特殊离子活度的指示电极。例如通常讲的玻璃电极就是一种离子选择电极,它专门用于测量 pH 值的变化。目前已有二十多种阳离子和阴离子电极。只要有合适的离子选择电极就可以在腐蚀介质中检测出被腐蚀金属的离子含量变化,从而求出腐蚀速度。离子选择电极测量时操作方便,仪器简单,并能快速连续测定。它的测试方法和适用玻璃电极测量溶液 pH 值的方法一样。它既可以选用适当的精密 pH 计代用,也有专门的离子浓度计可供使用,并正向数字显示方向发展。

(3)氢探针。它是通过测量腐蚀产物——氢的量来估算金属腐蚀速度的一种方法。目前根据测定氢含量的方法又有"压力探针"(统称"容量法")、"真空探针"和"电化学探针"三种。压力探针是根据析出氢的体积来计算金属腐蚀速度,缺点是灵敏度差,不能远距离测量。真空探针是通过一个高真空电离室,使生成的氢电离电流,然后换算成腐蚀速度。电化学探针是利用生成的氢在一特定的钝态金属表面发生阳极反应,记录钝电流的变化来计算金属腐蚀速度。后两种方法灵敏度高,可连续测量,可遥测;缺点是技术要求较高。氢探针方法使用的局限性在于它仅适用于阴极过程是析氢的腐蚀系统,所以在使用时一定要对腐蚀的阴极过程有所了解。

使用以上三种化学方法测量生产设备的腐蚀速度时存在共同的问题,就是当腐蚀是局部腐蚀或仅仅在设备的某一部位产生时,测量的结果不能正确反映腐蚀的程度。例如某些阴极过程是析氢的局部腐蚀,当局部腐蚀已经很大时,析出的氢量还不足以被检查出来。

3. 腐蚀挂片

最普通的在线监测技术是腐蚀挂片,腐蚀挂片可以做成各种形状和尺寸,以使挂片在工业设备运行过程中也可以取出。一般情况下,腐蚀挂片应在放入设备前和取出后仔细称量。

4. 电化学技术

电化学技术用于测定金属在某一给定时间实际发生的腐蚀速率。最常用的三种技术是:①应用零电阻电流计的电阻原理;②极化曲线;③线性极化曲线。对于电阻技术,需要测量由于腐蚀过程而加以考虑的细导线的变化。极化曲线可由恒电流法、恒电位法或动电位法来确定。阳极极化测量(此处电极电位朝正的方向变化,表面电流在一个大范围氧化电位内变化)主要用来确定临界点蚀电位,或局部腐蚀的击穿电位。参照极化技术,线性极化技术原理是测量试样在自腐蚀电位附近电位变化几毫伏所需要的外加实用电流的数值。此电流与样品腐蚀速率有关,即在外加实用电流和因此而产生的电位变化之间存在线性关系。如果金属正在迅速被腐蚀,则需要一个很大的外部电流来改变它的电位,反之亦然,这是精确确定腐蚀速率的基础。

5. 点腐蚀电位测量

腐蚀点开始出现的电位称为点腐蚀电位。点腐蚀电位由电化学方法来确定,电化学方法包括在标准氯化物溶液中用恒电位法测量电流和电位。恒电位法可以是步进式的或是应用恒电位扫描速率。

6.超声波测厚

使用超声波测厚仪进行设备壁厚的测量,可以对运行中的设备随时进行检测,了解腐蚀情况;可以进行逐点测量;不破坏设备。这种方法最大的不足之处是测量受仪表灵敏度的限制,如果壁厚的变化小于仪器灵敏度能够分辨的范围时,则无法使用这种方法测出。此外,对于一些形状复杂的机构,测厚仪探头无法直接接触设备表面,或者不易耦合,则也不能使用这种方法。

(三)热交换器腐蚀的防护

热交换器的损坏,有很大一部分是由腐蚀造成的。甚至在某些领域,90%以上的损害是由腐蚀产生的。有关资料显示,由于腐蚀破坏,全国每年更换热交换器的投资在 20 亿元左右。由于原油开采中含酸值逐年增加,腐蚀在石油化工行业尤其突出和更加严重。

热交换器腐蚀的控制可通过两种主要途径:①腐蚀的预防;②腐蚀的防护。腐蚀预防主要基于降低腐蚀的设计方案和思路,而腐蚀的防护在于使腐蚀损害最小化。

各种腐蚀控制技术主要有:①合适的设计;②改变腐蚀性环境的性质;③使用耐腐蚀材料;④采用复层或双金属管等形式的双金属结构;⑤应用隔离覆盖层和表面处理;⑥提供阴极或阳极电化学保护;⑦钝化处理。每一种方法都有其优缺点和最经济适用的场合。应根据设备的具体情况进行成本效益分析来确定技术方案。

1.防化学腐蚀

(1)防腐涂层。在热交换器与腐蚀介质接触的表面,通过一定的涂覆方法,覆盖上一层耐腐蚀的涂料保护层,以避免碳钢与腐蚀介质直接接触,从而到达腐蚀防护的目的。这种方法经济有效,是一种常用防腐方法。对防腐涂料有一定的要求:①涂料要有较好的内腐蚀性。涂料所形成的涂层,在接触各种酸、碱、盐、工业污水和污染气体等腐蚀性介质时,应比较稳定,涂层既不能被腐蚀溶解或分解,也不能与介质起化学作用生成新的有害物质。②涂层要有较好的防渗性,并合理确定涂层的层数和厚度,以使涂层在接触渗透性较大的液体和气体介质时能较好地阻止渗透。③涂层要有较好的附着力和柔韧性,不能因热交换器发生振动或轻微变形而产生脱落,涂层在运输、安装过程中必须保证完好无损。④涂层应具备一定的力学性能,能抗冲刷腐蚀;同时,要求涂层传热性好,对热交换器传热系影响不大。防腐涂层一般为非金属涂层。例如,常用的水冷器采用防腐除垢涂料 847 和 901、NiP 镀,油气系统多采用效果良好的陶瓷。应用防腐涂层需要操作细致,涂制均匀,保证质量。防止出现未涂空隙,以免加剧腐蚀。

(2)采用金属保护层。在热交换器与腐蚀介质接触的表面,通过一定的方法覆盖上一层耐腐蚀性较强的金属或合金,隔绝腐蚀介质与热交换器表面的接触,常用的方法有金属涂层(衬里)、金属堆焊、复合板、复合管、金属喷涂、金属渗透、电镀和刷镀等。金属涂层效果良好,但成本较高,实用性不强,比如镀 Ni、镀钛、镀铜等工艺。金属堆焊一般采用碳钢、CrMo 钢堆焊,用来抗硫化氢和酸类腐蚀。这种方法成本较低,效果良好,在化肥、乙烯、炼油等工艺中多有应用。

(3)采用电化学保护。电化学保护有阴极保护和阳极保护两种方式。阴极保护是利用外加电源使金属表面变为阴极而达到保护的目的,耗电量大,费用高,应用较少;阳极保护是把被保护的热交换器接以外加电源的阳极,使金属表面生成钝化膜,从而得到保护。

(4)缓蚀剂保护。采用加缓蚀剂的方法,如目前炼油装置、化工装置采用的一脱四注方式,效果较好。

2. 防应力腐蚀

以管壳式热交换器为例,应力腐蚀主要发生在管子和管板的胀焊部位,管子和折流板的交界处等。这些部位有局部的应力集中,容易在胀管部位出现破裂,当管子与管板是贴胀加强度焊结构时,也容易在管子的焊接影响区内发生腐蚀。特别是当热交换器是薄管板,管子与管板是强度焊,若热处理不好,很容易在管子与管板焊接的边缘产生点蚀和裂纹等应力腐蚀。当厚管板和管子连接采用胀接或胀焊结合时,管子与管板存在间隙,如有 Cl^- 的聚集及氧的浓度差,极易在管子内外表面产生点坑,引起间隙腐蚀。管子与折流板交界处的破裂,往往是由于管子长,折流板多,管子稍有弯曲或者在穿管时引起表面机械损伤,容易造成管壁与折流板产生局部应力集中,加之间隙的存在,当流体横向流动时引起振动,因此在交界处成为应力腐蚀和磨损的薄弱部位。对热交换器的这种应力腐蚀,主要采取以下方法进行腐蚀防护。

(1)消除 Cl^- 离子集聚的条件。对管子与管板采用新型连接结构,如管子与管板对接焊,这样从根本上消除管接头处的缝隙。另外还可以将管子与管板连接采用强度胀(如爆炸胀管)加密封焊,减少 Cl^- 的集聚。如果条件许可,设计时可在热交换器壳体与管板相邻部位开孔加排污口,通过连续排污或间断排污来减少 Cl^- 的集聚。

(2)改进胀管工艺。热交换器的管子与管板连接方式无论胀接或胀焊结合,其胀管的深度大多达不到管板全厚,导致在壳程留下间隙,采用强度胀会降低管子的耐应力腐蚀能力。目前,已经出现一些新型的胀管技术。比如采用橡胶胀管技术,以数控车床加工管板,控制换热管外径公差,自动控制挤压力,使管子在产生局部塑性变形的同时,局部只留下很少的残余应力或微裂纹,减少了应力腐蚀的产生。还可选用耐温耐水性能好的防腐涂料,将管子的缝隙区加以涂封,消除 Cl^- 在此浓缩的积聚条件。

(3)加入隔热套管。将预制好的耐高温双层同心套管插入管头内,外端焊接或胀接,这样可以在管头的传热面上形成一个不流动气层,增加对管头部分缝隙内的水分蒸发量,降低 Cl^- 的浓度,减缓 Cl^- 引起的间隙腐蚀。

(四)腐蚀检修与防护案例

1. 甲醇热交换器腐蚀检修

某化肥厂低温甲醇洗装置开车半年后发现 2# 主甲醇热交换器及其管线严重腐蚀,多次发现泄漏,造成频繁停车检修处理,严重影响生产的正常进行,并造成很大的经济损失。

(1)腐蚀状况。2# 主甲醇热交换器的管束原设计材料为碳钢,投产半年以后发现其列管底端、管板及封头处因腐蚀严重,出现泄漏难以修复,停车将热交换器中的管束全部更换,同时将换热管材质升级为 1Cr18Ni9Ti。但仍有腐蚀发生,后改为渗铝钢制作热交换器列管,防腐效果很好。

2# 主甲醇热交换器及其所属管线严重腐蚀,使换热管及其所属管线减薄甚至穿孔,造成甲醇泄漏。宏观观察碳钢热交换器列管的腐蚀可以发现:腐蚀主要发生在列管钢管的 U 形段内部、固定列管的管板及热交换器的封头等部位,表面附着一层红褐色铁锈,呈局部腐蚀状态,并且有许多麻点和坑孔,因腐蚀致穿的孔洞多呈圆形,在点蚀孔周围及底部没有穿晶及晶间裂纹。

(2)腐蚀原因的检查与分析。根据腐蚀状况的分析,2# 主甲醇热交换器的腐蚀除介质引起的局部腐蚀外,物料的冲刷和磨损也会造成腐蚀。

1)介质的化学腐蚀。甲醇洗装置中 6 台 2# 主甲醇热交换器结构相同,均为固定管板式 U 形管热交换器,列管规格为 $\phi 9$ mm×2 mm,管程介质为洗涤完原料气的富硫化氢甲醇液,出口温度为 96℃,入口温度为 −24℃,壳程介质为硫化氢再生后的贫甲醇,出口温度为 −12℃,入口温度为 92℃。由于管程出入口温差较大,腐蚀严重,物料大量泄漏。这说明腐蚀程度与介质的性质及温度有关。

2# 主甲醇热交换器管程中的甲醇含有大量的 H_2S,而 H_2S 可直接与铁或铁的氧化物作用生成硫酸盐,对设备造成腐蚀。在实际生产中,由于甲醇系统中含有大量水分,硫化氢在一定温度条件下会溶解于水形成氢硫酸,氢硫酸与金属铁反应生成硫化亚铁,对设备也会造成腐蚀。介质对热交换器的列管及与其相连的管道腐蚀后,从表面看金属的外形尺寸几乎不变,但金属的强度和延伸性降低,弹性范围也降低。

富含 H_2S 的甲醇在硫化氢吸收塔中闪蒸出 CO 后,原料气中的羰基化合物及少量 CO 溶解于甲醇,与金属设备接触时能生成硫化铁,并附着在金属壁上。为了保证正常传热,在硫化氢闪蒸塔甲醇泵的出口处配入了一股原料气,流量为 200m³/h,这样就导致 2# 主甲醇热交换器中的甲醇含有较高的 CO,CO 与金属铁发生化学反应,生成羰基铁,硫化氢的存在又促进了 CO 与金属铁的反应,加速羰基铁对设备的腐蚀。

富含 H_2S 的甲醇虽然经过硫化氢吸收塔,又经过硫化氢闪蒸塔甲醇泵加压,但随着温度不断升高,仍有硫化氢气体闪蒸出来,这样就形成溶解、闪蒸、再溶解过程,造成设备表面不规则受力,导致 H_2S 对金属铁腐蚀加重。

2)冲刷腐蚀。富含 H_2S 的甲醇在列管表面流动,尤其是出现涡流或液体甲醇急剧改变流动方向时,由于甲醇液体的机械冲刷对列管金属表面保护膜的破坏作用,甲醇中的 H_2S 就与列管金属表面不断发生化学或电化学作用,产生冲刷腐蚀。冲刷腐蚀的特征是金属表面上常出现方向性的凹槽、沟道、波纹和圆孔等腐蚀外形。

3)磨损腐蚀。系列管金属表面同时产生磨损和腐蚀的双重破坏形式。发生在液体甲醇改变流动方向的部位,如列管的 U 形管、管线拐弯部位。在这些部位处,液体甲醇的流动呈湍流状态,汽液动量变化较大,因此对热交换器的磨损冲蚀严重,加快了热交换器列管和管道的腐蚀。

(3)防护改进措施。

1)加强生产管理,改变操作条件。为了防止 H_2S 溶解于水形成氢硫酸,对 2# 主甲醇热交换器及与其相连的管道造成严重腐蚀,首先采取了调整甲醇水精馏塔的操作工况,严格控制冲、卸压速度等措施,以降低甲醇中水分的含量。

2)选用耐蚀性能更好的材料。鉴于 1Cr18Ni9Ti 材质耐 H_2S 腐蚀及应力腐蚀性较差,后考虑换用其他耐蚀性能较好的材料,如碳钢渗铝材料。碳钢渗铝材料即对碳钢表面进行合金化处理,在碳钢表面上形成致密的铝-铁合金,渗层与基体结合力很强,且不影响碳钢的传热性能。渗铝钢具有较好的耐蚀性能,其对 H_2S、SO_2、SO_3、NH_3、CO_2、海水等介质的耐蚀性是碳钢的 4～40 倍,而抗高温氧化的能力超过 1Cr18Ni9Ti,是我国目前用来抗高温 H_2S 腐蚀的较好材料。

增加管壁厚度,选用厚壁管制作热交换器列管,这样可使管壁厚度增加 1～3.5 mm,选用弯头、弯管时使弯头、弯管外圆壁厚增大 1～2 mm,以增加管线的曲率半径,减少湍流的形成。这样就可减少液体甲醇对设备和管道造成冲刷和磨损腐蚀,延长其使用寿命,保证生产正常进行。

3)严格操作。合成氨生产工艺流程长,化工单元多,一旦误操作就将给设备和管道带来不良的影响。严格操作对改善设备腐蚀是非常严重的。

4)加强设备腐蚀调查和易腐蚀部位监测。腐蚀检测与规范化处理,引进和开发系列成熟的在线检测方法并推行微机规范化管理。

2. 管壳式热交换器腐蚀检修

某气化厂煤气变换工段一台 1 300 mm×11 800 mm 管壳式热交换器,换热面积 323 m²,总重8 485 kg;换热管为 φ38 mm×2.5 mm×6 000 mm 共463 根,材质为 0Cr18Ni10Ti;热交换器壳体材质为 1Cr18Ni9Ti,管程介质为进入变换炉的粗煤气,壳程介质为从变换炉出来的粗煤气,管程介质温度为 200~280℃,压力为 2.8 MPa,壳程介质温度为 310~370℃,压力为 2.65 MPa。该热交换器自 1993 年投入运行至 2003 年,十年未发生问题。但在 2004 年春季检修时发现有三根换热管开裂,位置均为管束外侧。为防止开裂情况再次发生,厂方对开裂原因进行了检查分析。

(1)化学成分分析。从断管上取样进行化学成分分析,其结果见表 6-2-1。

表 6-2-1　化学成分表

成分	C	Si	Mn	S	P	Cr	Ni	Ti
含量/(%)	0.038	0.39	1.52	0.001	0.02	17.63	9.3	0.36

结论:其成分符合 GB 13296—1991 中 0Cr18Ni10Ti 的化学成分要求。

(2)金相组织检验。从断管上取四个样块进行金相组织分析及裂纹检验。该管的金相组织为奥氏体等轴晶,有少量 T 的碳氯化物析出,为 0Cr18Ni10Ti 钢的正常组织。四块样中有块样发现多条裂纹,裂纹均启于管外壁,基本垂直外表面向内壁方向扩展,环向走向,裂纹为穿晶,有分枝,裂纹内有腐蚀产物。

(3)断口分析。取多个样块,经化学清洗后用扫描电镜进行断口分析,由于断口表面有一层类似沥青的物质,清洗不掉,无法观察到断口形貌。

(4)运行状况分析。2003 年冬季运行时,由于此台热交换器后的变换炉内的催化剂老化,为提高催化剂使用寿命,对变换炉内加入 2.8 MPa 的高温蒸汽。并且冬季用煤有一部分是外进的,含硫量远高于平时用煤。

综上所述,可以确认,管的材质为 0Cr18Ni10Ti,其化学成分和金相组织符合相关标准要求。断口上的物质为煤焦油。裂纹启裂于外壁,是由于 H_2S 在通蒸汽潮湿的情况下对换热管进行应力腐蚀造成的断裂。因此,在今后的使用中应注意 H_2S 的应力腐蚀作用,以免热交换器再次发生断裂。

3. 高压氨冷器的腐蚀检修

某化肥厂新上了 1 台高压氨冷器,使用不到 2 个月,球封内的分程隔板随即完全脱落,使用单位为因急需生产请有关单位对该设备进行了抢修,但再次使用不到 3 个月,又发生隔板焊缝严重开裂脱落及换热管与管板连接接头泄露的事故,因此被迫停车再次检修。

(1)设备结构。高压氨冷器结构如图 6-2-4 所示,管、壳程设计参数为:管程设计压力 31.4 MPa,设计温度 40℃,介质为合成气;壳程设计压力 1.57 MPa,设计温度 −15℃,介质为液氨。

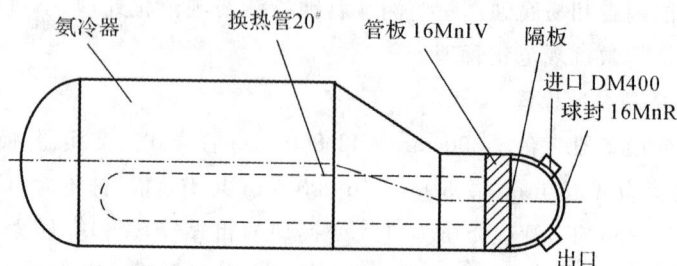

图 6-2-4　高压氨冷器结构示意图

该设备隔板材质最初设计是 0Cr19Ni9,与管板(16MnIV)、球封(16MnR)间用 A307 焊条焊接,换热管用 20# 钢管;使用 2 个月后,从异种钢焊缝低合金钢侧的熔合线呈镜面断裂;于是,第一次维修时将隔板材质改为 16MnR,隔板增厚至 16 mm,隔板与管板、球封间用 J507 焊接,且在隔板下方沿轴向均匀增设 2 根 14# 槽钢(Q235-A),两端分焊于管板、球封上。再次使用不到 3 个月时又发生泄漏,现场拆开合成气(CH_4,H_2,N_2,NH_3,$CO+CO_2$)进出口平盖后,发现几乎所有隔板拼缝、与隔板相焊的焊缝、与支撑槽钢相焊的焊缝均出现大量贯穿的纵向主裂纹,部分完全断裂。由于首次维修中加设槽钢使隔板移位,隔板焊缝与换热管强度焊缝重叠,导致换热管与管板连接焊缝有多处泄漏。

(2)事故原因分析。由于是生产性抢修,没有过多时间进行检验或试验,根据现场情况、用户的反映、设备的图纸资料及处理同类事故的经验,作出如下分析与判断。

1)从该设备的工艺过程来看,进口合成气中的气态 NH_3 在高压下冷凝液化,从而与气态 H_2,CH_4 分离,用户使用中也发现管内常有结晶现象,液化的 NH_3 具有高纯度无水液氨的特性,当合成气中存有 CO_2 或 O_2 时,已具有无水液氨诱导应力腐蚀的可能;再者氨冷器入口受压缩面压力波动的影响,隔板承受一定的交变载荷,有可能致使隔板疲劳开裂。

2)隔板用不锈钢时,沿 16Mn 侧熔合线全线开裂,呈现镜面彻底剥裂脱落,说明该处存在硬脆显微组织,拉应力较大;第一次维修改用 16MnR 后,隔板拼缝、隔板与球封、隔板与管板相焊的大部分焊缝开裂,焊缝中及熔合线上均可见裂纹,隔板焊缝与换热管强度焊缝重叠(由于加设槽钢使隔板移位)部位已有多处泄漏,而设备制造单位原来施焊的换热管接头无一泄露;再仔细观察现场后发现,支撑槽钢与球封、管板的焊缝也几乎全部开裂。因此判断应力腐蚀开裂的可能性大,但压力波动引起的疲劳开裂不能排除。

3)查阅设备竣工资料,发现管板、球封、换热管及合成气进出口焊后,做了一次焊后局部消应力热处理,而隔板由于采用不锈钢,焊后未经消应力热处理;第一次维修时现场施焊后也未经过热处理。由此可判断为应力腐蚀开裂。

根据以上分析后认为:应力腐蚀开裂的可能性极大,疲劳开裂的因素不能排除。

(3)现场维修措施。

1)气割后打磨隔板残余金属,管板、球封经 MT 或 PT 检测,彻底清除裂纹等缺陷,避免裂纹在维修及使用情况下扩展。

2)隔板材质改用 Q235-C,焊材改为 $\phi 3.2$ mm、J427 焊条,以降低焊缝显微硬度及强度级别;焊缝采用多道焊并圆滑过渡,每焊完一层,用小圆锤轻敲焊缝及熔合线表面,这些措施可有效降低残余峰值应力。

3)隔板的拼焊及与管板、球封的焊接采用合理的焊接顺序尽可能降低焊接残余接应力;焊前管板、球封适当预热,焊后作 MT 或 PT 检测。

4)修改隔板采用挠性好的结构(见图 6-2-5 中 $A-A$ 剖视图),采用 $\phi 108$ mm 半管连接,同时保留 2 根支撑槽钢,增强隔板抗疲劳破坏的能力。

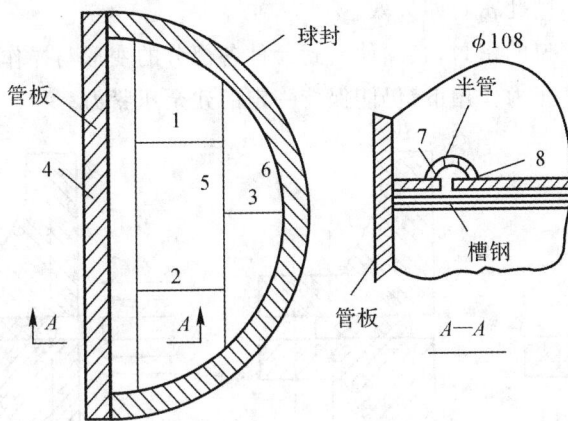

图 6-2-5　隔板结构修改

(4)预防措施与改进。热质为换热冷却设备中的气态合成气(含 NH_3),当冷质使用温度低于 0℃时,常有严重的应力腐蚀倾向,容器的设计、制造和使用单位应特别注意:①氨冷器设计中隔板选材尽量采用强度较低的碳钢,使用如 J427 等低强度焊材;②隔板避免刚性结构,采用挠性设计;③隔板焊后同组件一起作消除应力热处理;④严格控制合成气中的 CO_2 及 O_2 的含量;⑤稳定压缩机输出口的压力,以降低应力腐蚀开裂的概率与速度。

四、热交换器的密封

(一)密封原理

防止流体泄漏的基本原理是在连接口增加流体流动的阻力。当压力介质通过密封口射阻力降大于密封口两侧的介质压力差时,介质就被密封了。这种阻力的增加是依靠增大密封面上的密封比压来实现的。

一般来说,流体在密封口泄漏有两种途径:一是垫圈渗漏;二是压紧面泄漏。前者是由垫圈的材质和形式所决定。对于用透性材质(如石棉等)制作的垫圈,由于它本身存在大量的毛细管,渗漏是难免的。当在垫圈材料中添加某些填充剂(如橡胶),或与不透性材料组合成型时,这种渗漏即可避免。后者,压紧面泄漏是密封失效的主要形式。与压紧面的结构有关,但主要由密封组合件各部分的性能和它们之间的变形关系所决定。

法兰平垫密封是强制密封的典型。将法兰与垫圈接触面处的微观尺寸放大,可以看到二者的表面都是凹凸不平的[见图6-2-6(a)]。把法兰螺栓的螺母拧紧,螺栓力通过法兰压紧面作用到垫圈上,当垫圈单位面积上所受的压紧力达到某一值时,整圈本身被压实,压紧面上由机械加工形成的微隙被填满[见图6-2-6(b)],为阻止介质泄漏形成了初始密封条件。形成初始密封条件时,在垫圈单位面积上受到的压紧力,称为预紧密封比压。当通入压力介质后[见图6-2-6(c)],螺栓被拉伸,法兰压紧面沿着彼此分离的方向移动,垫片的压缩量减少,预紧密封比压下降。如果垫圈具有足够的回弹能力使压缩变形的回复能补偿螺栓和压紧面的变形,而使预紧比压值只下降到不小于某值时(这个比压值称为工作比压),则法兰压紧面之间能够保持良好的密封状态。反之,如垫圈的回弹能力不足,预紧力比压下降到工作比压以下,甚至密封口重新出现缝隙,则此密封即失效。

因此,为了实现连接口的密封,必须使密封元件各部分的变形与操作条件下的密封条件相适应,使密封元件在操作压力作用下,仍能保持一定的残余压紧力。

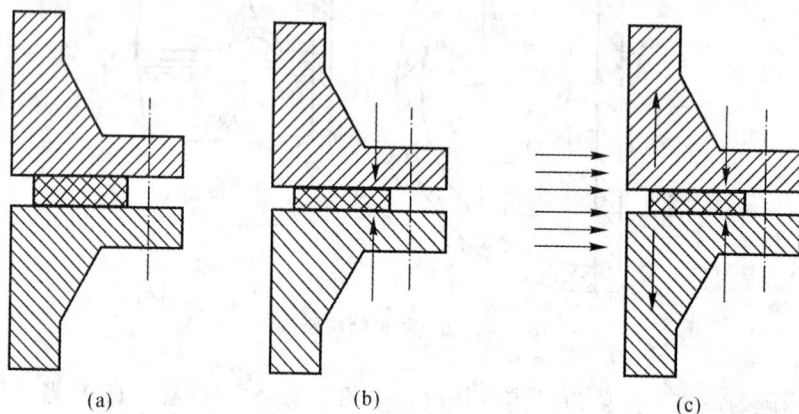

(a)   (b)   (c)

图6-2-6 法兰密封原理

(二)密封的影响因素

影响密封的因素是多方面的,这里只对几个主要因素予以归纳分析。

1. 螺栓预紧力

螺栓预紧力是影响密封的一个重要因素。预紧力必须使垫圈压紧并实现初始密封条件;同时,预紧力也不能大到将垫圈压坏或挤出。

提高螺栓预紧力可以增加垫圈的密封能力。这不仅因为加大预紧力可使渗透性垫圈材料的毛细管缩小,而且,在操作时可使垫圈中残留较大的工作密封比压。

由于预紧力是通过法兰压紧面传递给垫圈的,要达到良好的密封,预紧力必须均匀地作用于垫圈。因此,在密封所需的预紧力一定时,采取减少螺栓直径,增加螺栓个数的措施,密封是有利的。

2. 垫圈性能

垫圈是构成密封的重要元件。适宜的垫圈变形和回弹能力是形成密封的必要条件。垫圈的变形包括弹性的和塑性的,仅弹性变形具有回弹能力。

垫圈回弹能力是表示在施加介质压力时,垫圈能否适应法兰面的分离,可用来衡量密封性能好坏。回弹能力大者,可能适应操作压力和温度的波动,密封性能好。

　　垫圈的变形和回弹与垫圈的材料和结构有关。这种关系由于常用的垫圈是非线弹性的,而是初始预紧力、压紧面所提供的表面约束和操作温度下经历的时间等的函数。故讨论垫圈的密封性能理论上就变得很复杂。目前,在设计上只是根据实验确定垫圈的两种基本性能参数——预紧密封比压(Y)和整圈系数(m)(即工作密封比压和介质压力的比值)使问题得以简化。

　　3.压紧面的作用

　　压紧面又称密封面,直接与垫圈接触,是传递螺栓力使垫圈变形的表面约束。为了达到预期的密封效果,压紧面的形状和表面粗糙度应与垫圈相配合。一般与硬金属垫圈配合使用的压紧面,尺寸精度要求高,粗糙度 Ra 为 $0.8 \sim 1.6~\mu m$,而与软质垫配合使用时,可相对降低要求。粗糙度 Ra 为 $6.3 \sim 12.5~\mu m$ 即可,但压紧面决不允许有径向刀痕或划痕。

　　实践证明,压紧面的平直度和压紧面与法兰中心轴线垂直同心,是保证垫圈均匀压紧的前提。减少压紧面与垫圈的接触面积,可以有效地降低预紧力,但若减得过小,则易压坏垫圈。显然,压紧面的形式、尺寸和表面质量与垫圈配合不当,则将导致连接点密封失效。

　　4.法兰刚度

　　在实际生产中,由于法兰刚度不足而产生过大的翘曲变形,往往会导致密封失效。刚性大的法兰变形小,并可使分散分布的螺栓力均匀地传递给垫圈,故可提高密封性能。

　　法兰的刚度与很多因素有关,其中增加法兰盘的厚度、减小螺栓力作用的力臂(即缩小螺栓中心圆),都能提高法兰抗弯刚度,但是提高法兰刚度,将使法兰笨重,整个法兰连接造价提高。

　　5.操作条件的影响

　　操作条件即指压力、温度及介质的物理化学性质。单纯的压力或介质因素对泄漏的影响并不是主要的,只有和温度联合作用时,问题才显得严重。

　　温度对密封性能的影响是多方面的。高温介质黏度小、渗透性大,易促成渗漏;介质在高温下对垫圈和法兰的溶解与腐蚀作用加剧,增加了产生泄漏的因素。在高温下,法兰、螺栓、垫圈可能发生变和应力松弛,致使压紧面松弛,密封比压下降,一些非金属整圈,在高温下还会加速老化或变质,甚至被烧毁。此外,在温度作用下,由于密封组合各部分的温度不同,发生热膨胀不均匀,增加了泄漏的可能。如果当温度和压力联合作用时,又有反复的激烈变化,则密封会发生"疲劳",使密封完全失效。

(三)密封垫片选用

　　1.垫片形式

　　垫片与操作介质直接接触,受到介质物性、温度和压力影响。要使密封达到预期的效果,关键是选择合适的垫片材料和形式。适合制作垫片的材料一般应耐介质腐蚀,不污染操作介质;具有良好的变形性能和回弹能力;要有一定的机械强度和适当的柔软性;在工作温度下不易变质硬化或软化。垫片按材料分类,可分为非金属垫片、半金属垫片和金属垫片;按垫片的结构分为环状平垫、复合式、波纹式、金属环状环等形式,详见表 6-2-2。

表 6-2-2 热交换器常用整片形式

垫片形式	垫片名称	说　明	应用场合	材料规格	垫圈系数 m	预紧密封比压 Y/MPa
环状平垫片	非金属垫片	纸布和橡胶	122℃以下		0.51~1.75	0~7.8
		石棉橡胶板	在炼油厂、化工厂中最为广泛应用，常用温度以下，最适宜范围下	3 mm	2.0	1.1
				1.5 mm	2.75	2.25
				0.75 mm	3.5	4.48
	金属垫片	可多种金属制作	法兰密封面须车出齿形槽	铁或软钢	5.5	12.56
				不锈钢	5.75	7.11
	齿形金属垫片	金属平垫片加工出同心槽	比平垫片所需的螺栓力小，密封性能好	铁或软钢	3.75	12.56
				蒙乃尔合金或4%~6%铬钢	3.75	6.33
				不锈钢	5.75	7.11
复合式	金属套	石棉板外包金属套	用于 350~450℃，需要螺栓的螺栓力比平面金属垫片小，适用于温度、压力较高场所	铁或软钢	3.75	5.24
	缠绕式、石墨复合垫片	金属带＋石棉带缠绕制成石墨＋金属骨架加工成波纹状		不锈钢	3.75	6.21
				碳钢	3.00	6.9
				不锈钢或蒙乃尔合金	3.00	6.9
环状垫片	断面为八角形、椭圆形	金属环，一般用软钢、低碳钢、不锈钢蒙乃尔合金、镍和铜制作	使用温度范围450~600℃，密封性能好，随着内压增大，垫片自密封性增强，适用于恶劣的条件下的工作，常用八角形	铁或软钢	5.5	12.56
				蒙乃尔合金或4%~6%铬钢	6.0	15.03
				不锈钢	6.5	17.93

2. 垫片选择

垫片的选择要有全面的观点，要考虑操作介质的性质、操作压力和温度以及需要密封程度；亦要考虑垫圈性能、压紧面形式、螺栓压力和温度以及装卸要求等。其中操作温度压力是影响密封的主要因素，是选用垫圈的主要依据。

(1)垫片类型的选择。高温高压 U 形管式热交换器，多采用金属垫圈；中温(＜450℃)中压热交换器可采用半金属组合式垫圈；中、低压热交换器可采用半金属组合式垫圈或非金属垫片。仅按温度或压力选择垫片类型，可参阅图 6-2-7。

非金属垫圈简单易得，密封性良好，是常用的垫圈，可在低压、低温、无污染介质的水冷、小型冷却器中使用。缠绕式垫圈有多道密封作用，弹性好，可做成较大直径，故对一般条件均可采用。复合波齿垫，软钢基垫正反面波峰波谷相对，形成简支状态，有较好的回弹能力，而复面材料多选用化学性能稳定、耐高温的填充材料(如石墨)，在螺栓力的压力下，形成似非金属垫圈一样的填充密封面微隙，且加工简单，可做成大直径垫圈，不存在像缠绕垫圈易散圈的问题。

因此,在非钢圈密封热交换器中,得到广泛使用。目前接管法兰使用缠绕整体,热交换器、入孔大口径法兰使用复合波齿垫是石油化工界的趋势。

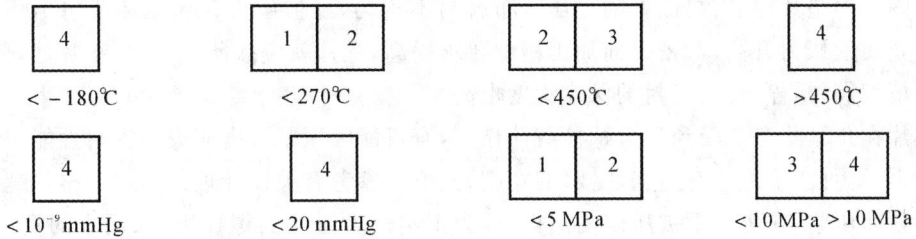

4
$< -180℃$

1	2
$<270℃$	

2	3
$<450℃$	

4
$>450℃$

4
$<10^{-9}mmHg$

4
$<20\,mmHg$

1	2
$<5\,MPa$	

3	4
$<10\,MPa$	$>10\,MPa$

图 6-2-7　安装温度、压力选择垫片类型示意图
1—橡胶及非金属软垫片;2—石棉橡胶垫片;3—组合式垫片;4—金属垫片

(2)整片材料的选择。

1)选择整片材料主要使其耐用温度大于操作温度,且耐介质腐蚀。

2)不允许石棉纤维混入的介质(如航空汽油)不宜采用石棉橡胶板。苯对耐油橡胶石棉板中的丁腈橡胶有溶解作用,故苯这类介质不宜采用这种垫片材料。对 $P_N \leqslant 2.6\,MPa$、$t \leqslant 200℃$ 的苯介质,宜采用复合波齿垫或缠绕垫。

3)低压、低温、无污染介质的小型冷却器,如固定管板式冷却器,可采用石棉板或橡胶板做垫片;直径 $D_N > 400\,mm$ 的,可抽出管束冷却器的水程密封,最好选用与被冷却介质程垫片一样材质和形式的垫片。

4)使用钢圈密封的热交换器,在有氢腐蚀状态下介质含氢,且温度 $\geqslant 200℃$,应选用 Gr 合金。

热交换器垫片形式、材料、密封面结构与适应压力、适应介质的关系见表 6-2-3。

表 6-2-3　热交换器密封整片的选择

介　质	法兰公称压力/MPa	介质温度/℃	法兰密封面形式	垫片名称	垫片材料及牌号
烃类化合物(烷烃、芳香烃、环烷烯烃)、氢气和有机溶剂(甲醇、乙醇、苯、酚、糠醛、氨)	$\leqslant 1.6$	$\leqslant 200$	平面、四凸面、榫槽面	耐油橡胶石棉板垫片	耐油橡胶石棉板
	2.5	$201\sim300$		缠绕式垫片	金属带、石棉
	4.0,6.4	$\leqslant 200$		耐油橡胶石棉板垫片	耐油橡胶石棉板
				缠绕式垫片	金属带、石棉
	2.5,4.0,6.4	$\leqslant 200$		金属橡胶石棉垫片	镀锌、镀锡薄铁皮、0Cr18Ni9、橡胶石棉垫
		$201\sim450$			
水、盐水、空气、煤气、蒸汽、液碱、惰性气体	1.6	$\leqslant 200$	平面、四凸面	橡胶石棉垫片	XB-200 橡胶石棉板
	4.0	$\leqslant 350$			XB-350 橡胶石棉板

注:①苯对耐油橡胶石棉垫中的丁腈橡胶有溶解作用,故苯介质宜采用金属包垫或缠绕垫;
　　②易燃、易爆、有毒、渗透性强的介质,宜选用缠绕式垫片或金属包橡胶石棉板垫片。

（3）垫片尺寸的选择。垫片的厚度愈厚,变形量大,容易填塞压紧面微隙,密封比压可以小些。操作时亦能补偿压紧面的分离,适应性强。因此,在中压以下、压力变化较大的情况下,宜选厚垫圈。但垫片厚,密封面上的比压分布就易不均匀,易被压力介质压坏或挤出。因此,随着密封介质的压力升高,对密封面加工精度要求提高,垫片就应减薄。总之,垫片薄,要求密封面加工精度高,螺栓力高,密封的保险程度也高。

垫片在预紧状态下受到最大螺栓载荷作用,有可能因压紧过度而失去密封性能,故应控制其上压力。为此,垫片应有适当、足够的宽度,其值可参考有关设计理论确定。整片越窄,越容易被压紧面压紧,在垫片不被压碎的前提下,为了不产生过大的螺栓力,采用小的宽度是一个原则。

（4）整片压紧力的确定。一般情况下,垫片压紧力按下述方法确定:

1）预紧状态下需要的最小垫片压紧力为

$$F_G = 3.14 D_G B Y$$

2）操作状态下需要的最小垫片压紧力为

$$F_P = 6.28 D_G B_m P$$

式中　m —— 垫片系数;

p —— 操作压力,MPa;

B —— 垫片有效宽度,mm;

Y —— 垫片压力,MPa;

D_G —— 垫片压紧力作用直径,即垫片接触面中心圆直径,mm。

(四)泄漏的检验

泄漏检验的基本原理是识别泄漏点和定位泄漏点,或者测量通过泄漏点流体的流量或试验介质的流量,这些可以反映出流量、压力降或真空度的降低。主要的泄漏检验的方法有超声波检验、气泡检验(直接压力技术或浸技术,或真空容器方法)、气体泄漏试验、压力变化检验、卤素真空管检测仪探测检验、氦质谱仪(检漏头)探测技术等。

检测总泄漏量包括直接外观检验跟踪信号或产品泄漏信号,或者用超声波泄漏测量仪扫描泄漏系统以确定泄漏声源。小的泄漏可以采用精密的泄漏检验方法来进行检测,使用示踪气体,如卤素蒸汽和氦气作为检测介质,分别使用检测仪如阳极加热卤素检测仪和氦质谱仪进行检测。

1. 超声波泄漏检测法

即使压力差很小,气体也会通过一个小口泄漏,在超声波范围内会发出噪声,因此,可以通过超声波接收仪发现渗漏,这种仪器可以记录由于湍流出现的高频(40~50 kHz)段低噪声级的噪声。

2. 气泡检测法

气泡检测可以采用直接压力技术或真空盒技术进行。使用产生气泡溶液的直接压力技术更常用。

气泡检测(直接压力技术):采用直接压力技术的目的是确定受压构件上的泄漏位置,它通过使用一种溶液或浸入泄漏气体通过漏口时可以生成气泡的液体中来进行检验。为了完成检测,壳体中盛有惰性压缩气体或空气;要求的压力差应为 1 kgf/cm² 到压力容器设计压力的

1.25 倍,但小于 20 kgf/cm²。经过足够的压力浸泡时间后,在连接处涂上肥皂液。一般而言,表面温度必须在 4.5～52℃之间。当试验物体被浸入检测液体中时,这种方法可以检测 10^{-5} Pa 量级的泄漏。

气泡检验(真空盒技术):采用真空盒技术的目的,是要确定不能直接承压的压力边界泄漏位置。在这种方法中,在检验接头的一边要涂抹肥皂液,然后抽真空,如果存在任何穿透性的泄漏,另一边的环境空气就会进入真空侧,并且可以观察到气泡的产生。

3. 气体泄漏检测法

采用这种方法时,要用空气或氮气将室温下的热交换器壳程加压至最大允许工作压力,然后将热交换器竖起,再采用一个高度约 2 in(50.8 mm)的环,在管板表面制作一个围堤,然后在管程充水直到围堤的位置之后,进行气泡观察。

4. 压力变化测试

这种检测方法是在规定的压力或真空度下密封室或容器边界的泄漏速率检测技术,它是通过检测给定时间内压力或者真空度的变化来实现的。

5. 卤素真空管检测仪

这种方法的原理是一个检测器或者检漏头吸入少量的空气和泄漏示踪气体的混合气体,气体通过管口进入仪器中,而仪器本身对少量的示踪气体非常敏感。示踪气体可以是压力为最大设计压力 25% 的卤素气体,检测器中的一个热铂电极可以电离卤素气体,而且离子能够聚集在阴极板上。所测量到的电流正比于离子的形成速率。

泄漏检验方法:使用距管端约 1/8 in(3.2 mm)并且已经用标准泄漏缺陷预置了扫描速率的探头,横过管端,也可以将探头插入管端 1/4 in(6.35 mm)。要进行断裂的管子检查,可以将探头插入管端 3/4 in(19 mm)的深度并停留 3 s。如果管子已经被焊接到管板,那么可以采用一个与探头连接的锥形胶囊封住每个管端。当管子口径过小,以致不允许探头进入或者管口太接近以致无法进行有效的扫描时,可以使用装在袋子中的卤素检漏头。卤素真空管检测仪检测泄漏的方法是一种半定量检测和定位泄漏的方法,而且通常不应当作定量的方法看待。这种方法的灵敏度为 10^{-6} Pa·m³/s。

6. 氦气泄漏检测法

这种方法的原理是对于核能容器部件的制造,使用氦气作为示踪气体的泄漏检验是强制性的规定,以及用户的要求。氦气泄漏检测的进行既可以采用氦气来加压容器,也可以用嗅探(检测)焊缝或接头外侧的方法,或者采用对容器抽真空和在外侧采用示踪探头或真空封闭罩,从外侧喷洒氦到焊缝表面上的方法。在上述每一种情况下,穿过泄漏口的氦原子都被收集到质谱仪中,在质谱仪中被离子化。与离子量成正比的电流被放大,并且作为泄漏率的度量。

7. 氦质谱仪检测

氦泄漏检测的基本方法包括检测器探测技术、示踪探测方法和真空或覆盖方法。

(1)检测器探测技术。检测器探测采用一定百分比纯度的氦气对受检容器加压,然后采用检测探头探测泄漏的氦气,而检测探头以规定的速度移动,遍及所有的受检接头。来自于承压系统的任何泄漏都可以用质谱仪上的泄漏检测器检测到。图 6-2-8 所示为检测器探测技术的示意图。检测探测技术对于检测和定位而言,是一种半定量的技术,因此不能看成是定量技术。这种方法的灵敏度为 10^{-7} Pa·m³/s 的量级。

(2)示踪探测法。图6-2-9所示为氦气示踪探测法的示意图,质谱仪的泄漏探测器被连接到真空容器或热交换器,这时在每个接头处探头都喷洒出氦,移动探头遍及整个外表面,以便检测出特殊的泄漏缺陷,任何进入真空侧的泄漏都会被质谱仪的泄漏探测器检测出来,示踪探测是一种半定量的检测和定位泄漏的技术,因此不能看成是定量技术。

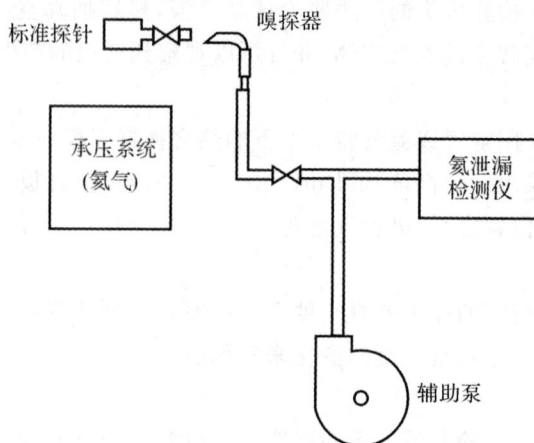

图6-2-8　氦泄漏探针取样检测法

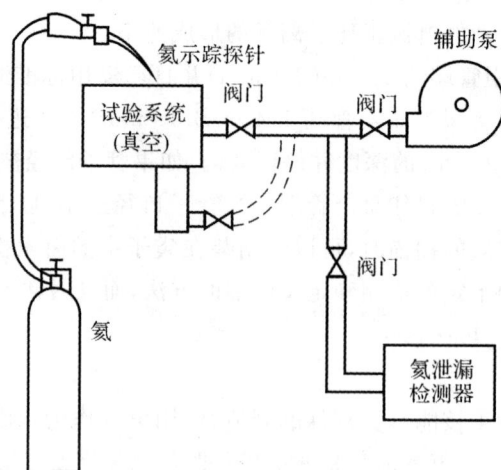

图6-2-9　氦泄漏示踪探测法

(3)真空技术或封闭罩技术。真空技术或封闭罩技术涉及对受检系统抽真空,然后在封闭罩中充装几乎100%纯度的氦气或空气与氦气的混合物,通过检测漏点流入真空容器的氦气进行泄漏检测,如图6-2-10所示。图6-2-11所示为检测仪器设备配置示意图。这是一种定量检测方法,覆盖技术的高灵敏度使得检测来自高压侧的泄漏氦气总流量成为可能,这种方法的灵敏度可达到$10^{-10} \sim 10^{-7}$ Pa·m³/s。

泄漏的现场检验,既可以使用压缩空气或真空技术,也可以使用气泡检验方法,如图6-2-12和图6-2-13所示。在内部截面上断裂的管子可以用管子稳定器进行堵塞(见图6-2-14所示),管子稳定器可以采用市场上有售的M/SExpando Seal Tools产品。

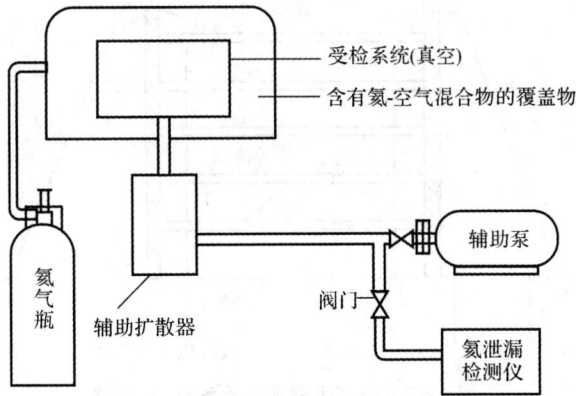

图 6-2-10 氦泄漏检测真空覆盖技术

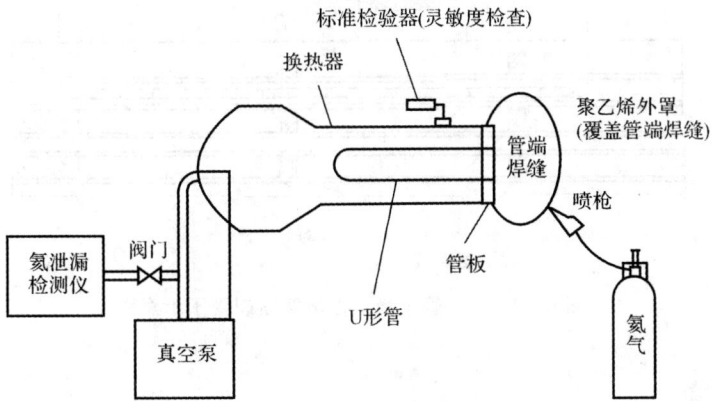

图 6-2-11 热交换器氦泄漏检测的检查设备配置

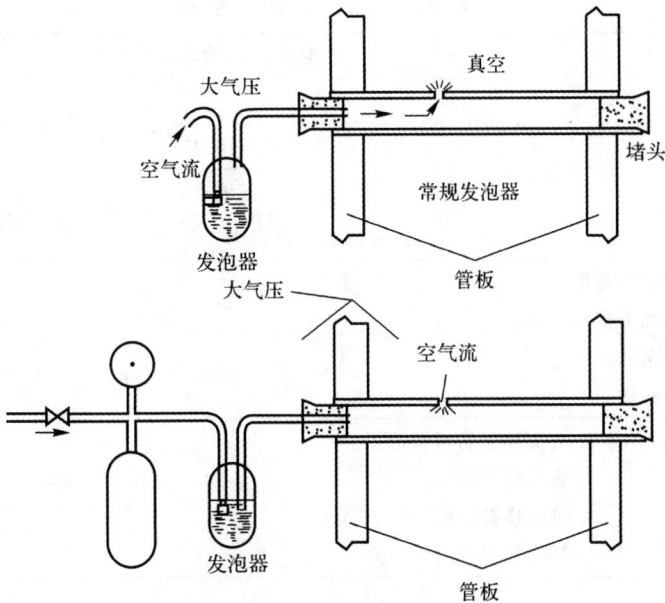

图 6-2-12 泄漏现场检测-发泡器

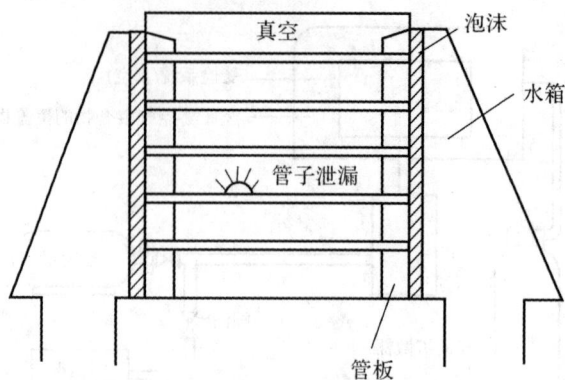

图 6-2-13 泄漏现场检测-肥皂泡沫

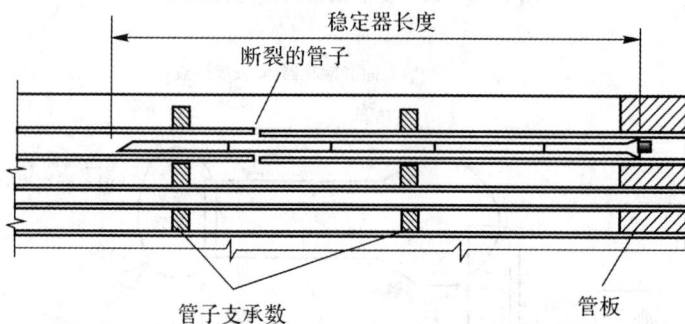

图 6-2-14 管子稳定器堵塞断裂管子示意图

任务实施

项目任务书和项目任务完成报告见表 6-2-4 和表 6-2-5。

表 6-2-4 项目任务书

任务名称	热交换器的防腐与防漏		
小组成员			
指导教师		计划用时	
实施时间		实施地点	
任务内容与目标			
1. 掌握热交换器的材料选用。 2. 掌握热交换器腐蚀类型与机理。 3. 掌握热交换器的腐蚀防护。 4. 掌握热交换器的密封。			
考核项目	1. 热交换器的材料选用。 2. 热交换器腐蚀。 3. 热交换器的腐蚀防护。 4. 热交换器的密封。		
备注			

表 6－2－5 项目任务完成报告

任务名称	热交换器的防腐与防漏		
小组成员			
具体分工			
计划用时		实际用时	
备注			

1. 简述热交换器构件的材料选用的参考因素有哪些。

2. 简述热交换器的腐蚀主要存在于哪几个方面。

3. 简述热交换器的腐蚀防护手段。

4. 简述热交换器的密封原理。

📔 任务评价

项目任务综合评价见表 6-2-6。

表 6-2-6 项目任务综合评价表

任务名称：　　　　　　　　　　　　　　　　　　　　测评时间：　年　月　日

考核明细		标准分	实训得分								
			小组成员								
			小组自评	小组互评	教师评价	小组自评	小组互评	教师评价	小组自评	小组互评	教师评价
团队60分	小组是否能在总体上把握学习目标与进度	10									
	小组成员是否分工明确	10									
	小组是否有合作意识	10									
	小组是否有创新想(做)法	10									
	小组是否如实填写任务完成报告	10									
	小组是否存在问题和具有解决问题的方案	10									
个人40分	个人是否服从团队安排	10									
	个人是否完成团队分配任务	10									
	个人是否能与团队成员及时沟通和交流	10									
	个人是否能够认真描述困难、错误和修改的地方	10									
合计		100									

❓ 思考练习

1. 热交换器选材应考虑的材料性能指标主要有：＿＿＿＿＿＿＿＿＿＿＿。

2. 应力腐蚀的影响因素：＿＿＿＿＿＿＿＿＿＿＿＿＿＿＿＿。

3. 氢损伤是＿＿＿＿＿＿＿＿＿＿＿＿＿＿＿＿＿＿＿＿＿。氢脆是指＿＿＿＿＿＿＿＿＿＿＿＿＿＿＿＿＿＿＿。

4. 关于氢脆的机理，其破裂过程可分为三个阶段。①＿＿＿＿＿＿；②＿＿＿＿＿；③＿＿＿＿＿＿＿。

5. 密封的影响因素：＿＿＿＿＿＿＿＿＿＿＿＿＿＿＿＿。

任务三 热交换器事故的防范

📖 任务描述

热交换器是石油、化工、冶金、动力、粮油、制冷、食品加工和国防工业等领域中广泛应用的一种通用工艺设备。在石化厂中,热交换器投资约占总投资的 20% 以上,占设备总资产的 40% 以上。稍有不慎就会发生事故,危及职工的生命安全。据国外化工设备损坏情况统计资料介绍,热交换器的损坏率在所有化工设备损坏的比例中所占的比重最大,为 27.2%,远远高于槽、塔、釜的损坏率(17.2%)。据化工部 1949—1982 年小石化生产的不完全统计,热交换器发生爆炸事故共 21 起,伤亡人数 102 人。1973—1983 年小氮肥发生热交换器爆炸事故共 16 起,伤亡人数 12 人。据国家质检总局特种设备安全监督局不完全统计,截止到 2012 年年底全国 29 个省、自治区、直辖市发生热交换器严重泄漏爆炸事故 218 起,死亡人数 412 人。所以加强热交换器事故的防范至关重要。

PPT
热交换器事故的防范

🗂 任务资讯

一、热交换器事故原因分析与防护措施

据统计资料表明,热交换器的事故类型主要有燃烧爆炸、严重泄漏和管束失控三种。其中设计不合理、制造缺陷、材料选择不当、腐蚀严重、违章作业、操作失误和维护管理不善是导致热交换器发生事故的主要原因。

(一)燃烧爆炸

(1)自制热交换器,盲目将设备结构和材质做较大改动,制造质量差,不符合压力容器规范,设备强度大大降低。

(2)焊接质量差,特别是焊接接头处未焊透,又未进行焊缝探伤检查、爆破试验,导致焊接接头泄漏或产生疲劳断裂,进而大量易燃易爆流体介质溢出,发生爆炸。

(3)由于腐蚀(包括应力腐蚀、晶间腐蚀)引起耐压强度下降,致使管束失效或产生严重泄漏,遇明火发生爆炸。

(4)热交换器做气密性试验时,采用氧气补压或用可燃性精炼气体试漏,引起物理与化学爆炸。

(5)操作违章、操作失误、阀门关闭导致超压爆炸。

(6)长期不进行排污,易燃易爆物质(如三氯化氮)积聚过多,加之操作温度过高导致热交换器(如液氯热交换器)发生猛烈爆炸。

(7)过氧爆炸。

相应的预防措施如下:

(1)热交换器设计、制造应符合国家压力容器的规范要求,图纸修改与变动必须经主管部门同意,经验收质量合格。

(2)制造热交换器时,要保证焊接质量,并对焊缝进行严格检查。

（3）流体为腐蚀介质时，应注意提高管材质量和焊接质量，增加管壁厚度或在流体中加入腐蚀抑制剂，定期检查管子表面腐蚀情况和对易腐蚀损坏的设备进行检测，采取有效措施。

（4）热交换器做气密性试验时，必须采用干燥的空气、氮气和其他惰性气体，严禁使用氧气或其他可燃性气体试漏或补压。

（5）严禁违章操作，严格执行操作规程。

（6）对于易结垢的流体可定期进行清洗，将结垢清洗掉。

（7）严格控制氧的含量。

（二）严重泄漏

热交换器发生燃烧爆炸、窒息、中毒和灼伤事故大都是由于泄漏引起的。易燃易爆液体或气体因泄漏而溢出，遇明火将引起燃烧爆炸事故；有毒气体外泄将引起窒息中毒；有强腐蚀流体泄漏，将会导致灼伤事故。最容易发生泄漏的部位有焊接接头处、封头与管板连接处、管束与管板连接处和法兰连接处。

焊接接头泄漏的直接原因是焊接质量差，如焊缝未焊透、未熔合、存在气孔夹渣以及焊缝未经探伤检验，甚至未做爆破试验，只做部分部件的水压试验和采用多次割焊，造成金相改变，内应力增大，强度大大降低。

列管泄漏会造成气体短路，如管内半水煤气泄入管间变换气中，使变换气一氧化碳升高，影响正常生产。造成列管泄漏主要是腐蚀、开停车频繁、温度变化过大、热交换器急剧膨胀或收缩使管板胀管处泄漏以及设备本身制造缺陷等原因所致。

具体原因如下。

（1）因腐蚀（如蒸汽雾滴、硫化氢、二氧化碳）严重，引起列管泄漏。

（2）由于开停车频繁，温度变化过大，设备急剧膨胀或收缩，使管板胀管泄漏。

（3）热交换器本身制造缺陷，焊接接头泄漏。

（4）因操作温度升高，螺栓伸长，紧固部位松动，引起法兰泄漏。

（5）因管束组装部位松动、管子振动、开停车和紧急停车造成的热冲击，以及定期检修时操作不当产生的机械冲击而引起泄漏。

相应的预防措施如下：

（1）定期进行清洗，选择耐蚀管材，流体中加入腐蚀抑制剂，控制管内流速，视泄漏情况决定停车更换或采取堵漏措施。

（2）精心操作，控制系统温度不要发生较大的波动。

（3）保证焊接质量，对焊缝进行认真检查。

（4）尽量减少法兰连接，升温后及时重新紧固螺栓，紧固作业要力求方便。

（5）对胀管部位不允许有泄漏的热交换器宜采取焊接装配。

（三）管束失效

管壳式热交换器的管束失效也是化工设备破坏形式之一。管壳式热交换器的管束是薄弱环节，极容易失效。管束失效的形式主要有腐蚀开裂、传热能力迅速下降、碰撞破坏、管子切开、管束泄漏等多种。其常见的原因如下。

1. 腐蚀

热交换器多用碳钢制造，冷却水中溶解的氧所致的氧极化腐蚀极为严重，管束寿命往往只有几个月或一两年，加之工作介质又有许多是有腐蚀性的，如小氮肥的碳化塔冷却水箱在高浓度碳化氨水的腐蚀和碳酸氢铵结晶腐蚀双重作用下,碳钢冷却水箱有时仅使用两三个月就发生泄漏。

管子与管板的接头是管束上的易损区,许多管束的失效都是由于接头处的局部腐蚀所致。我国的热交换器的接头多采用焊接形式,管子与管板孔之间存在间隙,壳程介质进入到间隙死角之中,就会引起缝隙腐蚀。对于采用胀接形式的接头,由于胀接过程中存在残余应力,在已胀和未胀管段间的过渡区上,管子内、外壁都存在拉应力区,对应力腐蚀非常敏感。一旦具备发生应力腐蚀的温度、介质条件,热交换器就很快由于应力腐蚀而破坏。许多合金钢和不锈钢热交换器管束,往往是由于局部腐蚀和应力腐蚀而迅速开裂的。有人曾对某变换气热交换器管束做过失效分析,该热交换器材质为 Cr25Ni20,在温度为 420℃ 左右运行,在操作三四个月之后,竟有 14% 的管子开裂泄漏。对其断口进行分析表明,断口形态呈敏化不锈钢应力腐蚀的典型特征:裂纹在起始处为晶间型,裂纹深入到金属内部时转化为穿晶型。

2. 结垢

在热交换器操作中,管束内外壁都可能会结垢,而污垢层的热阻要比金属管材大得多,从而导致换热能力迅速下降,严重时将会使换热介质的流道阻塞。

3. 流体流动诱导振动

为强化传热和减少污垢层,通常采用增大壳程流体流速的方法。而壳程流体流速增加,产生诱导振动的可能性也将大大增加,从而导致管束中管子的振动,最终致使管束破坏。常见的破坏形式有以下几种。

(1)碰撞破坏当管子的振幅足够大时,将致使管子之间相互碰撞,位于管束外围的管子还可能和热交换器壳体内壁发生碰撞。在碰撞中,管壁磨损变薄,最终发生开裂。

(2)折流板处管子切开折流板孔和管子之间有径向间隙,当管子发生横向振动的振幅较大时,就会引起管壁与折流板孔的内表面间产生反复碰撞。由于折流板厚度不大,管壁多次、频繁与其接触,将承受很大的冲击载荷,因而在不长的时间内就可能发生管子被切开的局部性破坏。

(3)管子与管板连接处破坏,此种连接结构可视为固定端约束,管子振动产生横向挠曲时,连接处的应力最大,因此,它是最容易产生管束失效的地区之一。此外,壳程接管也多位于管板处,接管附近介质的高速流动更容易在此区域内产生振动。

(4)材料缺陷的扩展造成失效,尽管设计得比较保守,在操作中管束的振动是不可避免的,只不过振幅很小而已。因此,如果管子材料本身存在缺陷(包括腐蚀和磨蚀产生的缺陷),那么在振动引起的交变应力作用下,位于主应力方向上的缺陷裂纹就会迅速扩展,最终导致管子失效。

(5)振动交变应力场中的拉应力还会成为应力腐蚀的应力源。

流动诱导振动引起管子破坏,易发生在挠度相对较大和壳程横向流速较高的区域。此区域通常是 U 形弯头、壳程进出口接管区、管板区、折流板缺口区和承受压缩应力的管子。

4. 操作维修不当

应力腐蚀只有在拉应力、腐蚀介质和材料敏化温度等条件同时具备的情况下才会发生。如果操作条件不稳定或控制不当,尤其是刚开工时,最容易出现产生应力腐蚀的条件。在开工的热过程中,管子内壁温度远远高于管外壁温度,因而在管子外壁面将产生短暂但应力水平很高的轴向和周向拉应力。依据温度应力公式计算,管外壁拉应力将接近或超过管材的屈服点。

在这种高拉应力的反复作用下,管子上将会产生应力腐蚀微观裂纹,并迅速扩展直至开裂。热交换器管束上的裂纹一般起始于管外壁,且垂直于拉应力方向。

管束产生泄漏后,现场经常采用堵管方法,并作为一种应急的修复措施。有关专家曾对变换气热交换器管束做过试验,当第一次发现管束泄漏后,将占管总数14%的泄漏管子予以堵塞,然后继续使用。结果,很快就发生了更严重的破坏,以致造成管束报废。这是由于堵塞的管子因管内无介质流动,其温度大致等于壳程介质的温度,若壳程为高温介质,这些已堵管子的温度还要大大增加,从而因已堵塞管和未堵管的温差很大,加速了自身的破坏。而且已堵管子因温度较高,还会受到轴向压应力的作用;未堵管子,特别是位于已堵管周围的管子,就将受到附加轴向拉应力的作用,从而加快自身的应力腐蚀破坏。

预防措施如下:

(1)合理选择管材,制定合理的开停工程序,加强在线监测,严格控制运行条件,防止和减轻应力腐蚀。对工艺介质进行适当处理,降低其腐蚀性。

(2)采取先进水处理新工艺、新配方。

(3)优化结构设计,在流体入口前设置缓冲罐,减少脉冲,适当减小折流板间距和折流板厚度,增大管壁厚度。

(4)严格控制操作条件,使其比较稳定。在管束试压或操作中发现接头泄漏时,对接头处修复胀管要慎重。修复管束时,采用堵管方法也应慎重,在可以更换管子的场合,应尽量拆管更换,而不采用堵管的方法。

二、热交换器事故调查统计与案例分析

(一)热交换器事故调查统计

热交换器的作用有两个:一是通过热交换使物料的工艺温度达到规定温度的要求,以完成加热、冷却、蒸发和冷凝等工艺过程;二是可有效地利用热源,它在余热回收、利用地热、太阳能回收等方面已成为必不可少的设备。但是,有的换热工作要求在高温高压条件下进行,如工作介质的压力最高可达250 MPa,操作温度最高达1 000~1 500℃;有的工作流体具有易燃、易爆、有毒、强腐蚀性特点,加之化工、石油化工生产要求处理量大、连续性强,因此,这就给热交换器正常运行带来了一定的困难,稍有不慎就会发生事故,危及职工的生命安全。

1979—1987年全国热交换器爆炸事故统计见表6-3-1。据1990—2000年全国29个省、自治区、直辖市化工系统县以上全民企业的不完全统计,发生热交换器泄漏爆炸事故17起,其中爆炸6起,见表6-3-2。

(二)热交换器事故案例分析

案例:高压列管式氨冷凝器(以下简称"氨冷器")是3 000 t/a合成氨厂的配套设备。于1974年投产的某省两个化肥厂使用的氨冷器于1981年相继发生爆炸事故。分析事故的原因,除对爆破的氨冷器进行常规的力学性能、化学成分、金相、原结构的应力分析和采用电镜检查外,还选择了11个厂,对同类型的28台氨冷器的使用情况做了详细的调查和检查,发现各厂的使用情况各不相同。有的厂使氨冷器长期处于(230~260)×10^2 kPa压力下使用,有的厂管理比较混乱,有的厂使用比较正常。经超声波探伤检查氨冷器的环焊缝发现,28台中有4台存在约6~15 mm深、80~440 mm长的裂纹,还有3台也有不同程度的缺陷存在。通过分析与调查结果表明,氨冷器的操作使用条件对设备的安全使用至关重要,使用工况超过了原设计条

件,长期处于超压或超低温下运行,都会使焊缝根部裂纹扩展,以致造成疲劳破坏进而发生爆炸。

氨冷器发生爆炸事故所涉及的因素很多,如设计结构、制造质量、原材料质量和使用条件等。而这些因素总是伴随在一起产生的。但其中一个起主导作用的因素,即事故发生的主要因素,要在做大量试验研究和分析工作之后才能作出较为正确的判断。两个厂氨冷器发生爆炸事故的原因可归纳如下:

(1)从氨冷器断口上宏观、微观分析表明氨冷器的爆破是属于疲劳破坏。据运行情况调查,该设备在使用期间压力波动范围很小,开停车次数也不多,根据这种工况,是不可能产生疲劳破坏的。那么疲劳源来自何处呢?一种可能是由于管道振动而引起设备共振而发生疲劳破坏,但管道柔性很大,强度远低于设备,而管道未发生破坏事故,因此这种可能性不大;另一种可能是来自氨冷器管内外温度变化,引起温差应力的变化,致使氨冷器发生破坏。据调查,氨冷器采用了新工艺流程,改变了操作温度,低压壳体内的液氨蒸发温度随生产负荷变化而变化。从应力分析计算结果可知,温度变化15℃时,温差所引起的应力达到6×10^4 kPa,占总应力的20%,已达到低应力疲劳的条件。使用工况远超出了原设计条件,则必然导致氨冷器的疲劳破坏,这正是事故的症结所在。

(2)从被探测的28台氨冷器的环焊缝的数据、疲劳爆破试验及爆破断口分析可知,氨冷器环焊缝根部存在着不同程度的未焊透或未熔合等缺陷。这说明其制造质量不好,而在使用条件正常的情况下,尚未发生爆炸事故。

(3)高压列管式氨冷器的球形封头与管板连接采用单面焊接结构,有其不足之处。要求环焊缝完全焊透确实有一定困难,如稍有不注意,易产生焊缝根部未焊透或未熔合缺陷。此外,对制造工艺未提出特殊要求,这样,在此种缺陷下,必然加大焊缝根部的应力集中,导致氨冷器加速破坏。

事故教训与防范措施如下:

(1)严格控制氨冷器的使用条件,如果生产需要采用新的工艺流程,一定要进行应力分析计算。如果其计算结构达到或接近了低应力条件,切不可盲目实施新工艺。

(2)改进高压列管式氨冷器的球形封头与管板连接的结构形式。

(3)保证焊接质量,特别是球形封头与管板连接的环焊缝,不允许在焊缝根部出现未焊透或未熔合缺陷。

(4)定期检查,如发现裂纹产生或裂纹扩展,应及时修复。

表 6-3-1 1979—1987 年热交换器爆炸事故统计

时　间	地　点	事故简况
1979.05.06	四川某氮肥厂	因自制热交换器,擅自修改图纸,制造质量低劣,并错将封头焊接在底部,运行中热交换器突然爆炸,伤5人,其中1人死亡
1979.05.18	宁夏某化肥厂	因冷凝严重腐蚀,塔壁变薄穿孔,并长期超压运行,致使该设备中上部爆炸
1979.06.10	山东某化工厂	将蒸汽通入原油加热器,夹套试漏时,因加热器进口阀门关闭,原油受热气化超压而爆炸,高压原油喷出,伤2人
1979.07.18	广西某氮肥厂	因螺旋板式热交换器外壳采用普通钢板制成,腐蚀严重,致使半水煤气进口处钢板穿孔,并沿轴向炸裂

续表

时　间	地　点	事故简况
1979.07.26	湖北某化肥厂	因自制冷凝塔壁未采取防腐措施,钢板受 H_2S 腐蚀严重,塔壁减至 $1.5\sim2$ mm,升温时发生物理爆炸
1979.09.06	河南某化肥厂	因设备制造缺陷引起热交换器爆炸
1979.10.20	湖北某化肥厂	因变换中间热交换器选材、制造工艺不符合设计要求,致使升温过程中发生爆炸,1人受伤
1979.10.24	福建某合成氨厂	因合成水冷却器排管($\phi35$ mm$\times6$ mm)材质缺陷,循环气中氢含量偏高,系统压力升高,致使排管自上而下突然炸开
1980.10.20	安徽某化肥厂	因多年腐蚀,变换冷凝塔的壁厚由 10 mm 减少到 3 mm 下仍带病运行,致使该塔在 0.7 MPa 压力下爆炸
1980.01.08	福建某合成氨厂	因违章,未按规定先打开碳化塔进出口阀,致使冷凝塔超压而爆炸
1981.02.06	南京某化肥厂	尿素高压甲胺冷凝器因制造缺陷面产生产重泄漏
1981.03.24	云南某天然气化工厂	因热交换器制造缺陷,长期在高温高压下运行,列管过早疲劳老化而致使列管严重泄漏
1981.04.21	湖北某化肥厂	因热交换器制造质量差、材质缺陷,致使氨冷器在低于设计压力下爆炸(设计压力 20 MPa,爆炸压力 18.5 MPa)
1982.04.25	四川某氮肥厂	因设计制造缺陷,焊缝未焊透,超压超低温运行,泄漏处爆炸
1982.06.30	山西某化工厂	在列管冷凝器未泄压情况下,违章往底部铲平列管堵头,加盲板时,由于振动致使列管破裂,液氨喷出伤人
1982.08.16	大连某化工厂	因预冷器管线材质缺陷,结构不合理,焊缝严重未焊透,致使合成车间氢分工段预冷器上管板连筒及入口混合管爆裂着火
1982.11.02	河南某氮肥厂	自制设备,焊接质量差,运行中爆炸
1982.12.21	四川某化工厂	因氮、氢气串入氨系统,引起氨蒸发器高压蛇管断裂
1983.03.01	福建某合成氨厂	因设计不合理,制造质量差,致使氨冷凝器低压壳体超压而爆炸,死亡1人
1983.10.08	北京某化肥厂	将一台已于1981年报废的加热器安装在变换工段中,因该设备焊缝没开坡口,焊层仅 2 mm 深,安装前试压两次发现有泄漏,补焊后投入运行,因超压而爆炸,灼伤12人,其中1人死亡

续表

时　间	地　点	事故简况
1985.07.24	天津某硫酸厂	因高压省煤器热水管严重腐蚀,漏水与通过其中的 SO_3 反应生成稀硫酸。此酸与热交换器及壳体金属铁反应生成的氢气达到一定浓度,遇明火使热交换器爆炸
1986.07.27	某石油化工公司化工一厂	由于液氧中有机物含量上升和积聚(由 $100\ \mu L/L$ 增加至 $250\ \mu L/L$)及去除烃化物用液氧循环吸附器没有启动,致使冷凝蒸发器全面爆炸,13 人受伤
1987.04.20	山西某化肥厂	在对热交换器内件进行强度试验时,采用气压试验代替,并用氧补压,致使热交换器爆炸,造成 1 人死亡
1987.09.04	浙江某氮肥厂	在对热交换器内件进行试压补焊时,采用氧气给内件补压,致使试压过程中爆炸,1 人死亡
1987.09.20	湖南某氮肥厂	合成系统加热器试压试漏时,采用可燃性的精炼气试压,造成化学爆炸,1 人死亡

表 6 - 3 - 2　1990～2000 年热交换器泄漏爆炸事故统计

时　间	地　点	事故简况
1990.02.10	陕西某氮肥厂	在进入外冷却器处理堵管事故时,因蒸气阀开启过大,外冷却器内蒸汽过多,致使 1 名检修工人由于缺氧窒息死亡
1991.04	某大型合成氨厂	因浮头式蒸发过热器的管束热膨胀、冷却时管束收缩受阳、失稳变形,产生很大的拉应力,又因有冷凝水的存在和外来有害元素 Cl,S,K 的侵入,产生应力腐蚀,致使 25 根换热管断裂,300 多根换热管有穿透性裂纹、管束扭曲和过热器泄漏。
1991.05	山西某煤化工集团公司	因 Cl^- 的聚集和介质中 S 的含量很高,在这种介质环境和应力条件下。致使煤气变换系统中的 W-301 立式列管热交换器的管束(不锈钢)发生应力腐蚀破坏,停车检查发现有根管子穿裂,经采取更新管束材料、减少有害介质措施,运行 5 年后未见应力腐蚀现象。
1992.07.17	广东某化工厂	处理精馏塔(生产无水氢车间)冷凝器底阀及下液管堵塞故障时,因工人用力过猛,将三叉管上端法兰碰到冷凝器底 DN50 球阀手柄,手柄随之转动,致使冷凝器内的含氟酸积液突然下泄,将一名未按规定穿戴好防护用品的工人严重灼伤致死
1992.10.22	甘肃某化肥厂	在检修合成塔时,因未按规定程序作业致使热交换器的内芯突然崩出,将 1 名工人打成重伤致死

续表

时 间	地 点	事故简况
1994.02.17	湖南某氮肥厂	因金属垫片选型不符合规范、法兰螺栓紧固不均匀,投入使用前未按要求进行试压及气衔性试验,在检修完甲胺分厂合成低温 U 形管热交换器(D_N600 mm×6 m)重新开车后,封头法兰处的金属垫片被冲开,突然破损面发生泄漏,大量液氨并带有部分甲醇、甲胺喷出,造成 3 人中毒死亡
1994.05.20	河北某化肥厂	因净化车间变换系统管线腐蚀严重,致使热交换器的进口管(ϕ500 mm)三通突然爆炸,大量气体泄出,发生空间爆炸,造成 8 人死亡,3 人受伤
1994.07.15	河南某化肥厂	变换加热器突然裂开 1.3 m 长的口子,大量气体喷出起火,致使对面值班室的 1 名工人烧死,3 人受伤
1995.01.13	陕西某化肥厂	在停车检修合成车间酮洗工段再生系统的加热器时,因未按规定对其进行清洗置换,设备内存在可燃性气体;检修中使用铁堵头堵漏并使用非防爆照明器材,工人穿戴不符合安全规定的化纤工作服,发生爆炸造成 4 人死亡,4 人受伤
1995.02.13	河北某化肥厂	因脱碳溶剂冷却器的上下封头无法兰,且与裙座焊接,故被迫采取下封头开人孔方法修补列管泄漏事故,且焊后未按规定做水压试验,开车后,人孔金属板在压力作用下整体脱落,可燃性气体喷出,发生空间爆炸,造成 4 人死亡,1 人受伤
1995.09.20	辽宁某化工厂	因 H301 卧式固定管板式热交换器壳程的横向流引起横向诱发振动,致使检修完毕后试车约 5 min 便发现壳体振动,且产生脉动冲击声,部分管子与管板间的胀接接头松动。经采用在壳程入口处设置挡板、缩小折流板间距等方法后,防止了管子的振动
1996.01.12	河南某化肥厂	因采用氧气对合成系统列管式循环预热器进行试压试漏且有关技术资料不全,内件油污较多虽做清理但不彻底,在试压介质经减压后其压力接近 0.4 MPa时,预热器着火爆炸,造成 1 人死亡
1996.11.29	河北某化肥厂	在大修结束对合成系统进行空气试漏,其压力达到 15 MPa 时,发现冷交换器的小盖填料处漏气,经泄压放空后,因压力表量程大、空气压力未泄尽,致使 1 名维修工人在拆除小盖螺栓用锤敲击时,系统内残存空气冲出,气浪将其冲到合成塔框架上撞击致死
1998.09	江苏某炼油厂	因氧化物和氯离子所引起的不锈钢设备的点蚀失效及硫和氯离子引起的应力腐蚀,致使连续重整车间 E104/E、FU 形管热交换器运行时间不长(有的仅 1 个多星期)就发生了多根管子腐蚀穿孔,沿 U 形管段的周向布满穿透性的裂纹(有缝管)
2000	广东某炼油厂	一是因热交换器管内金属插入物的结构造成管内流通截面积减少,二是因炼油厂的废气介质中的硫化氢和二氧化硫发生化学反应生成固体硫,它和介质中的其他固体杂质颗粒在通过换热管时会黏结在金属插入物上;中冷器的管子产生了化学腐蚀和应力腐蚀,致使气柜富气压缩机中冷器管束经常发生堵塞和泄漏,故平均每两个月就要维修或更换一次管束
2000.11	某化工厂	因氨冷器壳体在焊接后未进行整体消除热应力处理,在焊接残余应力和工作应力叠加作用下,致使氨冷器壳体在氨环境中产生应力腐蚀开裂

三、热交换器运行的档案资料管理

换热设备的档案资料包括两部分,一是设备的原始资料,包括设备图纸、制造档案(含材质证明、制造厂家、焊缝情况等);二是设备检修档案,其中包括属于压力容器范畴的管理档案。

检修资料所要记录的资料必须包括的内容如下。

(1)临时抢修的目的,管束实际情况记录,试压记录和堵管记录,检修日期。

(2)装置大修时热交换器检修记录,管束堵塞情况,腐蚀状况,试压记录和堵管记录。如更新管束,则还须登记新管束型号、折流板间距。

(3)压力容器资料,包括压力容器登记表、压力容器批准使用证、压力容器年度检验记录表、压力容器规定年份检验记录和规定检验计划表,见表6-3-3。

表6-3-3　热交换器档案登记表

装置名称:

热交换器名称:		位号:		几何尺寸:	
热交换器型号:		置放方式:		总重量:	

工艺数据

	管程				壳程			
	介质	入口温度	出口温度	压力	介质	入口温度	出口温度	压力
设计条件								
工艺条件								

壳体基本数据

壳体长度	材质	壳体与管板垫片规格	壳体与封头垫片规格	垫片材质	主螺栓		
					规格	材质	数量

管束基本数据

管束长度	管子规格	管子数量	管子材质	管束排列	折流板形状	管板材质	管板厚度	管板对焊

管子防腐形式	管子管板连接形式	流程数	管箱与管板间垫片		浮头与管板间垫片		浮头螺栓		
			规格	形状	规格	形状	规格	数量	材质

续 表

壳体压力容器检验						
检验规定周期	检验日期	检验日期	检验日期	检验日期	检验日期	检验日期

检修记录

检修起止日期		检修记录
日/月/年	日/月/年	

任务实施

项目任务书和项目任务完成报告见表 6-3-4 和 6-3-5。

表 6-3-4 项目任务书

任务名称	热交换器事故的防范		
小组成员			
指导教师		计划用时	
实施时间		实施地点	
任务内容与目标			
1. 掌握热交换器事故原因分析与防护措施。 2. 了解分析热交换器事故案例。 3. 能够对热交换器运行的档案资料进行管理。			
考核项目	1. 热交换器事故原因分析与防护措施。 2. 热交换器运行的档案资料进行管理。		
备注			

表 6 - 3 - 5 项目任务完成报告

任务名称	热交换器的事故与防范		
小组成员			
具体分工			
计划用时		实际用时	
备注			
1.简单分析常见热交换器事故的原因与相应的防护措施。 2.简述检修所要记录的资料必须包括的内容。			

任务评价

项目任务综合评价见表 6 - 3 - 6。

表 6 - 3 - 6 项目任务综合评价表

任务名称：　　　　　　　　　　　　　　　　　　　测评时间： 年 月 日

考核明细		标准分	实训得分								
			小组成员								
			小组自评	小组互评	教师评价	小组自评	小组互评	教师评价	小组自评	小组互评	教师评价
团队60分	小组是否能在总体上把握学习目标与进度	10									
	小组成员是否分工明确	10									
	小组是否有合作意识	10									
	小组是否有创新想(做)法	10									
	小组是否如实填写任务完成报告	10									
	小组是否存在问题和具有解决问题的方案	10									
个人40分	个人是否服从团队安排	10									
	个人是否完成团队分配任务	10									
	个人是否能与团队成员及时沟通和交流	10									
	个人是否能够认真描述困难、错误和修改的地方	10									
合计		100									

?! 思考练习

1.热交换器的事故类型主要有_____、_____和_____三种。

2.热交换器的作用有两个：_____、_____。

3.换热设备的档案资料包括两部分,一是_____,包括_____、_____;二是_____,其中包括_____范畴的管理档案。

附　　录

附录 A　传热系数经验数值

A.1 常用热交换器的传热系数大致范围

热交换器形式	热交换流体		传热系数 K	备　注
	内侧	外侧	$\dfrac{}{W/(m^2 \cdot ℃)}$	
管壳式(光管)	气	气	10～35	常压
	气	高压气	170～160	20～30 MPa
	高压气	气	170～450	20～30 MPa
	气	清水	20～70	常压
	高压气	清水	200～700	20～30 MPa
	清水	清水	1 000～2 000	
	清水	水蒸气冷凝	2 000～4 000	
	高黏度液体	清水	100～300	液体层流
	高温液体	气体	30	
	低黏度液体	清水	200～450	液体层流
水喷淋式水平管冷却器	蒸汽凝结	清水	350～1 000	
	气	清水	20～60	常压
	高压气	清水	170～350	10 MPa
	高压气	清水	300～900	20～30 MPa
盘香管(外测沉浸于液体中)	水蒸气冷凝	搅动液	700～2 000	铜管
	水蒸气冷凝	沸腾液	1 000～3 500	铜管
	冷水	搅动液	900～1 400	铜管
	水蒸气凝结	液	280～1 400	铜管
	清水	清水	600～900	铜管
	高压气	搅动水	100～350	铜管,20～30 MPa
套管式	气	气	10～35	
	高压气	气	20～60	20～30 MPa
	高压气	高压气	170～450	20～30 MPa
	高压气	清水	200～600	20～30 MPa
	水	水	1 700～3 000	

A.2 螺旋板式热交换器的传热系数

流 型	流 体	传热系数 K/[W/(m²·℃)]
逆流 单相	水-水(两侧流速都小于 1.5 m/s)	1 750～2 210
	水-废液	1 400～2 100
	水-盐水	1 160～1 750
	水-20%硫酸(铅)	一般 810～900,流速高时达 1 400
	水-98%稀酸或发烟硫酸	一般 520～760,流速高时达 1 160
	水-含硝硫酸(流速为 0.3～0.4 m/s)	465
	蒸汽凝水-电解碱液 30～90℃	870～930
	冷水-浓碱液	465～580
	铜液-铜液	580～760
	水-润滑油	140～350
	有机物-有机物	350～810
	焦油,中油-焦油,中油	160～200
	油-油(较黏)	95～140
	气-盐水	35～70
	气-油	30～45
有交 相错 变流	水蒸气-水	1 500～1 980
	含油水蒸气-粗轻油	350～580
	有机蒸汽(或含水蒸气)-水	810～1 400

A.3 板式热交换器的传热系数

物 料	水-水	水蒸气(或热水)-油	冷水-油	油-油	气-水
K/[W/(m²·℃)]	2 900～4 650	810～930	400～580	175～350	25～58

A.4(a) 空冷器传热系数经验值(以光管外表面积为基准)

流体名称	传热系统 K_o W/(m²·℃)	流体名称	传热系统 K_o W/(m²·℃)
液体冷却			
油品 20°API		重油 8～14°CAPI	
93℃(平均温度)	58～93	150℃(平均温度)	35～58
150℃(平均温度)	75～128	200℃(平均温度)	58～93

续 表

流体名称	传热系统 K_0 $\dfrac{}{\mathrm{W}/(\mathrm{m}^2 \cdot {}^\circ\!\mathbb{C})}$	流体名称	传热系统 K_0 $\dfrac{}{\mathrm{W}/(\mathrm{m}^2 \cdot {}^\circ\!\mathbb{C})}$
液体冷却			
200℃（平均温度）	175～232	柴油	260～320
油品 30°API		煤油	320～350
65℃（平均温度）	70～133	重石脑油	350～378
93℃（平均温度）	145～203	轻石脑油	378～407
1501℃（平均温度）	260～320	汽油	407～435
200℃（平均温度）	290～350	轻烃类	435～465
油品 4°API		醇及大多数有机溶剂	407～435
65℃（平均温度）	145～203	氨	580～700
93℃（平均温度）	290～350	25％的盐水（水 75％）	523～640
150℃（平均温度）	320～378	水	700～815
200℃（平均温度）	350～407	50％乙烯乙二醇和水	580～700
冷凝			
蒸汽	815～930	汽油	350～435
含 10％不凝气的蒸汽	580～640	汽油-蒸汽混合物	407～435
含 20％不凝气的蒸汽	550～580	中等组分烃类	260～290
含 40％不凝气的蒸汽	407～435	中等组分炫类水-蒸汽	320～350
纯的轻烃	465～495	纯有机溶剂	435～465
混合的轻烃	378～435	氨	580～640

流体名称	压力/$\times 10^5$ Pa				
	0.7	3.5	7	21	35
	传热系统 $K_0/\left[\mathrm{W}\cdot(\mathrm{m}^2\cdot{}^\circ\!\mathbb{C})^{-1}\right]$				
轻组分经	87～116	175～205	260～290	378～407	407～435
中等组分烃及 有机熔剂	87～116	205～233	260～290	378～407	407～435
轻无机气沐	58～87	87～116	175～205	260～290	290～320
空气	46～58	87～116	145～175	233～260	260～290
氨	58～87	87～116	175～205	260～290	290～320
蒸汽	58～87	87～116	145～175	260～290	320～350
氢 100％	116～175	260～290	378～407	495～552	552～580
75％（体积）	100～163	233～260	350～378	465～495	495～523
50％（体积）	87～145	205～233	320～350	435～465	495～523
25％（体积）	70～135	175～205	260～290	378～407	465～495

气体冷却

A.4(b) 空冷器传热系数经验值(以光管外表面为基准)

流体名称	操作条件或说明,压力/$\times 10^5$ Pa	传热系统 K_0 $\dfrac{}{W \cdot (m^2 \cdot °C)^{-1}}$
气体冷却		
甲烷、天然气	0~3.5(表压)(压力降 0.07)	198
	3.5~14(表压)(压力降 0.2)	290
	14~100(表压)	
	压力降 0.07	350
	压力降 0.2	407
	压力降 0.34	488
	压力降 0.7	535
H_2	17(压力降 0.2)	350
乙烯	80~90	407~465
炼厂气	与本表中甲烷相似的操作条件下 K_0 的 70%,如含 H_2 量稍多(设>20%~30%),则 K_0 值可斟酌提高	
重整反应出口气体		290~350
加氢精制反应出口气体		290~350
合成氨及合成甲醇反应出口气体		465~450
空气、烟道气等	0~2(表压)($\Delta p = 0.14$)	116
	2~7(表压)($\Delta p = 0.35$)	175
冷凝		
原油常压分馏塔顶气体冷凝		350~407
催化裂化分馏塔顶气的冷凝		350~407
轻汽油-水蒸气-不凝气的冷凝	含不凝气 30%以下	350~407
炼厂富气冷凝	含不凝气 50%以上	233~290
轻碳氢化合物的冷凝 C_2,C_3,C_4,C_5,C_6		523 465
粗轻汽油	0.7(表压)	425
	1.4(表压)	483
	4.9(表压)	510

续 表

流体名称	操作条件或说明,压力/×10⁵ Pa	传热系统 K_0 $\mathrm{W \cdot (m^2 \cdot ℃)^{-1}}$
轻汽油		465
煤油		372
芳烃		407~465
加氢过程反应器出口气体	部分冷凝	
加氢裂解	100~200(表压)	455
催化重整	25~32(表压)	425
加氢精制(汽油)	80(表压)	395
加氢精制(柴油)	65(表压)	337
乙醇胺塔顶冷凝 50~80℃		350
乙醇胺塔顶冷凝 80~110℃		523
水蒸气冷凝		700
NH_3		580
C_3,C_4		435~552
芳烃		407~465
汽油		407~435
重整产物		407
煤油		350~407
轻柴油		290~300
重柴油		233~290
燃料油		116
润滑油(高黏度)		58~87
润滑油(低黏度)		116~145
渣油		52
焦油		29~35
工艺过程水		610~727
工业用水(冷却水)	经过净化	580~700
贫碳酸钠(钾)溶液		465
环丁砜溶液	出口黏度约 $7×10^{-3}$ Pa·s	395
乙醇胺溶液 15%~20%		580
乙醇胺溶液 20%~25%		535

附录 B 湿空气的密度、水蒸气压力、含湿量和焓

（大气压为 101.3 kPa）

空气温度 ℃	干空气密度 kg/m³	饱和空气密度 kg/m³	饱和空气的水蒸气分压力/10² Pa	饱和空气含湿量(干空气) g/kg	饱和空气比焓(干空气) kJ/kg
−20	1.396	1.395	1.02	0.63	−18.55
−19	1.394	1.393	1.13	0.70	−17.39
−18	1.385	1.384	1.25	0.77	−16.20
−17	1.379	1.378	1.37	0.85	−14.99
−16	1.374	1.373	1.50	0.93	−13.77
−15	1.368	1.367	1.65	1.01	−12.60
−14	1.363	1.362	1.81	1.11	−11.35
−13	1.358	1.357	1.98	1.22	−10.05
−12	1.353	1.352	2.17	1.34	−8.75
−11	1.348	1.347	2.37	1.46	−7.45
−10	1.342	1.341	2.59	1.60	−6.07
−9	1.337	1.336	2.83	1.75	−4.73
−8	1.332	1.331	3.09	1.91	−3.31
−7	1.327	1.325	3.36	2.08	−1.88
−6	1.322	1.320	3.67	2.27	−0.42
−5	1.317	1.315	4.00	2.47	1.09
−4	1.312	1.310	4.36	2.69	2.68
−3	1.308	1.306	4.75	2.94	4.31
−2	1.303	1.301	5.16	3.19	5.90
−1	1.298	1.295	5.61	3.47	7.62
0	1.293	1.290	6.09	3.78	9.42
1	1.288	1.285	6.56	4.07	11.14
2	1.284	1.281	7.04	4.37	12.89
3	1.279	1.275	7.57	4.70	14.74
4	1.275	1.271	8.11	5.03	16.58
5	1.270	1.266	8.70	5.40	18.51

附　录

续 表

空 气温 度℃	干 空气密度kg/m³	饱和空气密度kg/m³	饱和空气的水蒸气分压力/10² Pa	饱和空气含湿量（干空气）g/kg	饱 和空气比焓（干空气）kJ/kg
6	1.265	1.261	9.32	5.79	20.51
7	1.261	1.256	9.99	6.21	22.61
8	1.256	1.251	10.70	6.65	24.70
9	1.252	1.247	11.46	7.13	26.92
10	1.248	1.242	12.25	7.63	29.18
11	1.243	1.237	13.09	8.15	31.52
12	1.239	1.232	13.99	8.75	34.08
13	1.235	1.228	14.94	9.35	36.59
14	1.230	1.223	15.95	9.97	39.19
15	1.226	1.218	17.01	10.6	41.78
16	1.222	1.214	18.13	11.4	44.80
17	1.217	1.208	19.32	12.1	47.73
18	1.213	1.204	20.59	12.9	50.66
19	1.209	1.200	21.92	13.8	54.01
20	1.205	1.195	23.31	14.7	57.78
21	1.201	1.190	24.80	15.6	61.13
22	1.197	1.185	26.37	16.6	64.06
23	1.193	1.181	28.02	17.7	67.83
24	1.189	1.176	29.77	18.8	72.01
25	1.185	1.171	31.60	20.0	75.78
26	1.181	1.166	33.53	21.4	80.39
27	1.177	1.161	35.56	22.6	84.57
28	1.173	1.156	37.71	24.0	89.18
29	1.169	1.151	39.95	25.6	94.20
30	1.165	1.146	42.32	27.2	99.65
31	1.161	1.141	44.82	28.8	104.67
32	1.157	1.136	47.43	30.6	110.11
33	1.154	1.131	50.18	32.5	115.97
34	1.150	1.126	53.07	34.4	122.25

续 表

空 气 温度 ℃	干 空 气密度 kg/m³	饱和空 气密度 kg/m³	饱和空气 的水蒸气 分压力/10² Pa	饱和空气 含湿量(干空气) g/kg	饱 和 空气比焓(干空气) kJ/kg
35	1.146	1.121	56.10	36.6	128.95
36	1.142	1.116	59.26	38.8	135.65
37	1.139	1.111	62.60	41.1	142.35
38	1.135	1.107	66.09	43.5	149.47
39	1.132	1.102	69.75	46.0	157.42
40	1.128	1.097	73.58	48.8	165.80
41	1.124	1.091	77.59	51.7	174.17
42	1.121	1.086	81.80	54.8	182.96
43	1.117	1.081	86.18	58.0	192.17
44	1.114	1.076	90.79	61.3	202.22
45	1.110	1.070	95.60	65.0	212.69
46	1.107	1.065	100.61	68.9	223.57
47	1.103	1.059	105.87	72.8	235.30
48	1.100	1.054	111.33	77.0	247.02
49	1.096	1.048	117.07	81.5	260.00
50	1.093	1.043	123.04	86.2	273.40
55	1.076	1.013	156.94	114	352.11
60	1.060	0.981	198.70	152	456.36
65	1.044	0.946	249.38	204	598.71
70	1.029	0.909	310.82	276	795.50
75	1.014	0.868	384.50	382	1 080.19
80	1.000	0.823	472.28	545	1 519.81
85	0.986	0.773	576.69	828	2 281.81
90	0.973	0.718	699.31	1 400	3 818.36
95	0.959	0.656	843.09	3 120	8 436.40
100	0.947	0.589	1 013.00	—	—

附录 C　湿空气的焓湿图

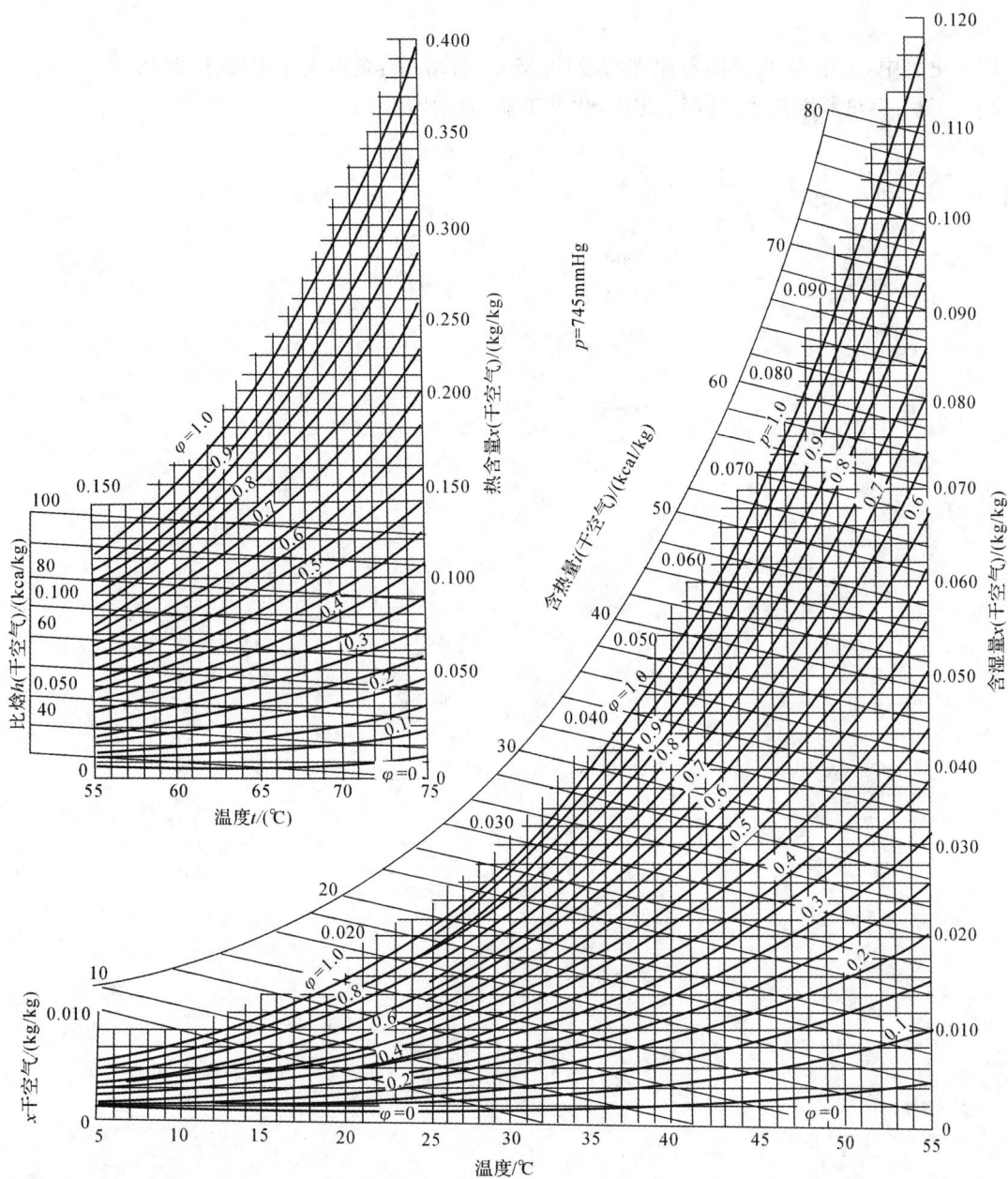

$p=745\text{mmHg}$

对干空气，1 kcal/kg＝4.186 8 J/kg

1 mmHg＝133.32 Pa

参 考 文 献

[1]　史美中,王中铮.热交换器原理与设计[M].6 版.南京:东南大学出版社,2018.
[2]　王勇.换热器维修手册[M].北京:化学工业出版社,2010.